中等职业学校教学用书（计算机技术专业）

# 3DS MAX 7.0 案例教程

马广月　主编

郝　健　郑玉萍　查　力　罗海红　参编

電子工業出版社

Publishing House of Electronics Industry

北京·BEIJING

## 内容简介

本书是学习 3DS MAX 7.0 的基础教材，以初学者为主要读者对象，由浅入深地介绍了 3DS MAX 7.0 在建模、材质、灯光、摄像机、动画、粒子系统、空间扭曲和环境特效等方面的基本使用方法和操作技巧。

本书采用案例带知识点的方法进行讲解，符合一般的学习规律。在每章的最后是一个综合案例的制作过程，突出了对实际操作和技能的训练。全书介绍了大量的知识点和 34 个案例，还有近 100 个思考与练习题。

本书可作为中等职业学校、培训班的教材，也可作为广大电脑美术设计爱好者的参考书。



**图书在版编目（CIP）数据**

3DS MAX 7.0 案例教程/马广月主编．—北京：电子工业出版社，2007.8
中等职业学校教学用书．计算机技术专业
ISBN 978-7-121-04829-6

Ⅰ．3… Ⅱ．马… Ⅲ．三维－动画－图形软件，3DS MAX7.0－专业学校－教材 Ⅳ．TP391.41

中国版本图书馆 CIP 数据核字（2007）第 122523 号

策划编辑：关雅莉
责任编辑：宋兆武 王凌燕
印 刷：北京京师印务有限公司
装 订：北京京师印务有限公司
出版发行：电子工业出版社
北京市海淀区万寿路 173 信箱 邮编 100036
开 本：787×1 092 1/16 印张：19.5 字数：499.2 千字
印 次：2013 年 8 月第 8 次印刷
印 数：2 000 册 定价：38.00 元（含光盘 1 张）

凡所购买电子工业出版社图书有缺损问题，请向购买书店调换。若书店售缺，请与本社发行部联系，联系及邮购电话：（010）88254888。

质量投诉请发邮件至 zlts@phei.com.cn，盗版侵权举报请发邮件至 dbqq@phei.com.cn。

服务热线：（010）88258888。

# 中等职业学校教材工作领导小组

# 前　言

3ds max 7 是 Discreet 公司的产品，它被广泛应用于广告、建筑、工业造型、三维动画等各方面，制作效果逼真。与其他三维软件相比，它对硬件的要求不太高，能稳定地运行于 Windows 操作系统中，而且易于掌握，因此能迅速地在国内外广泛流行。

本书共分 9 章，介绍了 3ds max 7 的基本知识和基本操作。其中，第 1 章介绍 3ds max 7 的工作环境和基本操作，第 2 章介绍三维建模技术，第 3 章介绍修改器的使用方法，第 4 章介绍二维型建模的方法，第 5 章介绍合成建模的方法，第 6 章介绍 3ds max 7 中对于材质的编辑与使用，第 7 章介绍有关灯光、摄像机和环境的设置，第 8 章介绍 3ds max 7 的动画制作，第 9 章介绍粒子系统和空间扭曲。

在学习软件的使用时，一种很好的学习方法，是通过学习实例掌握软件的操作方法和操作技巧，使学生很好地掌握软件操作方法和操作技巧。本书是在这种案例驱动教学法的思想指导下进行编写的。本书以节为单元，贯穿以实例带动知识点的学习方法。每一节都由学习目标、案例分析、操作过程、相关知识 4 个部分组成。在“学习目标”中指出了本节学习过程中应掌握的知识；在“案例分析”中分析了本案例的效果，要进行的主要操作和要涉及的主要知识点；在“操作过程”中，详细地介绍完成本节实例的操作步骤；在“相关知识”中，讲解本单元要掌握的知识。为了增强上机操作能力，在每一章中的最后一节安排上机实战，在这一节中介绍了一个本章的综合性实例。本书具有较大的知识信息量，全书共讲解了 34 个实例和大量的知识点，每章后面都有练习题，共提供了近 100 道练习题。

本书适合教学使用，建议教师在使用该教材进行教学时，可以一边带学生做各章的实例，一边讲解各实例中的相关知识和概念，将它们有机地结合在一起，可以达到事半功倍的效果。

由于本书操作步骤详细，对于自学者也会有很大的帮助，读者可以跟着本书的操作步骤去操作，从而完成应用实例的制作，并且还可以在实例制作中轻松地掌握 3ds max 7 的基本方法和操作技巧。本书由浅及深、由易到难、循序渐进、图文并茂、理论与实际制作相结合，可使读者在阅读学习时知其然还知其所以然，不但能够快速入门，而且可以达到较高的水平，教师可以得心应手地使用它进行教学，学生也可以自学。

参加本书编写工作的主要人员有马广月、崔元如、郝健、郑玉萍、查力、罗海红和黄青等。为本书提供实例和资料，以及参加其他编写工作的还有王坤、张磊、郝侠、李瑞梅、李稚平、张晓蕾、王浩轩、殷志强和陈一兵等。

本书可以作为中等职业学校计算机或非计算机专业的教材，也可以作为初、中级培训班的教材，还适于作为初学者的自学用书。

由于作者水平有限，加上编写时间仓促，难免有偏漏和不妥之处，恳请广大读者批评指正。

为了方便教师教学，本书配有教学指南、电子教案及习题答案（电子版），请有此需要的教师登录华信教育资源网（http://www.huaxin.edu.cn 或 http://www.hxedu.com.cn）免费注册后再行下载。在有问题时请在网站留言板留言或与电子工业出版社联系（E-mail : hxedu@phei.com.cn）。

编　者

2007 年 7 月

# 目 录

# 第1章 概 论

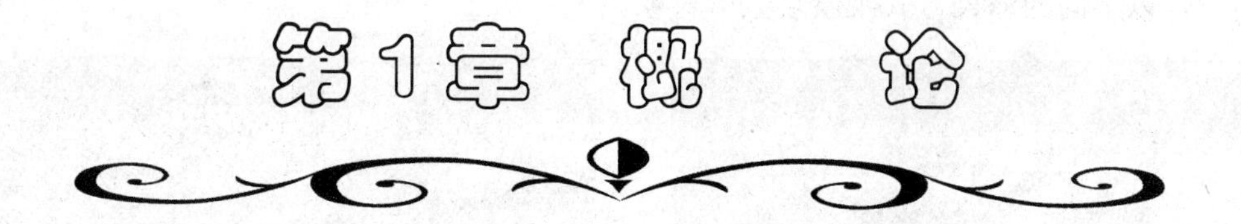

我们相信所有使用这本书的读者都已经具有了一定的计算机应用基础，如可能已经学习过操作系统、文字处理及一些平面设计的软件。在这些软件中，把计算机的屏幕当作一个平台、桌面、纸张或者是画布，总之是一个平面，我们只要用水平与垂直两个坐标就可以描述这个平面上的任何一个位置。但是我们的现实世界中是有第三个方向的，是一种立体的结构，要在计算机上模拟这种三个方向的空间，就需要使用三维设计软件，3ds max 就是这种三维设计软件之一。

3ds max 是运行在 Windows 操作平台上的优秀三维动画设计制作软件之一，相对于其他三维动画制作软件来说，它对硬件的要求不太高，运行稳定，且功能强大、操作方便，能制作出毫不逊色于其他三维动画制作软件制作的作品。所以这个软件是目前国内应用最广泛的三维设计制作软件。

本章将分别对 3ds max 7 的工作界面、基本概念和基本操作方法进行介绍。另外，因为书中要遇到大量的操作，所以在本章中也将对操作过程的叙述进行一些约定。

## 1.1 调整视口——简单调整工作界面

### 1.1.1 学习目标

◈ 认识 3ds max 7 的工作界面。
◈ 理解三维空间的思维方式，理解视口和视图。
◈ 掌握各视图的特点及切换方式。
◈ 掌握常用视口控件的使用。

### 1.1.2 案例分析

在“调整视口”这个案例中，我们要在启动 3ds max 7 的同时打开一个 Max 自带的场景，然后对它进行调整。这个场景的主要内容是一只在树枝上爬行的小蜥蜴，在打开的场景中有四个视图均匀分布在屏幕上，如图 1-1-1 所示。现在需要仔细观察蜥蜴在透视图中的表现，所以要将这个视图调整得大些；还需要在前视图中仔细观察蜥蜴行走的效果，所以将这个视口的显示模型更换成了“平滑＋高光”；根据观察的需要我们还对视图进行一些其他的调整，例如将顶视图切换成了底视图、旋转了透视视图等，完成以后的效果如图 1-1-2 所示。通过本案例的学习可以练习启动 3ds max 并打开文件，对视口布局进行简单调整、从不同的角度，以不同的渲染方式观察场景中对象。

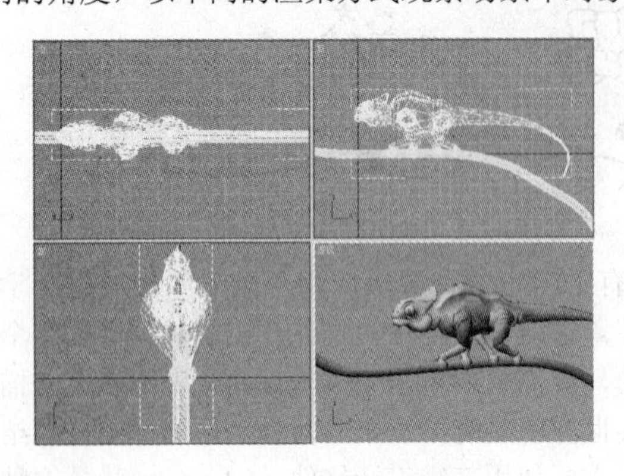

图 1-1-1　调整视口前的效果

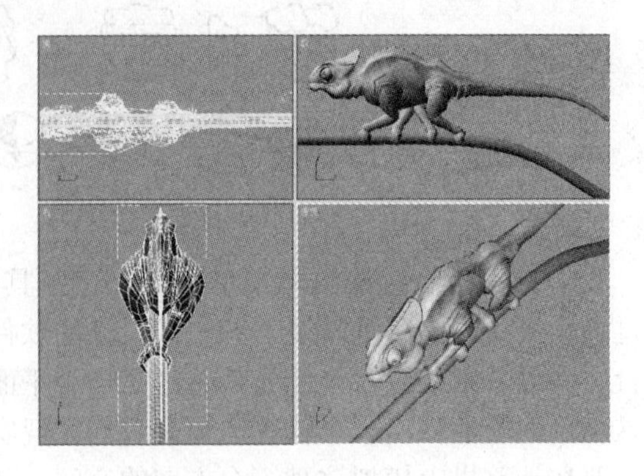

图 1-1-2　调整视口后的效果

## 1.1.3　操作过程

### 1．启动软件的同时打开文件

可以用任何在 Windows 下启动软件的方法来启动 3ds max 7。这里推荐使用双击本书配套光盘中“调用文件”文件夹中的“1-1.max”来启动软件。这是一个 Max 中自带的场景，启动以后的界面如图 1-1-3 所示。

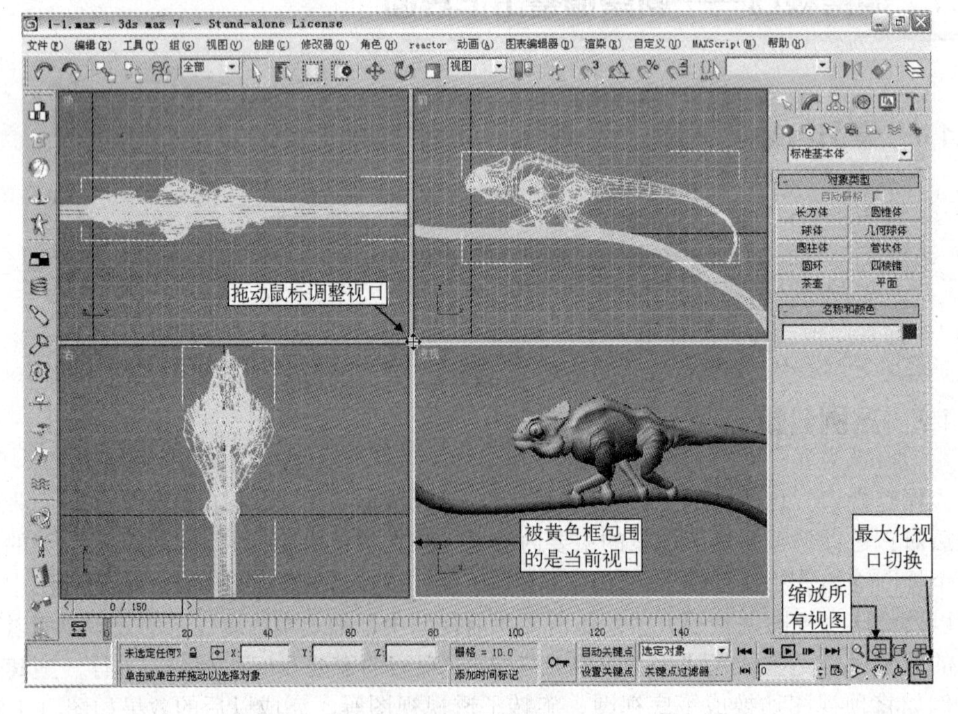


图 1-1-3　调整视口

## 2．调整视图

下面通过观察、调整视口来初步了解 3ds max 7 的工作界面。

（1）观察视图。工作界面上最大的区域被分为 4 块，每一块称为一个视口（也叫视窗，如果在这个视口中有图，则这个图称为视图）。在视口左上角的文字是视口的名称，称为视口标签。

（2）激活前视口。鼠标左键单击前视口中的任意位置，就可以激活前视口。

读者也可以单击其他视口，每单击一个视口，这个视口就被一个黄色的框包围，成为活动视口，也称当前视口或操作视口。而单击某视口使其成为当前视口的操作，也称为激活该视口。

（3）用鼠标调整视口的布局。将鼠标指针移到方形窗格中间的位置，当鼠标指针变为形状时，按下鼠标左键不放，然后将其拖动到适当的位置，即可更改视图的布局。

（4）将透视视口最大化。单击透视视口将其激活，按 Alt+W 组合键或单击屏幕右下角视图控制区中的（最大化视口切换）按钮，如图 1-1-3 所示，透视视口将占满了整个工作区域，如图 1-1-4 所示。再次按 Alt+W 组合键或单击视图控制区中的（最大化视口切换）按钮，视图又会恢复原样。

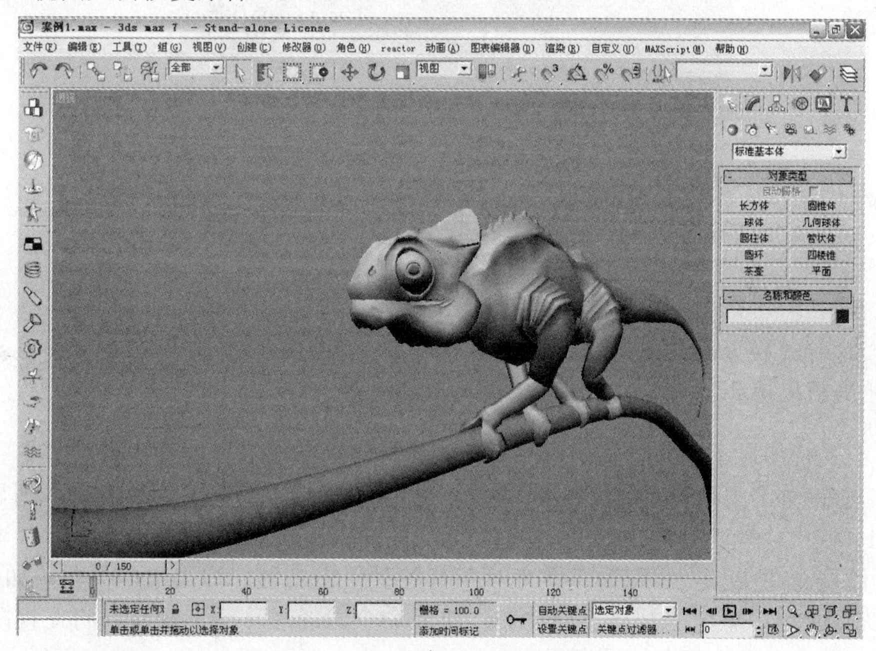


图 1-1-4　最大化显示透视视口

上面是对透视视口进行的切换，实际上，任何一个视口都可以进行这种切换，以便更细地观察各个视图。

（5）改变视图的大小。单击屏幕右下角视图控制区中的（缩放所有视图）按钮，如图 1-1-3 所示，然后在任意一个视口中拖动鼠标。

可以发现，如果向下拖动鼠标，所有视图中的模型都逐渐变小；如果向上拖动鼠标，则所有的视图都变大。

**提示：** 不论将模型变大还是变小，都只是利用远大近小的原理，产生视觉上的变化，而不是真正调整模型的大小。

（6）弧形旋转透视视图。旋转视图是使用视图中心作为旋转中心，如果对象靠近视图的边缘，则可能会旋转出视图。用下面的方法对透视视图进行弧形旋转。

① 激活透视视口。

② 单击屏幕右下角视图控制区中的（弧形旋转）按钮。

③ 在透视视口中按住鼠标左键拖动鼠标。

这时在视图周围显示一个黄色圈（叫做轨迹球），在黄色圆圈上有 4 个形控制柄，如图 1-1-5 所示。鼠标移到视图中的不同位置时，形状不同。当鼠标移到控制柄上形状为状态时，拖动鼠标，使视图沿水平方向或垂直方向进行旋转。当鼠标形状为状态时，可以在当前平面内旋转视图。当鼠标的形状为状态时，可以自由旋转视图。

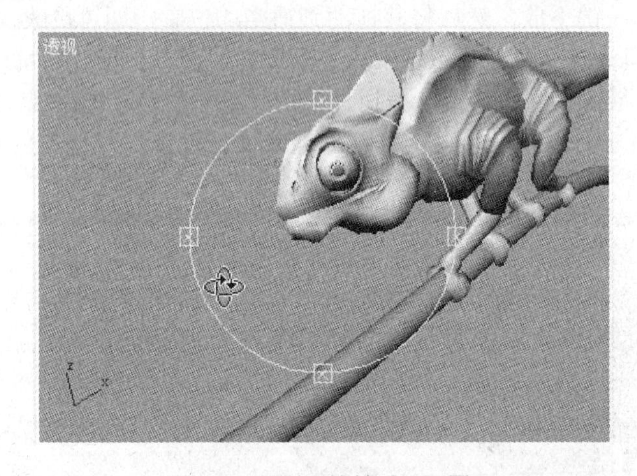


图 1-1-5　弧形旋转透视视图

**注意：**这种旋转方式只能用于透视视图和用户视图，如果在选中了（弧形旋转）按钮后在其他视图拖动鼠标，则该视图自动变为用户视图。

（7）改变视图显示方式。将鼠标移到前视口标签处单击右键，弹出快捷菜单（这个菜单称为视口右键单击菜单），如图 1-1-6 所示。单击“平滑＋高光”菜单命令，则显示方式切换成图 1-1-6 中前视图所示。

（8）改变视图类型。将鼠标移到左视口标签处单击右键，弹出快捷菜单，如图 1-1-6 所示，在快捷菜单中单击“视图”→“右”菜单命令。经过这一步操作，将左视图转换为右视图，如图 1-1-6 中左下角视图所示。

重复以上两步操作，将顶视图改变为底视图，再将现在的底视图的显示方式改变为“亮线框”，而现在的右视图的显示方式则要在视口右键单击菜单中选中“平滑＋高光”和“边面”两个选项。

（9）鼠标单击任意一个视口，按 G 键，取消网格的显示。用同样的方法取消另外三个视口中网格的显示。最后的效果如图 1-1-2 所示。

【案例小结】

“调整视口”这个案例，通过打开一个已经制作好的表现蜥蜴爬行的 Max 场景文件，然后对该文件进行调整，讲述了有关界面的基本知识和基本的视图控制方面的操作。

除了在案例中所介绍的一些基本操作方法以外，有关视口和视图的控制还有其他的一些功能，我们将在下面的内容中介绍。

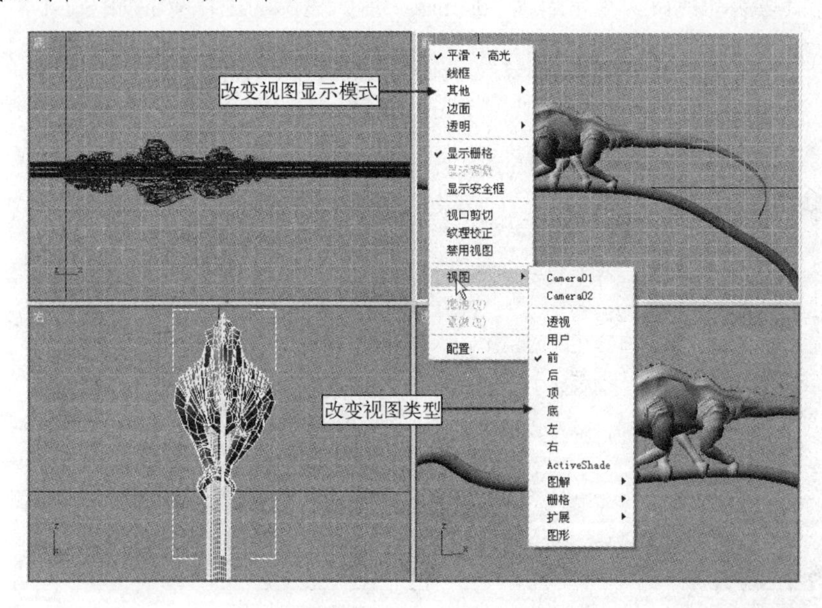


图 1-1-6　改变视图的类型和显示模式

## 1.1.4　相关知识——3ds max 7 的工作界面

### 1．安装后第一次启动 3ds max 7 程序

在前面的操作过程中，我们已经遇到过启动软件的问题，已经明确指出可以用 Windows 下所有启动软件的方法启动，如双击快捷图标等。但是如果是安装完软件第一次启动软件，在系统运行一段时间后，软件完全启动之前，将弹出“图形驱动程序设置”对话框，如图 1-1-7 所示。在这个对话框中设置计算机显卡的图形加速功能。用户应根据自己计算机安装的显卡及其驱动程序，选择相应的图形加速选项，然后单击“确定”按钮启动 3ds max 7 程序。

图 1-1-7　“图形驱动程序设置”对话框

如果启动 3ds max 7 后，不能正常显示工作界面，则设置的图形加速选项不正确，必须关闭 3ds max 7，重新启动软件，再次弹出“图形驱动程序设置”对话框重新进行选择。但是第一次设置了图形加速功能后，再次启动 3ds max 7 时，系统将不再显示该对话框，而直接进入 3ds max 7 的工作界面。

为了再次显示“图形驱动程序设置”对话框，需要单击“开始”→“所有程序”→discreet→3ds max 7→“改变图模式”菜单命令，则重新启动 3ds max 7 程序，并再次弹出“图形驱动程序设置”对话框，这时即可重新设置图形加速功能。

## 2. 工作界面简介

（1）视口与活动视口。正常启动 3ds max 7 后所显示的工作界面如图 1-1-8 所示。

菜单栏
主工具栏
命令面板
反应器工具栏
视图区
时间滑块
MAX脚本编辑区
视口控制区
轨迹栏
状态信息栏
动画控制区

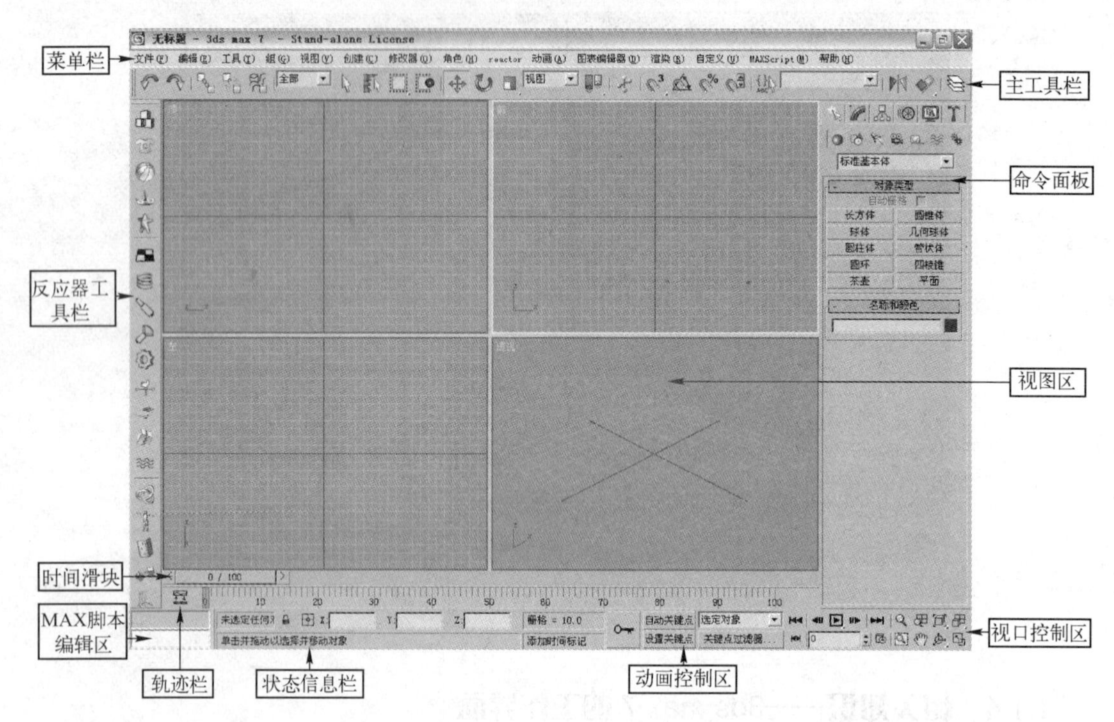

图 1-1-8 3ds max 7 的工作界面

从图 1-1-8 中可以看出，屏幕中最大的部分被分成 4 个同样大小的区域。每一个区域称为一个视口，不同的视口用于显示同一个对象的不同视图。每一个视口的左上角有文字，该文字称为“视口标签”，该标签注明了该视口中显示对象的哪个视图。例如，左上角视口的视口标签为“顶”，表示在该视口中显示对象的顶视图。在 4 个视口中有一个被黄色的边框线包围的视口称为“活动视口”，所有操作都是针对活动视口进行的。鼠标左键单击或右键单击某一视口都可以激活该视口，其中右键单击该视口的任何位置都不会取消当前对象的选择状态，而左键单击则不具有这项功能。

视口占据了主窗口的大部分，在视口中可以查看和编辑场景。窗口的剩余区域用于容纳控制功能及显示状态信息。

（2）菜单栏。菜单栏位于屏幕最上方的标题栏下面，如图 1-1-9 所示。3ds max 7 的菜单栏由 15 个菜单项组成，菜单栏中一些常用的菜单将在以后的学习中介绍。

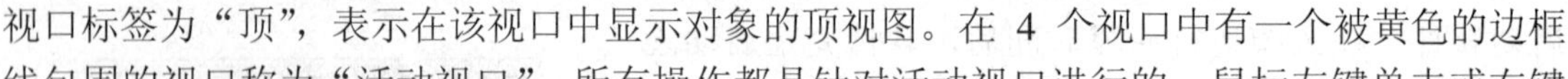

文件(F) 编辑(E) 工具(T) 组(G) 视图(V) 创建(C) 修改器(O) 角色(H) reactor 动画(A) 图表编辑器(D) 渲染(R) 自定义(U) MAXScript(M) 帮助(H)

图 1-1-9 菜单栏

（3）主工具栏。主工具栏位于菜单栏的下面，由一组常用命令按钮组成。主工具栏提供了 3ds max 7 大部分常用功能的快捷操作命令按钮，通过分割线将工具按钮分割为若干组。主工具栏中的命令按钮数目很多，在低分辨率下，无法显示出全部命令按钮。如果要使用不能显示出来的按钮可以将鼠标指针移到任意两个按钮间的空白位置，当鼠标指针变为形状时，按住鼠标左键并拖动鼠标左右移动主工具栏，可显示出其他的命令按钮。由于主工具栏很长，为方便起见，请将鼠标移到主工具栏的最左侧，向外拖动，到屏幕上合适的位置释放，这时的主工具栏如图 1-1-10 所示，变为浮动的工具栏。这时将鼠标指针移到主工具栏的边线上时，可以调整其宽度和高度。主工具栏中几个常用工具按钮的主要作用如下。

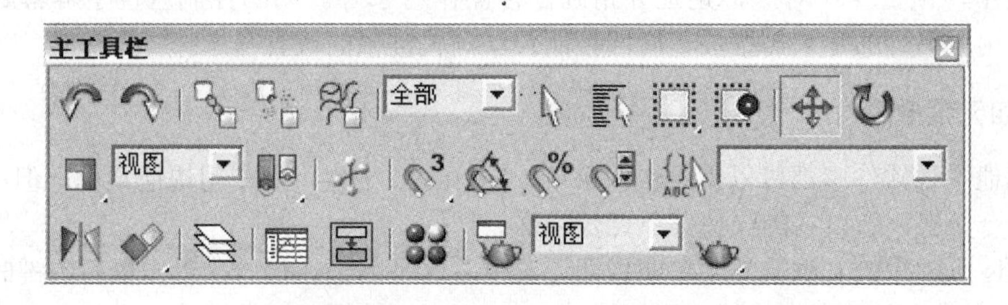


图 1-1-10　以浮动工具栏显示的主工具栏

◈ （选择）按钮：单击该按钮，即可选择场景中的对象。
◈ （选择并移动）按钮：单击该按钮，即可选择并移动场景中的对象。
◈ （选择并旋转）按钮：单击该按钮，即可选择并旋转场景中的对象。
◈ （选择并缩放）弹出按钮：该组共有 3 个按钮，按下鼠标左键不放，可弹出其下拉列表，从中选择一个按钮，即可选择场景中的对象并进行缩放。
◈ （材质编辑器）按钮：单击该按钮，弹出“材质编辑器”对话框。在该对话框中，可以对对象的材质、贴图等进行设置。
◈ （快速渲染）弹出按钮：该组共有两个按钮，单击快速渲染（产品级）按钮，可以对视图区或场景中的对象进行快速着色渲染，而无需显示 Render Scene（渲染场景）对话框。

（4）命令面板。在默认情况下，命令面板位于屏幕的最右侧，由 6 个选项面板组成，每个选项面板的标签都是一个小的图标，借助于这 6 个面板的集合，可以访问绝大部分建模和动画命令。

（5）reactor（反应器）工具栏。reactor（反应器）工具栏位于屏幕的最左侧，包含了用于动力学设置的命令按钮，将其拖动出来形成浮动工具栏，如图 1-1-11 所示。在本书中基本不使用该工具栏，所以将它拖出来以后关闭，在以后的工作界面上不再显示该工具栏。

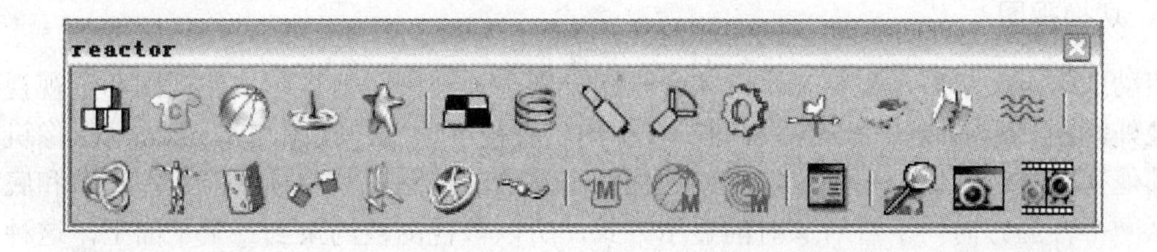


图 1-1-11　以浮动工具栏显示的反应器工具栏

（6）时间滑块及轨迹栏。时间滑块及轨迹栏位于视图区的下部。时间滑块用于改变动画的当前帧，拖动滑块 0 / 100，可以使动画到达某一特定帧，滑块上的数字分别表示当前帧和动画总帧数。轨迹栏用于编辑动画轨迹曲线，显示关键帧的设置情况。单击按钮，可以显示出动画轨迹曲线编辑视图。

（7）脚本编辑区、状态信息栏和动画控制区。脚本编辑区位于屏幕底部的左侧，用户可以根据 3ds max 7 内置的脚本语言，创建和使用自定义命令进行操作。状态信息栏位于屏幕底部的中间，可以为 3ds max 7 的操作提供重要的参考信息，用于显示当前的操作命令及状态的提示，锁定操作对象，定位并精确位移操作对象等。动画控制区位于屏幕底部的中间，主要用于动画的记录与播放、时间控制及动画关键帧的设置与选择等操作。

### 3．四元菜单的构成

在其他各种软件中都可以使用快捷菜单，3ds max 中也可以使用快捷菜单。但由于 3ds max 的命令很多，所以它的快捷菜单比较特殊。

在 3ds max 中的右键快捷菜单叫做四元菜单，这是因为在每一次单击鼠标右键时最多可以显示 4 个带有各种命令的区域，如图 1-1-12 所示。使用四元菜单可以查找和激活大多数命令，而不必在视口和命令面板上的卷展栏之间来回移动。

要关闭四元菜单，右键单击屏幕上的任意位置或将鼠标指针移离菜单然后单击鼠标左键。要重新选择最后选中的命令，单击最后菜单项的区域标题即可。

按 Shift、Ctrl 或 Alt 的任意组合，同时在任何标准视口右键单击时，可以使用专门的四元菜单。如图 1-1-13 所示是 Alt+右键单击时的四元菜单。

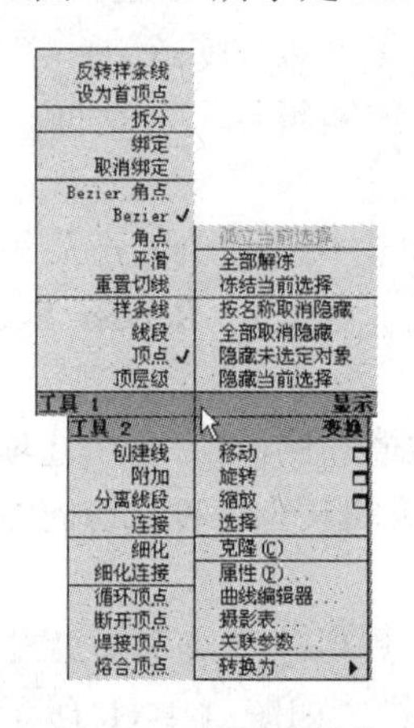


图 1-1-12　四元菜单

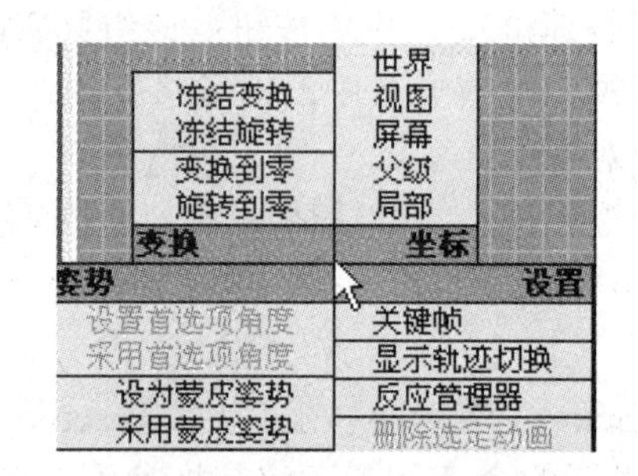


图 1-1-13　Alt+右键单击时的四元菜单

### 4．切换视图

启动 3ds max 7 后，默认显示的 4 个视图分别是顶视图、前视图、左视图和透视视图。除此之外，在 3ds max 中还有后视图、右视图、底视图、用户视图和 Camera（摄像机）视图等其他视图。通过切换视图可以观察这些没有显示的视图。其中顶、前、左、右和底等视图是从一个轴的方向向下看对象时的显示方式，所以该视图被约束到一个平面上，这种视图称为正交视图。

（1）用快捷键切换视图。大部分视图都默认一个快捷键用于进行视图的切换。其中，前视图的快捷键为 F，左视图的快捷键为 L，顶视图的快捷键为 T，底视图的快捷键为 B，透视视图的快捷键为 P，用户视图的快捷键为 U，Camera（摄像机）视图的快捷键为 C。通过按下视图的快捷键，可以快速切换视图，但是右视图和背视图没有快捷键。

（2）用视口右键单击菜单切换视图。将鼠标指针移到视口标签上单击右键弹出它的快捷菜单，这个菜单称为视口右键单击菜单，也称为“视口属性”菜单，在该菜单中包含用于更改活动视口中所显示内容的命令。在弹出了这个快捷菜单以后，将鼠标移到“视图”菜单上，这时就可以显示出它的级联菜单，如图 1-1-14 所示，从中单击要切换的视图名称即可。

## 5. 调整视图

正常启动 3ds max 7 后，屏幕上默认 4 个视口均匀分布，我们可以根据操作的需要随时调整各视口的比例。

用鼠标拖动调整视口比例的方法是：将鼠标指针移到方形窗格中间的位置，当鼠标指针变为形状时，按下鼠标左键不放，然后将其拖动到适当的位置，即可更改视图的布局，如图 1-1-15 所示。

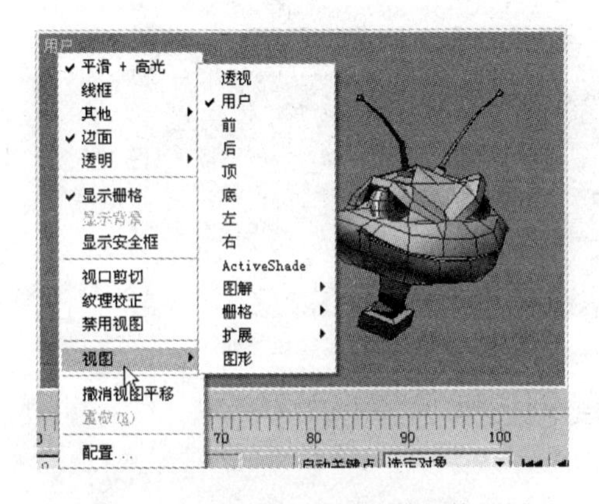


图 1-1-14 用视口右键菜单切换视图

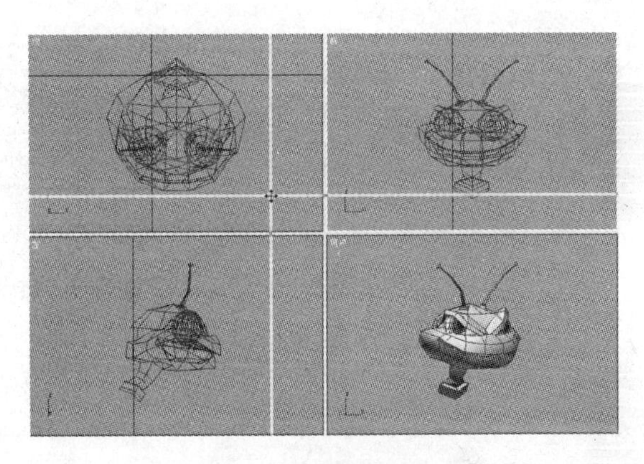

图 1-1-15 拖动鼠标调整视口的大小

如果调整了视口的比例以后，要恢复到原始布局，应右键单击分隔线的交叉点，并从弹出的菜单中单击“重置布局”菜单命令。

在视口右键单击菜单中，有一个“显示栅格”选项，如果选中该选项，则在视口中显示网格，反之则在视口中不显示网格。网格的显示与隐藏的快捷键是 G。

## 6. 视口显示模式

由于视口的渲染器的运行速度非常高，所以一般情况下不会感到卡的现象，但是在一些复杂场景中，对象比较复杂或对象比较多时，如果调整或改变视图，就会出现停顿的现象。这时可以改变视口中对象的显示模式，来消除这种现象。

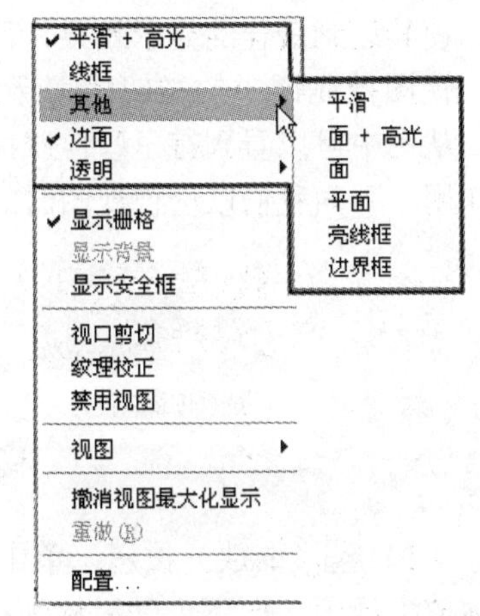


图 1-1-16 切换显示模式可使用的菜单

将鼠标指针移到视口标签上，单击右键弹出它的快捷菜单，如图 1-1-16 所示。图中用线框围起来的部分是可以使用的视口显示模式。例如，在该菜单中单击“其他”→“亮线框”命令，这时该视图变为亮线框渲染方式。

使用了不同显示模式的视图效果如图 1-1-17 所示。图中按照渲染时速度的快慢进行了排列。其中“平滑+高光”显示效果最好，还可以在对象的表面上显示贴图，但这种模式速度最慢；而“边界框”显示模式的速度是最快的，但效果最差。除了图 1-1-17 中所显示的 8 种显示模式外，还有两种模式：一个是“边面”只有在当前视口处于着色模式时才可以使用该选项；另一个是“透明”，用于设置选定视口中透明度显示的质量。

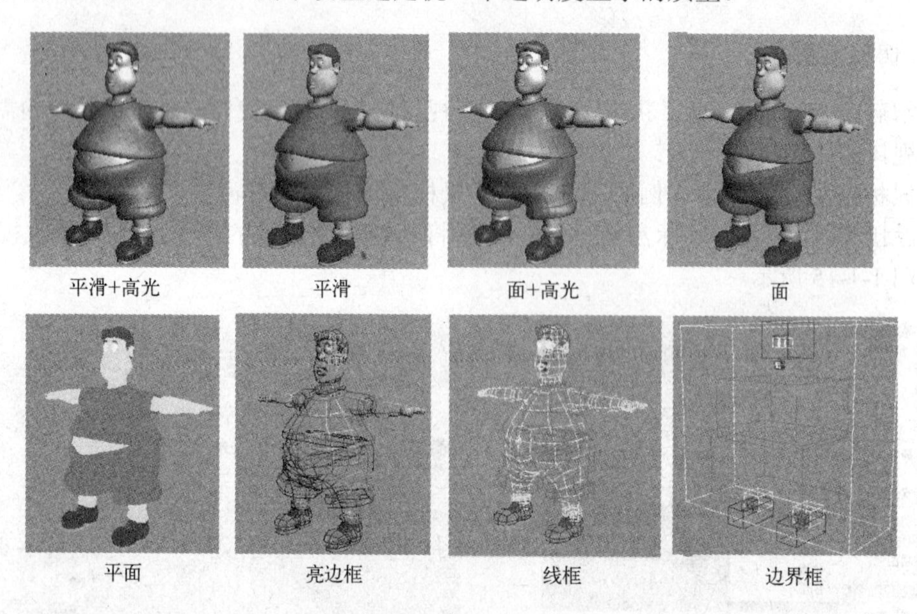


图 1-1-17　不同显示模式下的效果

### 7．视口控件

视图控件位于屏幕底部的右侧，在这个区域中一共有 8 个工具按钮，主要用于观看、调整视图中操作对象的显示方式。通过视图控制区的操作按钮，可以改变操作对象的显示状态，使其达到最佳的显示效果，但并不改变对象的大小、位置和结构。

视图控制区中的按钮随着激活的视图发生变化，不同视图的视口控件如图 1-1-18 所示。从图中可以看到有一些控制按钮在各种视图中都存在，但也有一部分按钮只对某些视图起作用。下面我们以透视视图时的视口控件为例，介绍它们的含义。

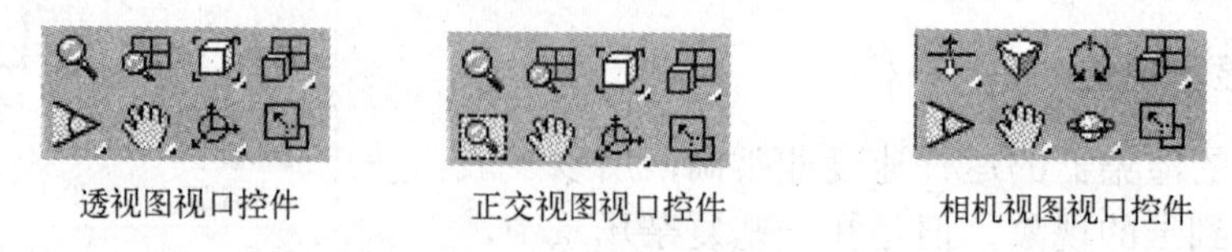


图 1-1-18　不同视图的视口控件

（1）（缩放）按钮：单击该按钮，可以对单个视图进行任意缩小或放大。向上拖动鼠标放大视图，向下拖动鼠标缩小视图，如果按住 Alt 键，则减小缩放的速度，按住 Ctrl 键，则会加大缩放的速度。

（2）（缩放所有视图）按钮：单击该按钮，可以对全部视图进行缩小或放大。按

Esc 键或者右键单击可关闭该按钮。

（3）（所有视图最大化显示）/（所有视图最大化显示选定对象）按钮：这是一组按钮，默认显示按钮，单击该按钮，可以将所有可见对象在所有视口中居中显示，效果如图 1-1-19 所示。按住该按钮不放，在弹出的按钮中选择按钮，可以将选定对象或对象集在所有视口中居中显示，如图 1-1-20 所示，可以看到该按钮对观察复杂场景中的小对象非常有用。这组按钮可以用于所有视图。

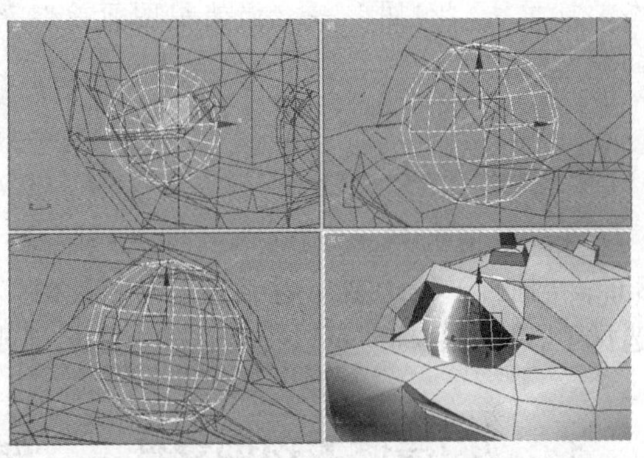

图 1-1-19　所有视图最大化显示全部对象　　　图 1-1-20　最大化显示了所选择的对象

（4）（最大化显示）/（最大化显示选定对象）按钮：这一组按钮的作用与上面一组按钮的作用基本相同，只不过它只对激活的视口起作用。

（5）（视野）按钮：该按钮只在透视视图中存在，单击该按钮，可以调整视口中可见的场景数量和透视张角量。

（6）P（平移视图）按钮：单击该按钮，可以在视口内以平行于视图平面的方式移动视图，更好地显示视图内的对象。按 Esc 键或者右键单击可关闭该按钮。

（7）（弧形旋转）/（弧形旋转选定对象）/（弧形旋转子对象）按钮：这一组有 3 个按钮，默认显示，单击该按钮，可以在视口内旋转视图，以便从不同角度观察对象，如图 1-1-21 所示。如果对象靠近视口的边缘，则可能会旋转出视图。如果从这一组按钮中选择了按钮，则使用当前选择的中心作为旋转的中心，如图 1-1-22 所示。当视图围绕其中心旋转时，选定对象将保持在视口中的同一位置上。如果选择了按钮，则使用当前子对象选择的中心作为旋转中心。当视图围绕其中心旋转时，当前选择将保持在视口中的同一位置上。按 Esc 键或者右键单击可关闭该按钮。

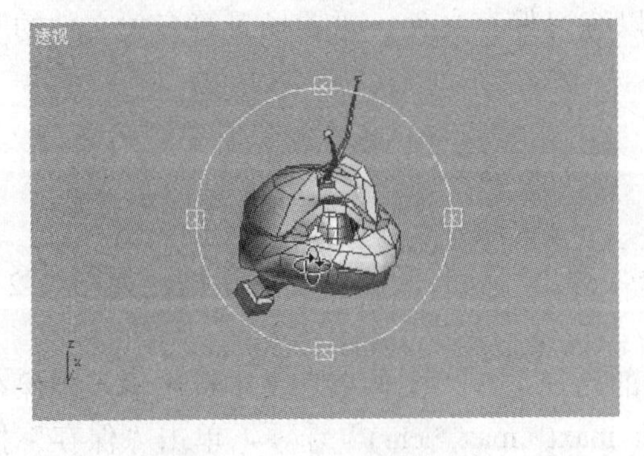


图 1-1-21　弧形旋转对象

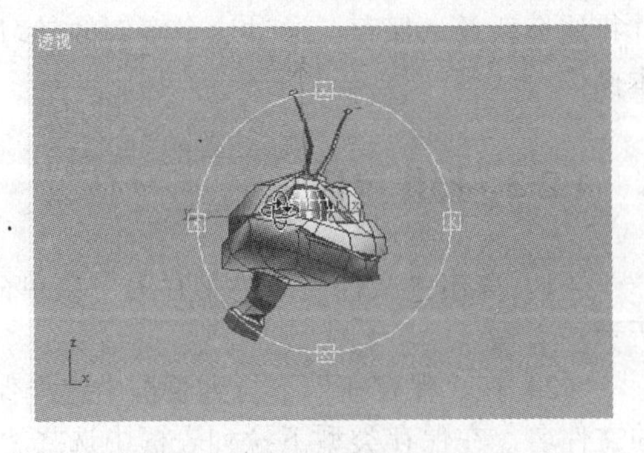


图 1-1-22　弧形旋转选定对象

提示：这种旋转方式只能用于透视视图和用户视图，如果在选中了（弧形旋转）按钮后在正交视图拖动鼠标，则该视图自动变为用户视图。

（8）（最大化视口切换）按钮：单击该按钮，可以将视图平面在最大化视图与普通视图之间进行切换，它的快捷键是 Alt+W。

提示：在用视口控件中的工具按钮对视图做了修改后，如果要回到未修改前的状态，可单击“视图”→“撤消视图更改”菜单命令，取消上一步的操作，恢复到操作前的状态。

#### 8. 显示活动工具栏

在默认情况下，几个附加工具栏被隐藏，如 Axis Constraints（轴约束）、Layers（层）、Snaps（捕捉）等。要启用上述任意工具栏，右键单击主工具栏的空白区域，然后从列表中选择工具栏的名称。可以使用这种方法启用或关闭任何工具栏。

## 1.2 保存修改过的文件——新建、保存文件和重置场景

### 1.2.1 学习目标

◈ 掌握新建、重置、保存、打开场景的方法。
◈ 理解暂存与取回的概念。
◈ 初步掌握合并文件的方法。
◈ 初步掌握配置外部文件路径的方法。

### 1.2.2 案例分析

一个新的文件或者是修改过的文件都要面临保存的问题，同样地，在使用软件的过程中也要遇到新建文件的问题。在“保存修改过的文件”案例中，就是要解决这个问题。在本案例中要将上一节中打开的、经过了一定调整的文件进行保存，然后重置一个新的场景，并将这个新场景保存。通过这个案例的学习可以练习保存文件、重置场景等有关文件的基本操作。

### 1.2.3 操作过程

（1）单击“文件”→“另存为”菜单命令，弹出“文件另存为”对话框，如图 1-2-1 所示。

（2）在“保存在”下拉列表框中选择保存的路径，在“文件名”文本框中输入要保存的文件名，在保存类型下拉列表框中选择“3ds max(*.max,*.chr)”选项，单击“保存”按钮，则系统关闭该对话框，完成保存操作。

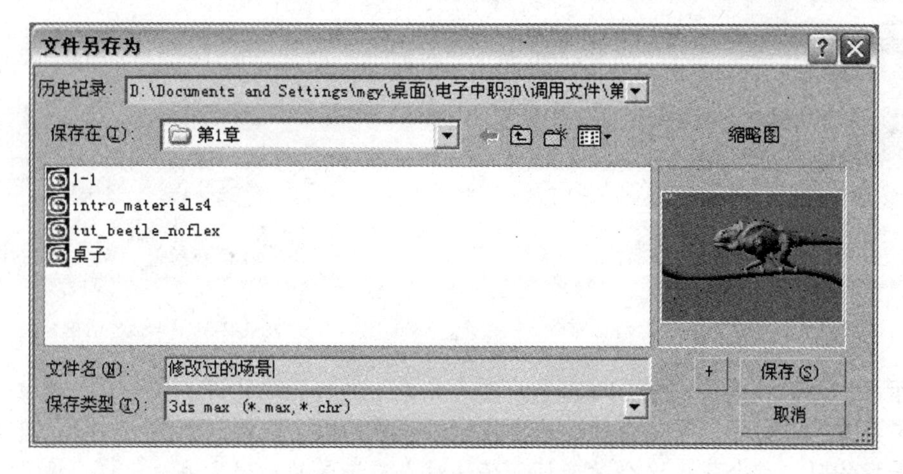


图 1-2-1　“文件另存为”对话框

（3）单击“文件”→“重置”菜单命令，弹出系统提示内容是“确实要重置吗？”的对话框，单击“是”按钮，重置一个新的场景。

（4）单击“文件”→“保存”菜单命令，弹出“文件另存为”对话框，用步骤（2）中的方法，将文件以“创建第一个对象”为名保存，以备下一节使用。

【案例小结】

在“保存修改过的文件”案例中，将修改过的文件进行保存，建立一个新的场景及将新场景保存等操作，通过这些基本操作介绍 Max 中有关文件的基本操作。

Max 中有关文件的操作很多，其中有些是以前用户所使用的软件中所没有的，如在上面的操作中的“重置”。有关文件的其他操作将在下面进行介绍。

## 1.2.4　相关知识——有关文件的基本操作

### 1．新建和重置场景

在 Max 中，新建场景和重置场景的含义是不同的，其中新建的概念我们还比较熟悉，但是重置基本上还是一个陌生的概念。

（1）新建场景。单击“文件”→“新建”菜单命令或按 Ctrl+N 组合键，可以新建一个文件。如果前一个文件已经被保存过，则会弹出“新建场景”对话框，如图 1-2-2 所示。选择“全部新建”单选按钮，然后单击“确定”按钮，清除场景内的所有对象并新建一个文件。在“新建场景”对话框中有 3 个单选按钮，它们的含义如下。

◈“保留对象和层次”单选按钮：保留场景中所有的模型对象及它们之间的连接关系，但会删除动画设置。

◈“保留对象”单选按钮：保留场景中所有的模型对象。

◈“新建全部”单选按钮：默认设置，清除场景内的所有对象。

在新建文件时，如果上一个文件已经做过修改，但没有保存过，则系统会弹出一个对话框，如图 1-2-3 所示，根据需要进行选择。这几个按钮的作用与读者使用其他软件所遇到的类似对话框作用相同，这里不再赘述。

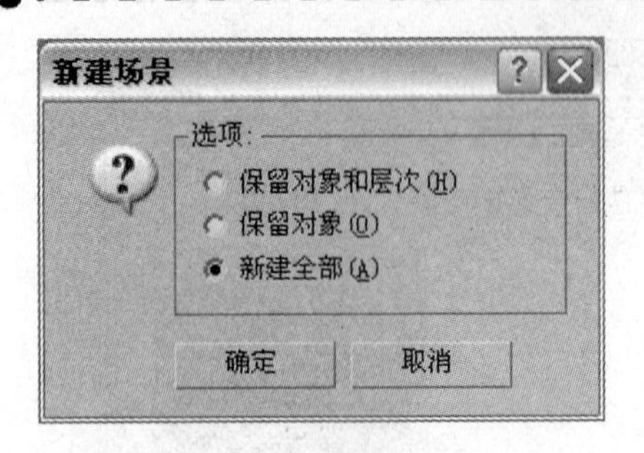


图 1-2-2 “新建场景”对话框

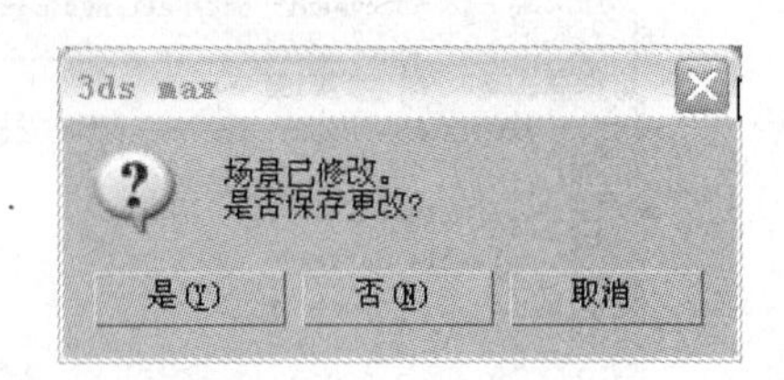


图 1-2-3 提示对话框

提示：3ds max 是单文档应用程序，这意味着一次只能编辑一个场景，当建立新的文件时，一定要关闭旧文件，否则会弹出这个提示对话框。以后在涉及新建文件、打开文件和重置场景等操作时，都会弹出这个对话框，确认对当前场景的处理方法。

（2）重置场景。重置可以清除所有数据并重置程序设置（视图配置、捕捉设置、材质编辑器、背景图像等），并将系统恢复为默认状态。而新建场景则可以清除当前场景的内容，不更改系统设置（视图配置、捕捉设置、材质编辑器、背景图像等）。单击“文件”→“重置”菜单命令，进行重置场景。如果在上次保存操作之后又进行了更改，将弹出如图 1-2-3 所示的对话框，提示是否要保存更改。在确认后为了进一步保护数据，以防丢失，将弹出一个确认对话框，如图 1-2-4 所示，单击“是”按钮，重新建立一个新文件。

### 2. 打开和保存文件

打开和保存是非常常用的操作，在 3ds max 7 中的相关操作方法如下所述。

（1）打开文件。单击“文件”→“打开”菜单命令或按 Ctrl+O 键，弹出“打开文件”对话框，如图 1-2-5 所示，在该对话框中找到合适的路径，选中相应的文件，单击“打开”按钮。

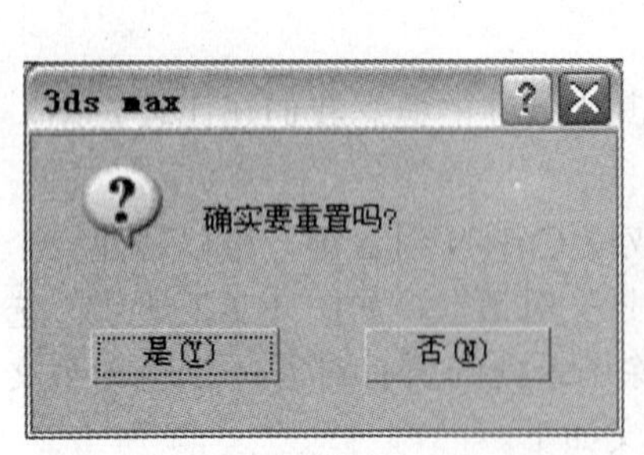


图 1-2-4 要求确认重置场景对话框

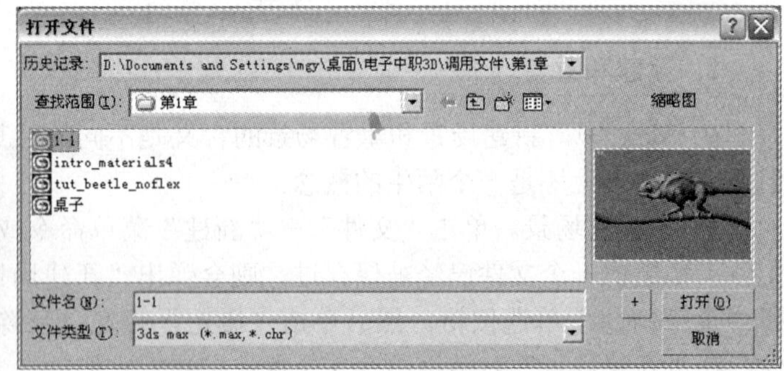


图 1-2-5 “打开文件”对话框

（2）保存文件。对于没有保存过的文件单击“文件”→“保存”菜单命令，对于已经保存过的文件单击“文件”→“另存为”菜单命令，弹出“文件另存为”对话框，如图 1-2-1 所示，进行合适的设置以后，单击“保存”按钮，完成保存工作。

### 3. 合并文件

在制作比较复杂的场景时，场景中的对象可能会比较多，这时一般很少把所有的对象都在一个场景中制作出来，而是将一些对象独立制作出来，然后再将它们合并到一起。例如，要制作一个室内设计的场景涉及床、窗帘、桌子、椅子、茶几等多个对象的制作，先在不同的文件中制作出在场景中要放置的各种对象，然后建立一个只有几面墙和地板的场景，再将其他对象合并入该场景。

（1）合并文件的方法。在一个场景中合并其他文件的方法如下。

① 单击“文件”→“合并”菜单命令，弹出“合并文件”对话框，如图 1-2-6 所示。

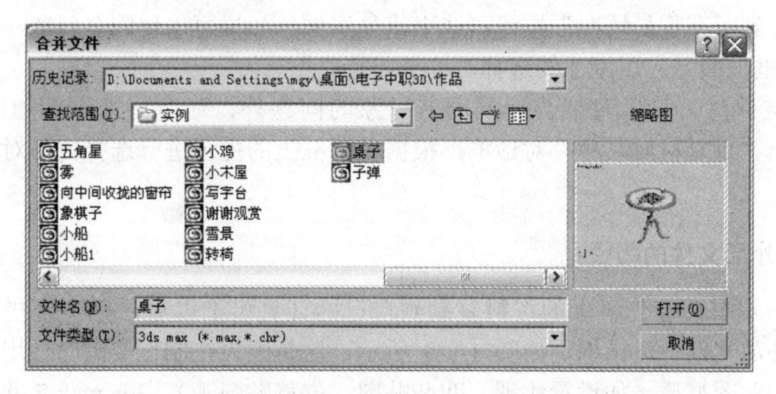


图 1-2-6　“合并文件”话框

② 在“合并文件”对话框中选择要合并对象所在的文件，如选择“桌子”文件，然后单击“打开”按钮。弹出“合并—桌子.max”对话框，如图 1-2-7 所示。

③ 在该对话框中选择要合并到场景中的对象。本例中要合并所有的对象，所以单击 All 按钮，然后单击“确定”按钮，将选择的“桌子”文件合并到当前场景中。

这时所有合并的对象呈选中状态，为避免与其他对象混合，可单击“组”→“成组”菜单命令，弹出“组”对话框，在“组名”对话框中输入组的名称“桌子”，单击“确定”按钮，则将合并的对象组成群组，然后将它移到合适的位置。

（2）同名对象的处理。如果合并的文件与当前场景中的模型有相同的名称时，在“合并—桌子.max”对话框中单击“确定”按钮后，就会弹出“重复名称”对话框，如图 1-2-8 所示。在该对话框中显示出相同名称的模型名称为棋盘，这时在该对话框中有 4 个按钮和一个复选框来解决重名问题。

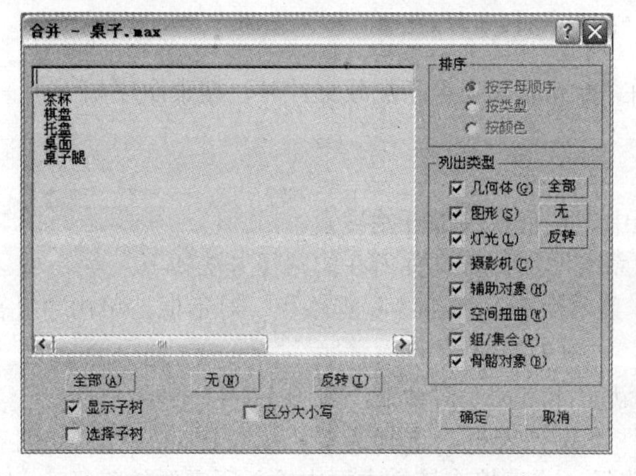


图 1-2-7　“合并—桌子.max”对话框

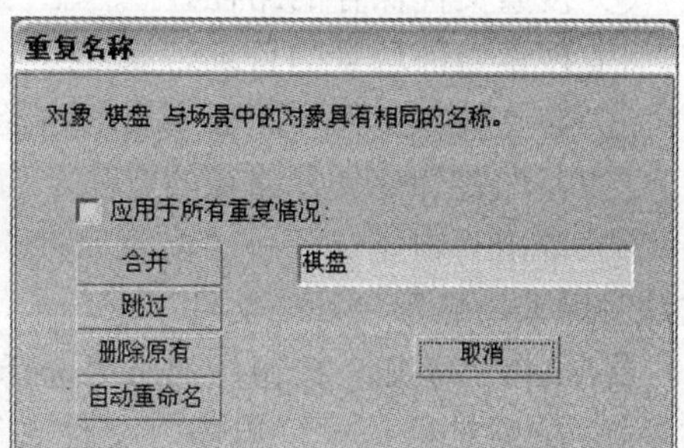


图 1-2-8　“重复名称”对话框

◈“合并”按钮：单击该按钮，可以将对象以原名称合并入新场景，因为 3ds max 7 允许一个场景中有两个名称相同的对象。

◈“跳过”按钮：单击该按钮，则跳过该对象不合并它。

◈“删除原有”按钮：单击该按钮，删除当前场景中的同名文件，然后再合并新的对象。

◈“自动重命名”按钮：单击该按钮，则自动为该对象分配一个新的名称。

◈“应用到所有重复情况”按钮：选中该复选框，如果再出现同名问题，则不再弹出该对话框，而是应用刚才的选择。

在合并文件时，除了可能会遇到同名对象的问题外，还有可能遇到相同材质名的情况，也会弹出“重复材质名称”对话框，根据对话框上的提示进行选择，与对同名对象的处理方法类似。

### 4. 配置外部文件的路径

在读者将本书配套光盘上的资料复制到自己的计算机上以后，打开这些文件，可能会弹出“缺少外部文件”对话框，如图 1-2-9 所示。这是因为在制作实例时使用了一些位图作为背景图像和贴图材质（如设置纹理、凹凸贴图、位移贴图等），3ds max 7 并没有把这些位图直接附加到实例中的模型上，而是在渲染时按照制作过程中所记录的路径去寻找。很明显，在把实例和实例所用的素材全部复制到自己的计算机过程中改变了路径，这时就要告诉 3ds max 7 到哪里去找这些位图，3ds max 7 寻找这些文件的过程称为加载过程。

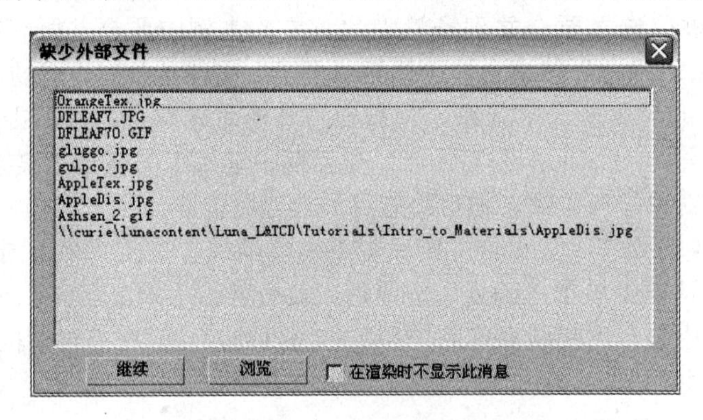


图 1-2-9 “缺少外部文件”对话框

（1）3ds max 7 加载文件的顺序。在 3ds max 7 中重新加载文件时，搜索次序如下。

① 搜索文件保存的路径。

② 搜索当前场景的目录。

③ 在“外部文件”面板列出的路径中，从列表顶部开始搜索。

（2）配置外部文件路径的方法。为系统增加外部文件所在的路径方法如下。

① 单击“自定义”→“配置路径”菜单命令，弹出“配置路径”对话框，单击“外部文件”标签，显示“外部文件”选项卡，如图 1-2-10 所示。

② 单击“添加”按钮，弹出“选择新位图路径”对话框，如图 1-2-11 所示。

③ 在该对话框中，单击“文件夹”下拉列表框，选择需要添加位图的路径，这时在“路径”下拉文本框中显示出所选择的路径（或直接在该文本框中输入所需要的路径）。

如果在所选择的路径中还有子路径，可以单击选中“添加子路径”复选框。

④ 单击“使用路径”按钮，这时自动关闭“选择新位图路径”对话框，回到“配置路径”对话框，在该对话框中可以看到选定的路径添加成功。

如果还要再添加其他路径，可重复步骤②至步骤④，直至所有路径添加完毕。

⑤ 单击“确定”按钮，关闭“配置路径”对话框。

（3）修改路径。如果需要对路径进行修改，可以按下面的方法进行。

① 单击“自定义”→“配置路径”菜单命令，弹出“配置路径”对话框，单击“外部文件”标签，显示“外部文件”选项卡，如图1-2-10所示。

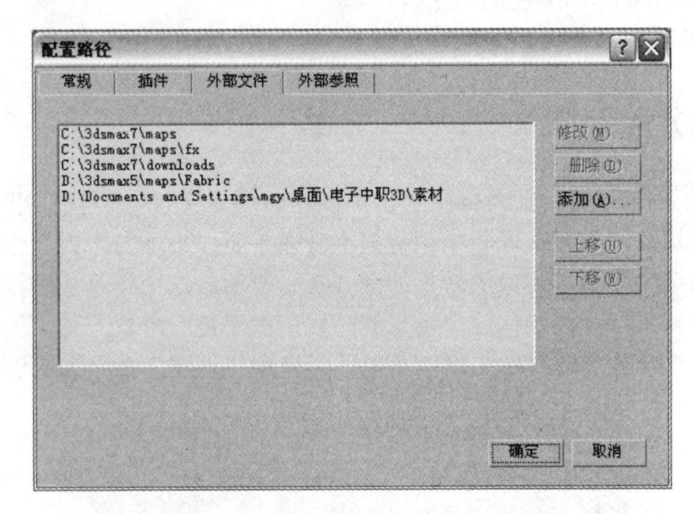


图1-2-10 “配置路径”对话框

② 选中要修改的路径，单击“修改”按钮，弹出“选择新位图路径”对话框，如图1-2-11所示。

图1-2-11 “选择新位图路径”对话框

③ 在“选择新位图路径”对话框中，重新选择需要添加位图的路径。

## 1.3 制作“小球与木板”模型——使用命令面板

### 1.3.1 学习目标

◈ 掌握用鼠标创建对象的方法。
◈ 了解用键盘输入创建对象的方法。
◈ 掌握修改对象名称和颜色的方法。
◈ 初步掌握修改对象参数的方法。

### 1.3.2 案例分析

在本章前面的章节中我们已经打开过已经制作的场景文件，但我们平时所做的大量工作是建立一个新的场景，然后在场景中创建模型。在“制作小球与木板”模型这个案例中，介绍如何创建最简单的模型，完成的效果如图 1-3-1 所示。这个场景的透视视图中显示出这是一个放在板子上的小球。在制作这个场景的时候，板子是一个长方体，使用键盘输入的方法创建，小球是一个球体。通过这个案例可以练习使用“创建”命令面板创建对象的方法。

图 1-3-1 “小球与木板”效果图

### 1.3.3 操作过程

（1）启动 3ds max 7 程序，自动建立一个未命名的场景，单击“文件”→“保存”菜单命令，弹出“文件另存为”对话框，将其以“小球与木板”为名进行保存。

（2）单击屏幕右侧命令面板最上方的（创建）按钮，如图 1-3-2 所示，显示出命令面板的“创建”命令面板（默认情况下，在启动该程序时，此面板将打开）。在（创建）标签的下方是类别栏，这一栏中共有 7 个按钮，代表 7 种不同类别的对象。

（3）单击（几何体）按钮（默认情况显示这个类别），如图 1-3-2 所示。

（4）在（几何体）按钮下方的下拉列表框中用于选择对象的子类别，在这里我们选择“标准基本体”选项（是默认的选项），然后单击“长方体”按钮，如图 1-3-2 所示。

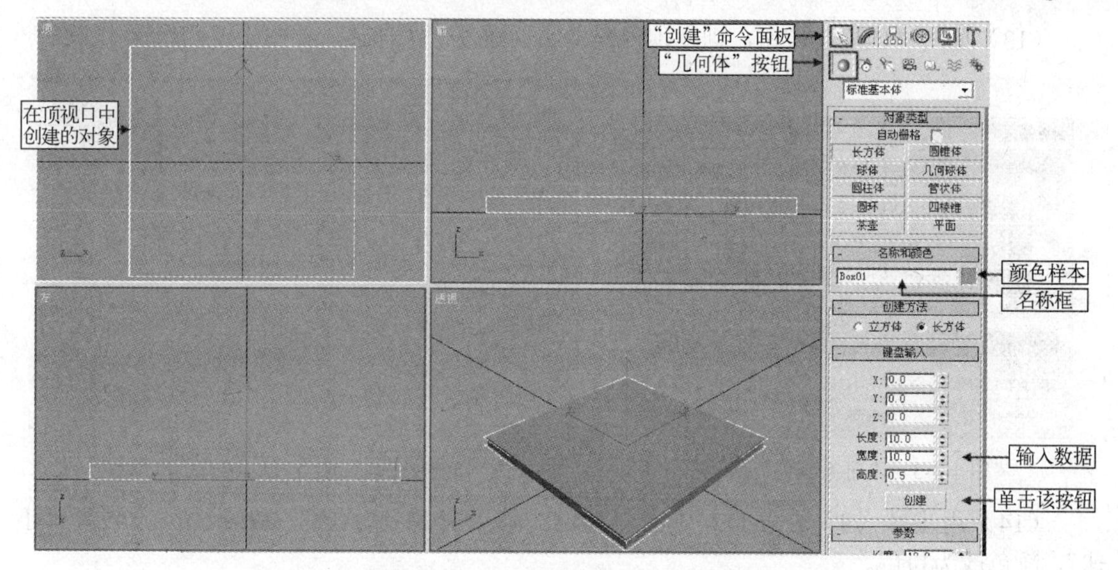


图 1-3-2　在顶视图中创建一个长方体

**提示：** 以后再遇到步骤（2）～（4）的操作过程时，我们用下面的方法叙述：单击（创建）→（几何体）→“标准基本体”→“长方体”按钮。

（5）在“创建方式”卷展栏中单击选中“长方体”单选按钮，将鼠标指针移到顶视图中，单击鼠标左键，激活该视图。

**提示：** 因为创建一个长方体来代表盒子底部，这个盒子要平放在桌面上，所以要在顶视图中创建该对象。

（6）单击命令面板中的“键盘输入”卷展栏，将其展开，如图 1-3-2 所示。

（7）在这一卷展栏中有 6 个文本输入框，其中前 3 个用于确定要建立的长方体在场景中的坐标，后 3 个用于确定长方体的大小。其中 X、Y、Z 三个文本框中使用默认的数值 0，表示所建立的长方体在场景坐标的原点。然后在“长度”数值框中输入 10，按 Enter 键或用鼠标单击其他数值框，完成对长度数值的修改。然后用同样的方法设置以下数值：“宽度”为 10、“高度”为 0.5。

（8）单击“创建”按钮，则在顶视图中创建了一个长方体，这时长方体显得比较小，再单击视图控制区中的（所有视图最大化显示）按钮，效果如图 1-3-2 所示。

刚创建的对象呈选中状态，从屏幕上看在“顶”视图、“左”视图和“前”视图中以白色的线框方式显示，而在透视图中，在对象外一个白色的边框，如图 1-3-2 所示。

（9）保证刚创建的长方体呈选中状态，在命令面板下方的“名称和颜色”卷展栏的名称文本框中，拖曳鼠标选中系统自动赋予的名字 Box01，然后输入新的名字“木板”。

（10）单击“名称和颜色”卷展栏中的名称文本框右侧的颜色样本，如图 1-3-2 所示，弹出“对象颜色”对话框，如图 1-3-3 所示。

（11）在颜色板中单击所需要的颜色，则在“当前颜色”右侧的颜色样本中显示出所选定的颜色，单击“确定”按钮，就可以将所选定的颜色赋予选中的对象。

（12）激活顶视图，单击（创建）→（几何体）→“球体”按钮，展开“键盘输入”卷展栏，设置 X、Y 的数值为 0，Z 的数值为 0.8，“半径”为 0.3。

（13）单击“创建”按钮，则在顶视图中又创建了一个球体，如图 1-3-4 所示。

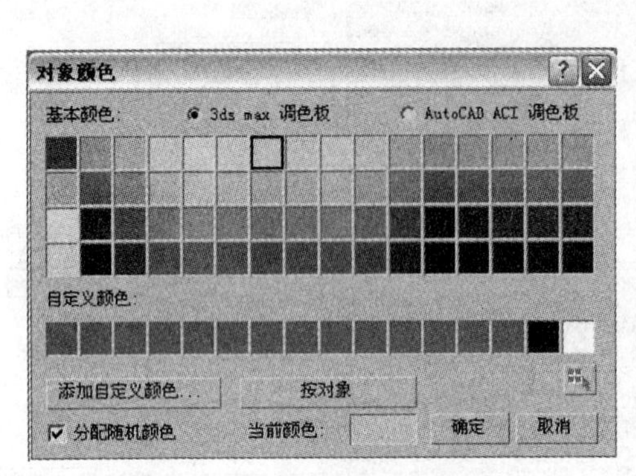


图 1-3-3　“对象颜色”对话框

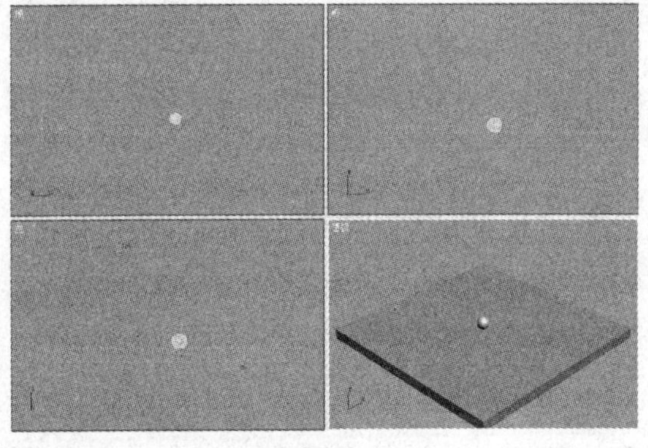

图 1-3-4　在顶视图中又创建了一个球体

（14）用步骤（9）～（11）中所叙述的方法，将系统分配的 Shpere01 改名为“小球”，颜色改为粉色。

（15）用视口控制区中的工具按钮，调整透视视图，最后的效果如图 1-3-1 所示。

【案例小结】

在制作“小球与木板”模型这个案例中，通过创建一个板子和一个小球的操作过程，介绍一种创建对象的方法：使用“键盘输入”卷展栏创建对象。本案例中还介绍了有关参数修改的基本方法和为对象命名的方法。

创建对象主要是在“创建”命令面板中进行，而参数的修改有时则需要在修改面板中进行，有关两个面板的基本使用方法将在下面的内容中介绍。

### 1.3.4　相关知识——了解命令面板

#### 1. 设置显示单位

在 3ds max 7 中有两种单位，一种是“系统单位”，一种是“显示单位”。设置单位的目的是度量场景中的几何体的大小。“系统单位”决定了对象的实际大小，而“显示单位”只影响几何体在视图中的显示方式。默认单位为“英寸”。但我国的度量单位是国际单位制，所以一般来说我们并不习惯用英制进行思考。可以将显示单位设置为国际单位制中的米制，以符合我们的习惯，设置显示单位的方法如下。

（1）单击“自定义”→“单位设置”菜单命令，弹出“单位设置”对话框，如图 1-3-5 所示。

“单位设置”对话框可分为 3 个部分，最上方是“系统单位设置”按钮，单击该按钮，可以弹出“系统单位设置”对话框，对系统单位进行修改。在“显示单位比例”栏中可以对长度的单位进行选择。而“照明单位”栏中可以对灯光的单位进行设置。

（2）在“单位设置”对话框中，单击选中“公制”前面的单选按钮，再单击其右边的下拉箭头，在弹出的下拉列表框中选择“毫米”。

（3）单击“确定”按钮完成设置。

**注意：**本节的操作步骤中还没有进行单位设置，所以使用的数值还都是英制的，如果置换成“毫米”为单位，则每个数值均要乘 25.4。

## 2. “创建”命令面板

在屏幕右侧的命令面板区域单击 （创建）按钮可以显示“创建”命令面板，在该面板中所创建的对象种类分为 7 个类别。每一个类别有自己的按钮，它们是 （几何体）、 （形状）、 （灯光）、 （摄像机）、 （辅助对象）、 （空间扭曲）和 （系统）。按下一个按钮就可以显示出该类别的面板，如图 1-3-6 所示为部分创建命令面板。在每一个类别的面板内可能包含几个不同的对象子类别，使用下拉列表可以选择对象子类别，每一类对象都有自己的按钮，单击该按钮即可开始创建。

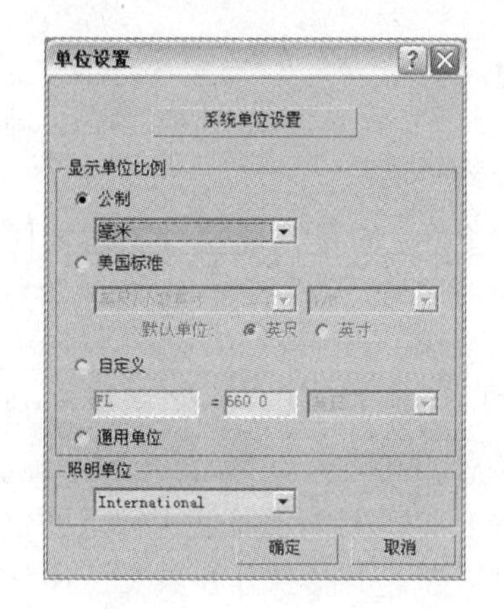


图 1-3-5　“单位设置”对话框

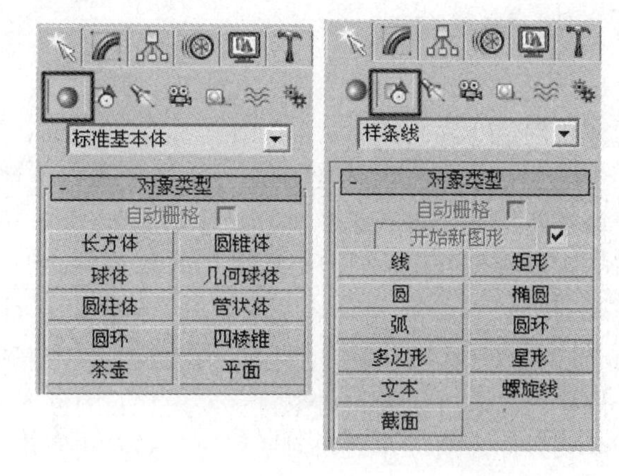


图 1-3-6　部分创建命令面板

使用创建命令面板创建对象的方法与所创建的对象有关，下面我们以长方体为例简单分析一下如何使用创建命令面板。

**提示：**以后我们将用下面的叙述代替前面的这一段描述：单击 （创建）→ （几何体）→“标准基本体”→“长方体”按钮。

这时在它下面显示出很多参数，由于参数非常多，所以将参数分门别类地放在一起，每一个类别都列出一个标题，我们将其称为“卷展栏”。单击卷展栏的标题，这一类别的参数将全部打开，这时卷展栏标题前面有一个“-”号，我们称这种操作为将卷展栏展开或展开某卷展栏；再单击卷展栏的标题，这时所有的参数隐藏，卷展栏标题前面有一个“+”号，我们称这种操作为将卷展栏折叠或隐藏。下面将所有的卷展栏展开，这时的命令面板如图 1-3-7 所示。

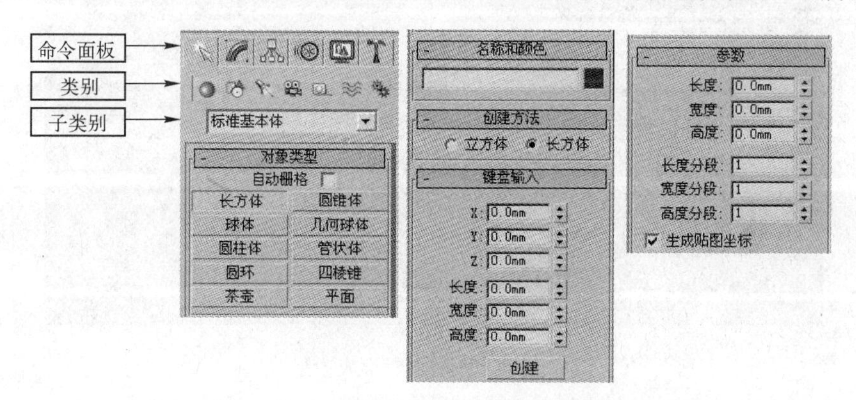


图 1-3-7　创建命令面板中各种参数的卷展栏

虽然选中不同的命令按钮时，创建命令面板下半部分中可以使用的参数不同，但一般都由以下几个部分组成。

（1）“名称和颜色”卷展栏：用于给创建的对象命名及更改其在视图中显示的颜色。

（2）“创建方法”卷展栏：在该卷展栏中只有几个单选按钮，用于确定对象的创建方法。

（3）“键盘输入”卷展栏：通过输入对象的坐标及几何参数，在视图中创建对象。

（4）“参数”卷展栏：主要用于控制对象的参数。

### 3. 创建对象的方法

一般来说，常用创建对象的方法有两种，一种是用键盘输入的方法创建，另一种是用交互的方式创建对象。

其中，用键盘输入方法创建的对象位置和大小都很精确，但是当场景中的对象比较多时，计算它的位置比较麻烦，所以除特别需要时，一般用得比较少。这种创建对象的方法，在本节的实例操作过程中已经介绍得比较详细，这里不再赘述。

交互式创建对象的方法是先在视口中用拖动鼠标的方法创建对象，然后再修改它的参数，由于这种方法比较灵活，所以用得比较多。本书中以后的实例基本都是用这种方法创建对象，但这种方法所创建的对象肯定要调整它的位置，本节的实例中没有使用。下面仍然以创建一个长方体为例，介绍如何使用交互的方法创建一个对象。具体操作步骤如下所述。

（1）新建一个场景，单击（创建）→（几何体）→“标准基本体”→“长方体”按钮。

（2）在“创建方式”卷展栏中单击选中“长方体”单选按钮，将鼠标指针移到顶视图中，按下鼠标左键不放，拖动鼠标，形成一个矩形，如图 1-3-8 所示，释放鼠标后确定了该矩形的大小。然后再拖动鼠标，这时观察透视视图，可以发现形成了一个长方体，适当的时候单击鼠标左键，完成长方体的创建，如图 1-3-9 所示。

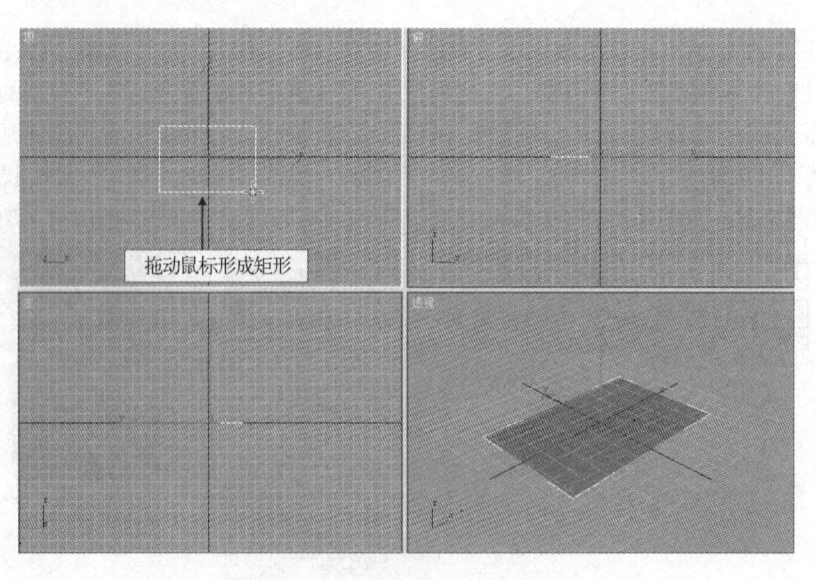


图 1-3-8　拖动鼠标形成矩形

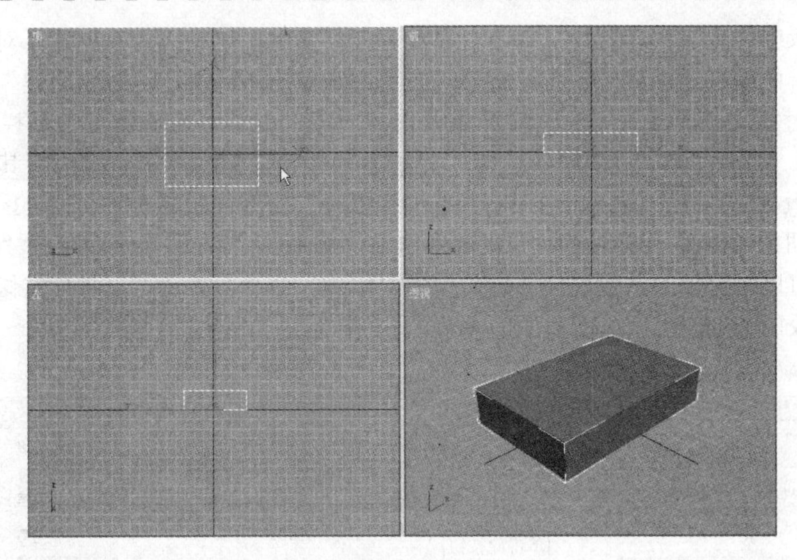

图1-3-9　创建完成的长方体

**4．修改对象参数**

用鼠标拖动的方法创建的长方体大小并不符合要求，下面修改它的参数来改变它的实际大小。具体操作步骤如下所述。

（1）保证刚创建的长方体为选中状态。

（2）将鼠标移到命令面板的空白处，当鼠标变为一只手的形状时，向上拖动鼠标，使命令面板向上移动，显示出后面的内容（以后将其称为向上移动命令面板），直至显示出“参数”卷展栏中的全部参数，参看图1-3-7。

（3）在“长度”数值框中输入10，按Enter键或单击其他数值框以后完成此参数的修改，注意观察视图，可以看到对象的大小已经发生了变化。

（4）用同样的方法在“高度”数值框中输入10，“高度”数值框中输入0.5，其余参数不变。

**5．修改对象的名称和颜色**

（1）保证前面所创建的长方体呈选中状态，单击命令面板下方的“名称和颜色”卷展栏中的名称文本框，拖动鼠标选中系统自动赋予的名字Box01，然后输入新的名字。

（2）单击“名称和颜色”卷展栏中的名称文本框右侧的颜色样本，弹出“对象颜色”对话框，如图1-3-10所示。

（3）在颜色板中单击所需要的颜色，则在“当前颜色”右侧的颜色样本中显示出所选定的颜色，单击“确定”按钮，就可以将所选定的颜色赋予选中的对象。

**提示：**每创建一个对象，3ds max 7都会为其分配一个颜色，如果不为对象赋予材质，则在渲染时，会以系统为该对象所赋予的颜色输出。

**6．“修改”命令面板**

前面创建对象时，在“创建”命令面板中进行了参数的修改，但有时会发现在“创建”命令面板中修改参数，对场景中的对象没有任何影响，这是因为在创建了对象后没有直接改变参数，而是进行了其他操作。例如，在视图中单击了一下，这时“创建”命令面板和刚刚创建的对象就会脱离关系。这时如果要修改对象的参数，应单击主工具栏上的（选择对象）、（选择并移动）、（选择并旋转）等按钮。然后单击该对象将其选定后，再单击命令面板区域的（修改）按钮，进入“修改”命令面板，如图 1-3-11 所示。在（修改）按钮的下方是当前选定对象的名称和颜色，而最下方则是该对象的“参数”卷展栏，在这里可以对对象的参数进行修改。使用“修改”命令面板还可以来指定修改器，关于修改命令面板的其他应用请参看后面的章节。

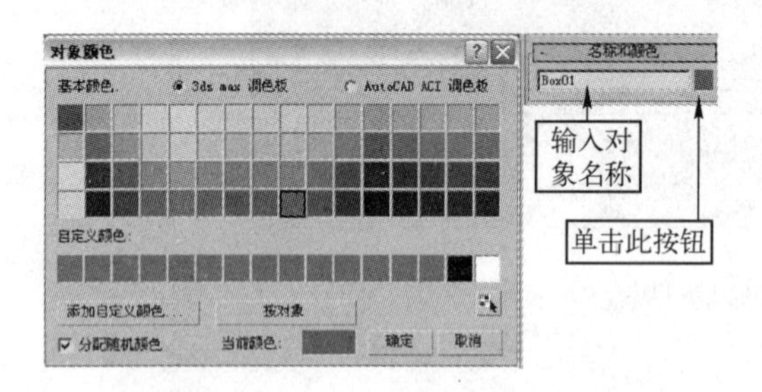


图 1-3-10 修改对象的名称和颜色

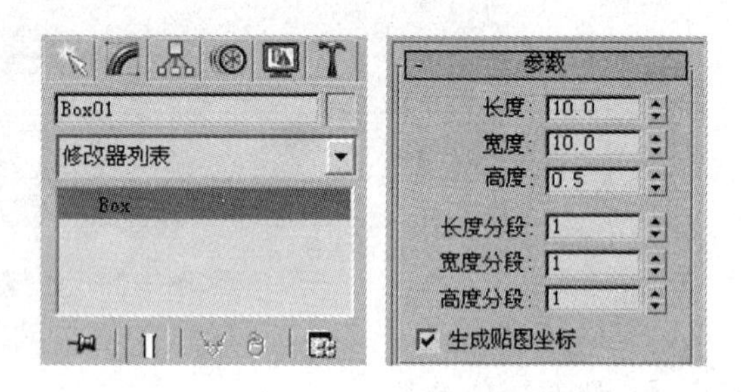


图 1-3-11 “修改”命令面板

## 1.4 制作“儿童房地板”——选择和变换

### 1.4.1 学习目标

◈ 掌握可以用于选择的工具按钮。
◈ 理解框选方式，掌握单击和框选方式选择对象的方法。
◈ 初步掌握通过名称选择对象的方法。
◈ 掌握“选择并移动”工具的使用，初步掌握“选择并旋转”和“选择并缩放”工具的使用。
◈ 了解精确变换对象的方法。
◈ 初步掌握复制、阵列和对齐对象的方法。

### 1.4.2 案例分析

在制作“儿童房地板”这个案例中，制作了一块用于儿童房间的地板，本案例渲染以后的效果如图 1-4-1 所示。在这个案例中，地板上相间铺设着白色的地砖和印着图案的花砖，整个图案显得简洁明快。因其中花砖的图案为剖开的橘子，故很适合儿童房间使用。这个案例的效果可用在儿童房间或幼儿园教室的室内装饰效果图中。通过本案例的学习，可以练习对象的移动、复制、阵列、对齐等操作。

图 1-4-1　“儿童房地板”渲染效果图

## 1.4.3　操作过程

### 1．复制对象并指定材质

（1）打开本书配套光盘上“调用文件”\“第 1 章”文件夹中的“1-4 儿童房地板.max”文件。在这个文件的场景中已经有两个长方体对象，一个名为“地板”，另一个名为“地砖”，另外还编辑了相应的材质。

（2）单击主工具栏中的（选择并移动）按钮，再按下（窗口/交叉）按钮，使其为窗口状态，将鼠标指针移到顶视图中，在作为“地砖”的小长方体对象周围拖动鼠标，直到将它全部包围在白色的虚线框中，如图 1-4-2 所示，然后释放鼠标。

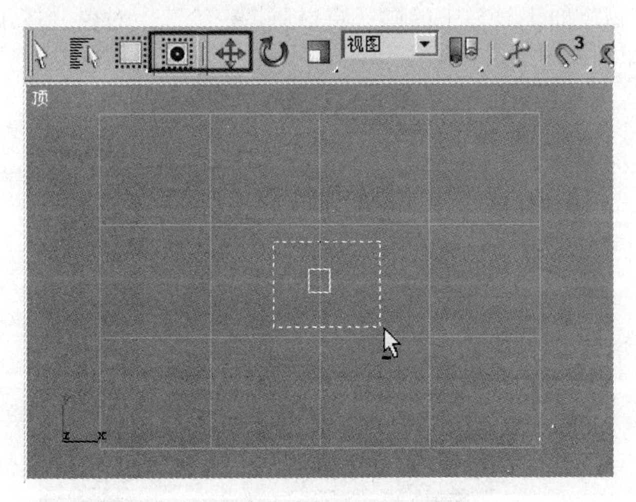


图 1-4-2　在顶视图中选中“地砖”对象

这时就可以发现“地砖”周围已经有白色的框，表示它为选中状态。

（3）按住 Shift 键向右拖动鼠标，这时发现又出现了一个长方体对象，当移动到一定距离时释放鼠标，弹出“克隆选项”对话框，如图 1-4-3 所示。

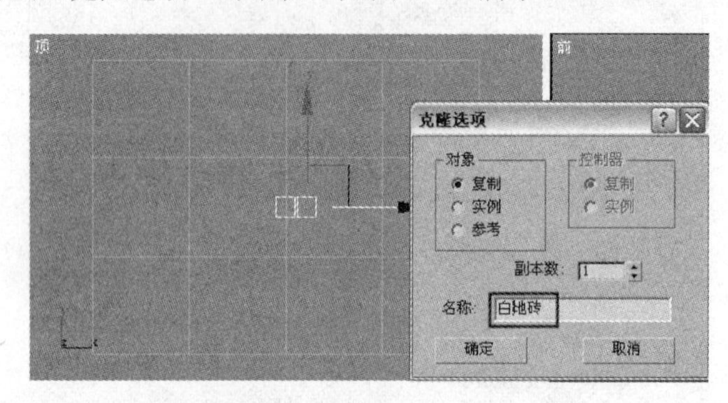


图 1-4-3 “克隆选项”对话框

（4）在“克隆选项”对话框中的“名称”文本框中输入“白地砖”文字，其他使用默认设置，单击“确定”按钮，系统关闭该对话框，这时在场景中出现了另外一个小长方体。

（5）单击主工具栏中的 （选择对象）按钮，然后单击小长方体的白色边框，就可以将它选中（这时如果拖动鼠标，也不会改变小长方体的位置），观察它们的名称，一个是“地砖”，另一个是“白地砖”。

（6）用上面介绍的任意一种方法选中名为“地砖”的对象。

（7）将鼠标指针移到主工具栏上的空白位置，当鼠标指针变为 形状时，向左拖动鼠标直到不能再拖动为止，再单击 （材质编辑器）按钮，弹出“材质编辑器”对话框，如图 1-4-4 所示。

“材质编辑器”对话框的最上部是 6 个小球，每个小球处于一个方框内，将这种有一个小球的方框称为一个“示例窗”。

（8）在“材质编辑器”对话框中选中左上角第一个示例窗，这时在这个示例窗的周围有一个白色框。

（9）单击示例窗下面工具栏中的 （将材质指定给选定对象）按钮，再单击 （在视口中显示贴图）按钮，如图 1-4-4 所示。

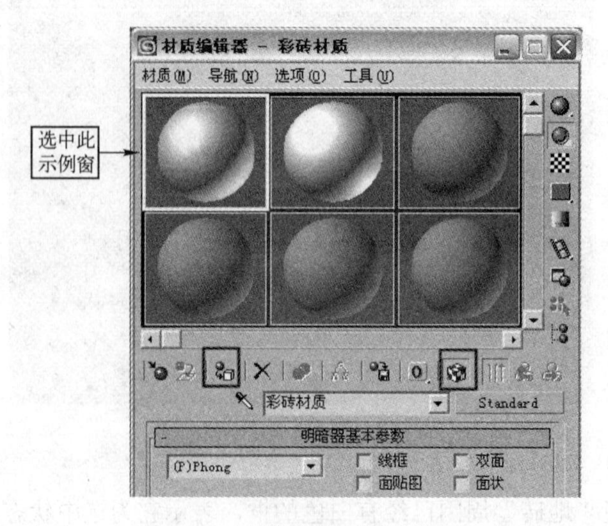


图 1-4-4 “材质编辑器”对话框

（10）按下视口控制区中的按钮，在弹出按钮中单击（所有视图最大化显示选定对象）按钮，这时的效果如图 1-4-5 所示。

图 1-4-5 在视口中显示了贴图

（11）在任意一个视图中选中名为“白地砖”的对象，在“材质编辑器”对话框中选中第二个示例窗，再单击该对话框工具栏中的（将材质指定给选定对象）按钮和（在视口中显示贴图）按钮，这样为第二块地砖指定了材质。关闭“材质编辑器”对话框。

（12）激活透视视图，用视口控制区中的（弧形旋转选定对象）按钮和（视野）按钮调整好对象的位置，如图 1-4-6 所示。单击主工具栏中最右侧的（快速渲染）按钮，弹出用于显示输出图像效果的窗口（也叫做渲染窗口），如图 1-4-7 所示。观察输出效果后关闭该窗口。

图 1-4-6 调整透视图的位置

图 1-4-7 显示了输出的效果

## 2．移动并阵列对象

（1）单击视口控制区中的按钮，将所有视图最大化显示，激活顶视图，选中名为“地砖”的对象，单击主工具栏中的（对齐）按钮，然后将鼠标指针移到顶视图中单击要对齐的目标“地板”对象，如图 1-4-8 所示。

（2）屏幕上弹出“对齐当前选择（地板）”对话框，如图 1-4-9 所示，按图中所示进行设置，单击“确定”按钮。

这时可以发现“地砖”对象已经移到“地板”对象的左下角，但是从前视图中看，它还在“地板”的上方，用按钮旋转透视视图时可以发现地砖和地板之间有一定距离。

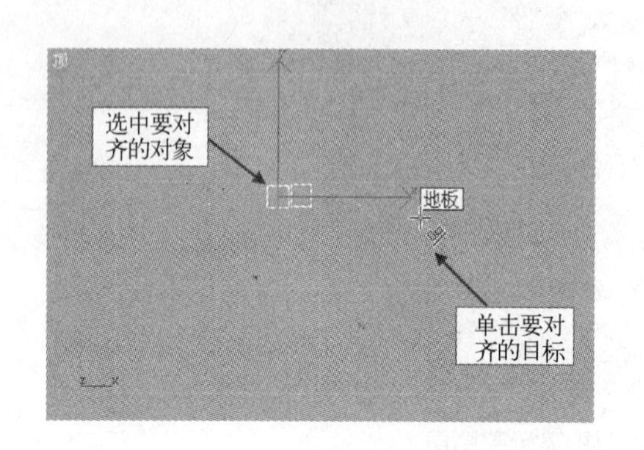


图 1-4-8 单击要对齐的目标对象

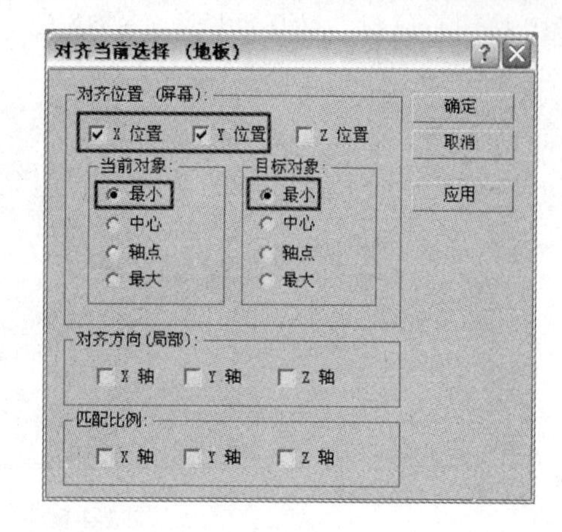


图 1-4-9 “对齐当前选择（地板）”对话框

（3）单击主工具栏中的按钮，在前视图中选中“地砖”对象，单击视口控制区中的按钮，将选中的对象最大化显示。再将鼠标指针移到前视图中的 Y 轴上，当该轴变为黄色时，向下移动“地砖”对象，如图 1-4-10 所示。使其贴到“地板”的表面，以刚好在透视视图中看到该对象为准，如图 1-4-11 所示。

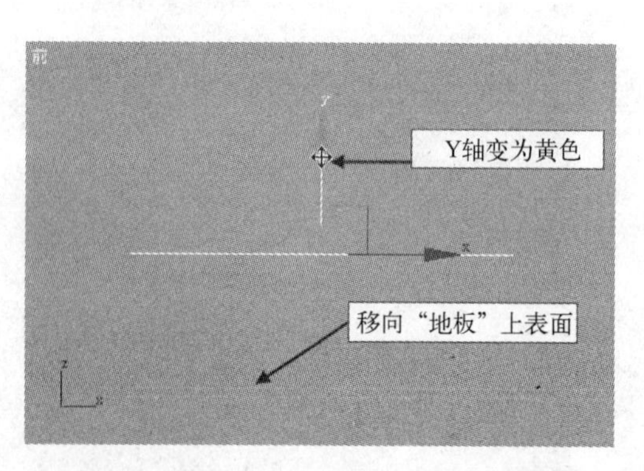


图 1-4-10 沿 Y 轴向下移动“地砖”对象

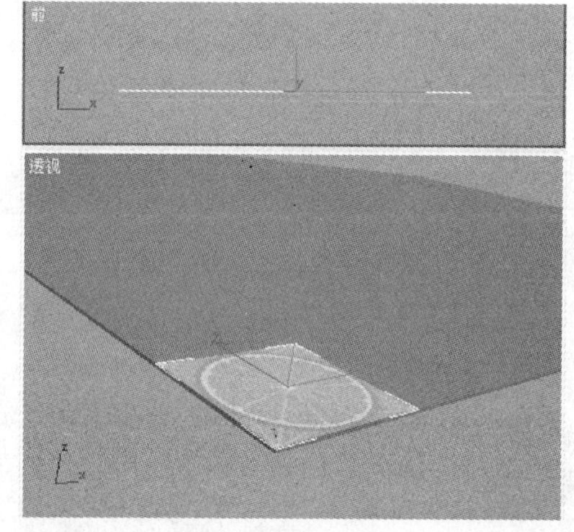


图 1-4-11 移动完成以后“地砖”的位置

（4）单击视口控制区中的按钮，将所有视图最大化显示，选中“白地砖”对象，用步骤（3）中的方法将它在前视图中向下移动，在顶视图中向左下角移到与“地砖”对象贴近，当它们之间的距离比较近，再单击视口控制区中的按钮，将选中的对象最大化显示，仔细地移动“白地砖”，使其正好在“地砖”的右侧，如图 1-4-12 所示。

（5）在顶视图的视口标签处单击鼠标右键，在弹出的快捷菜单中单击“平滑+高光”选项，改变顶视图的渲染模式。

（6）单击主工具栏中的按钮，在顶视图中选中“地砖”对象，按住 Shift 键向右上拖动鼠标，这时屏幕上显示出要复制的对象的位置，当它移到原“地砖”的右上角时，释放鼠标，弹出“克隆选项”对话框，使用默认设置，单击“确定”按钮，将“地砖”复制一个，位置如图 1-4-13 所示。

（7）再选中“白地砖”对象，用上一步的方法，将它向左上角再复制一个，位置如图 1-4-13 所示。这时 4 块地砖的位置可能还不是很好，下面调整它们的位置。

（8）选中 4 块地砖，激活顶视图，单击视口控制区中的 （最大化视口切换）按钮，整屏显示顶视图，再单击 按钮将它们最大显示，然后在顶视图中仔细地调整 4 块地砖位置，最后的效果如图 1-4-13 所示。完成以后将所有视图最大化显示。

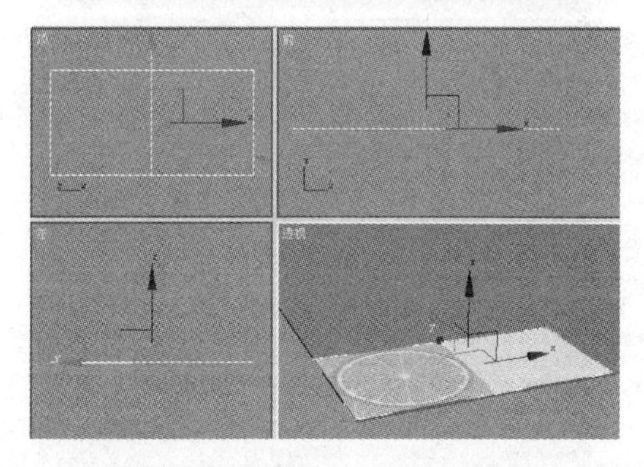

图 1-4-12 移动好两块地砖的位置

图 1-4-13 地砖在地板上的初始位置

（9）单击主工具栏中的 按钮，再单击 按钮，使其为窗口状态，将鼠标指针移到顶视图中，拖动鼠标，使得选择的框线包围住 4 块地砖，将它们选中。单击“组”→“成组”菜单命令，弹出“组”对话框，如图 1-4-14 所示，在“组名”文本框中输入“组合地砖”文字，单击“确定”按钮，就可以将 4 块地砖组成一个组。

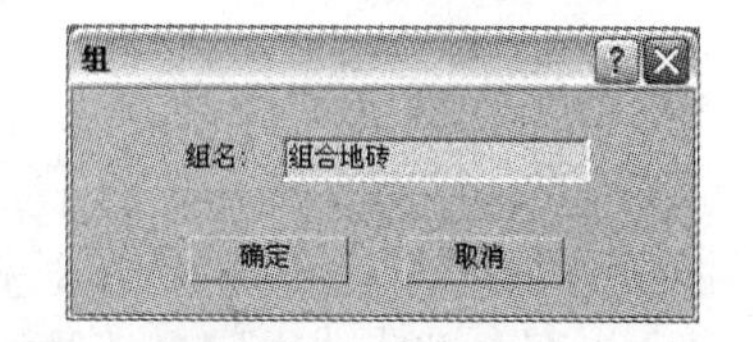


图 1-4-14 “组”对话框

（10）单击“工具”→“阵列”菜单命令，弹出“阵列”对话框，按图中所示进行设置以后（如图 1-4-15 所示），单击“预览”按钮，满意后单击“确定”按钮，完成阵列复制。

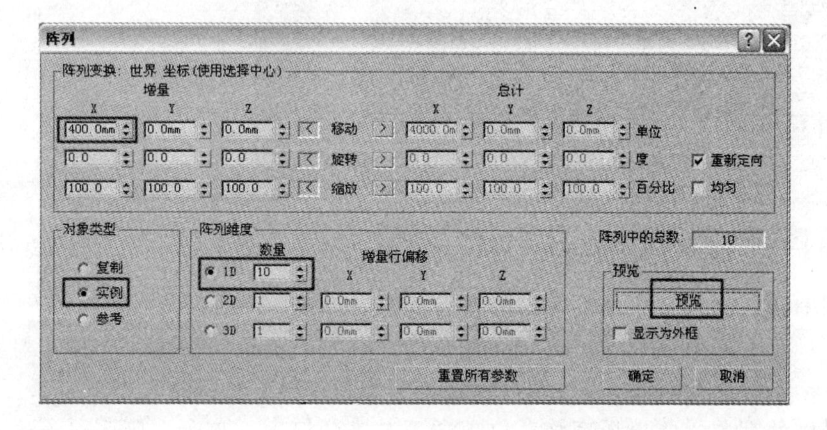


图 1-4-15 沿 X 方向阵列复制对象的设置

这时场景中的效果如图 1-4-16 所示，从图中可以看到已经完成了一个方向的阵列复制，下面进行另一个方向的阵列复制。

（11）单击主工具栏中的 （按名称选择）按钮，弹出“选择对象”对话框，如图 1-4-17 所示。在该对话框左侧的列表框中显示出当前场景中所有显示的对象。在列表框中单击选中“组合地砖”选项，按住 Shift 键再单击“组合地砖 09”选项将它们选中，单击“选择”按钮，关闭该对话框，同时场景中的所有阵列出的地砖都为选中状态。

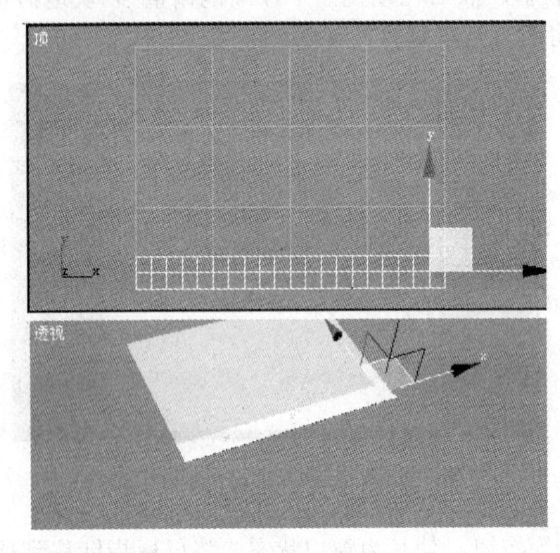


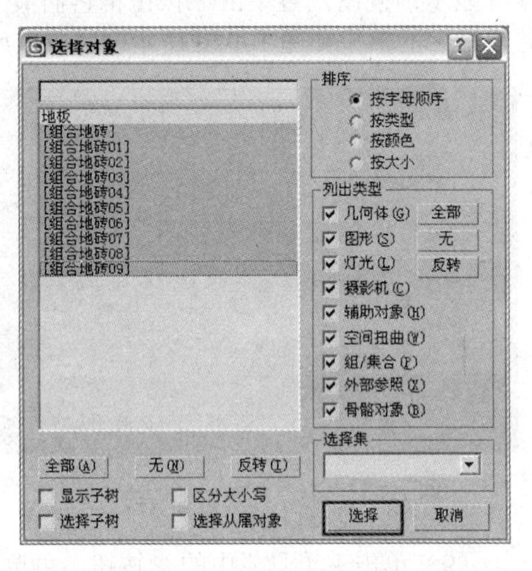


图 1-4-16　阵列复制以后的效果　　　　图 1-4-17　“选择对象”对话框

（12）单击“工具”→“阵列”菜单命令，弹出“阵列”对话框，按图中所示进行设置（如图 1-4-18 所示）以后，单击“预览”按钮，满意后单击“确定”按钮，完成阵列复制，效果如图 1-4-19 所示。在透视视图中调整好整个地板的位置以后，单击 （快速渲染）按钮，效果如图 1-4-1 所示。

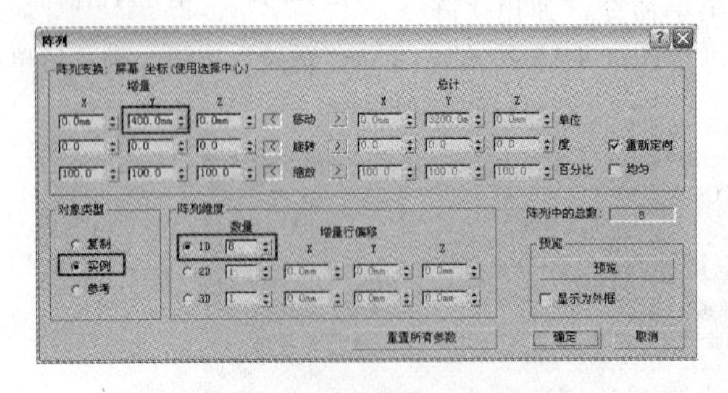

图 1-4-18　沿 Y 方向阵列复制的设置　　　　图 1-4-19　阵列完成以后的效果

**【案例小结】**

在制作“儿童房地板”这个案例中制作了方砖贴成的地板图案，介绍了对象的移动、复制、对齐、阵列等基本的操作方法，以及为对象指定材质的操作方法。

上面提到的有关操作中还有许多以前所不熟悉的概念。例如，阵列对象时如何确定参数、克隆对象与复制的关系、如何镜像对象等，有关的知识将在下面进行介绍。

### 1.4.4　相关知识——基本选择操作和变换操作

#### 1. 选择对象

在场景中创建了对象以后，如果要修改对象的参数或者进行一些编辑操作，首先要做的是选择对象。被选中的对象在视图中以白色的线框方式显示，而在透视视图和 Camera（摄像机）视图中被选中时，在对象外有一个白色的边框。在 Max 中有多种选择对象的方法。

（1）使用选择工具单击选择对象。Max 提供了多种选择操作对象的方法，用于选择对象的工具中：（选择对象）是一个单纯的选择工具，不具有其他功能；（选择并移动）、（选择并旋转）、（选择并均匀缩放）和（选择并操控）等工具除了其自身的操作功能以外，还具有工具的全部功能。如果要选择一个操作对象，首先在主工具栏中选择一个具有选择功能的工具按钮，然后将鼠标指针移到要选择的对象上，当鼠标指针变为十字光标时，单击该对象即可选中一个操作对象。

（2）构造对象选择集。如果要选择多个操作对象（在 Max 中将所选择的多个对象叫做对象选择集），在选择第一个对象后按住 Ctrl 键，再单击要选择的其他对象，就可将其增加到操作对象的选择集中，如图 1-4-20 所示。

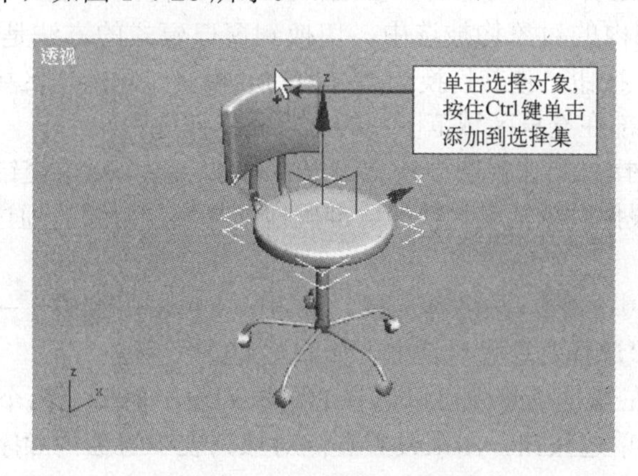


图 1-4-20　构造选择集

（3）取消对象的选择。如果要从多个对象构成的选择集中取消某个对象的选择，则应按住 Ctrl 键再单击该对象。当选择了一个或多个操作对象后，若要取消所选择的全部对象，单击视图中的空白位置即可。

（4）使用框选方式选择对象。通过拖动鼠标选择对象称为框选，在 Max 中用鼠标框出的区域可以有不同的形状。

◈ 区域选择：区域选择操作对象是指在视图中通过拖动鼠标框出的一个区域选择要操作的对象。如果在指定区域时按住 Ctrl 键，则影响的对象将被添加到当前选择中。反之，如果在指定区域时按住 Ctrl 或 Alt 键，则影响的对象将从当前选择中移除。默认情况下，拖动鼠标时创建的是矩形区域。

◈ 区域形状：鼠标左键按下主工具栏中的（矩形选择区域）按钮，可以弹出它的弹出按钮。该组共有 5 个按钮，选择不同的按钮，利用鼠标单击和拖动可以创建不同形状的区域。这 5 个按钮是：（矩形选择区域）按钮、（圆形选择区域）按钮、（围栏选择区域）按钮、（套索式选择区域）按钮和（绘制选择区域）按钮。不同的区域形状框选的效果如图 1-4-21 所示。

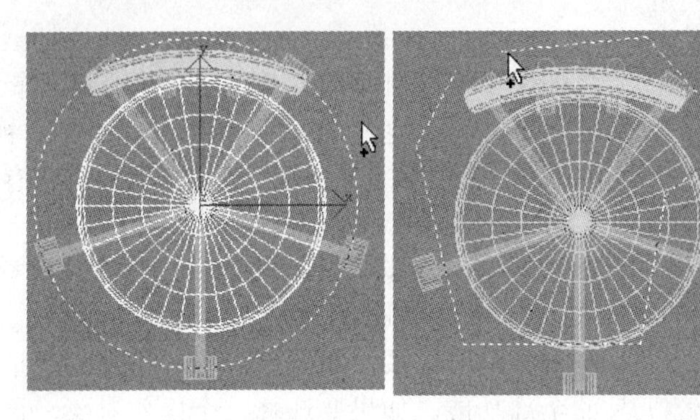

图 1-4-21 不同的框选区域

◈ 选择模式：在进行区域选择时，是将框选区域内的对象作为选择操作对象，还是将框选区域所接触到的对象作为选择操作对象，要根据选择模式确定。选择模式有两种：一种是窗口模式，一种是交叉模式。系统默认的是交叉模式，在此模式下，用区域选择方式选择操作对象时，在选框区域范围内的对象及与选框区域接触并未全部在选区范围内的对象均被选中。切换到窗口模式的方法是按下主工具栏中的（窗口/交叉）按钮，使其切换到（窗口）模式，这时用区域选择方式选择操作对象时，只有全部在选框区域范围内的对象才能被选中。

（5）通过名称选择。当在视图中建立了很多对象，各个对象交错在一起，构成一个很复杂的场景时，可以根据对象的名称快速、准确地选择操作对象。通过名称选择操作对象的方法如下所述。

① 单击主工具栏中的（按名称选择）按钮，或单击“编辑”→“选择方式”→“名称”菜单命令，弹出“选择对象”对话框，如图 1-4-17 所示。

在该对话框中，左侧是场景中可以选择的对象列表；右侧有两个栏，一个是“排序”栏，在该栏中有 4 个单选按钮，用来设置左侧对象列表中对象的顺序，另一个是“列出类型”，在该栏中设置可以显示在左侧列表框中对象的类型。另外还有几个功能按钮，它们的作用就如名称描述得那样。

② 在该对话框左侧的对象列表框中，单击要选择的对象，或在左上角的文本框中输入要选择对象的名称，再单击“选择”按钮即可。

③ 如果要同时选择多个对象，则可以在左侧的列表框中选择了一个对象以后，按住 Ctrl 键单击需要选择的其他对象，然后再单击“选择”按钮。

④ 如果要选择全部对象，则可以单击 All 按钮后，再单击“选择”按钮。

### 2. 选择并变换

在 Max 中，单纯的选择工具只能选择对象，不能移动对象，也不能对所选择的对象进行任何其他操作，如果要进行移动、旋转或缩放对象等变换操作，就要使用专门的工具，而这些工具都具有选择的功能，所以它们都是复合工具。

（1）选择并移动。单击主工具栏中的（选择并移动）按钮，在视图中单击选中对象以后，从不同的视图中可以观察到所选中的操作对象上显示出 3 个坐标轴 X、Y、Z，3 个坐标轴的颜色分别为红、绿、蓝，如图 1-4-22 所示。在正交视图中只能看到两个轴，如图 1-4-23 所示，当激活不同的正交视图时，选中的对象上显示的坐标轴也有所不同，这与主工具栏中视图（参考坐标系）下拉列表框中的选项有关。

如果将鼠标指针移到视图的某一坐标轴 X、Y 或 Z 轴上，鼠标指针变为形状，同时该坐标轴也变为黄色，这时按住鼠标左键并拖动鼠标，可将操作对象沿该坐标轴方向移动。如果将鼠标指针移到活动视图的某一坐标平面 XY、YZ 或 ZX 平面上，鼠标指针变为形状，同时相应的坐标平面也变为黄色时，按住鼠标左键并拖动鼠标，可将操作对象沿该坐标平面移动。

在 3ds max 7 中，也可以通过工具栏来实现约束到轴。具体方法是：将鼠标移到主工具栏中空白处单击右键，在弹出的快捷菜单中单击“轴约束”选项，弹出工具栏，如图 1-4-23 所示，在该工具栏中单击相应的轴，这时相应的轴就会变成黄色。

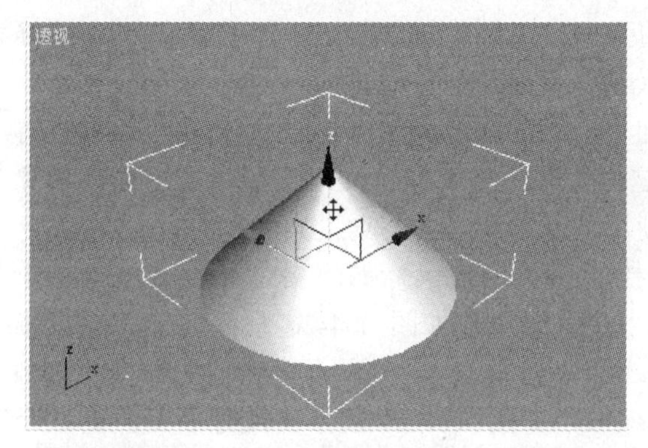


图 1-4-22　移动对象时的三个约束轴

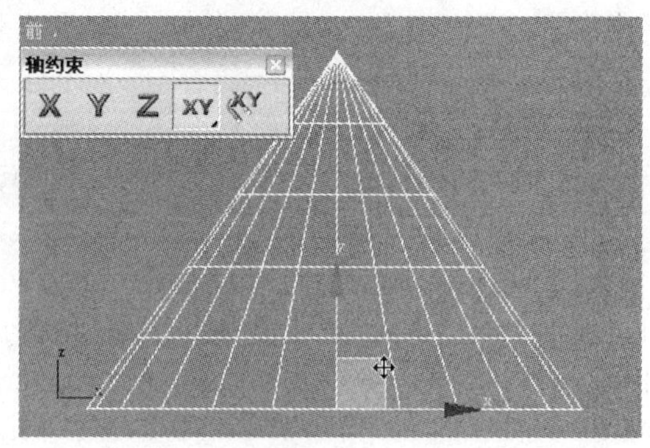


图 1-4-23　在正交视图中的轴

**提示**：在 3ds max 7 中约束轴响应鼠标的移动，但有时我们并不希望约束轴随着鼠标发生变化，这时就可以将这种功能关闭。打开或关闭这种功能的切换方法是在英文输入状态下按 X 键。

（2）选择并旋转。单击主工具栏中的（选择并旋转）按钮，在视图中单击选中对象以后，系统在操作对象上显示出 5 个轨迹圆，如图 1-4-24 所示。这 5 个轨迹圆被称为圆形控制柄，其中红、绿、蓝 3 个环分别代表 X、Y、Z 三个方向。在图 1-4-24 所指示的透视图中的 5 个圆环，在其他三个正交视图中只能看到 4 个圆形控制柄，其中的两个圆形控制柄显示为垂直的直线，自由旋转控制柄则与一个控制柄重合，如图 1-4-25 所示。

在视图中将鼠标指针移到某一轴向的旋转控制柄上时，该旋转控制柄变为黄色，按住鼠标左键并拖动鼠标，可将操作对象绕该轨迹圆旋转。在旋转的同时控制柄内部出现一个透明的切片，该切片随着旋转的角度发生变化，同时会出现数字指示出当前旋转的角度。

在对象外侧有深灰和浅灰色两条控制柄。贴近对象的是自由旋转控制柄，它允许用户根据鼠标移动方向产生自由旋转的效果；在最外侧的是视图旋转控制柄，它可以使变换对象沿垂直视图的方向产生旋转的效果。

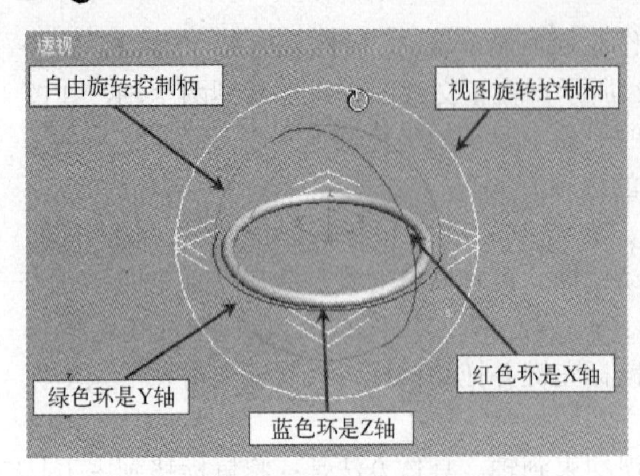


图 1-4-24　旋转的 5 个圆形控制柄

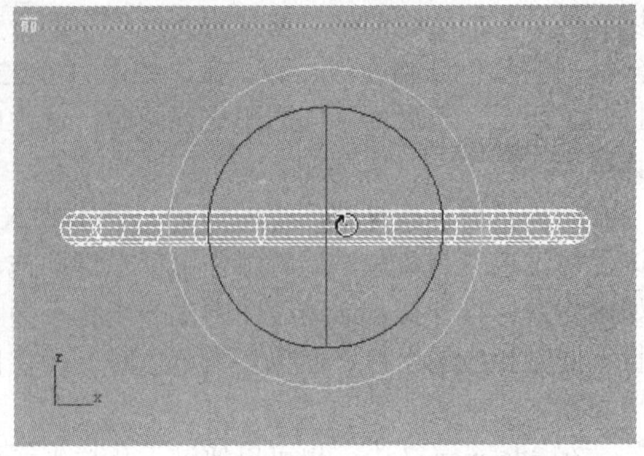


图 1-4-25　在正交视图中只能看到 4 个圆形控制柄

（3）选择并缩放。在 3ds max 7 中提供了 3 种执行缩放变换的工具按钮，单击主工具栏中的■（选择并均匀缩放）按钮，弹出它的弹出按钮，可以看到这一组按钮由■（选择并均匀缩放）、■（选择并非均匀缩放）和■（选择并挤压）按钮组成。

◈ ■（选择并均匀缩放）和■（选择并非均匀缩放）按钮：这两个按钮都可以进行等比例缩放和不等比例缩放。当选择了这两个选择并缩放工具之一后，在选中的对象上出现缩放的控制柄，这个控制柄的使用方法与选择并移动工具的控制柄很相似。

选择并缩放工具有红、绿、蓝 3 个轴向控制柄，当把鼠标如下指针移到某一个轴上时，该轴为黄色，拖动鼠标就可以沿这个方向上进行缩放，如图 1-4-26 所示；当把鼠标指针移到两个轴之间时，可以在这个平面内进行缩放，如图 1-4-27 所示；当把鼠标指针移到缩放控制柄中心的三角区域时，可以进行等比缩放，如图 1-4-28 所示。刚才所提到的几个图都是在透视图中进行的缩放，而实际上初学者在进行缩放时，都在正交视图中进行，这时的操作方法与在透视图中的操作方法相同。

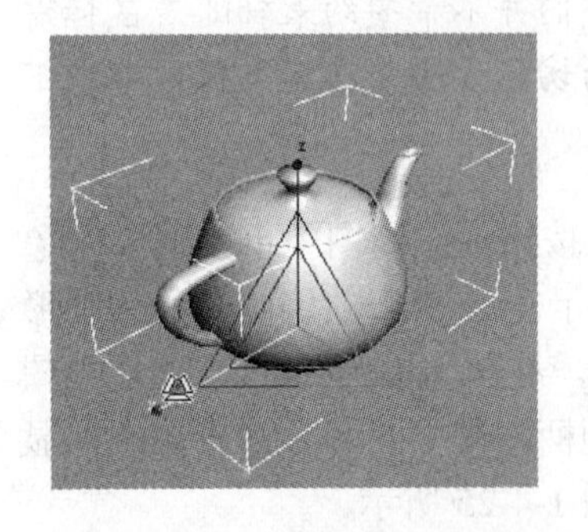

图 1-4-26　轴向缩放控制柄

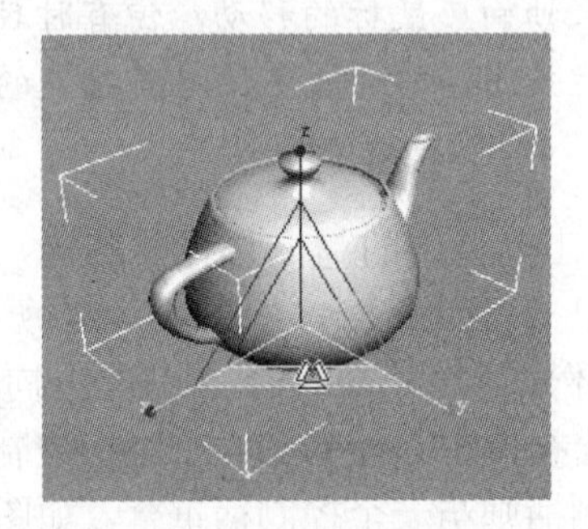

图 1-4-27　平面缩放

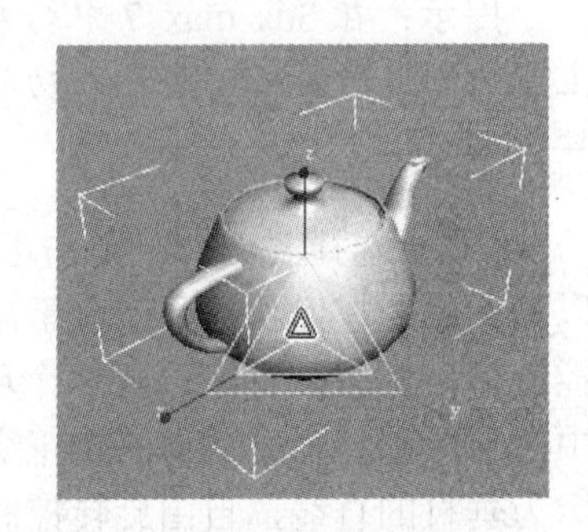

图 1-4-28　等比缩放

◈ ■（选择并挤压）按钮：可以进行等体积、不等比例缩放。该按钮的使用方法与前两个按钮基本相同，但是它产生的效果却比较特殊，如果挤压对象造成在一个轴上按比例缩小，同时在另两个轴上均匀地按比例增大。例如，将图 1-4-29 所示对象沿 Y 轴进行放大操作时，对象在 X、Z 轴上会被缩小，如图 1-4-30 所示。但实际上该工具只参与对轴向控制柄和两轴之间的控制柄进行挤压变换操作，而不参与对控制柄中心处的等比缩放控制柄进行工作。

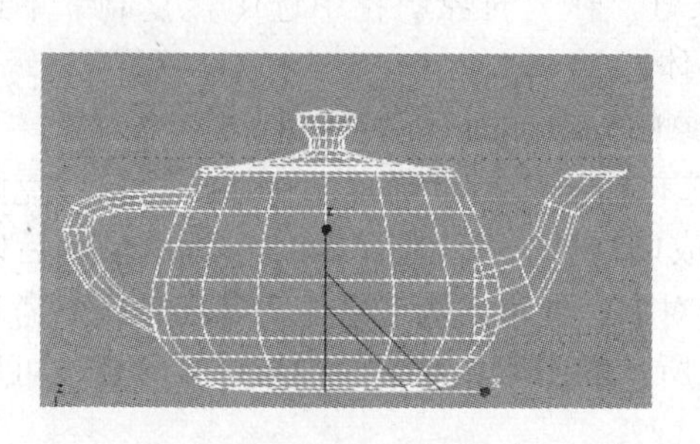

图 1-4-29 没有进行缩放的对象

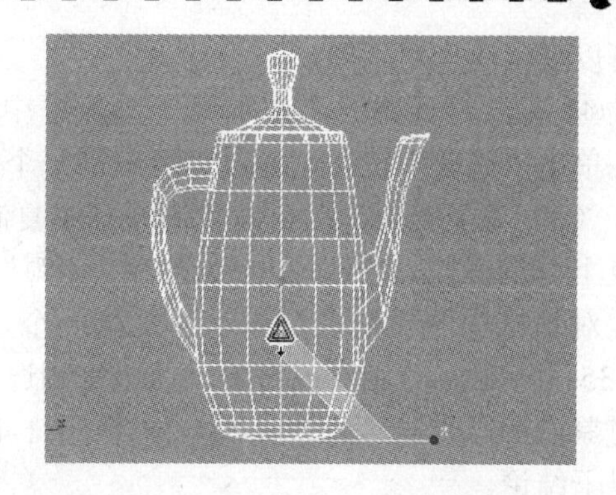

图 1-4-30 进行 Y 轴上的放大操作后的效果

### 3. 精确地变换对象

单击“选择并移动”、“选择并旋转”或“选择并缩放”工具按钮后，分别在这些工具按钮上右击，弹出“移动变换输入”对话框，如图 1-4-31 所示；“旋转变换输入”对话框，如图 1-4-32 所示；“缩放变换输入”对话框，如图 1-4-33 所示。在这些对话框中输入具体的数值，可以精确地移动、旋转或缩放操作对象。

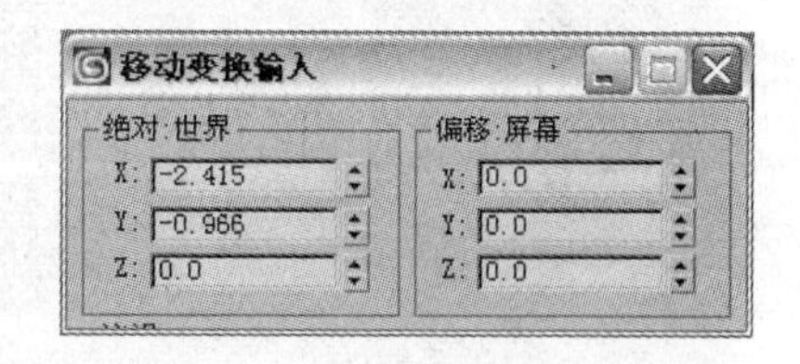


图 1-4-31 “移动变换输入”对话框

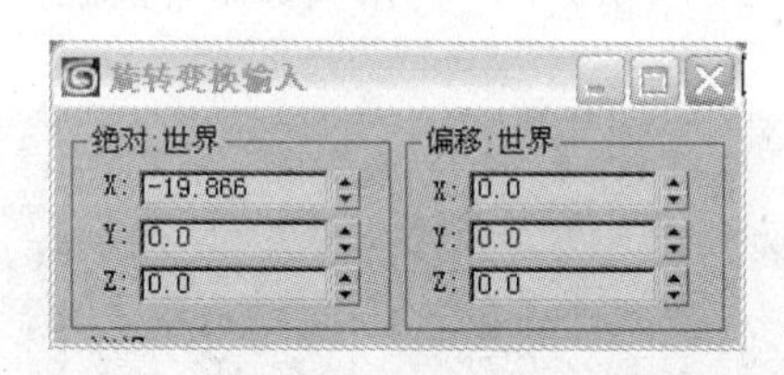


图 1-4-32 “旋转变换输入”对话框

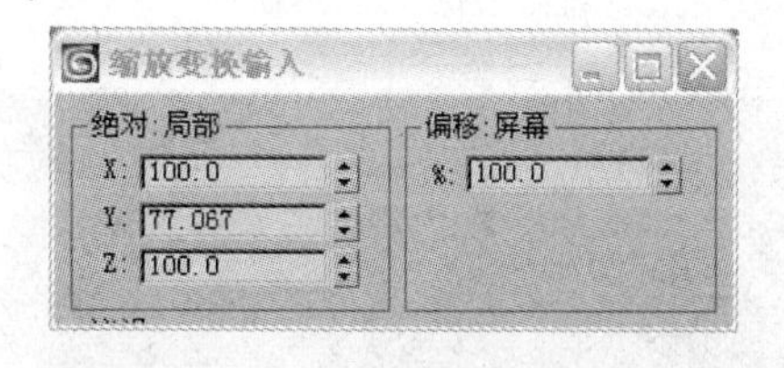


图 1-4-33 “缩放变换输入”对话框

### 4. 克隆对象

在建模的过程中可能会遇到一些重复的对象，如果只制作出一个对象然后复制出其他对象，可以轻松地完成这些对象的创建工作。在 Max 中复制的术语为“克隆”。下面以克隆场景中的一个圆柱体为例，介绍克隆的概念。

（1）在变换时进行克隆。在 Max 中执行变换操作时按 Shift 键就可以进行克隆，具体操作步骤如下所述。

① 在场景中选中要复制的对象，在主工具栏中选择一种选择并变换工具（例如按钮、按钮等）。

② 按住 Shift 键后，执行移动、旋转、缩放等变换操作。

③ 系统弹出“克隆选项”对话框，如图 1-4-34 所示。在选择对象以后，单击“编辑”→“克隆”菜单命令

图 1-4-34 “克隆选项”对话框

也可以弹出这个对话框。

④ 在该对话框的“副本数”数值框中输入 1，在“对象”栏中选中“复制”单选按钮，单击“确定”按钮，可以克隆出来一个圆柱体。

（2）克隆类型。在上面我们介绍了复制对象的方法，而且已经复制出一个对象，下面重复上面的操作，在对话框中选中“实例”单选按钮，单击“确定”按钮。再用“克隆选项”对话框中的“参考”将对象复制一个，完成以后的效果如图 1-4-35 所示。然后以图 1-4-35 为基础，分别对原对象、使用复制选项的对象、使用实例选项的对象和使用参考选项的对象添加修改器得到如图 1-4-36 至图 1-4-39 所示的图形。对这些图形进行分析，可以得到以下结论。

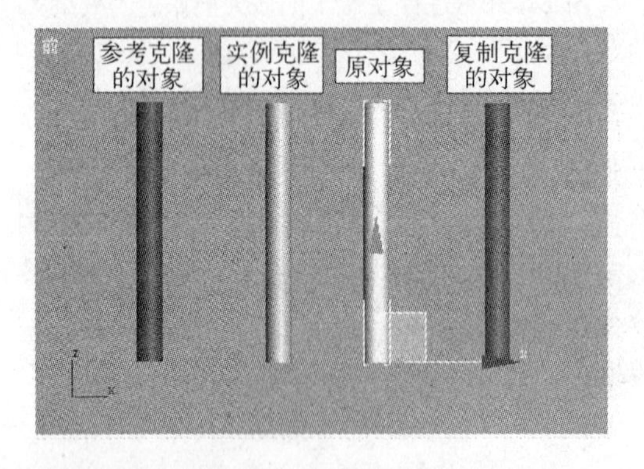


图 1-4-35　克隆的对象

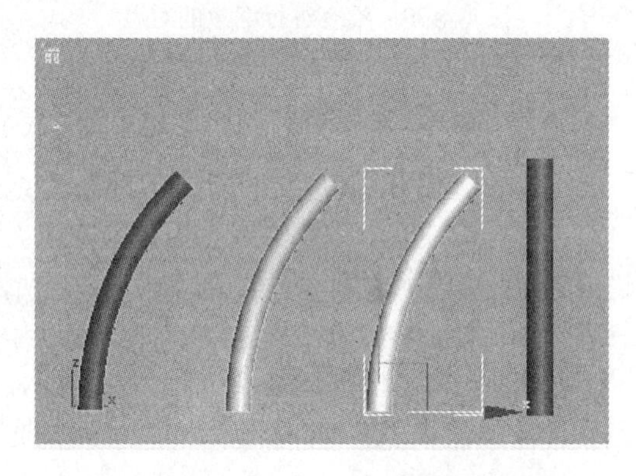

图 1-4-36　对原对象添加修改器

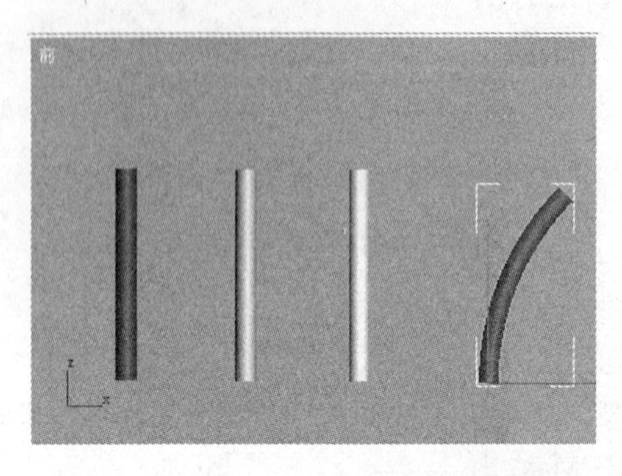

图 1-4-37　对复制克隆的对象添加修改器

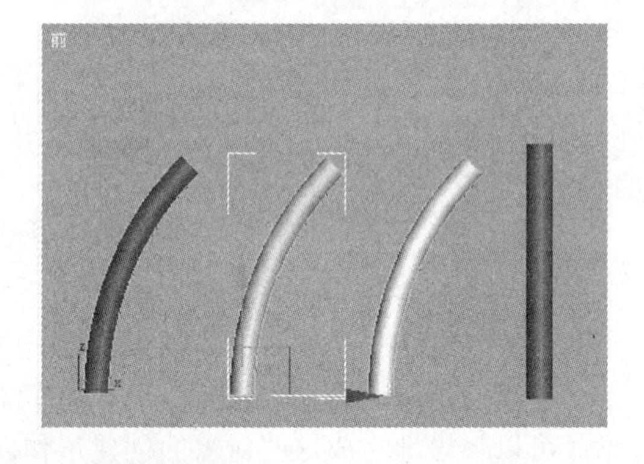

图 1-4-38　对实例克隆的对象添加修改器

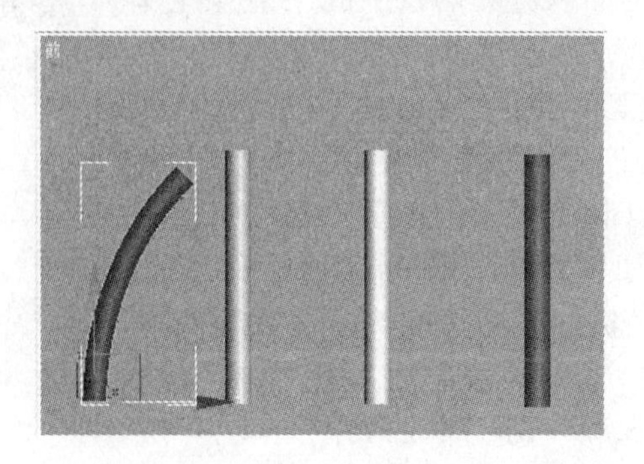

图 1-4-39　对参考克隆的对象添加修改器

①“复制”类型：选择此单选按钮复制出的对象与原对象完全独立，对复制的对象或原对象做任何修改都不会互相影响。从图 1-4-36 和图 1-4-37 所示可以看出，对原对象的修改不会影响复制对象，对复制对象的修改也不会影响原对象。

②“实例”类型：复制对象与原对象相互关联，对复制对象或原对象中的任一个对象做任何修改，都会影响到其他对象的改变。如图 1-4-36 和图 1-4-38 所示可以看出，对原对象的修改会影响关联对象，对关联对象的修改也会影响原对象。

③“参考”类型：复制对象是原对象的参考对象，对复制对象做修改不会影响原对象；对原对象的修改会影响到复制对象，复制对象会随原对象的改变而变化。如图 1-4-36 和图 1-4-39 所示可以得出上面的结论。

### 5. 镜像对象

在创建对象时会遇到许多镜像关系，如对面放着的两把椅子、对称对象对称轴两侧的对象等。镜像对象可以认为是对一个对象以–100%的缩放率进行缩放变换的结果。

镜像工具使用一个对话框来创建选定对象镜像的方向。在对对象进行镜像操作前要先在视图中选中该对象，然后单击主工具栏中的（镜像）按钮，弹出“镜像”对话框，如图 1-4-40 所示，按图中所示进行设置后得到的镜像对象如图 1-4-41 所示。在“镜像”对话框中各主要参数的含义如下。

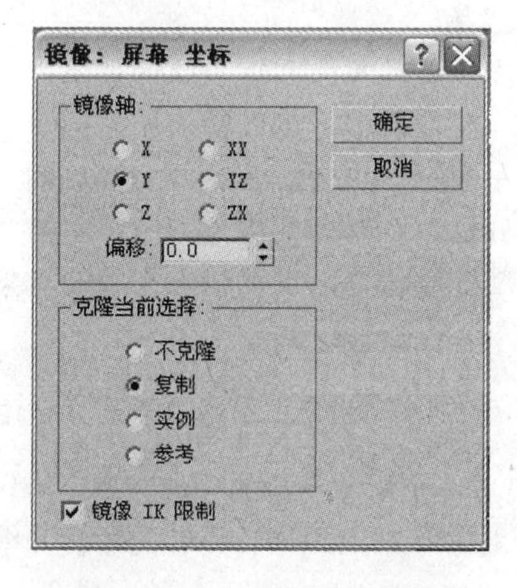


图 1-4-40 “镜像”对话框

图 1-4-41 镜像的结果

（1）“镜像轴”栏。在该栏中有 6 个单选按钮和一个数值框。其中，6 个单选按钮提供了 6 种不同的坐标轴向供用户选择，“偏移量”数值框用来输入按设定坐标轴偏移的数量。

（2）“克隆当前选择”栏。在该栏中有 4 个单选按钮，其中如果选“不克隆”单选按钮，镜像的效果将由原对象产生，不产生镜像复制的对象；选中其他 3 个单选按钮的任意一个，镜像的效果将在复制对象上产生，这 3 个单选按钮的其他含义与复制时的含义相同。

### 6. 阵列对象

对象进行多次重复性复制，使复制对象按一定规律的行、列进行排列称为阵列。阵列中的对象与原对象的关系类型，由用户根据建模要求确定。

要创建对象阵列，首先选择要创建阵列的原对象，然后，单击“工具”→“阵列”菜单命令，弹出“阵列”对话框，如图 1-4-42 所示。

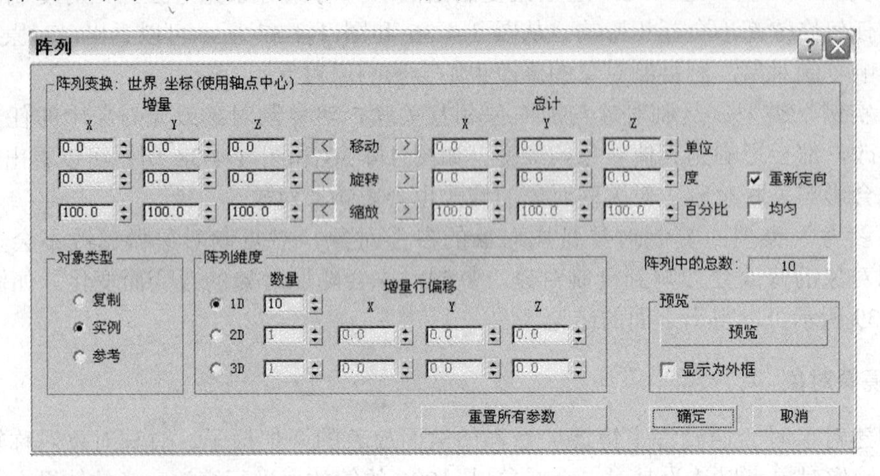


图 1-4-42 “阵列”对话框

“阵列”对话框主要由“阵列变换：世界坐标系（使用轴点中心）”栏、“对象类型”和“阵列维度”栏 3 部分选项内容。

（1）“阵列变换：世界坐标系（使用轴心点中心）”栏。该栏用于设置阵列对象沿坐标轴移动的距离、旋转的角度和缩放的比例，分为“增量”和“总计”两个区域。

◈ “增量”区域：可以设置相邻对象间的移动距离、旋转角度和缩放比例。单击“移动”左侧的按钮，激活该行左侧的 X、Y、Z 数值框，可以输入相邻的对象沿 X、Y 或 Z 坐标轴移动的距离；单击“旋转”左侧的按钮，激活该行左侧的 X、Y、Z 数值框，可以输入相邻的对象绕 X、Y 或 Z 坐标轴旋转的角度；单击“缩放”左侧的按钮，激活该行左侧的 X、Y、Z 数值框，可以输入相邻的对象沿 X、Y 或 Z 坐标轴缩放的比例。

**提示：**如果在这部分要使用 Rotate（旋转）进行阵列，则一定要注意轴心点是否合适。

◈ “总计”区域：设置阵列对象中第一个对象与最后一个对象间总的移动距离、旋转角度和缩放比例，系统再根据总量均匀分配每个对象移动的距离、旋转的角度和缩放的比例。

（2）“对象类型”栏。“对象类型”栏用于设置阵列对象中每个对象的克隆方式。各选项的具体含义与克隆时各选项的含义相同。

（3）“阵列维度”栏。“阵列维度”栏用于设置阵列的维度、克隆对象的个数和行偏移增量。

◈ 1D 单选按钮：选中该单选按钮，可以创建一维阵列对象，在“数量”区域与 1D 行对应的数值框中设置一维阵列对象的个数。

◈ 2D/3D 单选按钮：选中该单选按钮，可以创建二维阵列对象，并激活该行“数量”和“增量行偏移”区域中的数值框。

（4）“阵列中的总数”数值框。该数值框可以显示出当前阵列对象的总数。

（5）“重置所有参数”按钮。单击该按钮，可以将“阵列”对话框中设置的所有参数恢复到默认的状态。

### 7. 对齐对象

在 Max 中允许对象以不同的方式对齐，将两个对象对齐的操作步骤如下所述。

（1）在场景中选中要对齐的当前对象，如图 1-4-43 所示。

（2）单击主工具栏上的（对齐）按钮，将鼠标指针移到视图中，单击要对齐的目标对象，如图 1-4-43 所示。

（3）这时屏幕上弹出“对齐当前选择”对话框，如图 1-4-44 所示。

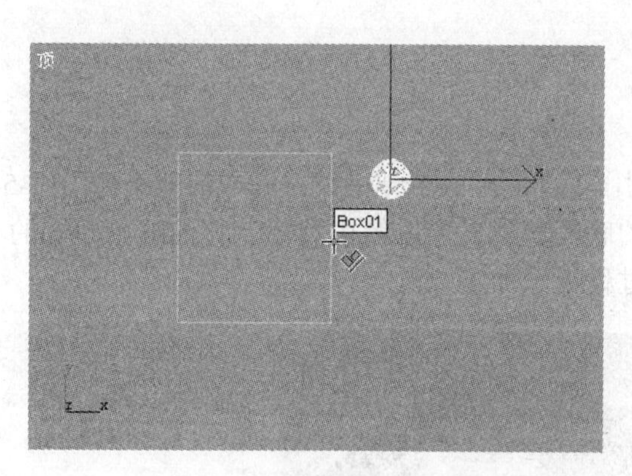


图 1-4-43 在视图中单击要对齐的目标对象

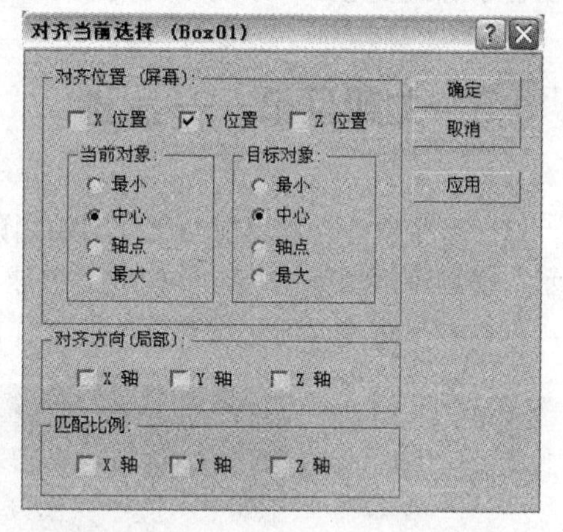


图 1-4-44 “对齐当前选择”对话框

在这个对话框中各选项的主要含义如下。

◈“对齐位置”栏：该栏中有 X/Y/Z 位置 3 个单选按钮，用于指定要在其中执行对齐操作的一个或多个轴。启用所有 3 个选项可以将当前对象移动到目标对象位置。

◈“当前对象”/“目标对象”栏：该栏中用于指定对象边界框上用于对齐的点。

（4）根据需要在对话框中进行设置，单击 OK 按钮，可以将对象对齐。

### 8. 3ds max 7 的坐标系统

Max 创造了一个虚拟的三维空间，用户在这个虚拟的空间中进行工作，在这个空间中要始终清楚各种对象的方位。

创建场景视图后，在每个视图中均有一个系统默认的坐标系。用户可以根据自己的操作要求，随时更改坐标系，以便精确定位、移动或旋转视图中的对象。要更改坐标系，单击主工具栏中的“参考坐标系”下拉列表框视图，在弹出的下拉列表中选择要使用的坐标系即可。下面简单介绍一下常用的坐标系。

（1）世界坐标系。世界坐标系，位于各个视图的左下角，标识了各个坐标轴的方向，X 轴为水平方向，Y 轴为垂直方向，Z 轴为场景纵深方向，坐标原点位于视图的中心。该坐标系的方向永远不会改变。世界空间三个轴的颜色分别为：X 轴为红色，Y 轴为绿色，Z 轴为蓝色。

（2）屏幕坐标系。屏幕坐标系，适用于正交视图，坐标轴的方向根据激活的视图确定。在激活的视图中，X 轴永远在激活视图的水平方向并且向右为正向，Y 轴永远在激活视图的垂直方向并且向上为正向，Z 轴永远垂直于屏幕并且指向用户为正向。

（3）视图坐标系。视图坐标系，融合了世界坐标系和屏幕坐标系，在正交视图中，使用屏幕坐标系，在非正交视图中，使用世界坐标系。

（4）局部坐标系。局部坐标系，使用被选对象本身的坐标系，也称为对象空间。对象本身的坐标系由其轴心点确定。当对象的方位与世界坐标系的方位不同时，使用该坐标系特别有效。

（5）拾取坐标系。拾取坐标系，通过拾取视图中的对象，确定当前使用的坐标系。选择该选项后，单击视图中的任何对象即可将该对象的坐标系设置为当前坐标系，并将该对象的名称添加到参考坐标系的下拉列表中。

## 1.5 上机实战——台球

这一节中要综合利用前面所学习的知识制作一个简单的台球模型，完成的效果如图 1-5-1 所示。在这个模型中由长方体构成了台球桌的底板和外框，以及由球形制作的排列整齐的小球，可以看出这一局球还没有开始。制作的过程提示如下。

图 1-5-1　台球的效果

（1）新建一个场景，将单位设置为毫米。

（2）单击（创建）→（几何体）→“标准基本体”→“长方体”按钮，在顶视图中拖动鼠标创建一个长方体，在它的“参数”卷展栏中设置“长度”为 1500，“宽度”为 3000。

（3）将这个长方体命名为“桌面”，颜色设置为绿色。

（4）再在顶视图中创建一个长方体，设置它的“长度”为 100，“宽度”为 3000，“高度”为 150，将它命名为“长边框”，然后将它移动到“桌面”的一侧。

（5）按住 Shift 键，向桌面的另一侧拖动长方体，将它复制一份，再移动到桌面的另一侧。

（6）用同样的方法再创建一个“短边框”，再将它复制一个，移动到合适的位置。这时的效果如图 1-5-2 所示。

（7）单击（创建）→（几何体）→“标准基本体”→“球体”按钮，在顶视图中拖动鼠标创建一个球体，设置它的“半径”为 50，然后在前视图中将它移到桌面上方的合适位置。

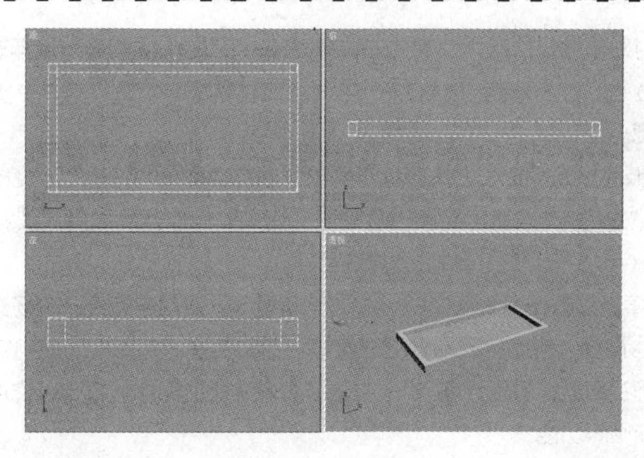

图 1-5-2　创建好的桌面

（8）在顶视图选中球体，单击主工具栏中的按钮，按住 Shift 键，向下拖动鼠标到复制的球体与原球体正好是边缘相接触时释放鼠标，在弹出的对话框中进行设置“副本数”为 3，然后单击“确定”按钮，复制出 3 个新的球体。

（9）用同样的方法，选中场景中处于边缘的一个球，将其向两个球的中间位置复制一个，形成第二层球中的第一个球，如图 1-5-3 所示。

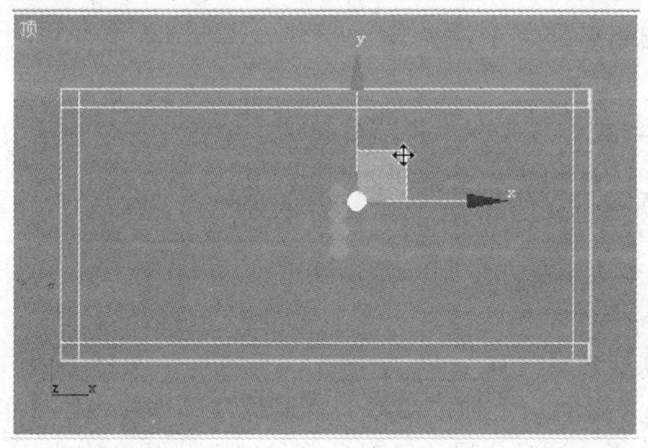


图 1-5-3　克隆台球

（10）再将第二层球复制出两个。

（11）用同样的方法复制出其他球，最后的效果如图 1-5-1 所示。

## 本章小结

本章通过 5 个案例介绍 3ds max 7 的工作界面、有关文件的基本操作和有关对象的基本操作。

3ds max 7 的工作界面比我们以前学的任何一个软件的工作界面都复杂，它的工作区域有 4 个视口，在屏幕的右下角有 8 个按钮，它们是视口控件，这些按钮的使用频率非常高，通过它们可以调整各视图显示的大小和位置。

在屏幕的右侧是命令面板，Max 中的绝大部分命令都可以在这个面板中找到，它是最重要的工作区域。“创建”命令面板一共有 7 个类别，当要创建不同的对象时，它的创建参数也各不相同。

在创建完对象后对对象的任何操作都需要先选择对象，在 Max 中有多种选择对象的工具，其中常用的是（选择并移动）、（选择并旋转）、（选择并缩放）工具，这几个工具除了具有选择功能以外还具有变换的功能。

在 Max 中复制的概念比较广泛，它将多种不同的复制方式称为“克隆”，克隆对象时一共有 3 种方式可供选择，它们是“复制”、“实例”和“参考”。如果要制作数量大并且按一定规律排列的对象时可以阵列对象。在 Max 中还可以使用镜像和对齐等操作。

在 Max 中新建一个场景的概念有两个：一个是“新建”，使用它新建一个场景时只会清除场景内的对象，而不会更改其他设置（例如已经编辑的材质）；另一个是“重置”，使用它新建一个场景则会消除所有设置回到系统的初始默认设置。在 Max 中除了具有一般的保存、打开等文件操作的功能以外，还有合并文件、暂存与取回等功能。

## 习题 1

1．填空题

（1）3ds max 7 启动后，工作界面上所见到的默认视图是______、______、______、______。

（2）如果创建的对象比较小，为了清楚起见，需要在每个视图中都能显示出它的最大图形，这时应单击______区的______按钮。

（3）比较常用的几个选择并变换的工具有______、______、______。

（4）对对象进行多次重复性复制，使复制对象按一定规律的行、列进行排列应单击______菜单命令。

（5）在 Max 中复制对象时有______、______、______3 种类型。

（6）按下“选择并移动”工具按钮后，将鼠标移到当前视图中的一个轴上时，轴将变为______色，表示被选择，这时如果移动对象则只能在此轴上移动。

（7）在“文件”菜单下面有“新建”和“重置”两个菜单命令，“新建”和“重置”这两个菜单命令都可以新建场景，但“新建”菜单命令保持所有______，如果要重新设置场景就应使用______菜单命令。

（8）如果要精确地旋转对象，应进行______击按钮。

（9）如果要将 a.max 文件中的对象 B 应用到当前场景中，应单击______→______菜单命令。

2．简答题

（1）简述将当前场景的单位设置为毫米的操作步骤。

（2）简述克隆中的“复制”、“实例”和“参考”有何不同。

（3）简述配置外部文件路径的方法。

3．操作题

（1）试打开一个 3ds max 自带的文件，然后用视口控件调整各视图。

（2）在 Front 视图中创建一个长方体对象，然后将它命名为“盒子”，将它的颜色设置为绿色。

（3）打开一个文件，将顶视图切换成底视图，渲染方式设置为亮线框。

（4）在主工具栏中找出选择并移动、选择并旋转、选择并缩放、镜像和对齐按钮。

（5）在视口中创建一个球体，然后使用阵列的方法形成5排5列。

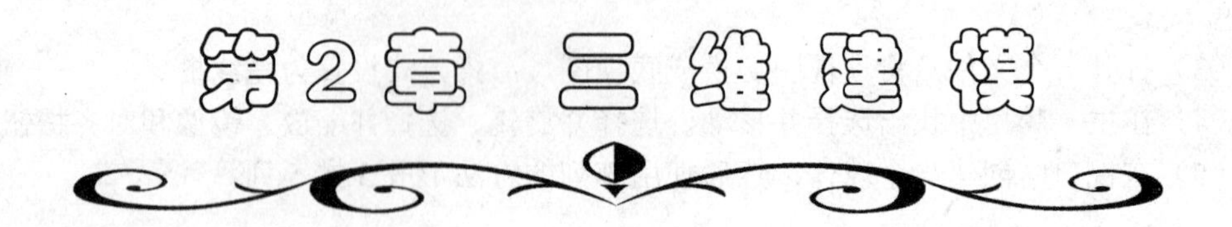

# 第2章 三维建模

在 3ds max 7 中提供了一些基本造型，它们很有用，创建起来也很简单，使用这些造型可以开始任何建模工作。这些造型被分为两组，分别是标准基本体和扩展基本体。本章将介绍如何使用这些基本体建模。

## 2.1 制作“玩具”——使用标准基本体构建模型

### 2.1.1 学习目标

◈ 熟练掌握长方体、球体、圆柱体和平面的创建方法和参数设置。
◈ 初步掌握其他三维基本体的创建方法和参数设置。
◈ 初步掌握环形阵列的方法。
◈ 巩固视口变换、克隆对象的操作方法。
◈ 了解渲染输出的方法。

### 2.1.2 案例分析

在制作“玩具”这个案例中我们将制作两个可爱的儿童玩具，制作完成渲染的效果如图 2-1-1 所示。在这个案例中有一个桌面，在有些反光的桌面上放着两个婴儿玩具，它们的色彩鲜艳。这个效果图可以用于玩具的广告宣传或者幼儿教室场景中的局部对象。通过这个

图 2-1-1 “玩具”渲染效果图

案例可以练习标准基本体中的圆柱体、球体、圆环体等对象的创建和参数的设置，以及复制、环形阵列等操作。

## 2.1.3　操作过程

### 1．制作模型

（1）打开本书配套光盘上“调用文件”\“第 2 章”文件夹中的“2-1 玩具.max”文件，将单位设置为毫米。这个文件在场景中没有任何对象，但是已经编辑好了材质。

（2）单击（创建）→（几何体）→“标准基本体”→“圆环”按钮，在顶视图中按住鼠标左键，拖动鼠标，创建圆环的大小，释放鼠标后，再拖动形成圆环的粗细。

（3）在“参数”卷展栏中设置它的参数，其中“半径 1”为 30，“半径 2”为 6，“分段”为 30，“边数”为 24，如图 2-1-2 所示。单击视口控制区的按钮，在视图中最大化显示对象。

（4）单击（创建）→（几何体）→“标准基本体”→“球体”按钮，在顶视图中拖动鼠标创建一个球体，在它的“参数”卷展栏中设置参数。其中“半径”为 30，“半球”为 0.6，如图 2-1-3 所示。这时的球体如图 2-1-4 所示。

（5）单击主工具栏中的按钮，前视图中选中刚创建的球体，将鼠标指针移到 Y 轴上，然后向下拖动鼠标，将球体压缩，如图 2-1-4 所示。

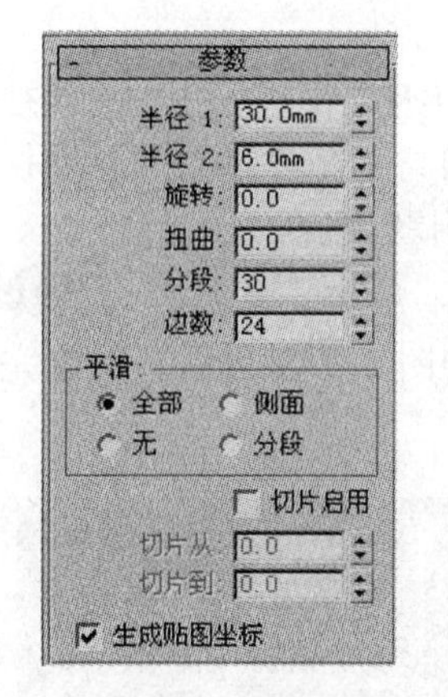


图 2-1-2　圆环的参数设置

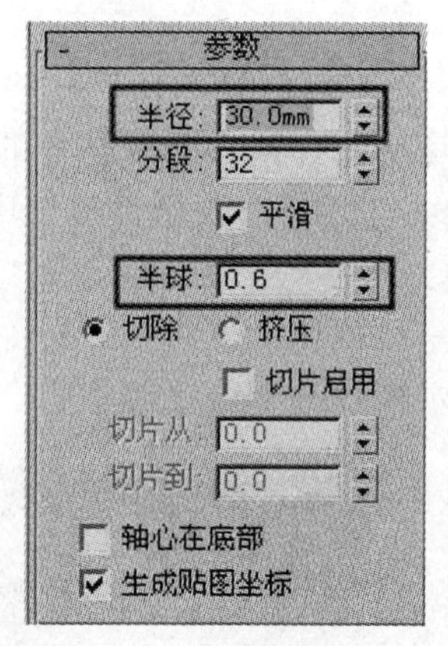


图 2-1-3　球体的参数设置

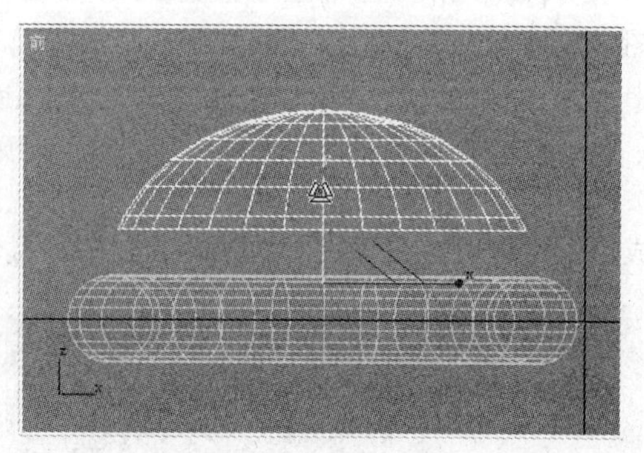


图 2-1-4　在前视图中压缩球体

**注意**：*在压缩时一定要把轴约束到 Y 轴上，否则就会在压缩 Y 轴的同时，也压缩其他轴。*

（6）单击主工具栏中的按钮，在前视图中把鼠标指针移到 Y 轴上，当这个轴变成黄色时，向下拖动鼠标，将其移到与圆环相交的位置，如图 2-1-5 所示。

（7）鼠标右键单击顶视图，将该视图激活，单击主工具栏中的按钮，将鼠标指针移到顶视图中单击圆环对象，弹出“对齐当前选择”对话框，在“对齐位置（屏幕）”栏中选中“X 位置”、“Y 位置”复选框，在下面的“当前对象”栏和“目标对象”栏中选中“中心”单选按钮，这时的对话框和屏幕上对象的位置如图 2-1-5 所示。单击“确定”按钮，完成对象的对齐。

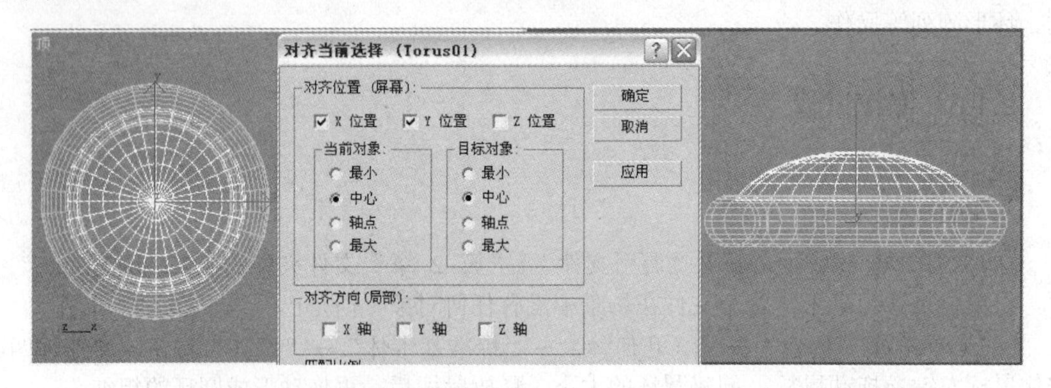


图 2-1-5 将球体与圆环对齐并调整好位置

（8）单击（创建）→（几何体）→“标准基本体”→“圆环”按钮，在顶视图中再创建一个圆环对象，在“参数”卷展栏中设置它的参数，其中“半径 1”为 28，“半径 2”为 2，“分段”为 30，“边数”为 24。

（9）重复步骤（6）和步骤（7），将细圆环移到场景中已经存在的两个对象中间的位置，再将它的中心与粗圆环的中心对齐。这时的效果如图 2-1-6 所示。

（10）单击（创建）→（几何体）→“标准基本体”→“球体”按钮，在顶视图中创建一个球体，设置它的“半径”为 3，复制几个将它们移到现在对象的中间位置，如图 2-1-7 所示。

（11）单击（创建）→（几何体）→“标准基本体”→“圆柱体”按钮，在顶视图中拖动鼠标形成圆柱体的半径，释放后再拖动鼠标，形成圆柱体的高。在“参数”卷展栏中设置它的参数，其中“半径”为 32，“高度”为 1.5，其余参数使用默认值。

（12）将顶视图切换成底视图，显示模式改变成“平滑+高光”，单击主工具栏中的按钮，在前视图中向下移动圆柱体，同时观察底视图，最后的效果如图 2-1-7 所示。调整完成后，再将现在的底视图切换回顶视图，显示模式改变成“线框”。

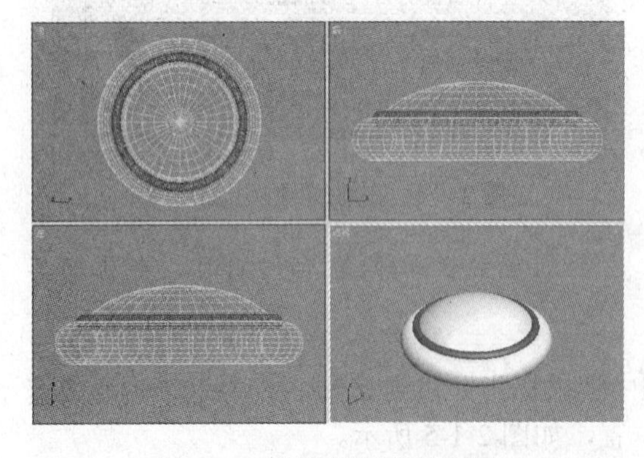

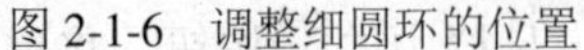
图 2-1-6 调整细圆环的位置

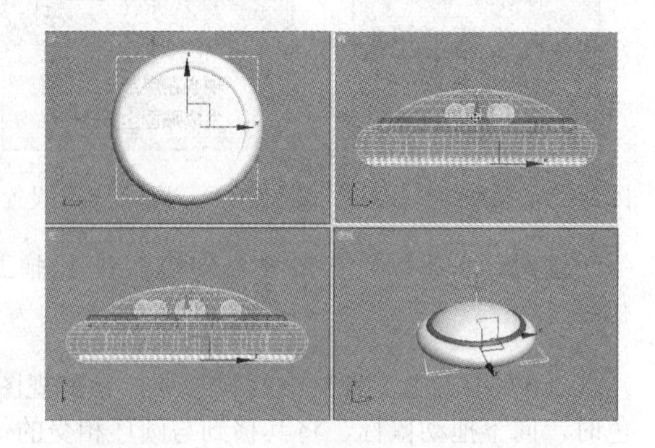

图 2-1-7 创建一个圆柱体并调整它的位置

（13）在视图中拖动鼠标，选中刚创建的所有对象，单击“组”→“成组”菜单命令，弹出“组”对话框，在“组名”文本框中输入“顶部”文字，单击“确定”按钮。

（14）单击（创建）→（几何体）→“标准基本体”→“圆柱体”按钮，在顶视图创建一个圆柱体对象，设置它的“半径”为 4，“高度”为 75，其余使用默认参数。

（15）用前面介绍的移动对象的方法，在顶视图和前视图中移动圆柱体，调整好它的位置，如图 2-1-8 所示。

**提示**：这一步很重要，因为这是第一根圆柱体，如果它的位置不好，则会影响后面的其他圆柱体的位置。在调整它的位置时前视图中只要它的顶在水平旋转的粗圆环中部，旋转透视视图不要出现露在外面的部分就可以了。而在顶视图中调整它的位置时要让选中圆柱体时，它上面显示的 X 轴与球体中心的水平线对齐。

（16）在屏幕右侧的命令面板中单击（层次）→“轴”→“仅影响轴”按钮，进入对轴的编辑状态，这时在屏幕上以空心箭头显示出对象的轴。

（17）将鼠标指针移到顶视图中，将轴约束到 X 轴，沿水平方向将轴心拖动到球体的中心，如图 2-1-8 所示。再次单击“仅影响轴”按钮，结束对轴的编辑。

如果上面两步中有一步没有调整好，都会影响下一步的操作。

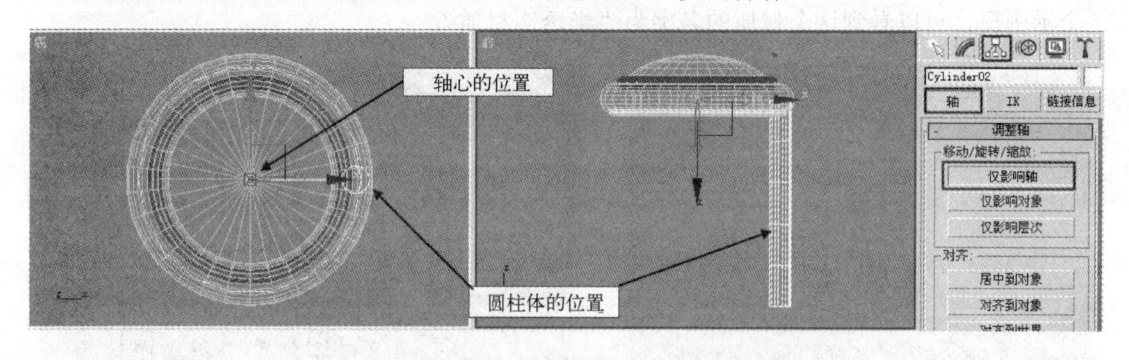


图 2-1-8　调整圆柱体的位置和它的轴心的位置

（18）在顶视图中选中长的圆柱体对象，单击“工具”→“阵列”菜单命令，弹出“阵列”对话框。单击“旋转”右侧的按钮（表示使用“总计”区的参数），然后按图 2-1-9 中所示设置参数，单击“预览”按钮，观察阵列的效果，满意后单击“确定”按钮，完成环形阵列，这时的效果如图 2-1-10 所示。

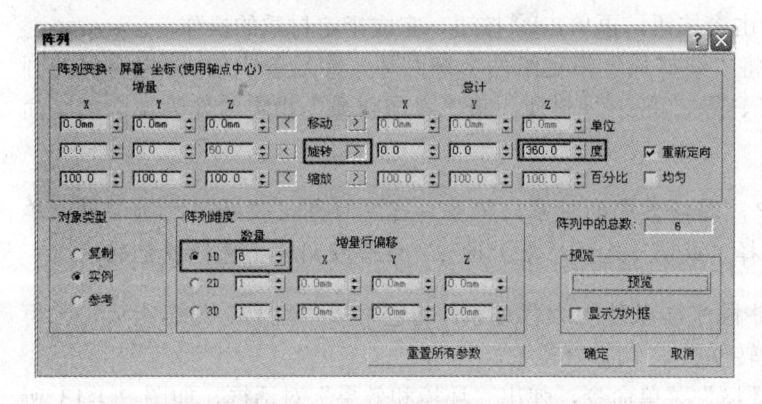


图 2-1-9　设置“阵列”对话框的参数进行环形阵列

图 2-1-10　阵列以后的效果

如果在预览时就发现阵列的对象不正，则应单击“阵列”对话框中的“取消”按钮，重新进行步骤（15）～（17）的操作，调整圆柱体的位置和它的轴心的位置，然后再进行这一步的阵列。

（19）在前视图中选中“顶部”组对象，单击主工具栏中的按钮，弹出“镜像”对话框，在该对话框的“镜像轴”栏中选中“Y”单选按钮，在“克隆当前选择”栏中选中“实例”单选按钮，单击“确定”按钮，完成镜像复制。

（20）在前视图中将镜像的对象向下移动，调整好位置，如图2-1-11所示。

（21）单击（创建）→（几何体）→“标准基本体”→“平面”按钮，在顶视图中创建一个平面作为桌面，在前视图中将它向下移动，效果如图2-1-11所示。

### 2. 指定材质和渲染输出

（1）在视图中选中“顶部”组对象，单击“组”→“解组”菜单命令，解散组对象，再将另一个组对象也解组。

（2）在视图中选中上下两个半球体对象，单击主工具栏中的（材质编辑器）按钮，弹出“材质编辑器”对话框，如图 2-1-12 所示。在“材质编辑器”对话框中选中左上角第一个示例窗，可以看到这个材质的名字为“半透明材质”。

图2-1-11　调整好各对象的位置　　　　图2-1-12　将半透明材质指定给半球体

（3）单击示例窗下面工具栏中的（将材质指定给选定对象）按钮，再单击（在视口中显示贴图）按钮，将该材质指定给所选定的对象。

（4）在视图中选中两个粗圆环和与它相连的两个粗圆柱体，在“材质编辑器”对话框中选中“绿材质”示例窗，单击按钮，再单击按钮，完成指定材质的操作。

（5）重复上面的操作，将“红材质”指定给两个细圆环。而场景中的 6 根立着的圆柱体和几个小球则分别指定红、绿、黄 3 种材质。将“桌面材质”指定给作为桌面的平面对象。

**提示：**在这一步的操作中，因场景中的对象比较多，选定对象比较麻烦，所以可以单击主工具栏中的（按名称选择）或（选择对象）按钮，综合使用单击选择或框选。

（6）指定完材质后，选中除平面以外的所有对象，将它们以“玩具”为名组成组。再克隆一个，在前视图中将它旋转 90°，调整好位置。

（7）单击“渲染”→“环境”菜单命令，弹出“环境和效果”对话框，如图 2-1-13 所示。在“背景”栏中单击“颜色”下面的色块，弹出“颜色选择器：背景色”对话框，按图中所示数据调整背景颜色。

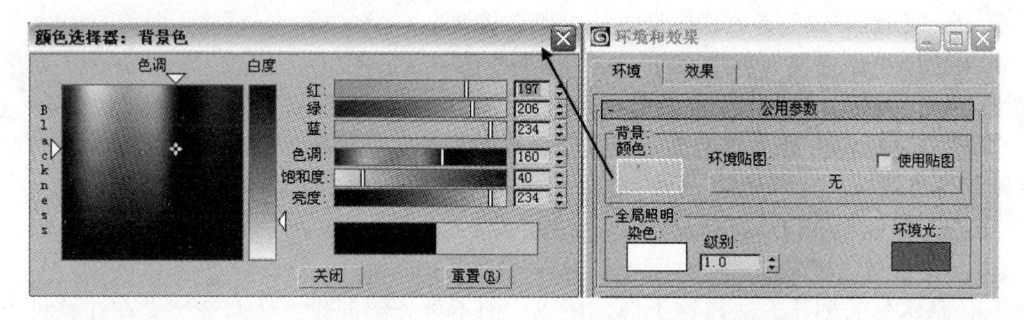


图 2-1-13　在"环境和效果"对话框中设置背景的颜色

（8）关闭对话框"颜色选择器：背景色"对话框，再关闭"环境和效果"对话框。

（9）单击主工具栏上的（快速渲染）按钮，效果如图 2-1-1 所示，最后将文件保存。

**【案例小结】**

在制作"玩具"这个案例中，利用标准基本体中所提供的球体、圆柱体和圆环等命令按钮创建对象，然后调整它们的位置，使其结合而形成了所要创建的对象。然后还为创建好的对象指定材质。

"标准基本体"一共有 10 个命令按钮可供使用，而在上面的案例中只使用了其中的几个，其他的基本体创建及有关的参数将在下面进行介绍。

## 2.1.4　相关知识——标准基本体

在 3ds max 7 中，有两种基本体：标准基本体和扩展基本体。在启动软件后，命令面板中显示的命令按钮就是标准基本体的命令按钮。如果进行了其他操作，要再回到标准基本体的面板，可用下面的方法操作：在命令面板中单击（创建）→（几何体）按钮，显示出几何体模型命令面板，单击几何体类型下拉列表框，从中选择"标准基本体"选项，则在其下面的"对象类型"卷展栏中显示出标准基本体的命令按钮，如图 2-1-14 所示。

当在标准基本体的面板中按下了一个按钮后，在下面显示出它的参数面板，以不同的卷展栏显示出来，其中有些卷展栏（如"颜色和名称"、"键盘输入"）在第 1 章中介绍过，这里不再介绍，而基本体的重要参数都集中在它的"参数"卷展栏中。下面介绍这些标准基本体参数的含义。

### 1. 长方体

长方体是最简单的标准基本体，在场景中主要用来制作墙壁、地板或桌面等简单模型，也常用于大型建筑物的构建，当然也可以由长方体开始构建一个人的头部模型。长方体主要由长、宽、高 3 个参数确定，它的特殊形状是正方体。

（1）创建长方体的方法：通过鼠标拖动创建长方体的操作步骤如下所述。

① 在“对象类型”卷展栏上，单击“长方体”按钮。

② 在“创建方式”卷展栏中选择一个单选按钮。

如果选中“立方体”单选按钮，则以鼠标的单击点为中心，创建一个正方体；如果选中“长方体”按钮，则执行下面的操作。

③ 在任意视口中拖动可定义矩形底部，以设置长度和宽度。在拖动长方体底部时按住 Ctrl 键。这将保持长度和宽度一致。按住 Ctrl 键对高度没有任何影响。

④ 松开鼠标上下移动鼠标以定义该高度。

⑤ 单击即可设置完高度，并创建长方体。

其他基本体的创建方法与这类似，所以后面不再介绍创建方法，请读者在计算机上进行尝试。

（2）参数设置：在命令面板中按下长方体按钮，在命令面板的下半部分显示出长方体的“参数”卷展栏，如图 2-1-15 所示，有关参数的含义如下所述。

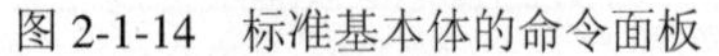
图 2-1-14 标准基本体的命令面板

图 2-1-15 长方体的“参数”卷展栏

◈ “长度”/“宽度”/“高度”数值框：设置长方体的长度、宽度和高度。在拖动长方体的侧面时，这些数值框中的数字会跟随发生变化。

系统以第一次按住鼠标时为起始点，将上下移动鼠标经过的距离数值定义成“长度”，左右移动鼠标经过的距离定义成“宽度”，松开鼠标后再拖动鼠标所经过的距离定义成“高度”。

◈ “长度分段”/“宽度分段”/“高度分段”数值框：设置长方体在长度、宽度和高度方向上的分段数。

所谓“分段”是指对象的细分程度，“分段”的大小将影响构成对象的精细程度，该数值越大，构成几何体的点和面就越多，复杂程度越高。“分段”的设置可以提供修改器影响的对象附加分辨率。例如，如果要用修改器使一个长方体在高度方向上弯曲，当修改器的各种参数设置相同，只有分段数为不同时的效果如图 2-1-16 所示。由此得知分段数在对对象进行修改时的作用是分段数值越大，段数越多，对长方体的修改就越平滑，付出的代价是占用的计算机资源越多。

◈ “生成贴图坐标”复选框：用于建立材质贴图坐标，使长方体的表面能够进行材质贴图处理。在所有的基本体中都有这个复选框，作用相同，以后不再介绍。

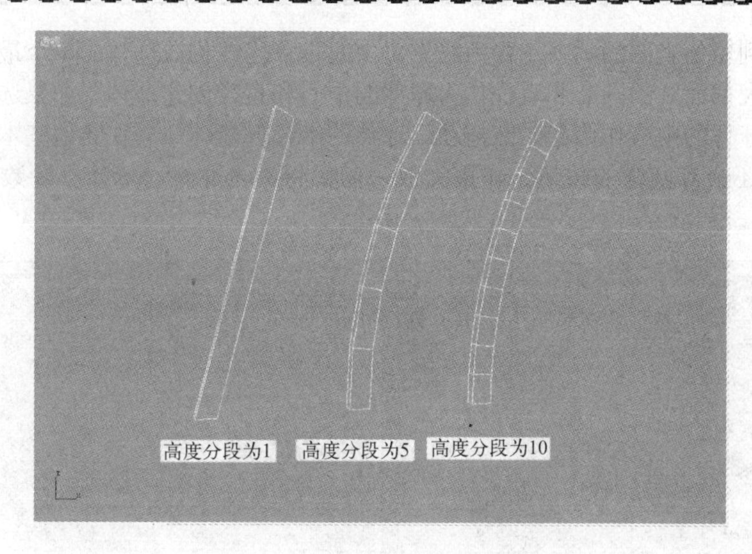


图 2-1-16　分段越高模型越精细

2．四棱锥

四棱锥是一个底面为矩形、侧面为三角形的标准基本体。在“对象类型”卷展栏中单击“四棱锥”按钮，可以创建它，其方法与创建长方体的方法相同。四棱锥的命令面板，如图 2-1-17 所示。

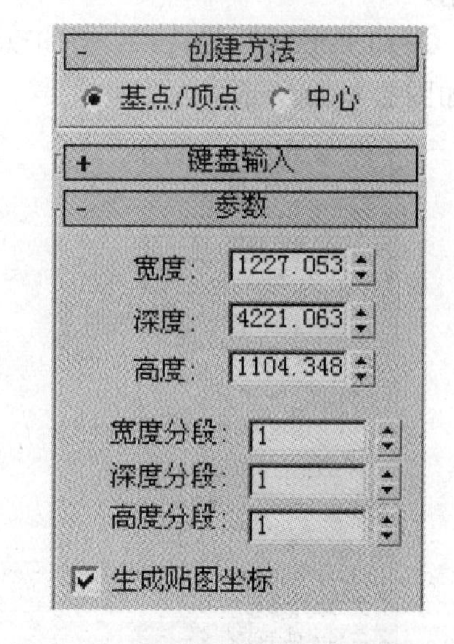


图 2-1-17　四棱锥的“参数”卷展栏

在创建方式卷展栏中，如果选中“基点/顶点”单选按钮，系统会以四棱锥底面矩形的一个顶点作为起始点创建四棱锥；如果选中“中心”单选按钮，则以四棱锥底面矩形的中心作为起始点创建四棱锥。

四棱锥的命令面板中“参数”卷展栏中主要选项的含义如下。

（1）“宽度”/“深度”/“高度”数值框：设置四棱锥底面矩形的宽度、深度和高度。

系统以第一次按住鼠标时为起始点，将上下移动鼠标经过的距离数值定义成“深度”，左右移动鼠标经过的距离定义成“宽度”，松开鼠标后再拖动所经过的距离定义成“高度”。

（2）“宽度分段”/“深度分段”/“高度分段”数值框：设置四棱锥底面矩形的宽度分段、深度分段和高度分段的数值。

四棱参数中宽度与深度的关系及所创建的四棱锥效果如图 2-1-18 所示。

3．球体

球体表面的网格线由经纬线构成，可以创建完整的球体、半球或球体的一部分等。

在“对象类型”卷展栏中，单击“球体”按钮，显示出创建球体的参数面板，如图 2-1-19 所示。在该面板的创建方式卷展栏中，如果选中“边界”单选按钮，则以球体表面上的一点为起点，拖动到球体表面的另一点作为终点，由起止点连线构成球体的一个最大截面圆的直径，并以该最大截面圆的圆心和直径作为球体的中心和直径创建球体。如果选中“中心”单选按钮，则以球体的中心作为起始点拖动出球体的半径创建球体。在其他基本体的“创建方式”卷展栏中还会有同样的按钮，作用类似，以后将不再介绍。球体“参数”卷展主要选项的含义如下。

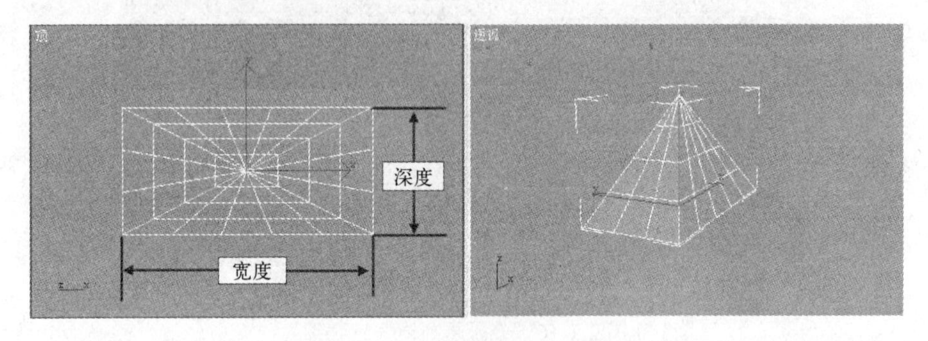


图 2-1-18 四棱锥的参数和效果

（1）“半径”数值框：设置球体的半径。

（2）“分段”数值框：设置球体多边形分段的数目，不同分段数对球面的影响如图 2-1-20 所示。

（3）“平滑”复选框：用于对球体的表面进行平滑处理。平滑复选框对球体表面的影响如图 2-1-20 所示。

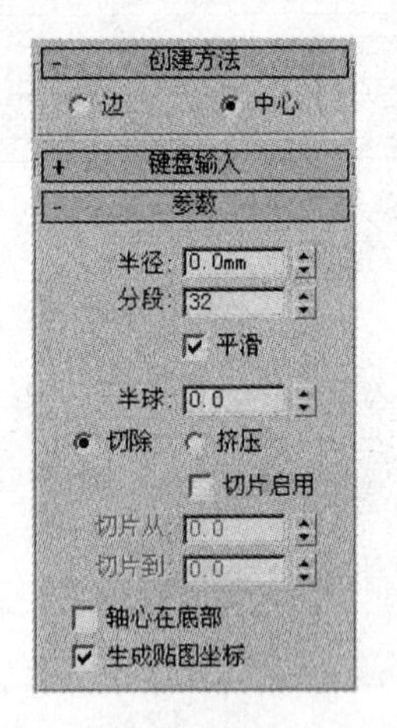


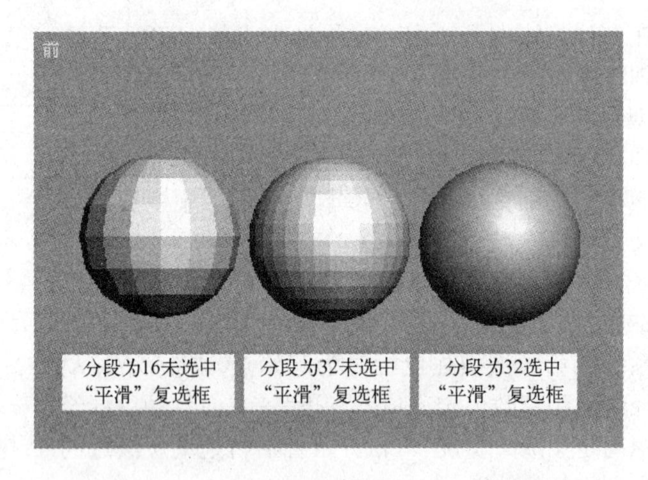


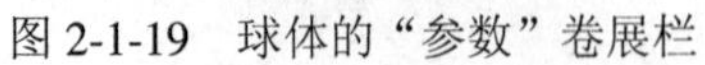

图 2-1-19 球体的“参数”卷展栏

图 2-1-20 “分段”和“平滑”对球体的影响

（4）“半球”数值框：设置球体的形状，取值范围为 0～1。默认值是 0.0，这时可以生成完整的球体，设置为 0.5 时可以生成半球，设置为 1.0 时会使球体消失。当“半球”取不同数值时对所创建球体的影响如图 2-1-21 所示。

（5）“切除”/“挤压”单选按钮：用于设置半球的生成方式。选中“切除”单选按钮时，生成半球的方式是从球体上直接切除一部分，球体剩余部分的分段数减少，分段数的密度不变；选中“挤压”单选按钮时生成半球的方式是改变球体的外形，使半球的分段数不变，分段数的密度增加。在图 2-1-21 中右侧的两个“半球”均为 0.6 的球体，左侧的球体选中的是“切除”单选按钮，右侧的球体选中的是“挤压”单选按钮，从图中可以看出右侧球体的分段数大。

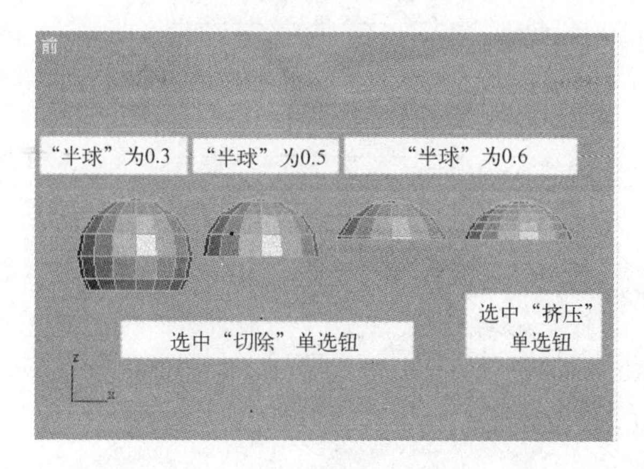


图 2-1-21 “半球”的值对球体的影响

（6）“切片启用”复选框：用于对球体进行切片处理。选中该复选框可以激活“切片从”、“切片到”数值框。

（7）“切片从”/“切片到”数值框：设置球体切片的起始/终止角度，正数值将按逆时针移动切片的末端，负值时顺时针移动切片的末端。不同的起始和终止角度对所生成球体的影响如图 2-1-22 所示。

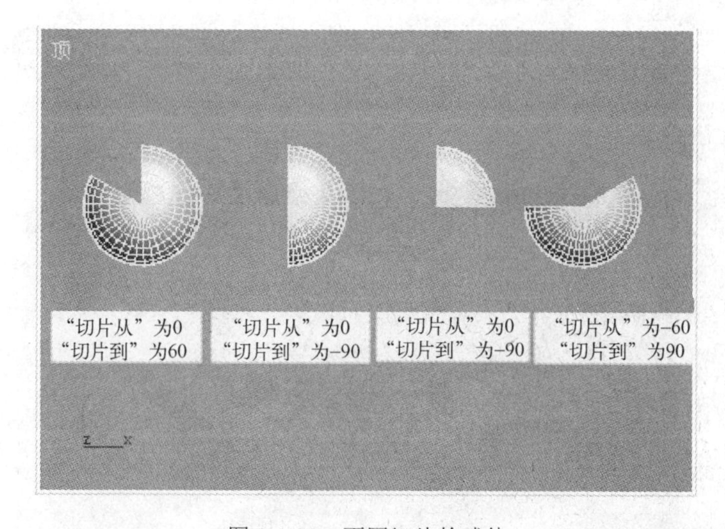


图 2-1-22 不同切片的球体

（8）“轴心在底部”复选框：用于设置球体的基准点，使球体的基准点由球体的中心改变为与球体底部平面相切的点。

**4．几何球体**

在“对象类型”卷展栏中单击“几何球体”按钮，显示出创建几何球体的参数面板，如图 2-1-23 所示。

在几何球体的“参数”卷展栏中的部分参数与“球体”的参数基本相同，这里不再介绍，其他参数的含义如下所述。

图 2-1-23　几何球体的“参数”卷展栏

（1）“分段”数值框：设置几何球体表面每个基准多面体中三角面的数目。

（2）“基点面类型”栏：用于选择几何球体的基准多面体类型，有“四面体”、“八面体”、“二十面体”3 个单选按钮，分别用于设置几何球体的基准多面体的类型。

（3）“半球”复选框：用于将几何球体设置半球形状。在这里的半球体没有参数可以选择，当选中该复选框时，所创建的球体为整个球体的一半。

几何球体表面的网格线由三角面拼接而成，而“球体”的表面由四边形构成，如图 2-1-24 上面两个球体所示。由于组成几何球体表面网格的三角面具有更好的对称性，在相同分段数的情况下，“几何球体”的渲染效果比“球体”更光滑，如图 2-1-24 下面两个球体所示。由于几何球体由三角形的面组成，在爆炸时可以将它炸成三角形。

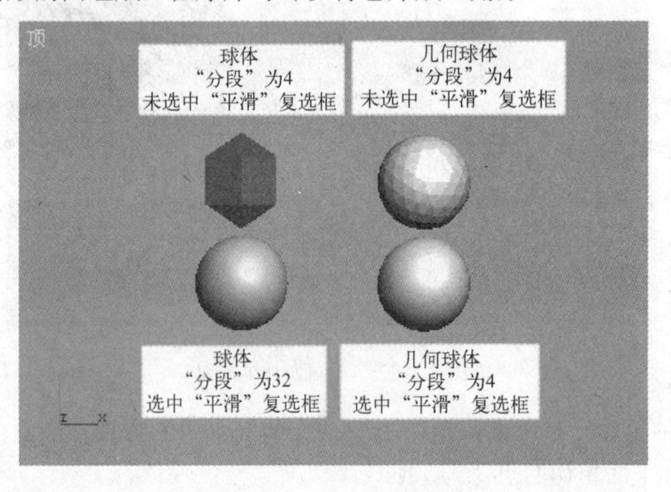


图 2-1-24　球体和几何球体

### 5．圆柱体

圆柱体是一个常用的标准基本体。单击“圆柱体”按钮，显示出创建圆柱体的参数面板，其中的“参数”卷展栏如图 2-1-25 所示，各参数的含义如下所述。

（1）“半径”数值框：设置圆柱体的底面圆半径。

（2）“高度”数值框：设置圆柱体的高度。

（3）“高度分段”数值框：设置圆柱体的高度分段数。

（4）“端面分段”数值框：设置圆柱体两个底面的同心分段数目。

（5）“边数”数值框：设置圆柱体两个底面圆的边数。

（6）“平滑”复选框：用于对圆柱体的表面进行光滑处理。当取消该复选框时，可以用于创建正多边形截面的柱体。

使用不同的参数可以创建出各种各样的圆柱体，如图 2-1-26 所示为几种圆柱体。

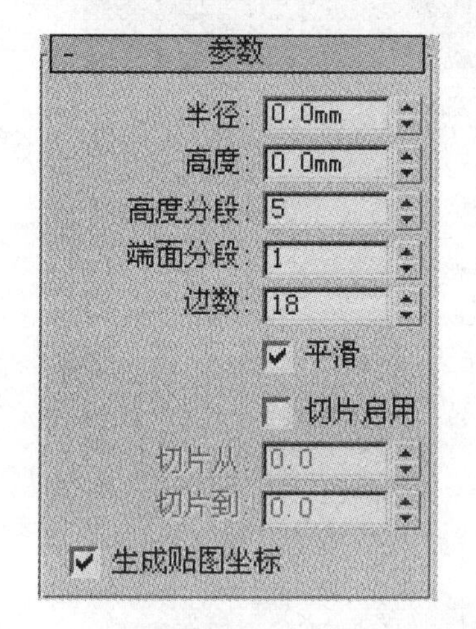


图 2-1-25　圆柱体的“参数”卷展栏

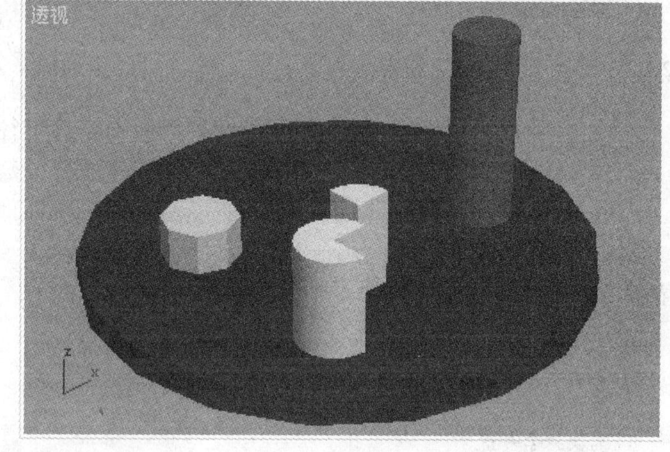


图 2-1-26　不同参数的圆柱体

## 6. 圆环

圆环是由一个横截面圆绕与之垂直并在同一平面内的圆旋转一周而构成的标准基本体。在“对象类型”卷展栏中单击“圆环”按钮，显示出创建圆环的参数面板，其“参数”卷展栏如图 2-1-27 所示，主要参数的含义如下。

（1）“半径 1”数值框：设置从环形的中心到横截面圆形的中心之间的距离。

（2）“半径 2”数值框：设置横截面圆形的半径，默认为 10。

（3）“旋转”数值框：设置圆环绕其横截面圆中心旋转的角度。在设置了材质贴图或对圆环的表面做了编辑后，才能看到旋转的效果。

（4）“扭曲”数值框：设置圆环扭转的角度，是指圆环的横截面圆绕其中心逐渐的旋转扭曲。

（5）“分段”数值框：设置圆环体的分段数。

（6）“边数”数值框：设置横截面圆的边数。

（7）“平滑”栏：用于选择对圆环表面进行光滑处理的方式。

选择不同的参数创建的圆环如图 2-1-28 所示。

## 7. 茶壶

茶壶是一个结构较为复杂的标准基本体。在“对象类型”卷展栏中，单击“茶壶”按钮，显示出创建茶壶的“参数”卷展栏，如图 2-1-29 所示。在该卷展栏中各选项的含义如下所述。

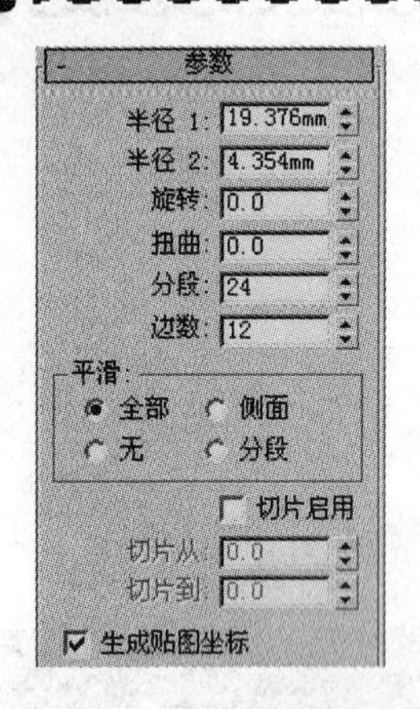


图 2-1-27 圆环的“参数”卷展栏

图 2-1-28 不同参数的圆环

（1）“半径”数值框：设置茶壶体最大横截面圆的半径。

（2）“分段”数值框：设置茶壶或其单独部件的分段数。

（3）“平滑”复选框：用于对茶壶的表面进行光滑处理。

（4）“茶壶部件”栏：用于选择茶壶的组成部件，有“壶体”、“壶把”、“壶嘴”和“壶盖”4 个复选框，每选中一个复选框，则创建该部件。

使用不同参数创建的茶壶如图 2-1-30 所示。

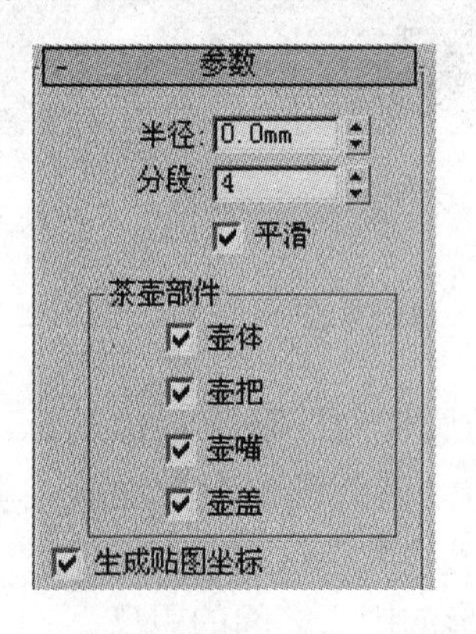


图 2-1-29 茶壶的“参数”卷展栏

图 2-1-30 不同参数的茶壶

### 8. 平面

平面是一个被细分为很多网格的标准基本体。单击“平面”按钮，显示出创建平面的参数面板。其“参数”卷展栏如图 2-1-31 所示，其中“长度”、“长度分段”等参数与前面其他基本体的同名参数含义相同，主要增加了“渲染倍增”栏，该栏用于设置渲染的缩放比例和密度。

（1）“缩放”数值框：设置渲染时平面长宽的缩放比例。

（2）“密度”数值框：设置渲染时平面分段数的缩放密度。

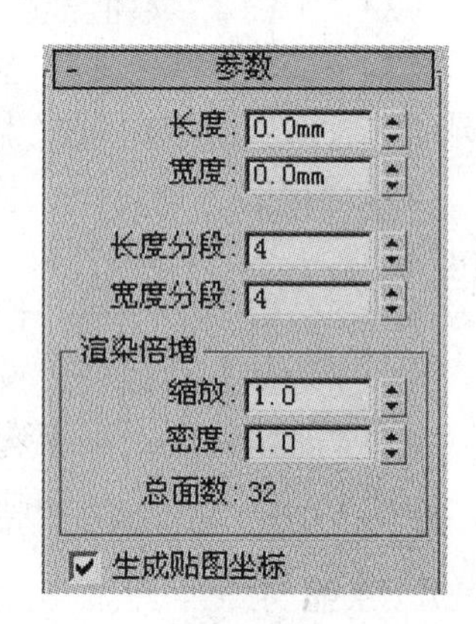


图 2-1-31 平面的“参数”卷展栏

（3）“总面数”：用于显示网格平面的总面数。

## 2.2 制作“沙发”模型——使用扩展基本体建模

### 2.2.1 学习目标

◈ 熟练掌握切角长方体、切角圆柱体、L-Ext和C-Ext出的创建方法和参数设置。
◈ 初步掌握其他异面体、环形结、油罐体的创建方法和参数设置。

### 2.2.2 案例分析

在制作“沙发”模型这个案例中将制作室内一角上放置的一个沙发，制作完以后分别为场景中的对象指定不同的材质，完成后的效果如图 2-2-1 所示。在这个案例中沙发为转角沙发，周围墙壁和地板的颜色淡雅，与沙发一起构成室内清静的一角。本案例可以用于室内装饰装潢时的一部分或是沙发的广告使用。通过本案例的学习主要掌握倒角长方体和倒角圆柱体的创建与参数设置。

图 2-2-1 “沙发”渲染效果图

### 2.2.3 操作过程

（1）打开本书配套光盘上“调用文件”\“第 2 章”文件夹中的“2-2 沙发.max”文件，单击（创建）→（几何体）→“标准基本体”→“平面”按钮，在顶视图中拖动鼠标创建一个平面对象，设置它的“长度”为 3000，“宽度”为 4000，将其命名为“地板”。

（2）单击（创建）→（几何体）→“扩展基本体”→“L-Ext”按钮，在顶视图以平面对象为标准，在它的左上角处按住鼠标左键，向右下拖动鼠标，形成底面，松开鼠标后向上拖动鼠标，形成它的高度，单击鼠标确定高度以后，再拖动鼠标，形成墙的厚度，将其命名为“墙”。

（3）在“参数”卷展栏中设置墙的数值，如图 2-2-2 所示。调整好两对象的位置，如图 2-2-3 所示。

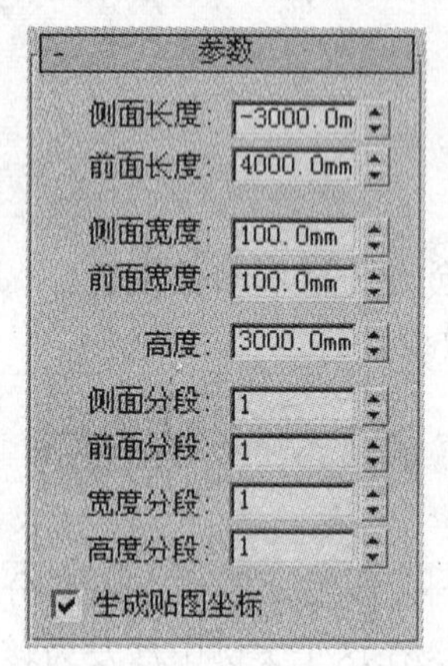


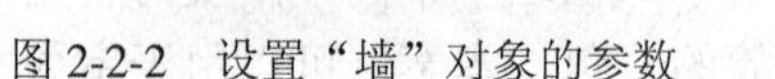
图 2-2-2 设置“墙”对象的参数

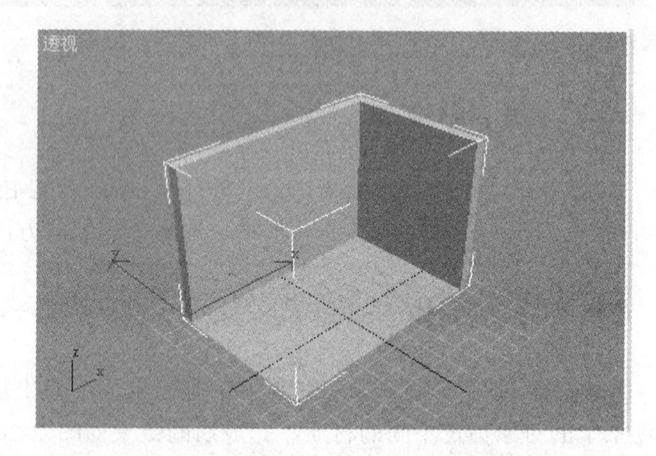


图 2-2-3 已经创建好地板和墙的场景效果

（4）单击（创建）→（几何体）→“扩展基本体”→“切角长方体”按钮，在顶视图从左上角处按住鼠标左键，向右下拖动鼠标，形成底面，松开鼠标后向上拖动鼠标，形成它的高度，单击鼠标确定高度后，再拖动鼠标，形成圆角。

（5）选中切角长方体，单击（修改）按钮，进入“修改”命令面板，在它下面的“参数”卷展栏中设置它的参数，如图 2-2-4 所示。在“修改”命令面板上面的名称框中修改它的名字为“下座垫”。

（6）单击主工具栏中的按钮，在前视图中选中“下座垫”对象，按住 Shift 键向上拖动鼠标，松开鼠标后弹出“克隆选项”对话框，选中“复制”单选按钮，在“名称”文本框中输入“小座垫”文字，单击“确定”按钮。

（7）选中“小座垫”对象，单击（修改）按钮，进入“修改”命令面板，在它下面的“参数”卷展栏中将“宽度”的值改为 600，参看图 2-2-4。然后将它调整到“下座垫”对象的左侧。

（8）用步骤（6）中的方法将“小座垫”对象向右复制 2 个，调整好它们的位置，如图 2-2-5 所示。

（9）在顶视图中再创建一个切角长方体，设置它的“长度”为 150，“宽度”为 1800，“高度”为 760，将其命名为“靠背”，然后移到沙发的后面，如图 2-2-5 所示。

（10）在顶视图中再创建一个切角长方体，设置它的“长度”为 910，“宽度”为 150，“高度”为 760，将其命名为“右扶手”，然后移到沙发的右面。

（11）用步骤（6）中的方法将“右扶手”复制一个，命名为“左扶手”，然后进入“修改”命令面板，将它的“长度”改为 1500，将它移到沙发的左侧，如图 2-2-5 所示。

（12）单击（创建）→（几何体）→“扩展基本体”→“切角圆柱体”按钮，在左视图中拖动鼠标创建圆柱体的底面，松开鼠标后，再拖动鼠标形成它的高，单击鼠标确认高度，再拖动鼠标形成圆角，单击鼠标完成创建。

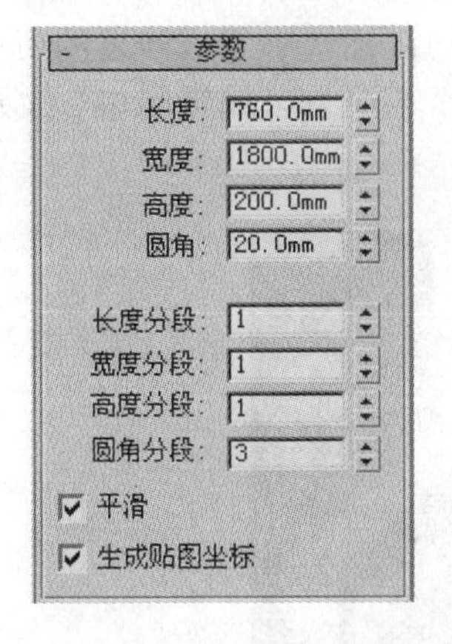


图 2-2-4 设置“下座垫”对象的参数

图 2-2-5 制作好了沙发的座垫和扶手

（13）进入“修改”命令面板，它的“参数”卷展栏如图 2-2-6 所示，按图中所示设置数据。

（14）单击主工具栏中的（选择并缩放）按钮，在左视图沿 X 轴方向将切角圆柱体略做压缩，在 Y 方向略拉长些，将它移到沙发座垫和靠背交界处，如图 2-2-7 所示。

（15）选中圆柱体对象，单击主工具栏中的（选择并旋转）按钮，按住 Shift 键的同时在顶视图中逆时针旋转对象 90°，松开鼠标后，弹出“克隆选项”对话框，使用默认设置单击“确定”按钮，就可以将它复制一个。

如果在还没有旋转到 90°时，就松开了鼠标，弹出“克隆选项”对话框，这时可以先单击“确定”按钮，复制完成以后再继续旋转。

（16）进入“修改”命令面板，将它的“高度”改为 650，调整它的位置到右扶手处，如图 2-4-7 所示。

（17）在顶视图中选中在右扶手处的切角圆柱体，单击主工具栏中的（选择并镜像对象）按钮，弹出“镜像”对话框，在“镜像轴”栏中选中 X 单选按钮，在“克隆当前选择”栏中选中“复制”单选按钮，单击“确定”按钮完成镜像。

（18）进入“修改”命令面板，将它的“高度”改为 1300，再把它移到左扶手的位置上，如图 2-2-7 所示。

（19）用步骤（6）中的方法，将小座垫复制两个，进入“修改”面板，在它的“参数”卷展栏中将“长度”改为 600，将它移到图 2-2-7 中所示的位置。

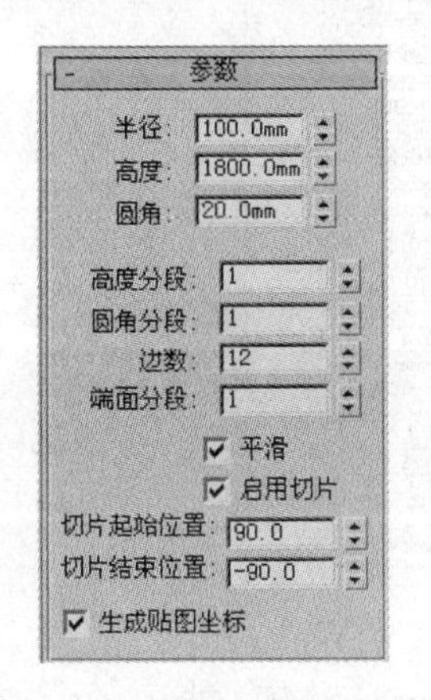


图 2-2-6 设置切角圆柱体的参数

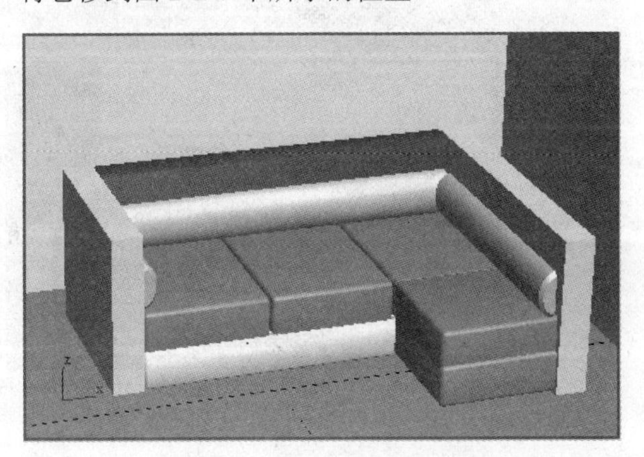

图 2-2-7 制作完成的沙发

（20）单击主工具栏的（窗口）按钮，在前视图中拖动鼠标选中组成沙发的所有对象，单击鼠标右键，在弹出的快捷菜单中单击“转换为”→“转换为可编辑网格”菜单命令，如图 2-2-8 所示，可以将所有对象转换为可编辑网格。

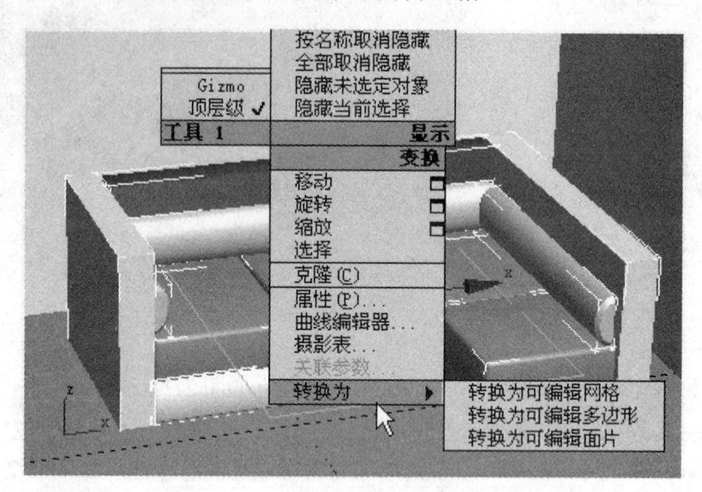


图 2-2-8 将对象转换为可编辑网格

**注意**：在进行了这一步操作以后，将丢失创建时所有的参数，所以一定要先检查好参数，确认无误时，再进行这一步的操作。

（21）单击（修改）按钮，进入“修改”命令面板，单击“修改器列表”右侧的向下箭头，弹出它的下拉列表，从中选择“UVW 贴图”修改器，如图 2-2-9 所示。

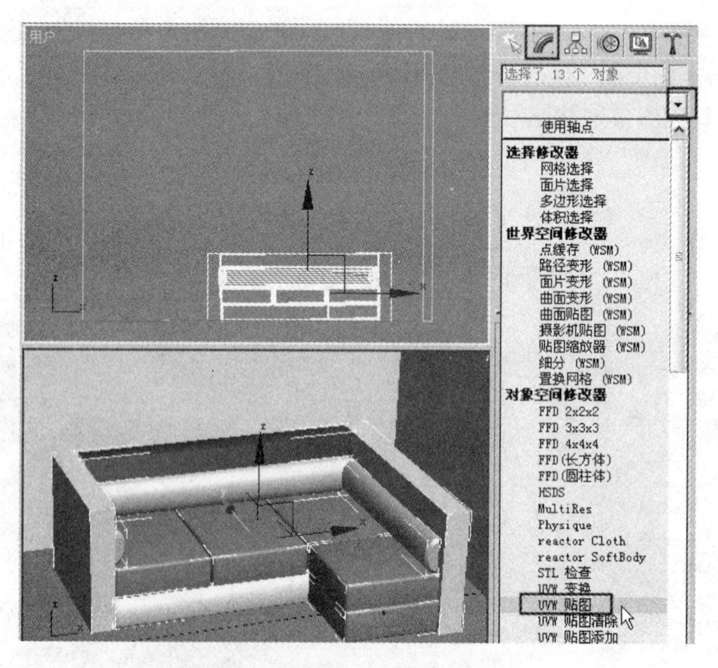


图 2-2-9 添加“UVW 贴图”修改器

（22）这时的“修改”命令面板如图 2-2-10 所示，按图中所示，选中“贴图”栏中的

“长方体”单选按钮。

（23）保证组成沙发的所有对象为选中状态，单击“组”→“成组”菜单命令，将它们组成一个组。

（24）单击主工具栏中的（材质编辑器）按钮，弹出“材质编辑器”对话框，选中名为“沙发材质”的示例窗，如图 2-2-11 所示。单击（将材质指定给选定对象）按钮，再单击（在视口中显示贴图）按钮，完成指定材质的操作。

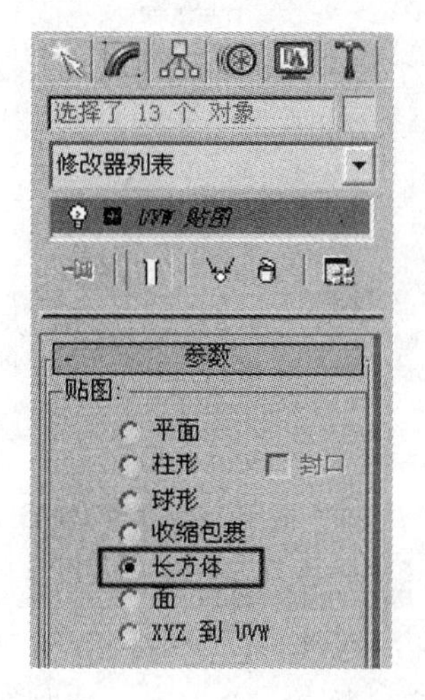


图 2-2-10 设置贴图方式

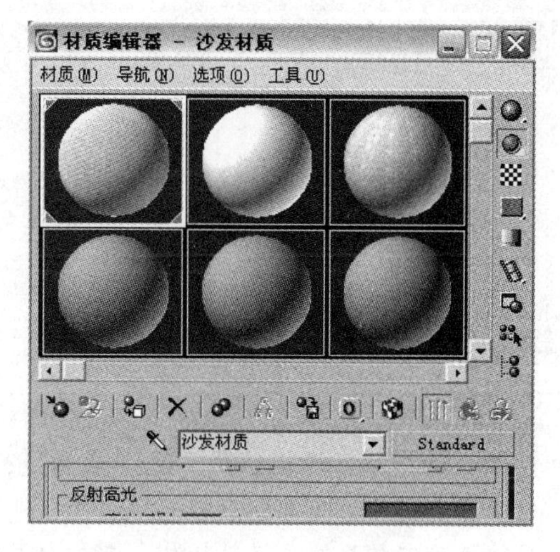


图 2-2-11 沙发的材质图

（25）用同样的方法，将“地面材质”指定给平面对象，将“墙壁材质”指定给作为墙壁的 L-Ext 对象。

（26）用上一个实例中所介绍的方法渲染输出文件，得到的效果如图 2-2-1 所示。

**【案例小结】**

在制作“沙发”模型这个案例中，我们用扩展基本体中的倒角长方体和倒角圆柱体制作了一个沙发模型，使用 L-Ext 对象和平面对象创建了室内一角的墙壁和地板。为了获得合适的贴图效果，在本案例中还使用了“UVW 贴图”修改器。

扩展基本体一共有 13 种，它们的创建参数都比较复杂，但并不是所有的对象都很常用，另外几个在制作“沙发”模型这个案例中没有介绍的扩展基本体将在下面的内容中介绍。

### 2.2.4 相关知识——扩展基本体

在命令面板中，单击按钮，再单击按钮，显示出几何体模型命令面板。单击几何体类型下拉列表框中的“扩展基本体”选项，在其下面的“对象类型”卷展栏中显示出扩展基本体对象的命令按钮，如图 2-2-12 所示。每一个按钮，对应着一种可创建的对象。由于扩展基本体的对象比较多，限于篇幅，本节将只介绍常用的几种。

#### 1. 异面体

异面体是扩展三维几何体中较为简单的一种几何体，是由多个平面生成的一种几何体。单击“异面体”按钮，显示出创建异面体的参数面板，如图 2-2-13 所示。异面体参数面板的“参数”卷展栏，包含了创建异面体的全部参数，主要参数的意义如下。

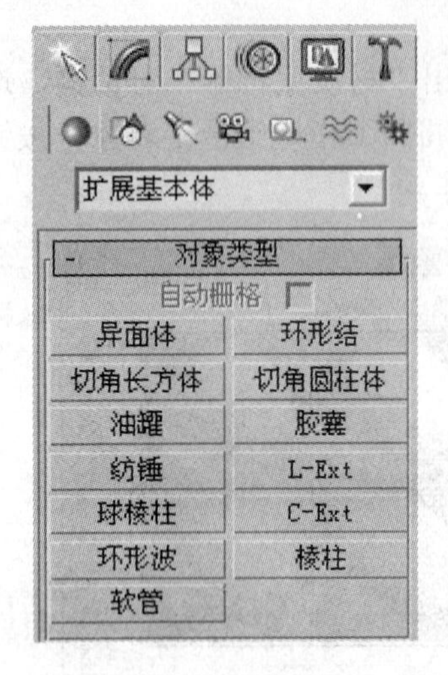


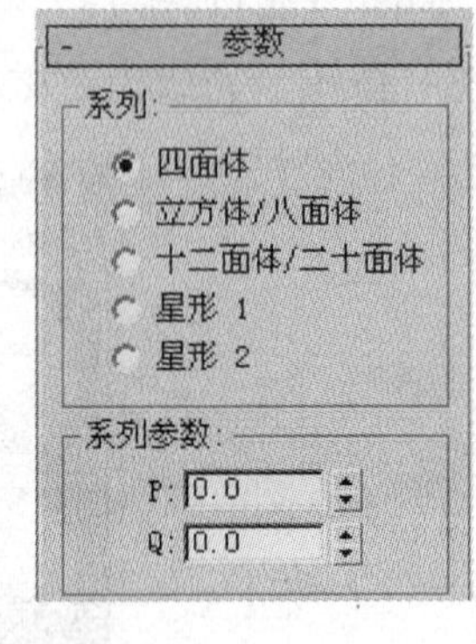


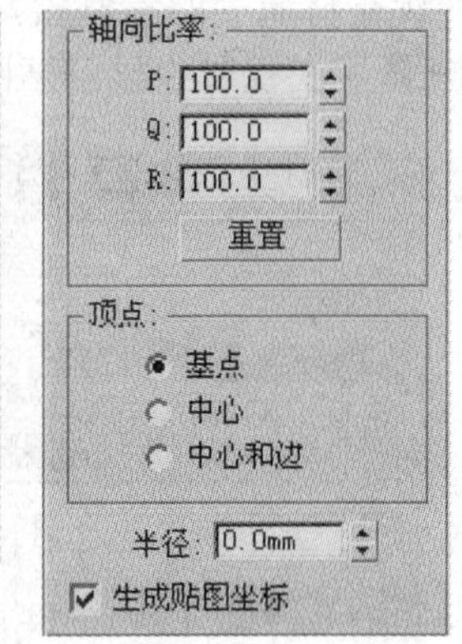


图 2-2-12 创建扩展基本体的命令面板

图 2-2-13 异面体的“参数”卷展栏

（1）“系列”栏：该栏提供了多面体的系列类型，用于选择多面体的创建外形。它们的名称与所能创建的多面体相对应。每种类型所创建的多面体如图 2-2-14 所示。

（2）“系列参数”栏：该栏提供了多面体系列类型的转换参数 P、Q，用于控制多面体点、面之间的转换。参数 P、Q 的取值范围均为 0～1，并且两个参数的和要小于或等于 1。P、Q 值对多面体的影响如图 2-2-15 所示。

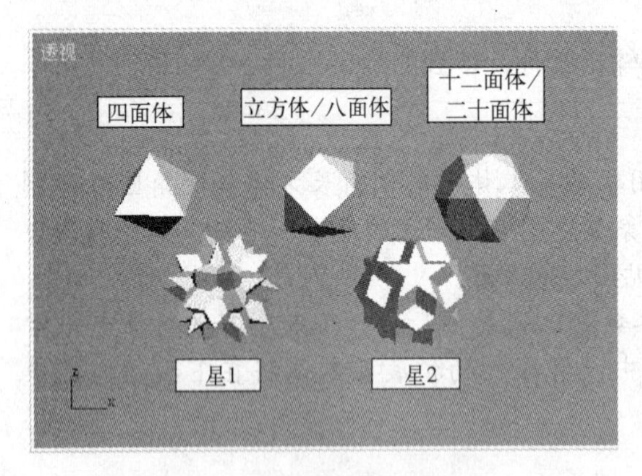


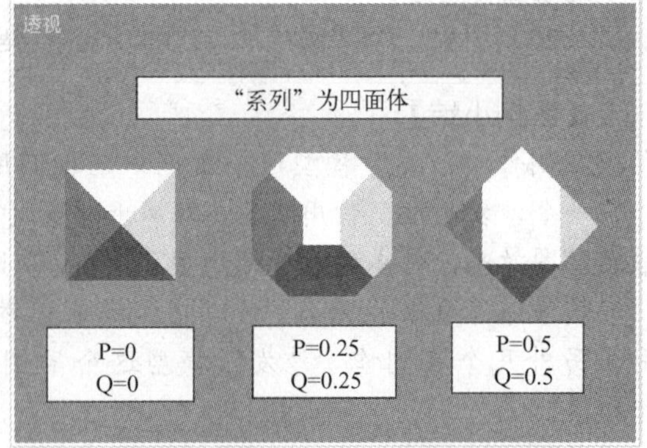


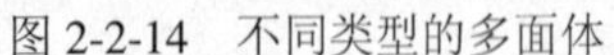
图 2-2-14 不同类型的多面体

图 2-2-15 不同的 P、Q 值的多面体

（3）“轴向比率”栏：该栏提供了多面体系列类型的轴向缩放比率转换参数 P、Q 和 R，用于控制多面体点、面之间的轴向缩放。单击 Reset（复位）按钮，可以将本栏中设置的轴向缩放参数 P、Q 和 R 恢复为 100。

（4）“顶点”栏：该栏中的参数决定多面体每个面的内部几何体。“中心”和“中心和边”会增加对象中的顶点数，由此增加面数。

◈“基点”单选按钮：选中该单选按钮，则面的细分不能超过最小值。

◈“中心”单选按钮：选中该单选按钮，通过在中心放置另一个顶点（其中边是从每个中心点到面角）来细分每个面。

◈“中心和边”单选按钮：选中该单选按钮，通过在中心放置另一个顶点来细分每个面。

（5）“半径”数值框：用于设置多面体的轮廓半径。

## 2．环形结

环形结是由圆环体通过打结构成的扩展三维几何体。在“对象类型”卷展栏中单击“环形结”按钮，显示出创建环形结的参数面板，如图 2-2-16 所示。环形结的“参数”卷展栏中，包含了创建环形结的设置参数，各参数的意义如下。

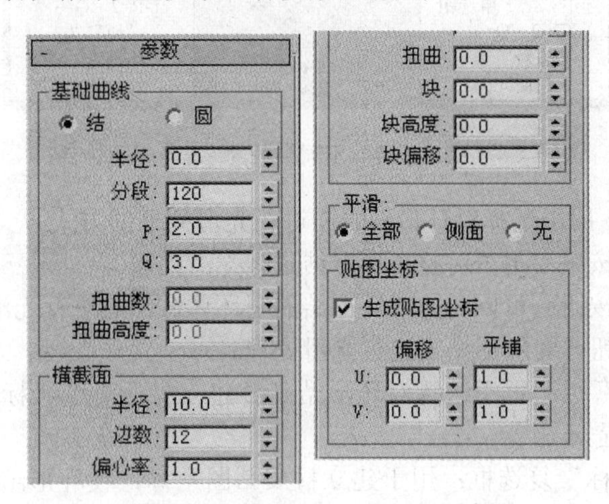


图 2-2-16　Torus Knot 的参数卷展栏

（1）“基础曲线”栏：用于选择圆环体是否打结，以及设置圆环体的参数，打结的数目，不打结的弯曲参数。

◈“结”/“圆”单选按钮：选择“结”单选按钮，创建的环形结体将基于其他各种参数自身交织，也就是打结的；选择“圆”单选按钮，基础曲线是圆形，如果在其默认设置中保留“扭曲”和“偏心率”这样的参数，则会产生标准环形。

◈“半径”、“分段”数值框：设置环形结的半径和分段数，与圆环体对应的参数用法相同。

◈ P、Q 数值框：设置环形结在两个方向上的打结数目。只有选择了本栏中的“结”单选按钮后，才能激活这两个数值框。使用不同 P、Q 值所创建的环形结如图 2-2-17 所示。

◈“扭曲数”/“扭曲高度”数值框：设置圆环体上突出的小弯曲角的数目。只有选择了本栏中的“圆”单选按钮后，才能激活这两个数值框。

（2）“横截面”栏：用于设置构成环形结的圆环体的截面参数。

◈“半径”/“边数”数值框：设置构成环形结的圆环体截面半径和截面圆周的边数。

◈“偏心率”数值框：设置构成环形结的圆环体截面偏离圆心的程度。离心率越接近于 1，圆环体截面越接近于圆。

◈“扭曲”数值框：设置构成环形结的圆环体截面扭转的角度。

◈“块”/“块高度”/“块偏移”数值框：设置环形结的块数目、块的高度和块的偏移量。

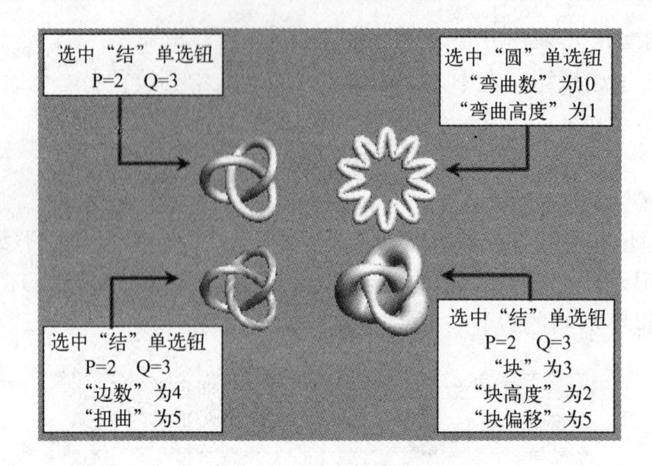


图 2-2-17 不同参数的环形结

（3）“平滑”栏：用于选择对环形结表面进行光滑处理的方式。

◈ “全部”单选按钮：用于对整个环形结进行光滑处理。

◈ “侧面”单选按钮：可以对构成环形结的圆环体截面圆进行光滑处理。

◈ “无”单选按钮：对环形结不进行光滑处理。

（4）“贴图坐标”栏：用于选择对环形结是否建立材质贴图坐标，以及建立贴图坐标后进行贴图参数的设置。

◈ “生成贴图坐标”复选框：用于建立材质贴图坐标，使环形结的表面能够进行材质贴图处理。选中该复选框后，即可在环形结的表面建立材质贴图坐标。

◈ “偏移”、“平铺”数值框：在环形结的表面建立贴图坐标设置贴图时，用于设置贴图在环形结表面沿 U、V 两个方向上的偏移量和平铺次数。

### 3. 切角长方体和切角圆柱体

切角长方体、切角圆柱体是由长方体、圆柱体切角后构成的扩展三维基本体，与长方体、圆柱体的形状基本相同。在“对象类型”卷展栏中单击“切角长方体”、“切角圆柱体”按钮，显示出创建切角长方体、切角圆柱体的参数面板，如图 2-2-18、图 2-2-19 所示。

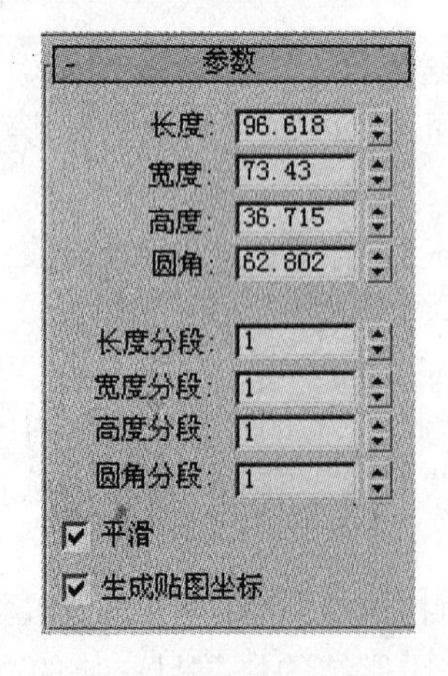


图 2-2-18 切角长方体的“参数”卷展栏

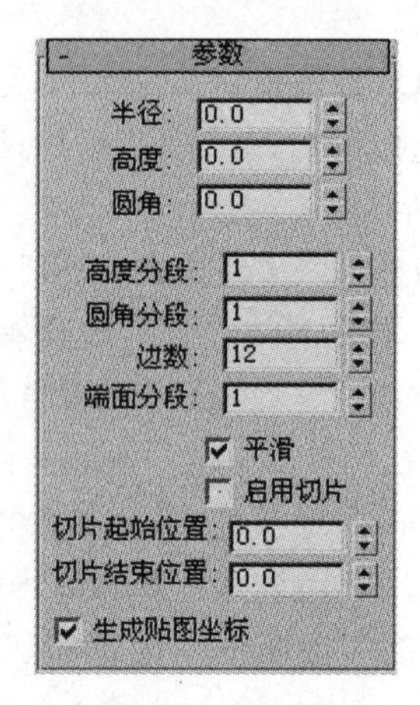


图 2-2-19 切角圆柱体的“参数”卷展栏

将切角长方体、切角圆柱体分别与标准基本体中的长方体、圆柱体相比，在参数面板的“参数”卷展栏中，均增加了“圆角”和“圆角分段”两个数值框。下面仅介绍增加参数的意义。

（1）“圆角”数值框：用于设置倒角的大小。数值为0时表示没有倒角。

（2）“圆角分段”数值框：用于设置圆角的分段数。分段数为 1 时，圆角的形状为直切角；分段数大于1时，切角的形状为圆切角。分段数越大，切角越圆。

用不同参数创建的切角长方体和切角圆柱体的效果如图 2-2-20 所示。

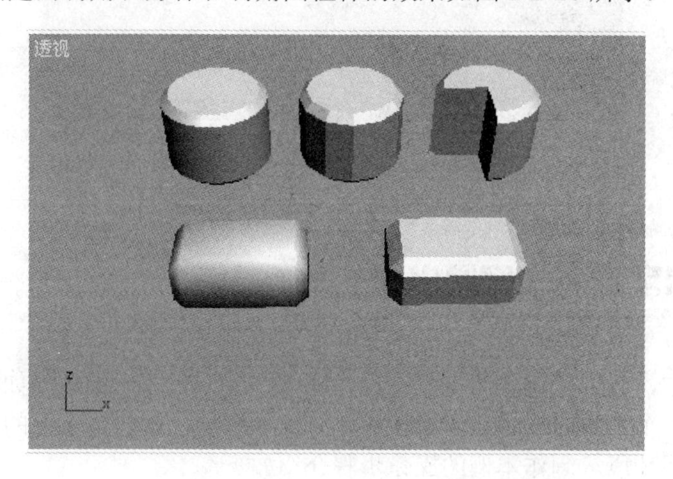


图 2-2-20　不同参数的切角长方体和切角圆柱体

### 4. L-Ext 和 C-Ext

L-Ext 可以理解为是由两个长方体结合构成的简单的扩展三维几何体，它的“参数”卷展栏如图 2-2-21 所示。C-Ext 可以理解为是由 3 个长方体结合构成的简单的扩展三维几何体，它的“参数”卷展栏如图 2-2-22 所示。

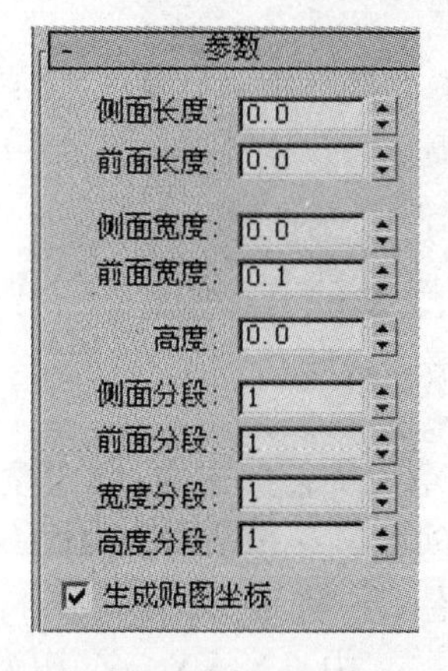


图 2-2-21　L-Ext 的“参数”卷展栏

图 2-2-22　C-Ext 的“参数”卷展栏

创建这两种形体时，在视图中第一次拖动鼠标创建它们的底面，单击后再拖动创建高度，单击后第 3 次拖动创建形体的厚度，第 3 次单击完成创建，创建的 L-Ext 和 C-Ext 如图 2-2-23 所示。

图 2-2-23 L-Ext 和 C-Ext 对象

## 2.3 上机实战——度假小屋

在这个例子中，我们要制作一个在湖边的度假小屋，完成后的效果如图 2-3-1 所示。在这个案例中，在一个美丽的湖边建立起一座以石板为屋顶，木材为墙壁的小屋，为人们提供了一个优美的度假环境。制作本例的操作步骤介绍如下。

图 2-3-1 “度假小屋”效果图

（1）打开本书配套光盘上“调用文件”\“第 2 章”文件夹中的“2-3 度假小屋.max”文件，单击顶视图，使其置为当前视图，单击（创建）→（几何体）→“扩展几何体”→“倒角长方体”按钮，然后单击“键盘输入”卷展栏将其展开。

（2）在“键盘输入”卷展栏中输入各参数的值。其中，X、Y、Z 均为 0，“长”为 3000，“宽”为 2000，“高”为 500，“倒角”为 50，单击“创建”按钮，在顶视图中创建一个倒角长方体，将其命名为“地基”。向上拖动“参数”卷展栏，取消“平滑”复选框的选取。

（3）单击（创建）→（几何体）→“扩展几何体”→“C-Ext”按钮，从顶视图中的“地基”的左上角开始向右下角，创建 C 形墙体，将它命名为“墙”。从它的“参数”卷展栏中修改参数，如图 2-3-2 所示。

（4）在顶视图中将“墙”对象逆时针旋转 90°，再调整好墙与地基的位置，如图 2-3-3 所示。

图 2-3-2 墙体的参数设置

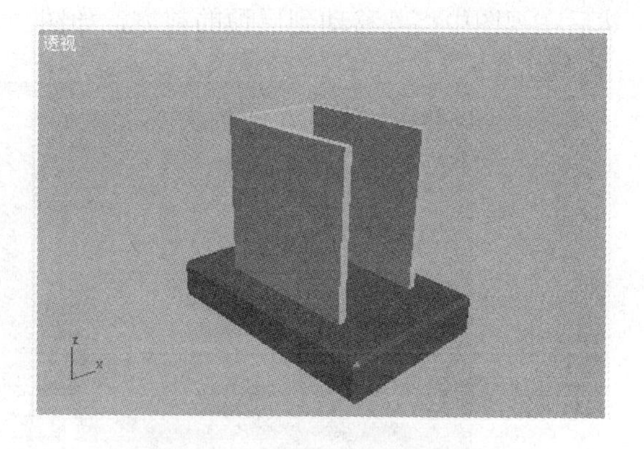


图 2-3-3 调整好两个对象的位置

（5）单击（创建）→（几何体）→“扩展几何体”→“C-Ext“按钮，在前视图中由右下至左上拖动鼠标形成墙体，将它逆时针旋转 90°，在“参数”卷展栏中设置参数，如图 2-3-4 所示，再按图中所示调整它的位置。

（6）在前视图中创建一个长方体，使它的大小正好能将图 2-3-4 中的 C 形墙中空部分挡住，形成门，调整好它的位置。

（7）单击（创建）→（几何体）→“扩展几何体”→“切角圆柱体”按钮，创建一个切角圆柱体，大小自定，将它移到一侧，作为门拉手的一部分。

（8）单击（创建）→（几何体）→“扩展几何体”→“环形结”按钮，在前视图中创建一个圆环结对象，如图 2-3-5 所示，按图中所示设置它的参数。

（9）将环形结移到切角圆柱体上，调整好位置，形成门拉手，如图 2-3-5 所示。然后组成一个组。

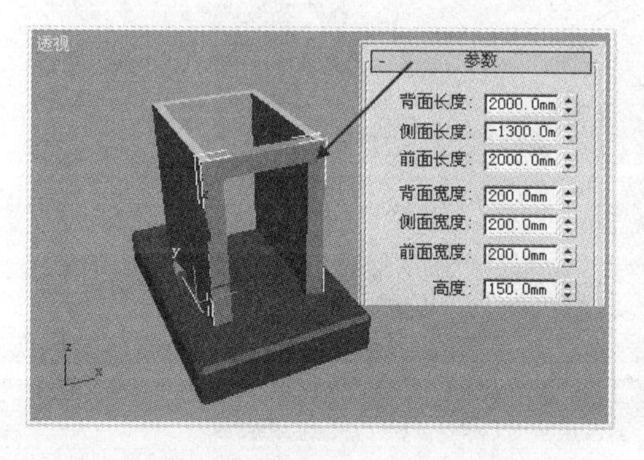


图 2-3-4 创建一个 C-Ext 对象

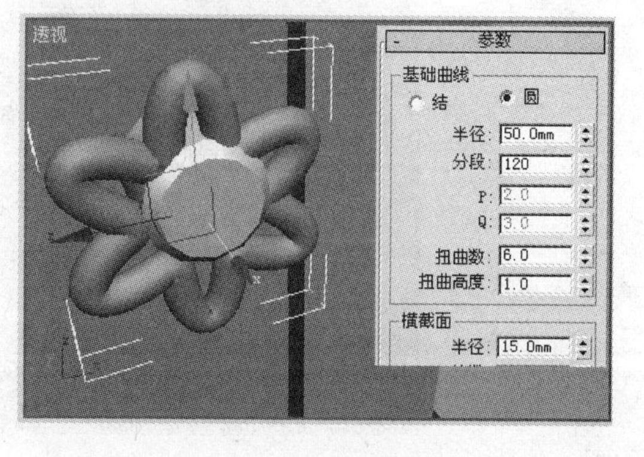


图 2-3-5 制作好门拉手

（10）单击（创建）→（几何体）→“扩展几何体”→“棱柱”按钮，在前视图中拖动鼠标，形成棱柱的截面底边长，释放鼠标后再拖动形成棱柱截面的形状，单击鼠标后再拖动形成棱柱的高，最后单击鼠标完成棱柱的创建，将其命名为“屋顶”。

（11）按图 2-3-6 所示，设置它的参数，在视图中将它移到屋子正中最上方作为屋顶。

（12）单击（创建）→（几何体）→“扩展几何体”→“异面体”按钮，在左视图中拖动鼠标创建一个多面体，在其“参数”卷展栏中，选中“系列”中的“星 1”单选按钮，然后在视图中将其移动到屋顶的前方，如图 2-3-6 所示。

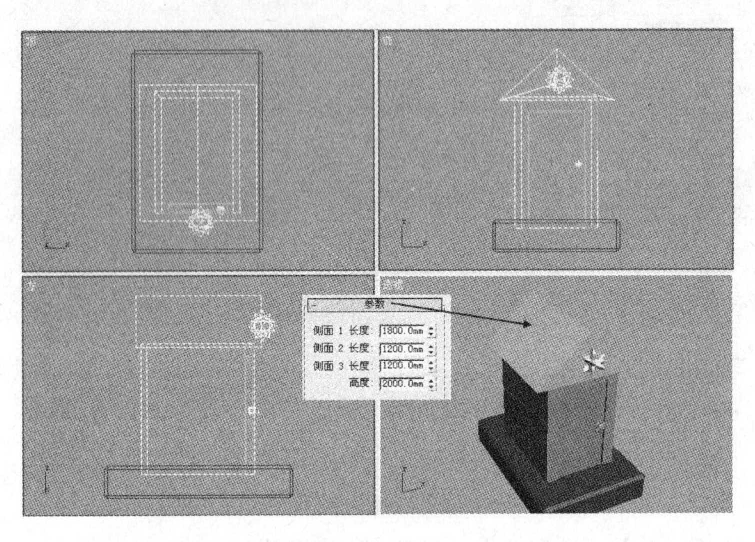


图 2-3-6 调整好屋子的各部件位置

（13）单击主工具栏中的（材质编辑器）按钮，弹出“材质编辑器”对话框，根据材质的名称，将不同的材质分别指定给相应的对象。

（14）调整透视视图中对象的位置，如图 2-3-7 所示。

图 2-3-7 调整好屋子在透视视图中的位置

（15）单击主工具栏中的的按钮，效果如图 2-3-1 所示，最后将文件保存。

**注意：**上面两步要配合进行，不断观察渲染的效果，来调整小屋的位置。

## 本章小结

本章主要介绍了标准基本体和部分扩展基本体的创建方法和参数。

标准基本体是最简单的几何体对象，共有 10 个命令可供选择。每一个对象的大小形状主要由参数决定，在创建完对象后如果做了其他任何操作，则该对象脱离“创建”命令面板，这时如果要修改它的参数请进入“修改”命令面板。

扩展基本体一共有 13 种，它们的创建参数都要比标准基本体对象的创建参数复杂得多。

本章中用不同的基本体创建对象时，主要使用的是拼接的方法，也就是利用变换工具调整各对象的位置，使其在空间上有相接的位置。当场景中的对象比较多或者需要对多个对象进行统一的操作时，可以将它们组成组。

## 习题 2

1．填空题

（1）每个对象在创建时，系统都赋予它一个名字，默认是对象类型后面加上一个_______。

（2）如果要创建一个正方体，最简便的方法是在按下“长方体”按钮后，选中“创建方法”卷展栏中的_______单选按钮。

（3）在创建三维对象时，如果选中生成贴图坐标复选框，则可以_______。

（4）如图 1 所示是一个在左视图中创建的长方体，请指出它的长、宽和高的位置。

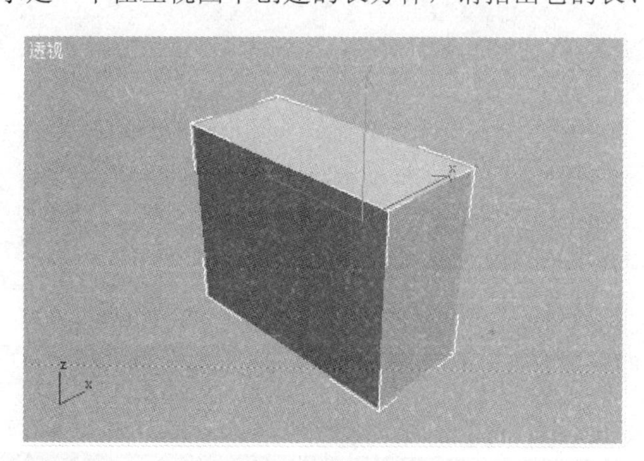


图 1 长方体模型

（5）切角长方体、切角圆柱体分别与标准基本体中的长方体、圆柱体相比，在参数面板的“参数”卷展栏中，均增加了_______和_______两个数值框。

### 2. 简答题

（1）简述创建一般基本体的操作步骤。

（2）在很多对象的创建参数中都有“分段”这样一个参数，简述它的作用。

（3）如果要创建一个被切掉一半的球体，应如何设置参数？

### 3. 操作题

（1）用标准基本体创建一盒火柴。

（2）制作如图 2 所示的卧室柜模型。

图 2 卧室柜模型

# 第 3 章 修改器的使用

在第 2 章中，我们学习了如何使用基本体创建基本模型。基本体都是参数化的模型，其外形一般都有一定的规律性。从第 2 章的学习中可以体会到：这些模型很大程度上不符合我们的要求，需要对它们进行一定的变形处理。Max 中提供了各种修改器来完成这项工作。修改器可以有多种不同的使用方式，除了可以改变对象的形状，还可以应用材质贴图、对对象的表面进行变形及其他操作。本章主要介绍常用的修改器及编辑网格修改器的使用。

## 3.1 制作“转椅”模型——使用基本修改器

### 3.1.1 学习目标

◈ 熟练掌握使用修改器的方法。
◈ 熟练掌握“弯曲”、“FFD（自由变形）”修改器的使用。
◈ 掌握“锥化”、“扭曲”和“噪波”修改器的使用。

### 3.1.2 案例分析

在制作“转椅”模型这个案例中，我们制作了一个工作椅，整个案例完成后的效果如图 3-1-1 所示。在这个案例中，转椅的下面有 5 个万向轮，上面是可伸缩的支柱，最上面的

图 3-1-1 “转椅”渲染后的效果图

椅子面则由硬塑料压制而成，有一定弧度，很适合人体生理特点。但整个椅子的材质并没有编辑，留待后面学习完材质再由读者编辑。这个案例中的转椅可以用于办公室环境的效果图制作或者是广告宣传。通过本案例的制作可以练习“FFD”、“弯曲”等修改器的使用。

### 3.1.3 操作过程

#### 1．制作椅子面

（1）新建一个场景。

（2）单击（创建）→（几何体）→“扩展基本体”→“切角长方体”按钮，在左视图中拖动鼠标创建一个切角长方体，在命令面板的参数区中展开“参数”卷展栏，设置它的参数，其中“长度”为 560，“宽度”为 1200，“高度”为 10，“圆角”为 3，“长度分段”为 15，“宽度分段”为 30，“高度分段”为 3，“圆角分段”为 3。将其命名为“椅子面”，在视图中最大化显示该对象。

（3）选中“椅子面”对象，单击（修改）按钮，进入“修改”命令面板，单击“修改器列表”下拉列表框的向下箭头，展开下拉列表，单击“弯曲”修改器。

**提示：**以后将这样叙述这一步的操作，单击（修改）→“修改器列表”→“弯曲”修改器。

这时的修改面板如图 3-1-2 右侧所示，在“修改器列表”下拉列表框下面的列表框中是修改器堆栈，修改器堆栈中 Bend（弯曲）为选中状态，如果没有选中，则可能是进行了其他操作，请在修改器堆栈中单击 Bend（弯曲）选项。

（4）在下面的“参数”卷展栏中设置“角度”为 90，“弯曲轴”为 X，这时对象将被弯曲，效果如图 3-1-2 所示。

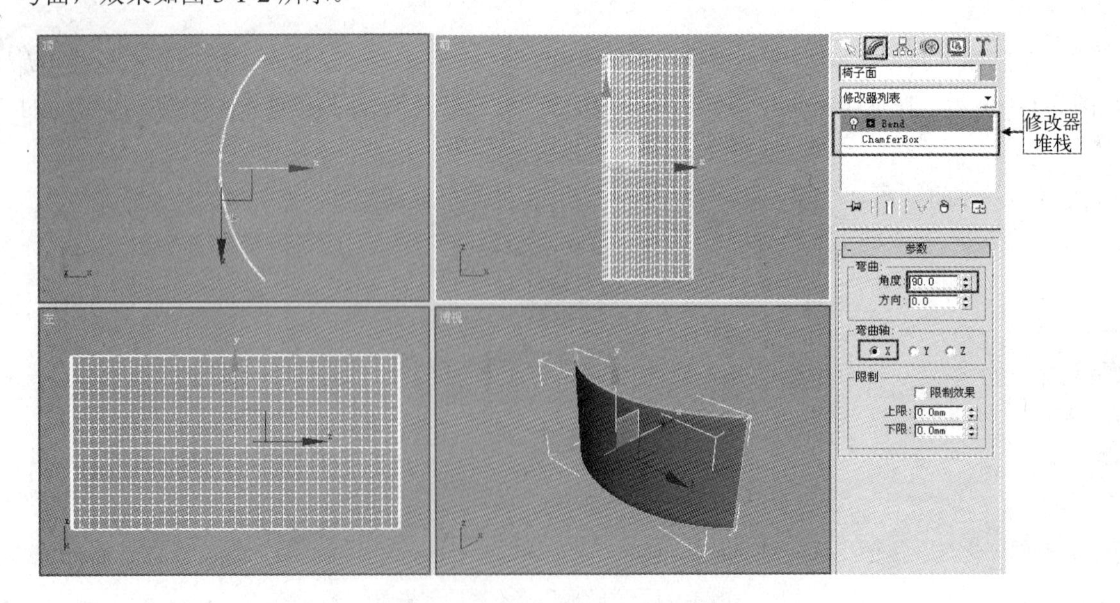


图 3-1-2 为对象添加“弯曲”修改器

（5）在图 3-1-2 所示的“参数”卷展栏中选中“限制效果”复选框（这时场景中对象的弯曲消失），在它下面的“上限”数值框中输入 600。

（6）选中“椅子面”对象，单击主工具栏中的（选择并旋转）按钮，再在该按钮上单击鼠标右键，弹出“旋转变换输入”对话框，在左侧的“绝对：世界”栏中设置“X”为 –90，“Y”为 90，“Z”为 0，这时场景中的对象效果如图 3-1-3 所示，关闭“旋转变换输入”对话框。

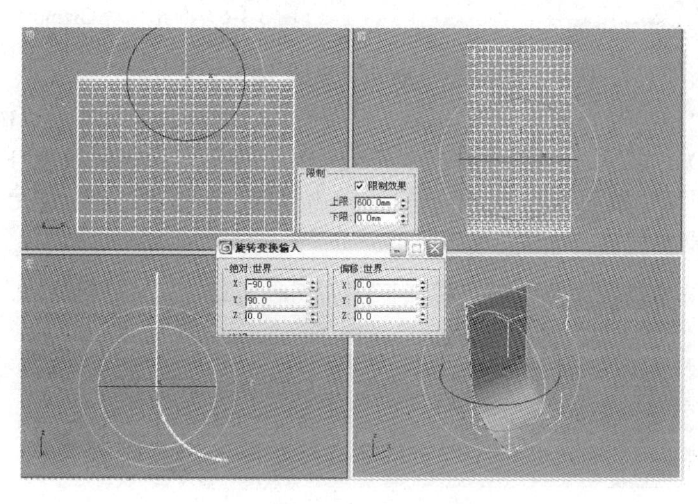


图 3-1-3　精确旋转对象

（7）在修改器堆栈中单击 Bend（弯曲）修改器前面的“+”按钮，将其展开，选中“中心”选项，这时在屏幕上出现了一个黄色的十字中心，如图 3-1-4 所示。

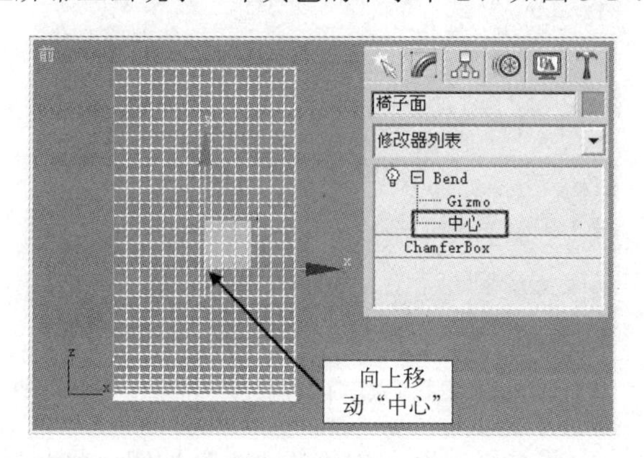


图 3-1-4　选择“中心”选项

（8）单击主工具栏中的按钮，向上移动中心点，同时观察左视图中对象的形状，最后效果如图 3-1-5 所示。

（9）在修改器堆栈中选中 Gizmo 选项，然后在左视图中向左拖动鼠标，将 Gizmo 向左移，效果如图 3-1-6 所示。

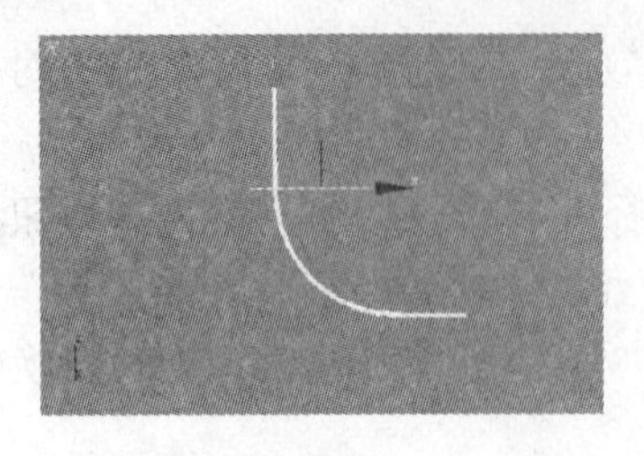

图 3-1-5 向上移动“中心”

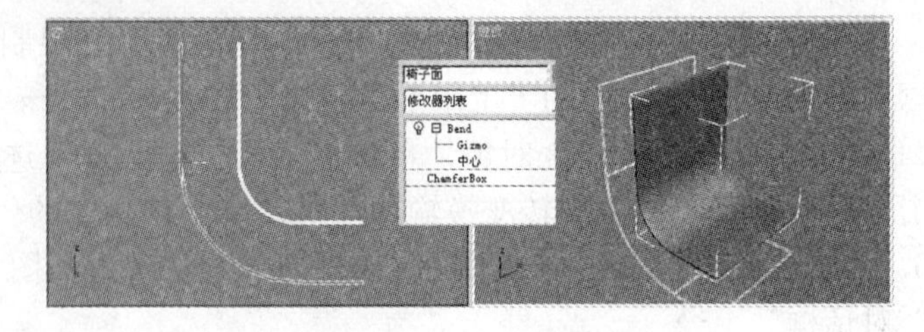

图 3-1-6 向左移动 Gizmo

（10）在修改器堆栈中单击 Gizmo，结束对它的编辑。

（11）选中“椅子面”对象，单击（修改）→“修改器列表”→“FFD（长方体）”修改器。在“FFD 参数”卷展栏中单击“设置点数”按钮，弹出“设置 FFD 尺寸”对话框，如图 3-1-7 所示，按图中所示进行设置后单击“确定”按钮。这时的“椅子面”对象上显示出 FFD 修改器的线框，如图 3-1-8 所示。

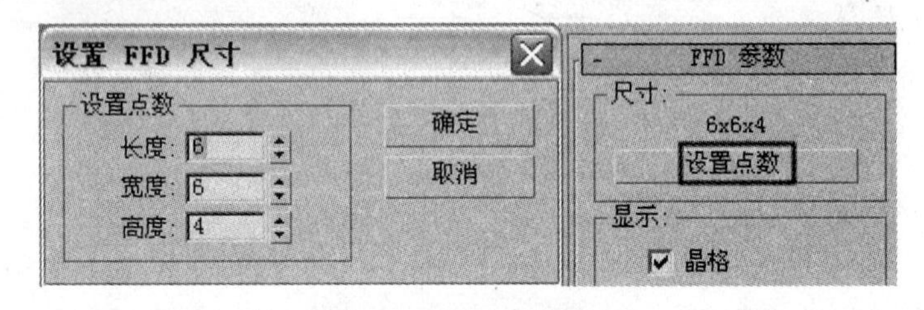


图 3-1-7 设置 FFD 的尺寸

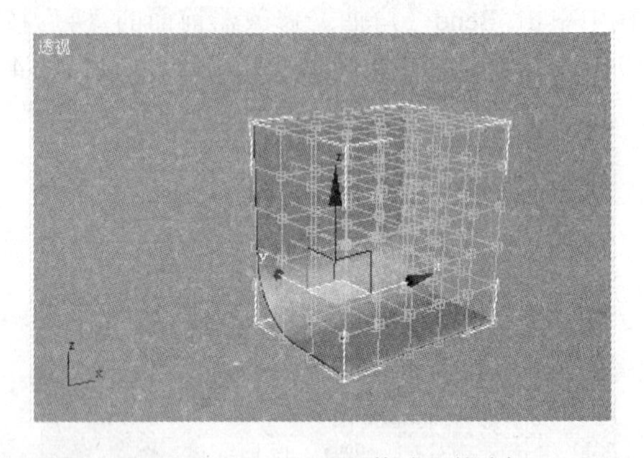


图 3-1-8 显示出 FFD 修改器的线框

（12）在修改器堆栈中单击修改器名称前的“＋”按钮，将其展开，单击“控制点”选项，进入它的编辑状态。

（13）单击主工具栏的按钮，在顶视图中拖动鼠标选中角上的一组点，向里拖动，如图 3-1-9 所示，形成角上的圆角。用同样的方法拖动其另外的一个角。在顶视图中选中中部的两组点向外移动，形成平滑的圆角，如图 3-1-9 所示，渲染的效果如图 3-1-10 所示。

注意：在前视图中看到的一个点，其实是在同一方向的一组 6 个点，如果用单击鼠标选择点，则每次只能选择一个点，达不到这里的移动要求，所以一定要拖动鼠标选择一组点。

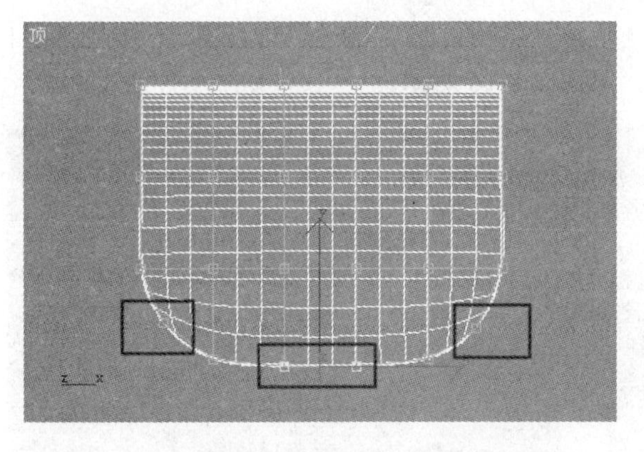


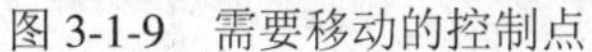

图 3-1-9　需要移动的控制点

图 3-1-10　在顶视图中调整完点以后的效果

这时注意观察前视图，可以发现比刚开始添加修改器时多了两排点，如图 3-1-11 所示中被矩形框框起来的两排点，这两排点是在顶视图中移动了的点在前视图中的显示，下面的操作要注意避免选中这两排点。

（14）在前视图中角上的一组点，向里拖动，形成圆角。用同样的方法拖动其另外一个角。在前视图中选中中部的两组点向里移动，形成中部的弧线，如图 3-1-12 所示。

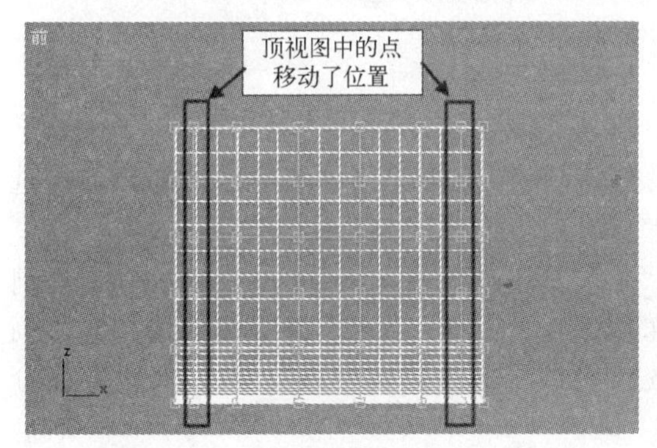


图 3-1-11　顶视图中移动了位置的点

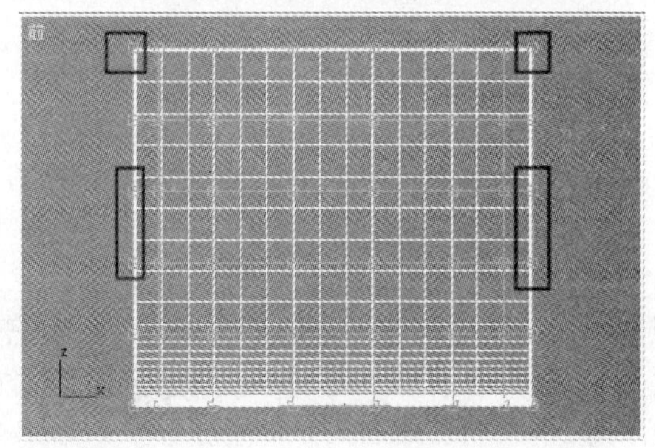


图 3-1-12　需要在前视图中调整的点

在前视图中调整完的效果如图 3-1-13 所示，注意在图中用矩形框起来的几组点是调整完的点的位置，渲染后的效果如图 3-1-14 所示。

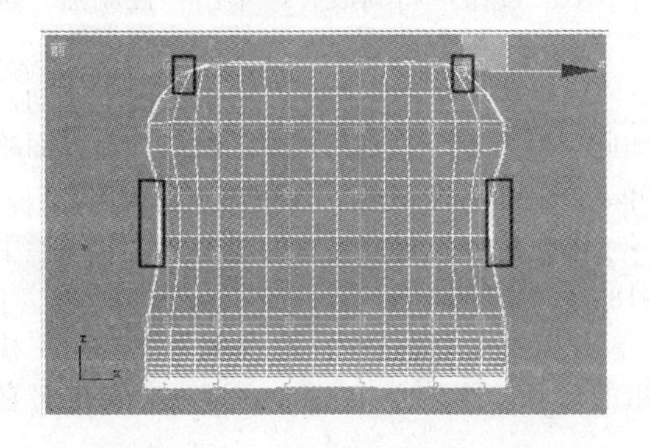


图 3-1-13　在前视图视图中移动完成的点

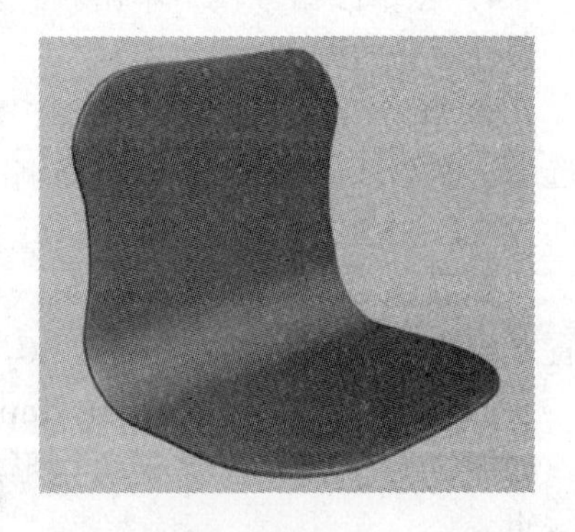

图 3-1-14　调整完前视图中的点渲染结果

（15）在左视图中拖动鼠标选中水平方向的两排点，然后将它们向右移动，如图 3-1-15 所示。再选中竖直方向的两排点向上移动，如图 3-1-16 所示。

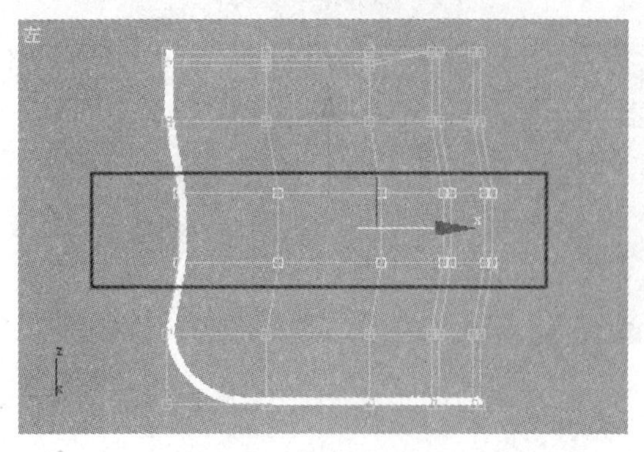

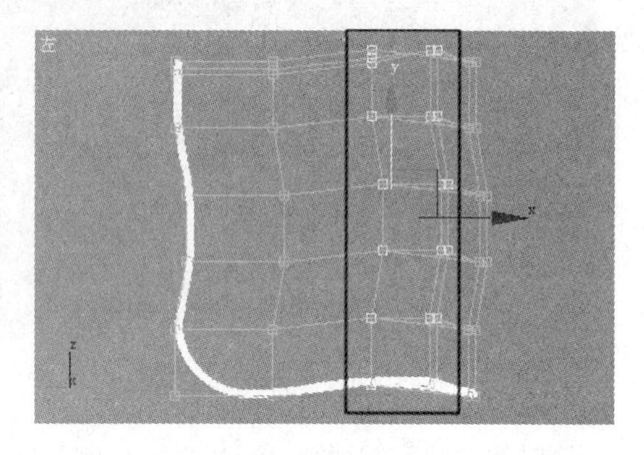

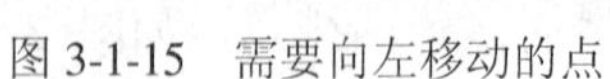

图 3-1-15　需要向左移动的点

图 3-1-16　需要向上移动的点

**提示：**在经过以上的调整后，前视图和顶视图中的点已经有些乱，不仔细看或不熟悉的读者可能看不出来，而现在的左视图还比较整齐，所以在左视图中工作，请仔细体会。

（16）在修改器堆栈中单击“控制点”选项，结束对它的编辑。

至此，椅子面的制作完成。

### 2．制作 5 个万向轮和与它相连的椅子腿

（1）选中“椅子面”对象，单击鼠标右键，在弹出的快捷菜单中单击“隐藏当前选择”菜单命令，将它隐藏。

（2）单击（创建）→（几何体）→“扩展基本体”→“切角长方体”按钮，在前视图中拖动鼠标创建一个切角长方体，设置它的参数，“长度”为 25，“宽度”为 35，“高度”为 350，“圆角”为 10，“长度分段”、“宽度分段”和“圆角分段”均为 3，“高度分段”为 20，　将其命名为“椅子腿”。

（3）单击（修改）→“修改器列表”→“FFD（长方体）”修改器，在其“参数”卷展栏中单击“设置点数”按钮，弹出“设置 FFD 尺寸”对话框，在“设置点数”栏中，将“高度”的数值改为 20，其余使用默认参数，单击“确定”按钮。

（4）在修改器堆栈中单击修改器名称前的“＋”按钮，将其展开，单击“控制点”选项，进行对它的编辑状态。

（5）单击主工具栏的按钮，在左视图中拖动鼠标选中最右侧的一排点，向下移动，再选中右侧第二排点，将它们向上略作移动，如此反复操作，直到形成中间略高，最外面略低的效果，如图 3-1-17 所示。在修改器堆栈中单击“控制点”选项，结束对它的编辑。

（6）单击（修改）→“修改器列表”→“锥化”修改器，在它的“参数”卷展栏中设置“数量”为 0.5，“曲线”为 2.0，如图 3-1-18 所示。

（7）在修改器堆栈中展开 Taper 选项，单击 Gizmo 选项，在左视图中将它向左移动，如图 3-1-18 所示。这样可以形成中间略粗的形状。再次单击 Gizmo 选项，结束对它的编辑。

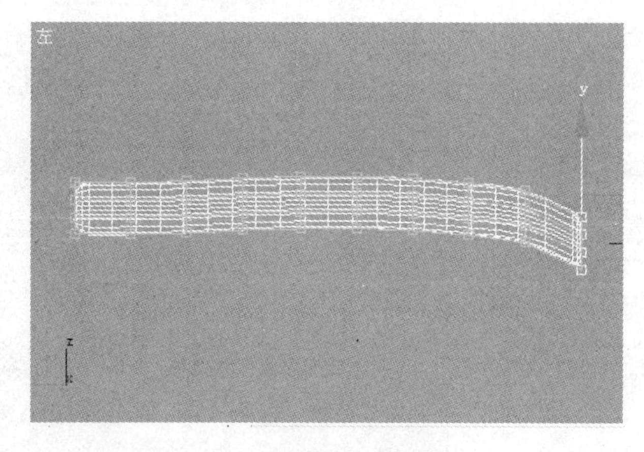


图 3-1-17　在左视图中调整控制点

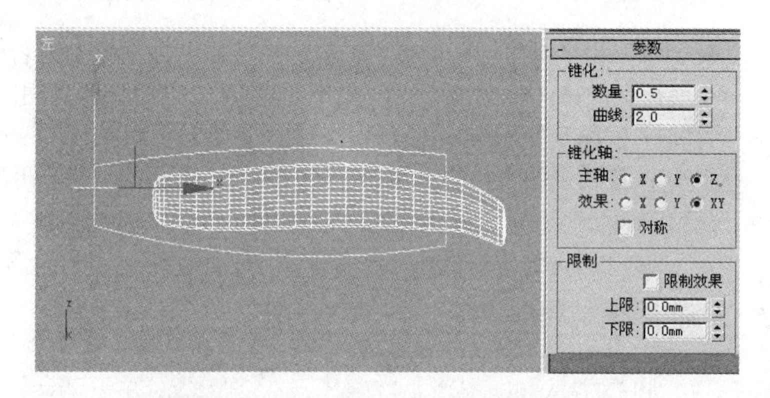


图 3-1-18　调整锥化修改器的参数和 Gizmo

（8）单击（创建）→（几何体）→“标准基本体”→“管状体”按钮，在顶视图中创建一个圆管，设置它的参数，其中“半径 1”为 28，“半径 2”为 35，“高度”为 30。

（9）在视图中将“椅子腿”对象移到与圆管相连处。

（10）单击（创建）→（几何体）→“标准基本体”→“长方体”按钮，在顶视图中创建一个长方体，设置它的参数，其中“长度”为 45，“宽度”为 82，“高度”为 5，“长度分段”为 1，“宽度分段”为 10，“高度分段”为 1。

（11）在前视图中将刚创建的长方体移到一个椅子腿的下面，单击（修改）→“修改器列表”→“弯曲”修改器，在其弯曲修改器的“参数”卷展栏中设置“角度”为 150，“弯曲轴”为 X，其余使用默认参数。

（12）单击（创建）→（几何体）→“扩展基本体”→“切角圆柱体”按钮，在前视图中拖动鼠标创建一个切角圆柱体，设置它的参数，其中“半径”为 30，“高度”为 45，“圆角”为 10，其余使用默认参数。

（13）单击（创建）→（几何体）→“扩展基本体”→“球棱柱”按钮，在顶视图中创建一个球棱柱，这时它的“参数”卷展栏，按图中所示设置它的参数，如图 3-1-19 所示。

（14）将上面 3 个对象调整好位置，都移到椅子腿的外侧如图 3-1-20 所示的位置，然后选中 3 个对象，将它们以“万向轮”为名组成组。

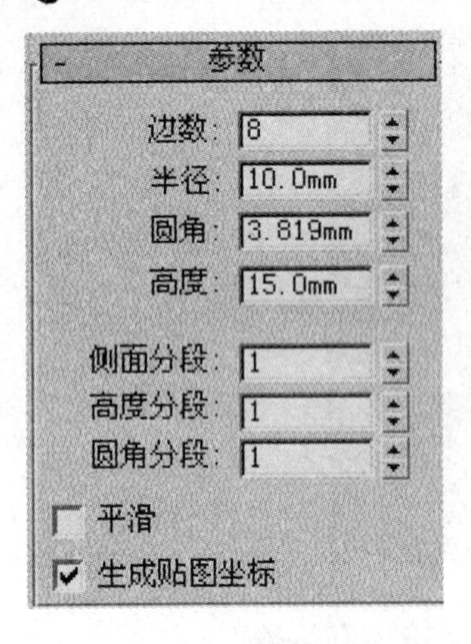


图 3-1-19 球棱柱的参数设置

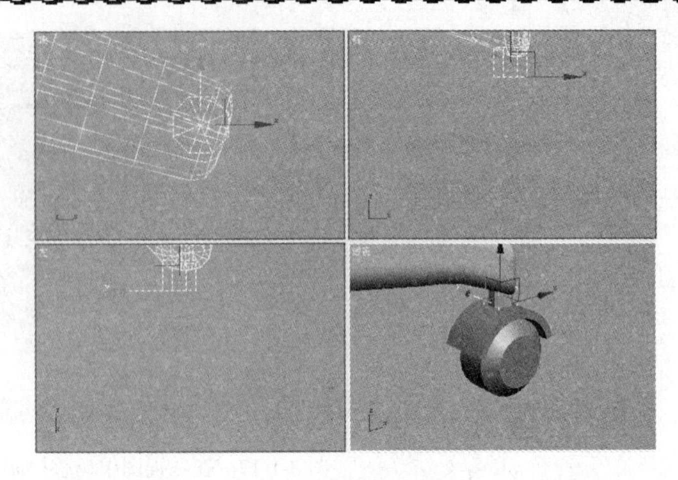

图 3-1-20 万向轮的位置

（15）选中“椅子腿”和“万向轮”再将它们以“椅子腿和万向轮”为名组成组。

（16）单击命令面板上的（层次）按钮，打开“层次”命令面板，单击“轴”按钮，然后在“调整轴”卷展栏中单击“仅影响轴”按钮，如图 3-1-21 所示。

（17）单击按钮，在顶视图中，将轴调整到图 3-1-21 所示的位置，再次单击“仅影响轴”按钮，结束对轴的调整。

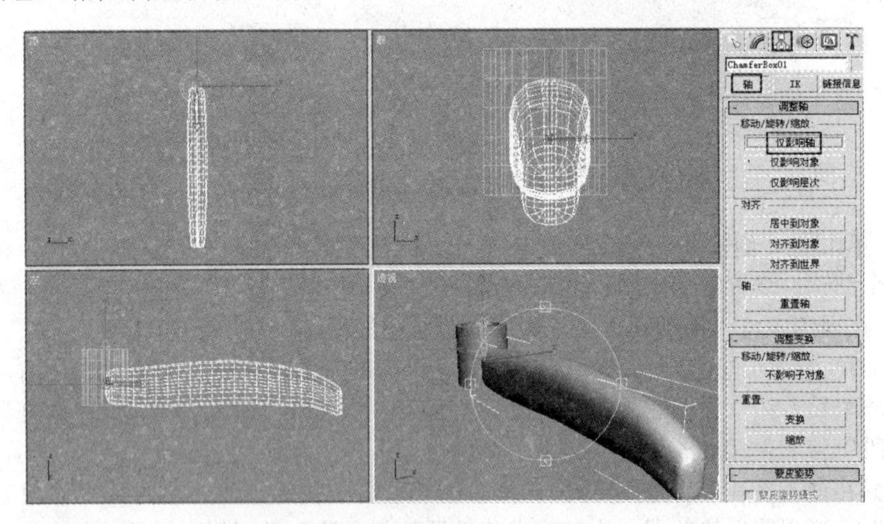

图 3-1-21 调整轴心的位置

（18）在前视图中选中“椅子腿和万向轮”对象，单击“工具”→“阵列”菜单命令，弹出“阵列”对话框，如图 3-1-22 所示，按图中所示进行设置，单击“预览”按钮，可以在视图中观察阵列的效果，满意后单击“确定”按钮，完成“椅子腿”的阵列，效果如图 3-1-23 所示。

（19）在顶视图中再创建两个圆柱体，其中一个圆柱体的“半径”为 28，“高度”为 200；另一个圆柱体的“半径”为 18，“高度”为 350，在视图中调整好它们的位置，如图 3-1-24 所示。

（20）在视口中空白处单击鼠标右键，在弹出的快捷菜单中单击“取消全部隐藏”菜单命令，将隐藏的“椅子面”对象显示出来，再调整好它的位置，如图 3-1-25 所示。

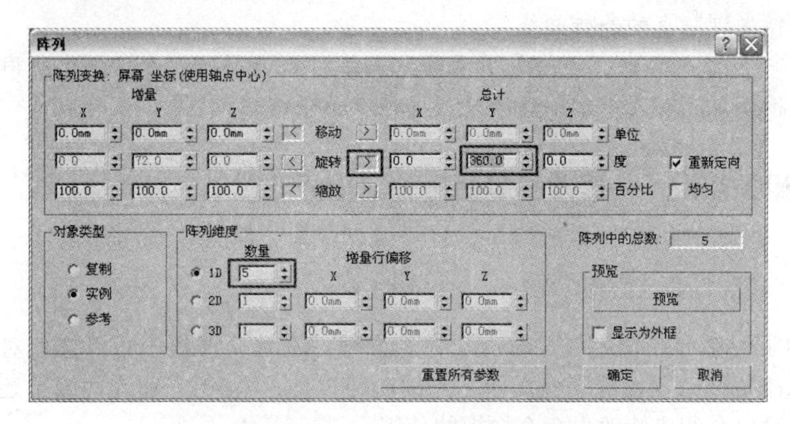


图 3-1-22　“阵列”对话框的设置

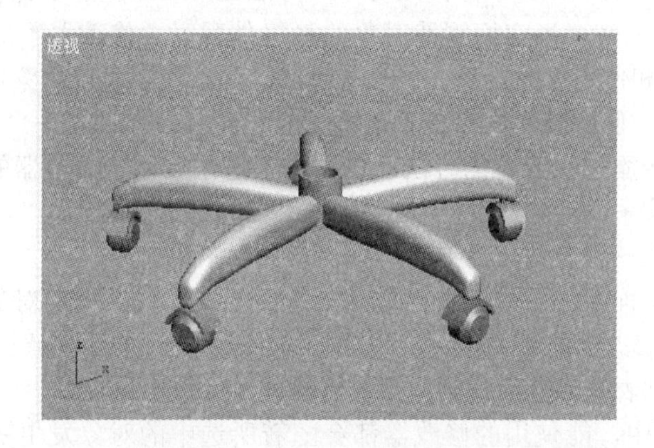


图 3-1-23　阵列的结果

图 3-1-24　再创建两个圆柱体并调整位置

图 3-1-25　调整好所有对象的位置

（21）用第 2 章第 1 节中所介绍的方法修改环境颜色，渲染输出后的效果如图 3-1-1 所示。

**【案例小结】**

在制作“转椅”模型这个案例中，基本模型只用了倒角长方体和倒角圆柱体两个，能得到现在的效果完全是依靠了修改器的作用。其中椅子面的造型最复杂，我们先用了“弯曲”修改器来形成水平面和靠背之间的近似 90° 的圆滑的连接，然后再用“FFD”修改器来形成符合人体生理特点的各种曲线。

修改器有许多种，其中有一些是用于改变三维对象造型的，本案例中所用的这两个修改器使用频率很高，还有几个常用的修改器将在下面介绍。

### 3.1.4 相关知识——修改命令面板和常用修改器

#### 1. 使用“修改”命令面板

在前面的学习中已经使用过“修改”命令面板，在这个面板中可以修改对象的参数，也可以为对象添加修改器，除了前面所用到的功能以外，“修改”命令面板上还有一些其他的功能，下面简单介绍“修改”命令面板的使用。

（1）添加修改器。在 Max 中，修改对象的方法是为对象施加各种功能的修改器。修改器是重新整形对象的工具。当它们塑造对象的最终外观时，修改器不能更改其基本创建参数。一般来说，添加和使用修改器都在修改命令面板中，但也可以用菜单命令添加修改器。但是添加完修改器后，使用修改器都在命令面板中进行。

◈ 使用菜单命令添加修改器的方法：在视图中选中要添加修改器的对象后，单击“修改器”→xxx→xxx菜单命令。例如，要给选中的对象添加“弯曲”修改器，应单击“修改器”→“参数化变形器”→“弯曲”菜单命令。

◈ 使用修改命令面板添加修改器的方法：选中要添加修改器的对象后，在命令面板区域单击（修改）按钮，显示“修改”命令面板，单击“修改器列表”下拉列表框，打开该列表框，然后找到所需要的修改器，单击鼠标。

在以上两种方法中，能使用的修改器都会随着所选中的对象发生变化。在菜单中，不可以使用的命令呈浅灰色显示；在“修改器列表”中则只列出所选中的对象可以使用的命令，不能使用的命令将被隐藏。例如，当选中由三维图形构成的对象时，“挤出”、“车削”等专用于样条曲线的命令将不出现在“修改器列表”中，而在菜单中则显示成不可用状态的浅灰色。

不管用哪种方法为对象添加修改器，所有的命令都会记录在修改命令面板中，以堆栈的形式显示出来。一般来说，使用修改命令面板为对象添加修改器，而很少使用菜单命令。

（2）删除修改器。在修改器堆栈中选择要删除的修改器，单击（从堆栈中删除修改器）按钮，可以完成操作。另外，在修改器上单击鼠标右键以后，弹出它的快捷菜单，单击 Delete 菜单命令，也可以删除不要的修改器。

（3）“堆栈编辑”列表框。“堆栈编辑”列表框位于“修改器列表”下拉列表框的下面。对视图中的对象选择修改器后，所选择的修改器会显示在此列表框中。当为对象添加多个修改器后，修改器的层级按先后顺序排列形成堆栈，最后选择的修改器在堆栈编辑列表框的最顶层。每一层级修改器项中都包含了该修改器的控制参数，可以任意切换堆栈编辑器中的修改器，对选中的对象进行修改操作。在命令层级的最下层是原始对象，如图 3-1-26 所示。

◈ 展开符号按钮“+”的使用：有些修改器，在堆栈中的修改器名称前面有一个“+”按钮，如图 3-1-26 所示。单击该按钮，即可展开修改器堆栈，如图 3-1-27 所示（这时在该修改器下面树状结构显示出修改器的“子项”，将这些“子项”称为子对象）。此时，修改器前面的“+”按钮，变成“-”按钮，再单击“-”按钮，即可将堆栈关闭。

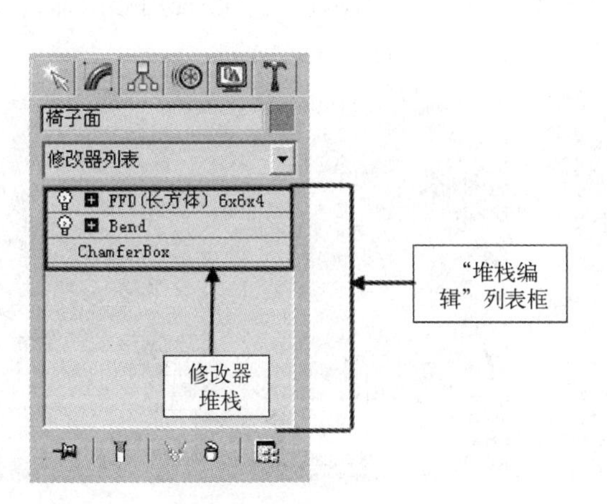


图 3-1-26　有子对象的修改器展开按钮呈关闭状态

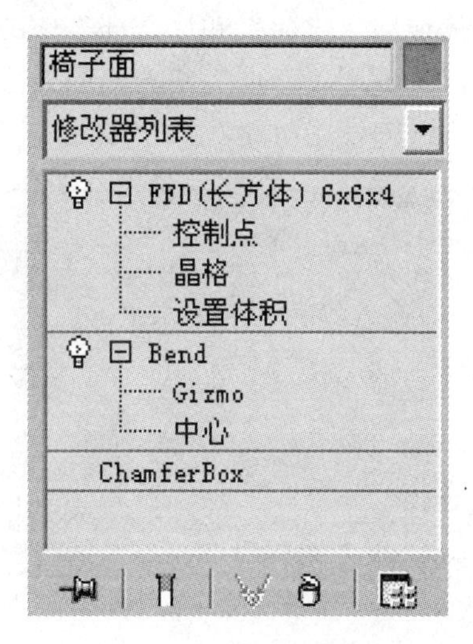


图 3-1-27　展开按钮呈展开状态

◈ 按钮：在堆栈编辑列表框中修改器的左侧有一个图标，如图 3-1-26 所示。默认情况下，该按钮处于激活状态，修改器应用于对象；单击关闭后呈状态，这时视图中的对象将不受该修改器的影响；再次单击时又处于激活状态。例如，如图 3-1-28 所示中的对象被施加了两个修改器，如果现在要观察“锥化”修改器不作用于对象时的效果，可以单击该修改器前的按钮，使其处于关闭状态，这时视图中将显示该修改器不作用于对象时的效果，如图 3-1-29 所示。

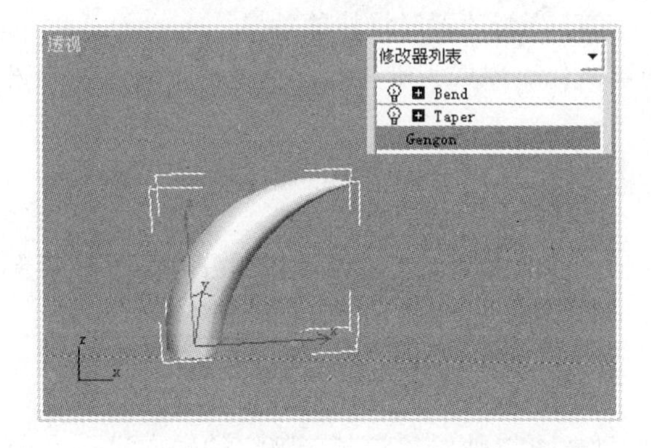


图 3-1-28　关闭“锥化”修改器前的效果

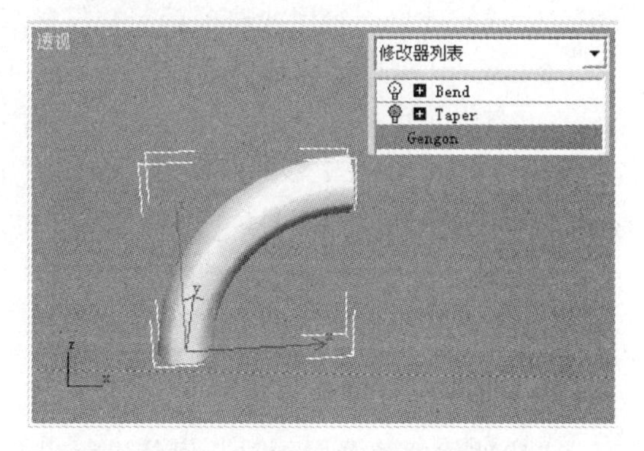


图 3-1-29　关闭“锥化”修改器后的效果

（4）修改器用于单个对象和多个对象的选择集。修改器可以用于单个对象、对象选择集或子对象选择集。同一个修改器应用于单个对象和应用于对象选择集的效果不相同。如果选中单个对象应用修改器，方法比较简单，与前面所介绍的添加修改器的方法相同，可以直接添加修改器，而不用考虑各个对象之间的关系。如图 3-1-30 所示中左侧 3 个对象是分别应用“弯曲”修改器的效果。如果选择了多个对象，这些对象就构成了一个对象的选择集。

如果对选择集添加修改器，则这时的修改器就是整个选择集中所有对象的共享命令。如图 3-1-30 所示中右侧 3 个对象是构成了一个选择集后应用“弯曲”修改器的效果。

（5）修改器的顺序。修改器的顺序不同，产生的最终效果也不相同。例如，对同一个圆柱体使用“锥化”和“弯曲”修改器，先使用“锥化”修改器的效果如图 3-1-31 中左图所示，先使用“弯曲”修改器的效果如图 3-1-31 中右图所示，所以在使用修改器前要规划好修改器的使用次序。

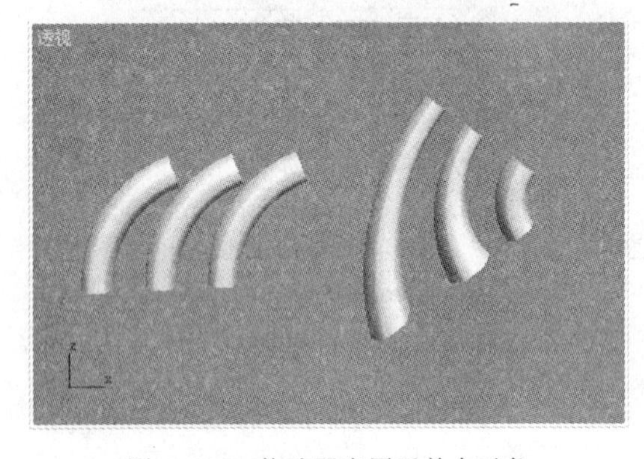


图 3-1-30　修改器应用于单个对象和对象选择集上的效果

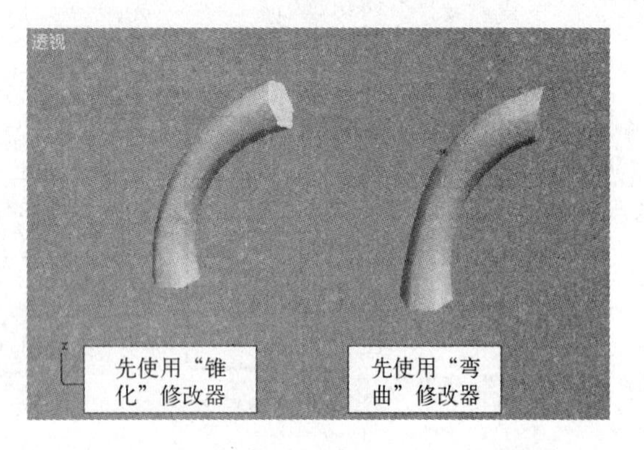


图 3-1-31　修改器顺序对最终效果的影响

（6）修改器堆栈工具按钮。在修改器堆栈的下面是修改器堆栈工具按钮，它们的功能如下。

◈ （锁定堆栈）按钮：单击该按钮，将堆栈和所有“修改”面板控件锁定到选定对象的堆栈。即使在选择了视图中的另一个对象之后，也可以继续对锁定堆栈的对象进行编辑。

◈ （显示最终结果开/关切换）按钮：单击该按钮，会在选定的对象上显示整个堆栈的效果。禁用此选项后，会仅显示当前高亮修改器时堆栈的效果。

◈ （使唯一）按钮：单击该按钮，使实例化对象成为唯一的，或者使实例化修改器对于选定对象是唯一的。

◈ （从堆栈中移除修改器）按钮：单击该按钮，堆栈中删除当前的修改器，消除该修改器引起的所有更改。

◈ （配置修改器集）按钮：单击该按钮，可以显示出全部修改器的分类菜单，用于配置在“修改”面板中怎样显示和选择修改器。

### 2．“弯曲”修改器的使用

“弯曲”修改器用于对几何体进行弯曲处理，可以使对象沿某一特定的轴向进行弯曲变形。使用任何一种添加修改器的方法为选中的对象添加“弯曲”，可在修改器堆栈列表框中显示出“弯曲”命令，并在命令面板中显示出“弯曲”修改器的“参数”卷展栏，如图 3-1-32 所示，该卷展栏中各主要参数的含义如下。

（1）“弯曲”栏：用于设置弯曲的角度和方向。

◈“角度”数值框：用于设置从顶点平面开始要弯曲的角度。

◈“方向”数值框：用于设置弯曲相对于水平面的方向。

不同的“角度”和“方向”数值对对象的影响如图 3-1-33 所示。

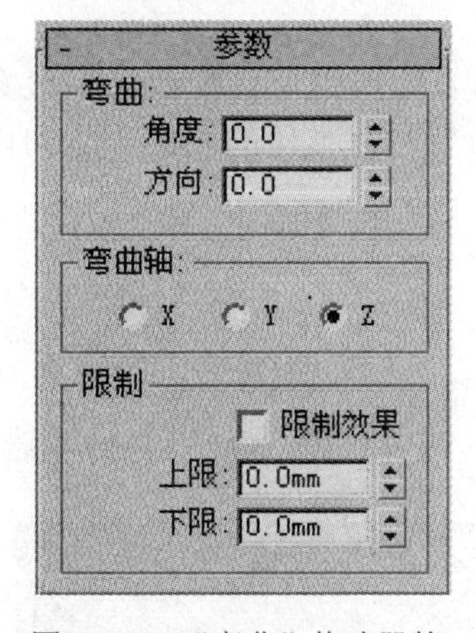


图 3-1-32 “弯曲”修改器的“参数”卷展栏

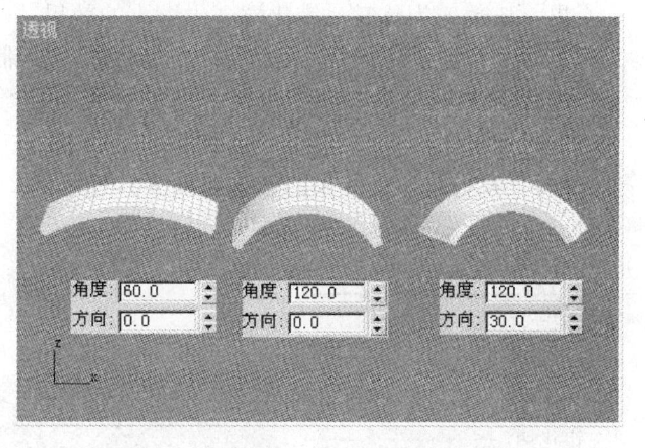


图 3-1-33 “弯曲”栏参数对最终效果的影响

（2）“弯曲轴”栏：用于设置弯曲的坐标轴，有 X、Y、Z 3 个弯曲轴。单击 X、Y 或 Z 单选按钮，可以使对象分别沿 X、Y 或 Z 轴弯曲。选择不同轴的弯曲效果如图 3-1-34 所示。

（3）“限制”栏：用于设置对象沿坐标轴弯曲的范围。

◈ “限制效果”复选框：可以控制弯曲的范围是否发生作用。单击并选中该复选框，“上限”数值框和“下限”数值框才能发生作用。

◈ “上限”/“下限”数值框：设置弯曲效果的上限与下限。

当这两个数值框有效时，弯曲命令仅对位于上下限之间的顶点应用弯曲效果。当它们相等时，相当于禁用弯曲效果。有关上限和下限的设置及对对象的影响如图 3-1-35 所示。

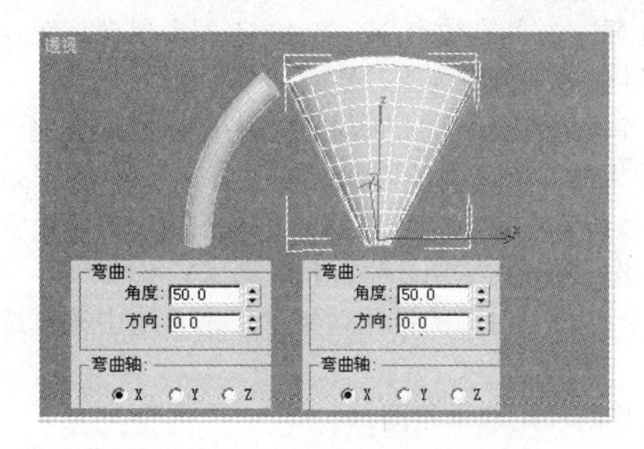


图 3-1-34 “弯曲轴”对效果的影响

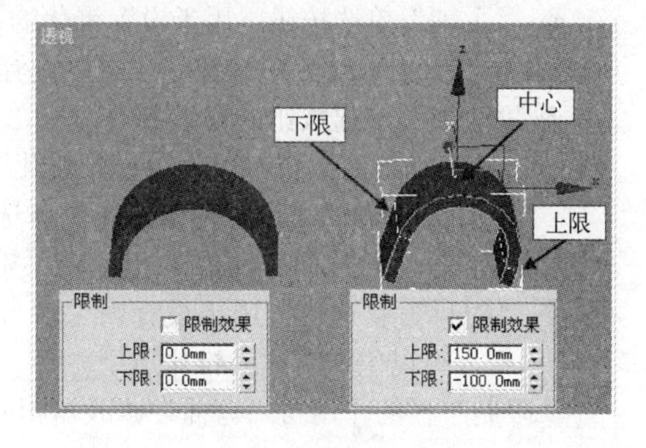


图 3-1-35 限制栏参数的设置及对效果的影响

### 3. “锥化”修改器

“锥化”修改器用于将几何对象沿某一轴向进行缩放，使一端放大或缩小，产生削尖变形的效果。在视图选中对象添加“锥化”修改器后，它的“参数”卷展栏，如图 3-1-36 所示。在“锥化”修改器的“参数”卷展栏中，各主要参数的含义如下。

（1）“锥化”栏：用于设置锥化的缩放程度和曲度。

◈ “数量”数值框：用于设置锥化的缩放程度。该数值为正时，锥化端产生放大的效果；该数值为负时，锥化端产生缩小的效果。

◈ “曲线”数值框：用于设置锥化的曲度，使锥化的表面产生弯曲的效果。该数值为正时，锥化的表面产生向外凸的效果；该数值为负时，锥化的表面产生向内凹的效果。

以上两个参数对最终效果的影响如图 3-1-37 所示。

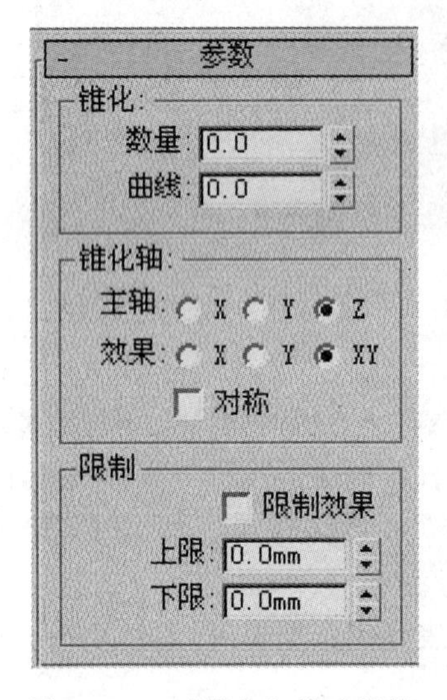


图 3-1-36 “锥化”修改器的“参数”卷展栏

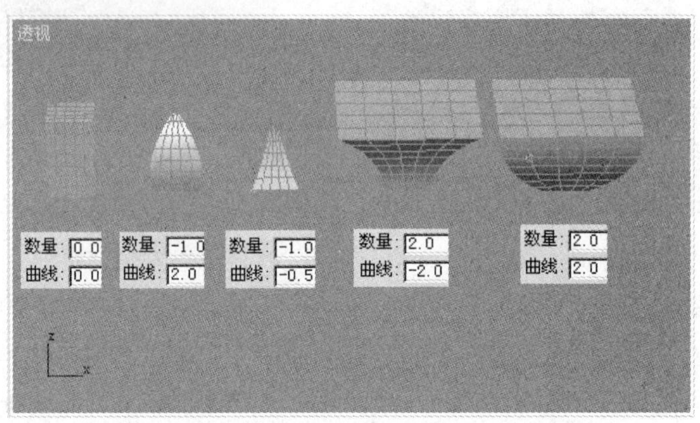


图 3-1-37 “锥化”栏参数对效果的影响

（2）“锥化轴”栏：用于设置锥化的轴向和效果。

◈ “主轴”单选按钮：用于设置锥化的主轴，在其右边有 X、Y 和 Z 3 个单选按钮。单击 X、Y 或 Z 单选按钮，可以设置锥化主轴分别为 X、Y 或 Z 坐标轴。

◈ “效果”单选按钮：在它的右边有 3 个单选按钮，将根据主轴的不同而发生变化。这 3 个单选按钮可以设置产生锥化效果的方向。当使用默认的主轴 Z 时，在“效果”的右边有 X、Y 和 XY 3 个单选按钮。单击 X、Y 或 XY 单选按钮，可以设置产生锥化的方向分别为 X 坐标轴、Y 坐标轴或 XY 两个坐标轴（即 XY 平面）。

◈ “对称”复选框：用于设置以主轴为中心产生对称的锥化效果。单击并选中该复选框，可以生成对称的锥化造型。

“限制”栏的作用与“弯曲”修改器相同栏的作用基本相同。

### 4. “扭曲”修改器

“扭曲”修改器用于将几何对象的一端相对于另一端绕某一轴向进行旋转，使对象的表面产生扭曲变形的效果。在视图中为对象添加“扭曲”修改器后，它的“参数”卷展栏如图 3-1-38 所示。在该卷展栏中，各主要参数的含义如下。

（1）“扭曲”栏：用于设置扭曲的程度。

◈ “角度”数值框：确定围绕垂直轴扭曲的量，默认设置为 0.0。

◈ “偏移”数值框：设置扭曲向两端偏移的程度。此参数为负时，对象扭曲会与 Gizmo 中心相邻；此值为正时，对象扭曲远离于 Gizmo 中心；如果参数为 0，将均匀扭曲。

不同的角度和偏移值对扭曲的影响如图 3-1-39 所示。

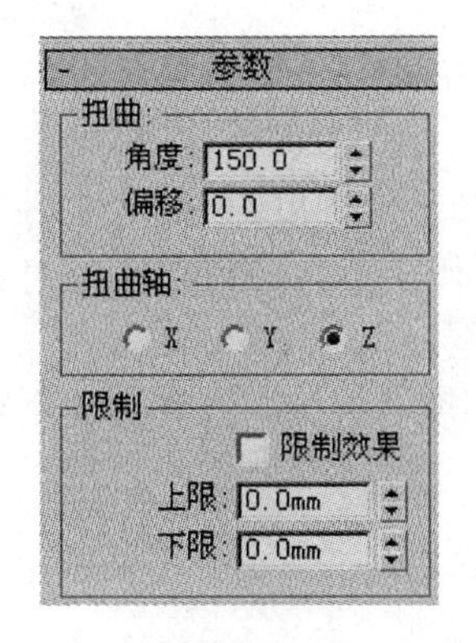


图 3-1-38　“扭曲”修改器的“参数”卷展栏

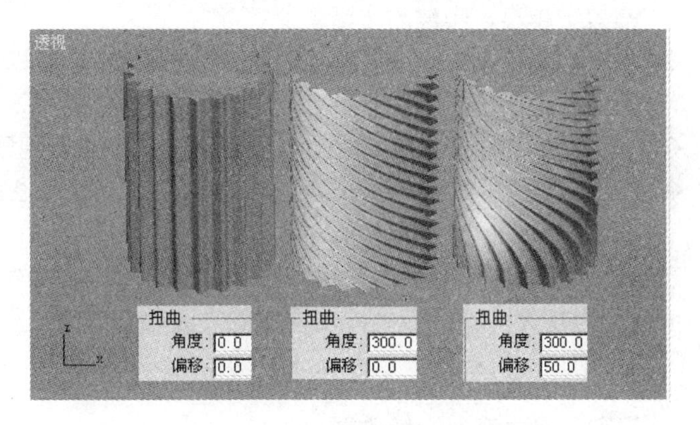


图 3-1-39　不同参数对扭曲的影响

（2）“扭曲轴”栏：可以设置扭曲的坐标轴，有 X、Y、Z 3 个扭曲轴。单击 X、Y 或 Z 单选按钮，可以使对象分别沿 X、Y 或 Z 轴扭曲。

“限制”栏的作用与前两个命令中“限制”栏的作用基本相同。

### 5. “噪波”修改器

“噪波”修改器用于使几何对象产生扭曲变形，将其表面处理为随机变化的不规则效果。使用标准的方法为选中对象添加“噪波”修改器后，它的“参数”卷展栏，如图 3-1-40 所示。在“参数”卷展栏中设置噪波参数后，即可使几何对象产生不规则的扭曲变形，对一个对象的表面应用了“噪波”修改器的效果如图 3-1-41 所示。

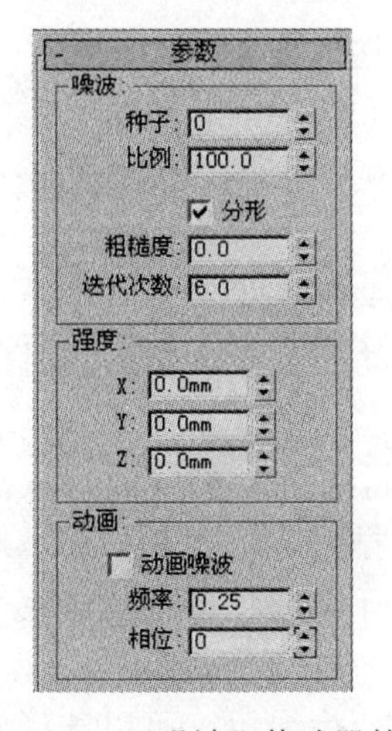


图 3-1-40　“噪波”修改器的“参数”卷展栏

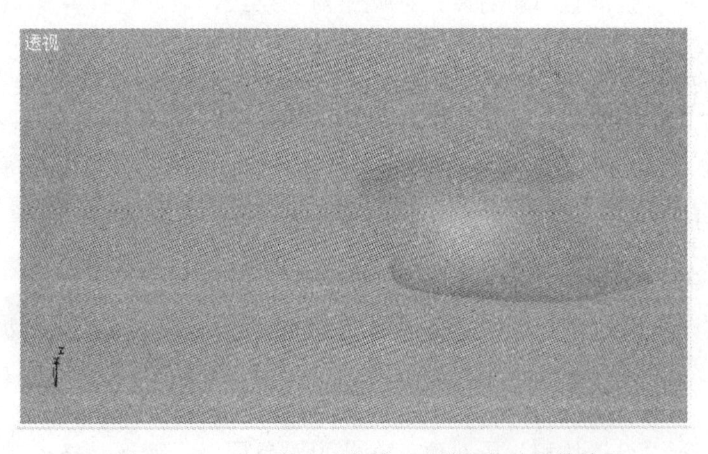


图 3-1-41　对一个平面应用“噪波”修改器的效果

在“噪波”修改器的“参数”卷展栏中，各主要参数的含义如下。

（1）“噪波”栏：用于设置噪波的产生方式。

◈ “种子”数值框：可以用于设置噪波产生的随机数目。

◈ “比例”数值框：可以用于设置噪波效果的平滑度。数值越大，对象表面产生的凹凸效果越小，噪波越平滑。

◈ “分形”复选框：可以用于设置生成噪波的分形算法。单击并选中该复选框，才能激活“粗糙度”数值框和“迭代次数”数值框。

◈ “粗糙度”数值框：可以用于设置噪波产生的不规则凹凸起伏程度。

◈ “迭代次数”数值框：可以用于设置噪波分形算法的迭代次数。数值越小，对象表面产生的噪波越平滑。

（2）“强度”栏：用于设置噪波在 3 个坐标轴方向产生的强度。有 X、Y 和 Z 3 个数值框，可以设置在 X、Y 和 Z 坐标轴方向的噪波强度。

（3）“动画”栏：用于设置噪波的动画效果。

### 6. FFD（自由变形）修改器

FFD（自由变形）修改器是用栅格框包围选定的几何体，通过调整栅格的控制点，让包住的几何体变形，它可以用于整个对象，也可以用于网格对象的一部分。FFD（自由变形）修改器是对一组修改器的统称，这些修改器根据控制点的数量和形状进行命名，分别是：FFD 2×2×2、FFD 3×3×3 、FFD 4×4×4、FFD(长方体)和 FFD(圆柱体)。其中，前 3 个也称为 FFD（自由形式变形）修改器。

（1）FFD（自由形式变形）修改器的子对象。FFD（自由形式变形）有 3 个子对象。在视图中选中要修改的对象，然后单击（修改）→“修改器列表”→FFD 3×3×3 修改器，为选中的对象添加修改器后，视图中的对象周围被一些橘黄色的线和控制点包围。因为 FFD 3×3×3 修改器在每一个边上提供有 3 个控制点（控制点穿过晶格每一方向），这样一共有 27 个控制点。展开修改器堆栈，可以看到有 3 个子对象，如图 3-1-42 所示。各子对象主要如下所述。

◈ “控制点”子对象：在此子对象层级，可以选择并操纵晶格的控制点，可以一次处理一个或一组控制点，来改变基本对象的形状。

在顶视图、左视图和前视图中，我们直接看到的控制点共有 9 个，但所看到的这些点实际上都是 3 个点重叠在一起（如果使用的是 FFD 4×4×4 命令，则重叠在一起的是 4 个点）。如果使用选择并移动工具，在视图中单击选中控制点，每次只能选中并对一个点进行控制，如果要选中这一组点，应用鼠标拖动的方法选取。通过移动控制点调整后的对象如图 3-1-43 所示。

◈ “晶格”子对象：在此子对象层级，可以在几何体中重新摆放、旋转或缩放晶格框。当应用 FFD 时，默认晶格是一个包围几何体的边界框，进入“晶格”子对象时可以将晶格移到任何地方。当对晶格进行操作时，仅位于体积内的顶点子集合可应用局部变形。

◈ “设置体积”子对象：在此子对象层级，变形晶格控制点变为绿色，可以选择并操作控制点而不影响修改对象。这使晶格更精确的符合不规则形状对象，当变形时将提供更好的控制。

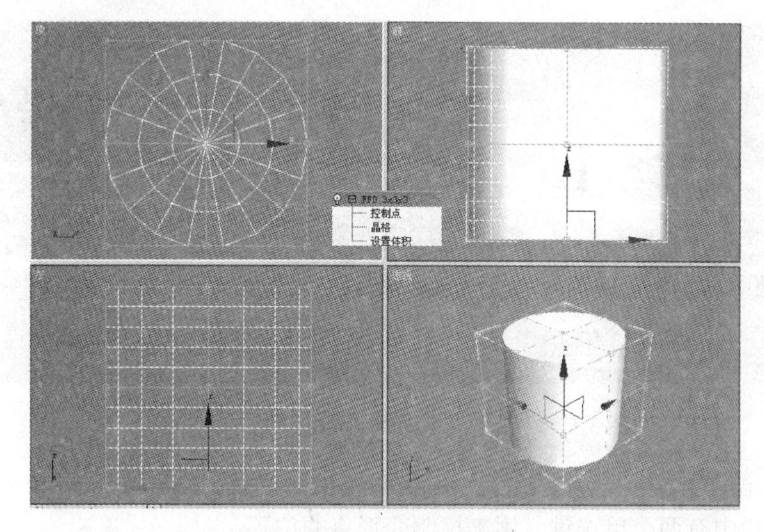


图 3-1-42　为对象添加 FFD 3×3×3 修改器

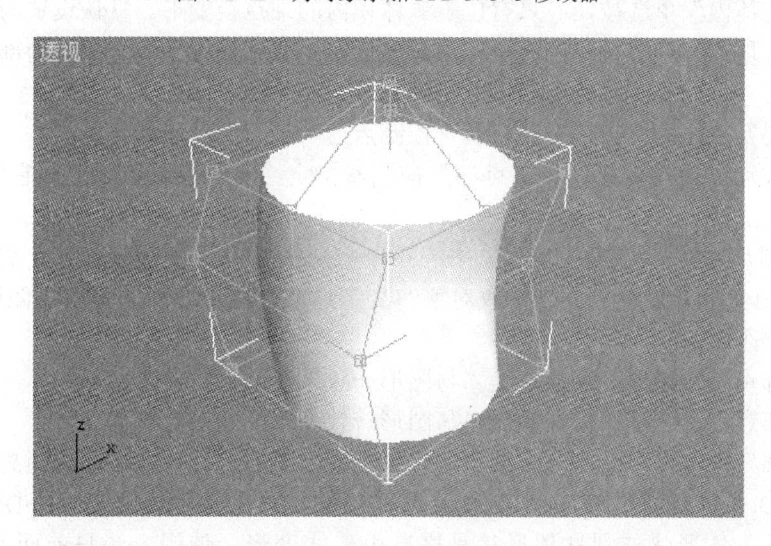


图 3-1-43　对控制点进行调整的结果

（2）FFD（自由变形）的参数：单击 FFD 修改器，在修改命令面板的下半部分会出现“参数”卷展栏，如图 3-1-44 所示。在该卷展栏中主要参数的含义如下所述。

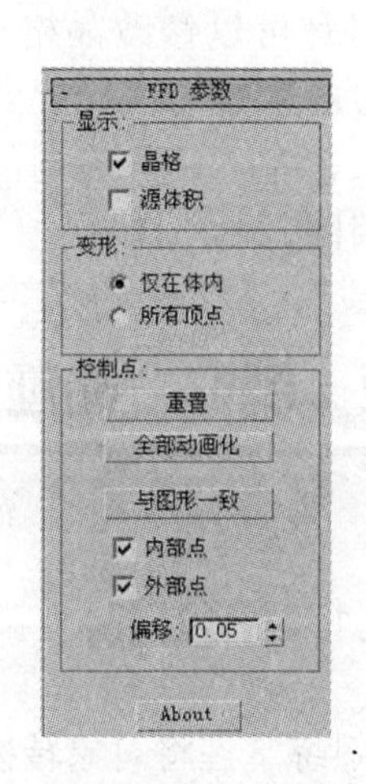


图 3-1-44　FFD 命令的“参数”卷展栏

“显示”栏中有两个复选框，这些选项将影响 FFD（自由变形）在视图中的显示。

◈ “晶格”复选框：选中该复选框将绘制连接控制点的线条以形成栅格。虽然绘制的线条某时会使视口显得混乱，但它们可以使晶格形象化。选中该复选框与不选中该复选框，在视图中的效果如图 3-1-45 所示。

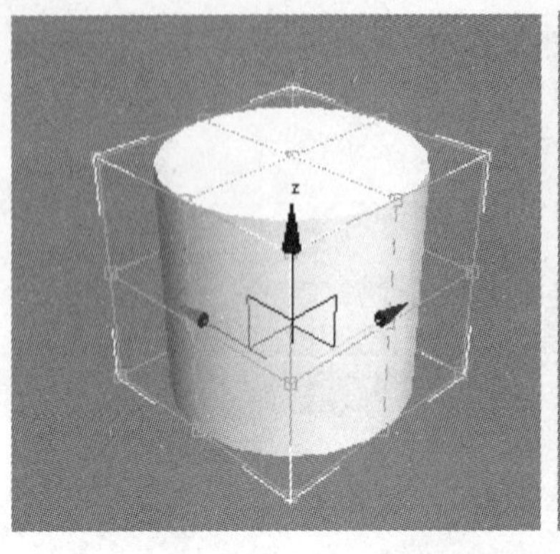
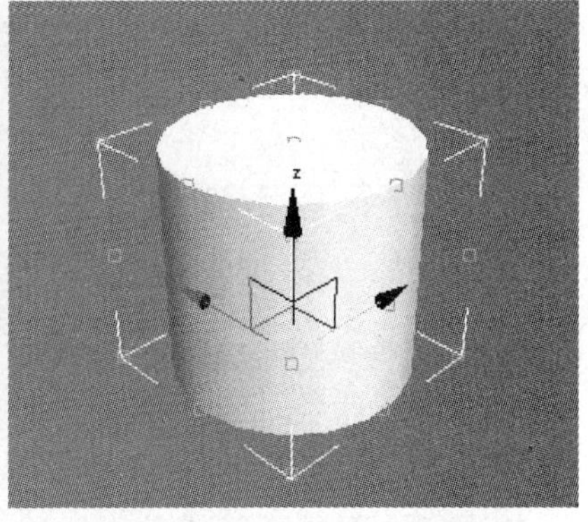

图 3-1-45　选中与不选中“晶格”复选框的效果

◈ “源体积”复选框：选中该复选框控制点和晶格会以未修改的状态显示。

“变形”栏中有两个单选键，用来控制变形点的位置。

◈ “仅在体内”单选按钮：只有位于源体积内的顶点会变形。默认设置为启用。

◈ “所有顶点”单选按钮：将所有顶点变形，不管它们位于源体积的内部还是外部。

“控制点”栏中的参数用于编辑控制点。

◈ “重置”按钮：单击该按钮将所有控制点返回到它们的原始位置。

◈ “全部动画化”按钮：将“点 3”控制器指定给所有控制点，这样它们在“轨迹视图”中立即可见。

◈ “与图形一致”按钮：在对象中心控制点位置之间沿直线延长线，将每一个 FFD（自由变形）控制点移到修改对象的交叉点上，这将增加一个由“偏移”数值框指定的偏移距离。

◈ “内部点”复选框：仅控制受“与图形一致”影响的对象内部点。

◈ “外部点”复选框：仅控制受“与图形一致”影响的对象外部点。

◈ “偏移”数值框：受“与图形一致”影响的控制点偏移对象曲面的距离。

（3）FFD(长方体)与 FFD(圆柱体)修改器的使用。FFD(长方体)与 FFD(圆柱体)修改器可以创建长方体形状与圆柱体形状晶格自由形式变形，使用方法与前面所介绍的方法相同，但是可以修改晶格点的数量。在为对象添加 FFD(长方体)修改器后，单击“FFD 参数”卷展栏中的“设置点数”按钮，弹出“设置 FFD 尺寸”对话框。在该对话框中可以设置长、宽、高各方向的晶格点数量。FFD(圆柱体)修改器的用法与 FFD(长方体)修改器基本相同。

## 3.2　制作“蜡烛杯”模型——用可编辑网格对象制作模型

### 3.2.1　学习目标

◈ 熟练掌握将对象转换成可编辑网格对象的方法。

◈ 掌握网格对象的子对象的概念、顶点编辑。

◈ 掌握“锥化”、“扭曲”和“噪波”修改器的使用。

### 3.2.2　案例分析

在制作“蜡烛杯”模型这个案例中，将要制作一个用于放蜡烛的杯子的模型，渲染后的效果如图 3-2-1 所示。这个案例中所制作的蜡烛杯造型优美，从上面看为变形了的椭园，从侧看中间向下凹陷，整体上看有些像一只小船，各部分都为优美的曲线。通过本案例的学习可以练习使用可编辑网格对象制作模型的基本方法。

制作完本案例中的“蜡烛杯”模型后要注意保存，因为一只作为工艺品的蜡烛杯如果没有好的材质和灯光是看不出它的价值的，所以在本书第 6 章的“上机实战”中我们要编辑它的材质，在第 7 章的“上机实战”中要为它添加灯光和效果，最后完成的效果请参看本书第 7 章的“上机实战”中的效果图。制作完成的最终效果可用于各种表现夜晚的室内局部场景。

图 3-2-1　“蜡烛杯”模型渲染效果图

### 3.2.3　操作过程

（1）单击（创建）→（几何体）→“标准基本体”→“圆柱体”按钮，在顶视图创建一个圆柱体，在“参数”卷展栏中设置“半径”为 130，“高度”为 5，“高度分段”为 3，“端面分段”为 10，“边数”为 24。

（2）单击主工具栏中的（选择并缩放）按钮，在顶视图中沿 Y 轴压缩圆柱体。

（3）单击（创建）→（几何体）→“标准基本体”→“圆环”按钮，在顶视图创建一个圆环，设置它的“半径 1”为 130，“半径 2”为 6。然后也在顶视图中将它沿 Y 轴压缩，调整好两个对象的位置，如图 3-2-2 所示。

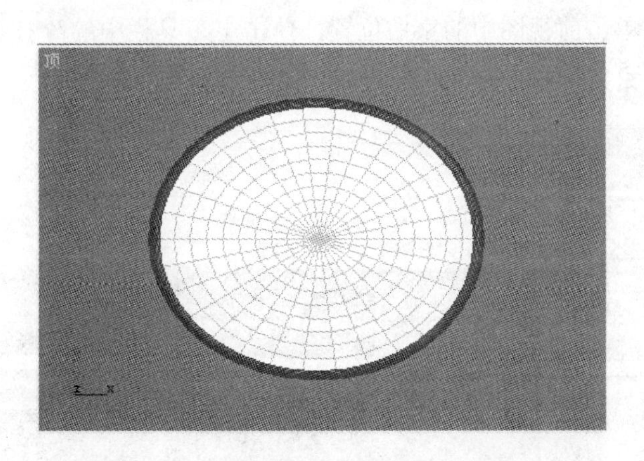


图 3-2-2　在顶视图中创建的圆环和圆柱体

（4）拖动鼠标选中两个对象，单击鼠标右键，在弹出的快捷菜单中单击“转换为”→“转换为可编辑网格”菜单命令，将它们变为可编辑网格对象。

（5）选中圆环，单击鼠标右键，在弹出的快捷菜单中单击“隐藏当前选择”菜单命令。

（6）选中圆柱体对象，在修改器堆栈中单击“可编辑网格”前面的“+”按钮，将修改器堆栈展开，单击“顶点”子对象，进入对顶点子对象的编辑状态，这时它的修改器堆栈和“选择”卷展栏如图 3-2-3 所示。

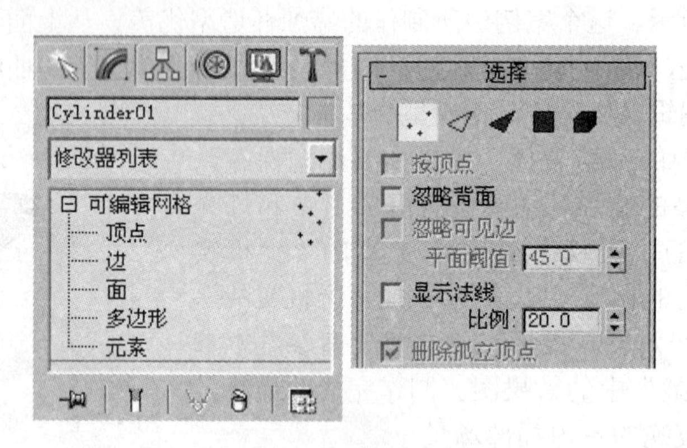


图 3-2-3 在修改器堆栈中选择“顶点”子对象

从图中可以看出，这时“选择”卷展栏中的按钮，也同时被按下，说明这两个位置是联动的，所以在“选择”卷展栏中单击按钮也可以进入对顶点子对象的编辑状态。

（7）在“修改”面板的参数区域中向上拖曳面板，展开“软选择”卷展栏，选中“使用软选择”复选框，在“衰减”数值框中输入 100，如图 3-2-4 所示。

（8）单击主工具栏中的（选择对象）按钮，在顶视图中拖动鼠标选中圆柱中间的一小部分点，如图 3-2-5 所示。

这时可以看到被直接选中的点为红色，而周围没有被选中的点为从橙色到蓝色的渐变。红色的点直接受鼠标拖动的影响而移动，而其他点则相应的也会受到影响，影响程度从橙色到蓝色越来越小，直到为蓝色的点时就不会再受到影响。

（9）鼠标右键单击前视图中的空白位置，单击主工具栏中的按钮，在前视图中向下拖动鼠标，如图 3-2-5 所示。

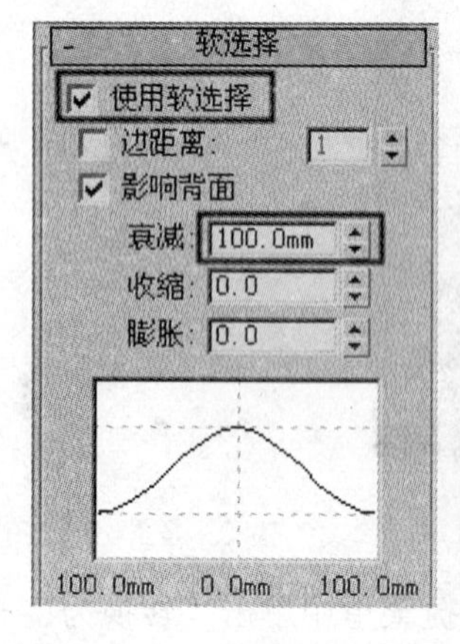


图 3-2-4 设置使用柔化

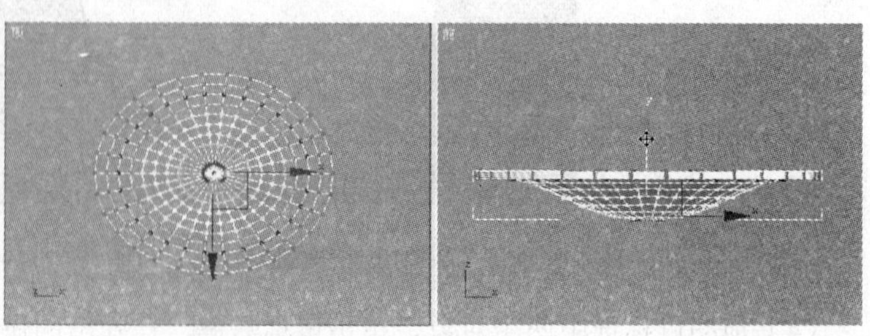

图 3-2-5 向下移动中心点

**提示：**右键单击鼠标可以切换视图而不改变对象的选择状态，而左键单击也可以切换视图，但同时会随着单击的位置而改变对象的选择状态。

（10）单击主工具栏中的（选择对象）按钮，在顶视图中，圆柱体中心点右侧一点儿的位置拖动鼠标选中一部分点（比上一次选择的点多些），然后单击按钮，右键单击前视图，向下拖动所选中的点。如此反复操作，直到形成一个碗形的向下凹陷，而且中右侧比左侧凹陷得多的图形，如图 3-2-6 所示。

（11）单击主工具栏中的矩形选择区域按钮，从它的弹出按钮中单击（围栏选择区域）按钮，将鼠标指针移到顶视图中，绘制出选择的区域，如图 3-2-7 所示。

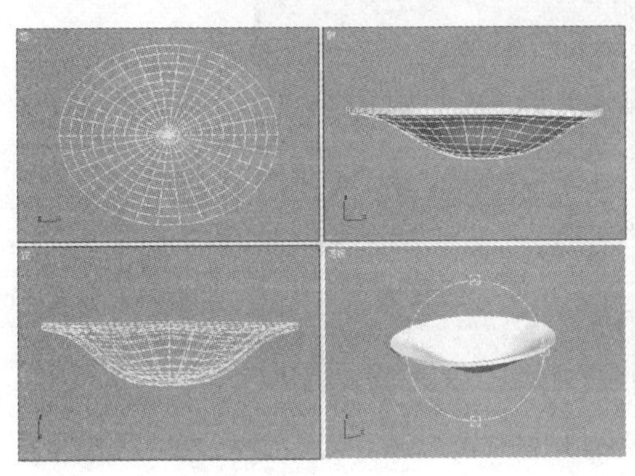

图 3-2-6　在前视图中移动顶点位置得到的结果

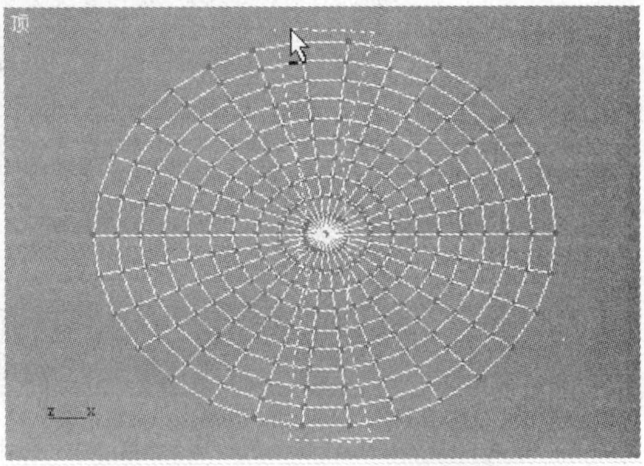

图 3-2-7　绘制不规则的选择区域

（12）单击主工具栏中的（选择并缩放）按钮，在顶视图中沿 Y 轴方向将选中的点压缩。再切换回矩形选择区域按扭，在顶视图中选中右侧的点压缩，选中左侧的点放大，形成一侧大，另一侧小的不规则形状，如图 3-2-8 所示。

（13）在顶视图中选中右侧 3 排左右的点，将“软选择”卷展栏中的“衰减”设置为 120，切换到前视图中向上略移动所选择的点。再切换到顶视图中，选中 2 排左右的点，将“软选择”卷展栏中的“衰减”设置为 60，在前视图中将选中的点向上移动。第 3 次切换到顶视图中选中一排左右的点，将“衰减”设置为 30，在前视图中将选中的点向上移动，形成外侧高，中间低的效果。

（14）重复上一步的操作，将右侧的点也向上移动，而且这部分的点如果只向上移动效果不好，还可以再向外移一些。最后右侧的点应比左侧的点高，效果如图 3-2-9 所示。

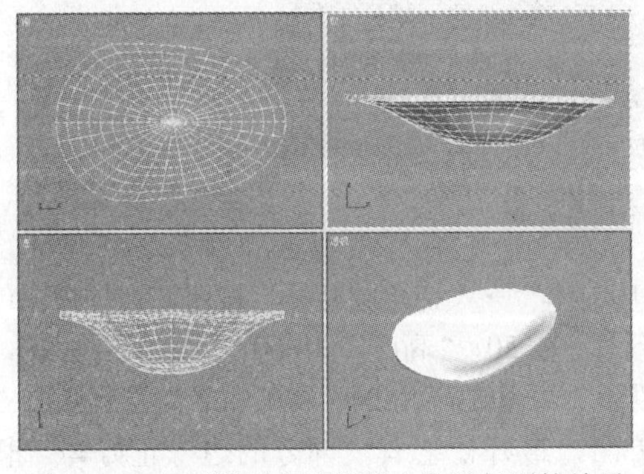

图 3-2-8　在顶视图中缩放顶点位置得到的结果

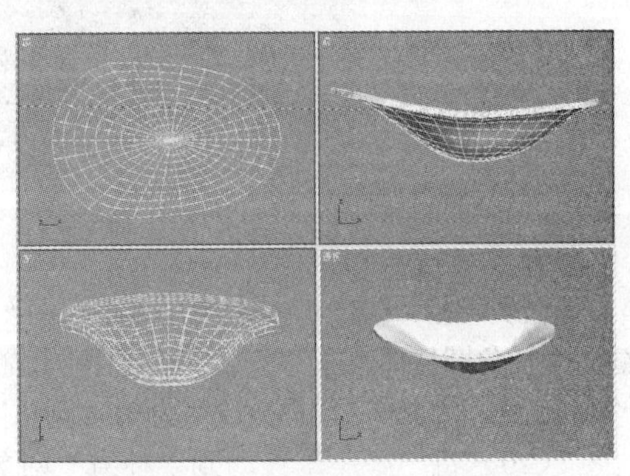

图 3-2-9　将两侧的点调高以后的效果

（15）在“选择”卷展栏中单击 按钮，结束对顶点子对象的编辑。

（16）鼠标右键单击视口中空白处，在弹出的快捷菜单中单击“取消全部隐藏”菜单命令，将隐藏的圆环显示出来。

（17）进入圆环的顶点子对象的编辑状态，重复步骤（11）～（14）的操作，将圆环调整成已经变形的圆柱体的边缘，形成碗的边，效果如图 3-2-10 所示。

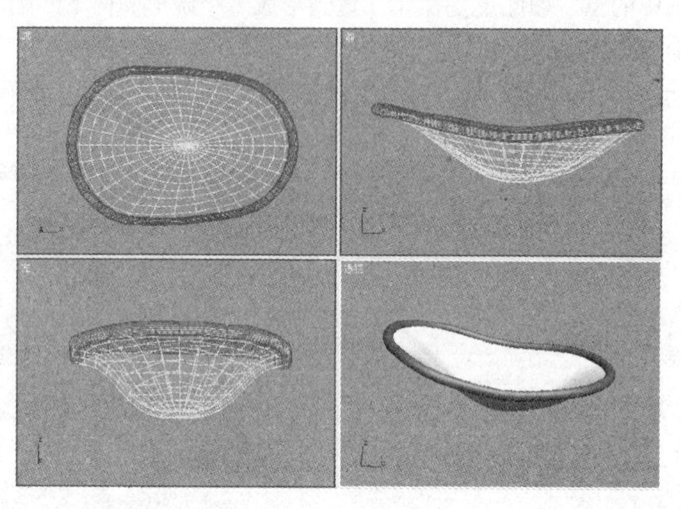

图 3-2-10　调整好圆环的位置

（18）在视图中选中圆环对象，在“修改”命令面板中向上拖动参数面板，在“编辑几何体”卷展栏中单击“附加”按钮，然后将鼠标指针移到视图中单击圆柱体对象，如图 3-2-11 所示，则可以将两个对象结合为一个整体，再次单击“附加”按钮，结束附加操作。将结合以后的对象命名为“杯身”。

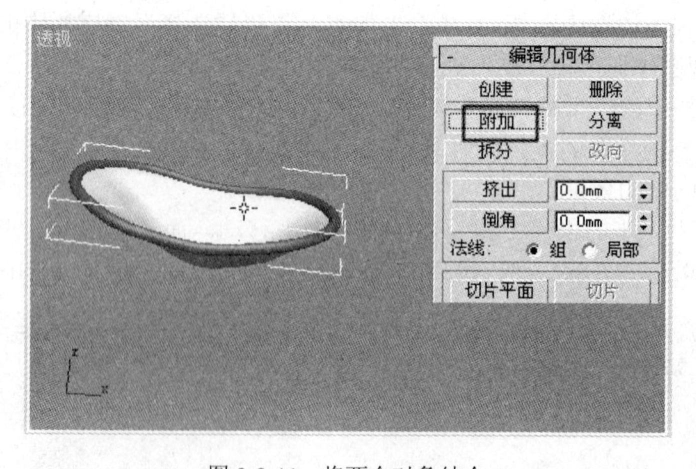


图 3-2-11　将两个对象结合

（19） （创建）→ （几何体）→“扩展基本体”→“切角圆柱体”按钮，在顶视图创建一个切角圆柱体，在“参数”卷展栏中设置“半径”为 50，“高度”为 60，“圆角”为 10，“高度分段”为 5，“端面分段”为 3，“圆角”分段为 3，“边数”为 24。将其命名为“底座”。

（20）将“底座”移动到“杯身”对象的下面，最好让它有一部分的边缘正好与“杯身”贴近，如图 3-2-12 所示。

（21）选中“杯身”对象，单击鼠标右键，在弹出的快捷菜单中单击“转换为”→“转换为可编辑网格”菜单命令。

（22）在“选择”卷展栏中单击 按钮，进入对顶点子对象的编辑状态，同时在该卷展栏中选中“忽略背面”复选框。在“软选择”卷展栏中选中“使用软选择”复选框，将“衰减“设置为 50。

（23）在顶视图中单击选中中间的点，在前视图中将它向下移动，如图 3-2-13 所示。在移动的同时观察其他视图，使得顶点在透视视图中出现得尽量少，而又不会脱离“杯身”。在进行这一步的操作时也可以将顶视图的渲染模式切换成“平滑+高光”，以利观察。

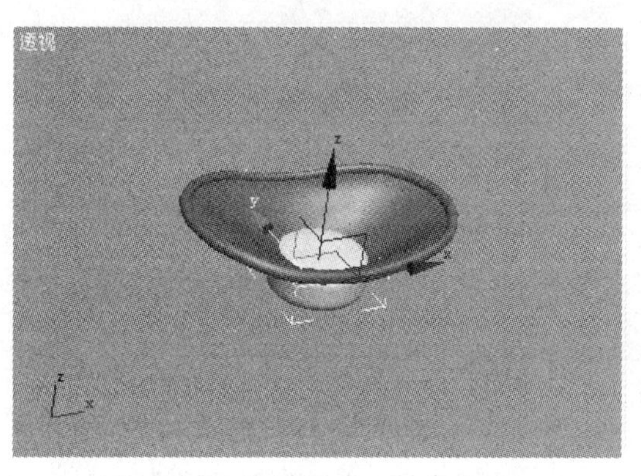


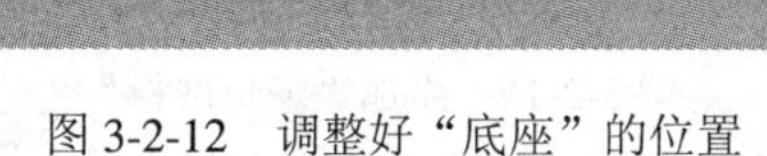

图 3-2-12　调整好“底座”的位置

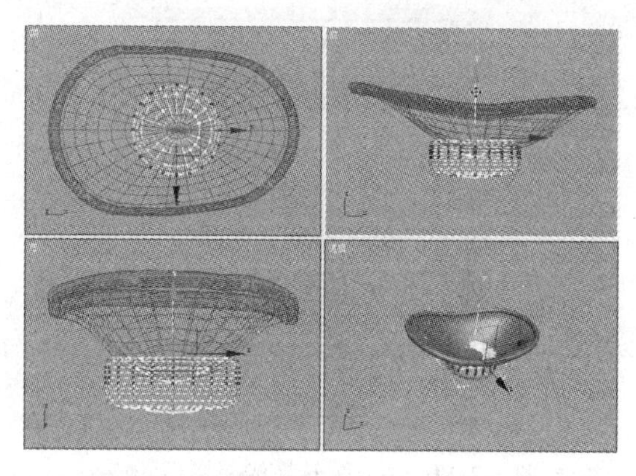

图 3-2-13　将“底座”中间的点向下移动

（24）将“软选择”卷展栏中的“衰减”设置为 30，再选中透视图中还能看见的点向下移动，直到“底座”能与“杯身”贴近。

调整好位置后修改环境颜色，渲染后的效果如图 3-2-1 所示。

【案例小结】

在制作“蜡烛杯”模型这个案例中，我们制作了一只专门用于盛放蜡烛的杯子，它具有特殊的造型，这种造型不可能由基本体直接创建，而使用上一节中所介绍的任何一种修改器也不能完成这个模型的建模任务，这时就要先创建一个基本模型，然后使用“编辑网格”修改器或将对象转换成可编辑网格对象。然后像制作雕塑一样对基本模型进行修改，直到完成最终的效果。

通过本案例的学习可以掌握将对象转换为可编辑网格对象的方法，以及利用可编辑网格对象的不同子对象来修改对象形状的基本方法。

可编辑网格对象有 5 种子对象，在本案例中主要使用了对顶点子对象的编辑，其他的几种子对象的相关知识将在下面的内容中介绍。

## 3.2.4　相关知识——网格对象

### 1. 将对象转换为网格对象的方法

用网格对象建模是最流行的建模方式，也是大多数三维程序默认的建模。使用网格可以创建任何的二维对象。网格对象不是直接创建的，而是由其他三维图形转换而来的。一般来说，将对象转换为网格对象的方法有两种。

（1）将对象转换为可编辑网格：用这种方法将对象转换为可编辑网格的操作步骤如下：选中要转换成网格的对象，单击鼠标右键，弹出快捷菜单，单击“转换为”→“转换为可编辑网格”菜单命令，这时修改命令面板如图3-2-14所示。

（2）使用Edit Mesh（编辑网格）编辑修改器：用这种方法将对象转换为可编辑网格的操作步骤如下：选中要转换成网格的对象，单击（修改）→“修改器列表”→“编辑网格”修改器，这时的修改命令面板如图3-2-15所示。

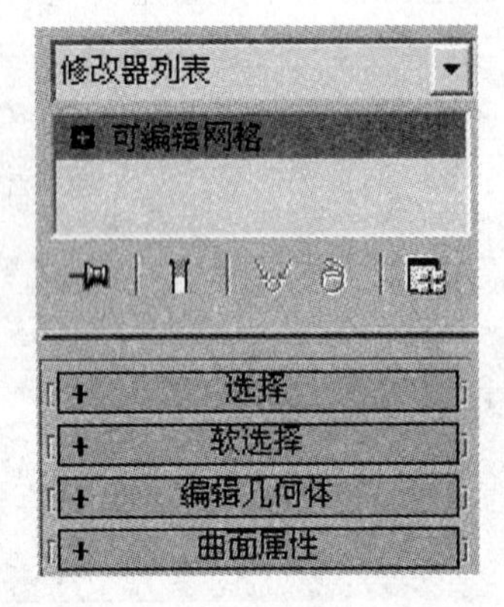

图3-2-14 将对象转换成网格后的修改命令面板

图3-2-15 添加“编辑网格”修改器后的修改命令面板

从这两个图可以看出，在两种方法中，修改命令面板中的卷展栏有一区别，而在选中了子对象后，两种修改面板的卷展栏数目成为相同的。

### 2．网格对象子对象的种类和选择子对象的方法

在将对象转换为可编辑网格对象后，展开修改器堆栈，可以看到它的子对象，如图3-2-16所示。为对象添加“编辑网格”修改器后，展开修改器堆栈，它的子对象如图3-2-17所示。从图中可以看出，两种情况下的子对象完全相同。

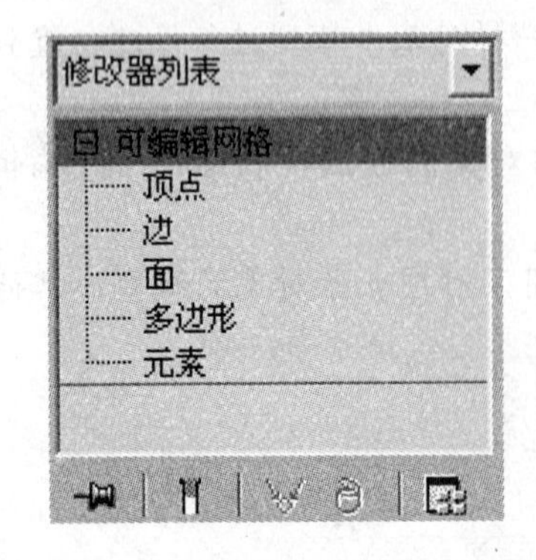

图3-2-16 可编辑网格对象的子对象

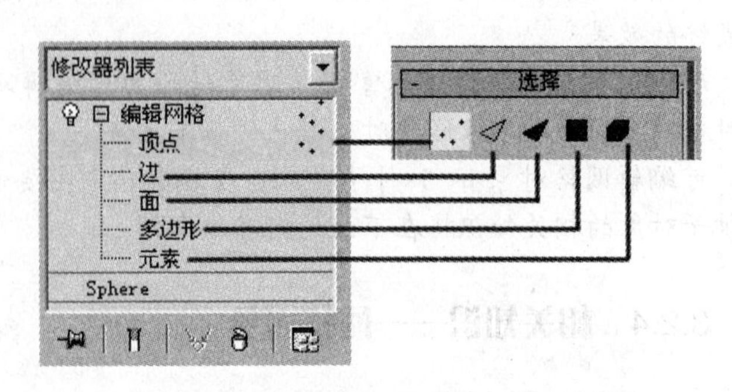

图3-2-17 “编辑网格”修改器的子对象

（1）网格对象的子对象：网格对象有顶点、边、面、多边形和元素5种子对象。

（2）选择子对象的方法：当需要对一种子对象进行编辑时，应在修改器堆栈列表框中，单击“编辑网格”选项前的“+”号，将修改器选项展开，再单击相应的子项；或在“选择”卷展栏中，单击相应的子对象按钮，即可选择编辑对象的子对象，如图 3-2-17 所示。

### 3. 使用“选择”卷展栏

当对象转换成可编辑网格对象后，其命令面板中的参数栏中的“选择”卷展栏，如图 3-2-18 所示，该卷展栏中主要参数的含义如下。

（1）“选择”卷展栏中最上方的 5 个按钮。这几个按钮的作用与修改器堆栈中几个子项的作用一一对应，并且是联动状态，即如果在修改器堆栈中单击“顶点”子项，则在“选择”卷展栏中按钮同时也被按下。这几个按钮与堆栈中子项的对应关系，如图 3-2-17 所示。

（2）“选择”卷展栏中的其他信息。在“选择”卷展栏中，除了以上几个选择子对象用的按钮之外，还有一些其他信息，它们的作用如下。

- “按顶点”复选框：单击并选中该复选框，可以在选择边界或面的同时选中与之相连接的顶点。在单击（顶点）按钮时，它呈不可用的灰色状态。
- “忽略背面”复选框：单击并选中该复选框，选择子对象时只能选择那些法向可见的子对象。例如，有一个由球体转换成的可编辑网格对象，在修改器堆栈中选择了“多边形”子对象，如果不选中“忽略背面”复选框，则拖动鼠标在选中顶面多边形的同时，也会选中背面的对象，如图 3-2-19 上图所示，而选中“忽略背面”复选框，再拖动鼠标，就可以只选择上表面的小面。

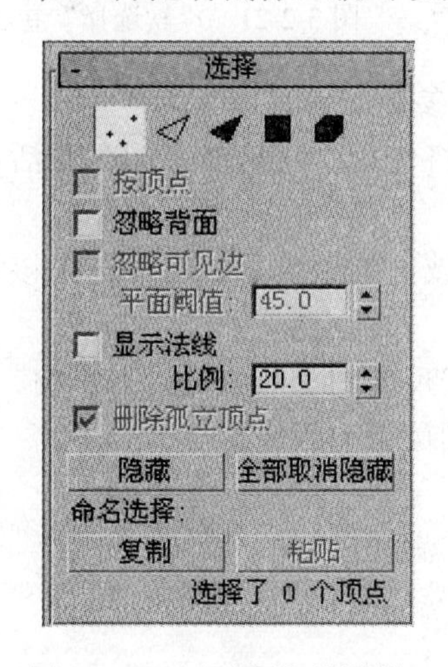


图 3-2-18　“选择”卷展栏

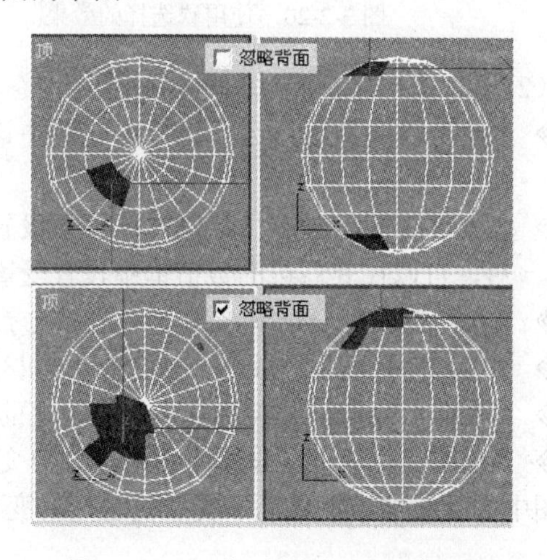


图 3-2-19　“忽略背面”选项的效果

- “忽略可见边”复选框：在选择多边形子对象时，用于控制是否忽略多边形的可见边。单击并选中该复选框，将忽略掉多边形的可见边。在上面的例子中，如果选中了该复选框，再单击上表面，就会发现整个表面全部被选中。

在“选择”卷展栏的最下方还提供了子对象的选择信息栏，通过这个信息栏可以了解子对象的选择情况。

#### 4. 使用“软选择”卷展栏

细心的读者可能会发现，在“选择”卷展栏的下方有一个“软选择”卷展栏，下面介绍这个卷展栏的功能。

（1）“软选择”的作用。在将对象转换为可编辑网格对象后，如果进入它的子对象编辑状态，则“移动”、“旋转”和“缩放”功能的操作，只影响选中的子对象，有时这种操作会显得很生硬，如图 3-2-20 所示。图中左侧的原对象转换成可网格对象后进入了对它顶点子对象的操作，在选中了最上面两排点后移动，则在第二和第三两排点之间产生了突然的变化，图中中间图就是这种结果。如果使用了软选择，就不会产生这种现象，图 3-2-20 中右图中的对象也是只选中了上面两排点，但是使用了软选择。从图中可以看出，启用了软选择后，软件将样条线曲线变形应用到进行变化的选择周围的未选定子对象上。而是否使用软选择，软选择影响的范围，都在“软选择”卷展栏中进行设置，如图 3-2-21 所示。

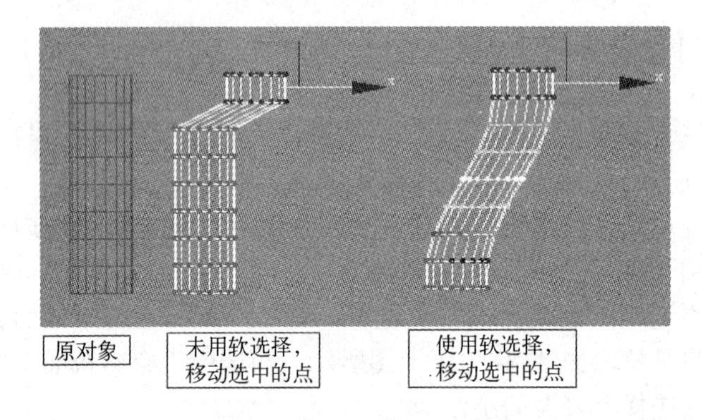


图 3-2-20 使用软选择的效果

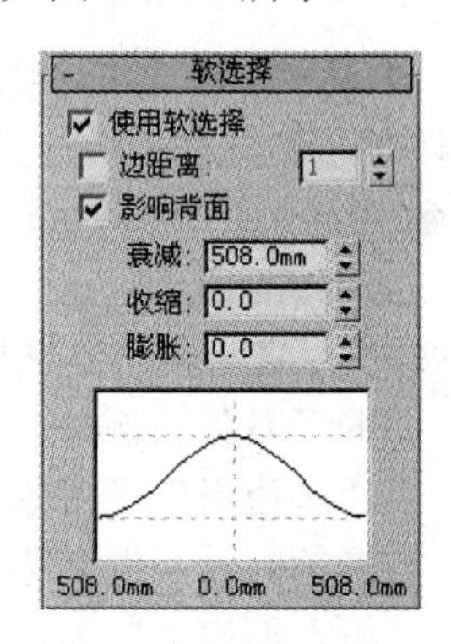


图 3-2-21 “软选择”卷展栏

（2）“软选择”卷展栏中主要参数。该卷展栏中主要参数的含义如下。

- “使用软选择”复选框：单击并选中该复选框，将使用柔化功能。同时激活该卷展栏中的其他参数。
- “边距离”复选框和数值框：用于设置受影响区域内的边数。单击并选中该复选框后，可以在其右边的数值框中设置受影响的边数。
- “影响背面”复选框：用于设置被选子对象的法线反向的子对象是否受影响。
- “衰减”数值框：设置子对象受影响区域从中心到边缘的距离。
- “收缩”数值框：设置变形曲线锐化的程度。
- “膨胀”数值框：设置受影响区域内变形曲线的丰满程度。

图中的曲线框可以显示了受影响区域的变形曲线。

#### 5. 子对象的编辑

将对象转换为可编辑网格对象后，它有 5 种子对象，对每一种子对象都有可以进行移动、添加、删除及子对象的一些特殊操作，在本节中就要对这些内容进行介绍。

将几何对象转换为网格对象后，通过“编辑几何体”卷展栏可以对网格对象进行编辑操作。“编辑几何体”卷展栏以按钮的形式列出了所有可使用的编辑命令，当选择不同的子对象时，有些命令不可用，这些不可用的命令呈浅灰色显示，如图 3-2-22 所示。

（1）顶点的编辑：在修改器堆栈中选择顶点后，可以在视图中对网格对象的顶点进行移动、旋转等变换操作，如果要在网格对象中创建、删除顶点，分离、合并对象，就要用到“编辑几何体”卷展栏中提供的命令按钮。选中顶点后的“编辑几何体”卷展栏如图 3-2-22 所示，部分参数的含义如下。

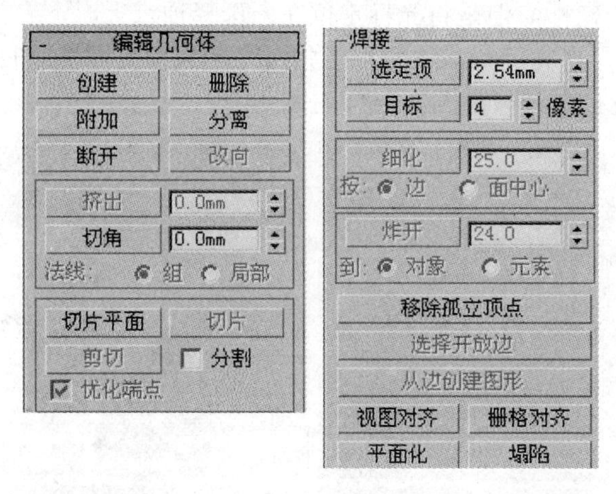


图 3-2-22　顶点子对象的“编辑几何体”卷展栏

◈ “创建”按钮：用于在视图中创建顶点。单击此按钮后，在视图中每单击一次即创建一个顶点。

◈ “附加”按钮：可以将场景视图中的另一个对象合并到当前的网格对象中。具体操作方法是单击此按钮，然后在视图中单击要合并的对象，就可以完成对象的合并。

◈ “分离”按钮：用于将选择的顶点及其相连的面从当前的网格对象中分离出来，使其成为一个独立的对象。

◈ “断开”按钮：在将选择的顶点处，将与该顶点相连的每一个面插入一个顶点，使网格对象在所选择的顶点处断开。

◈ “切角”按钮：用于在选择的顶点处创建一个切角。改变其右边的数值框的值，可以改变切角的大小。选中一个顶点后，单击该按钮，拖动鼠标，当鼠标指针为状时，在选择的顶点处拖动可以生成一个切角，如图 3-2-23 所示。

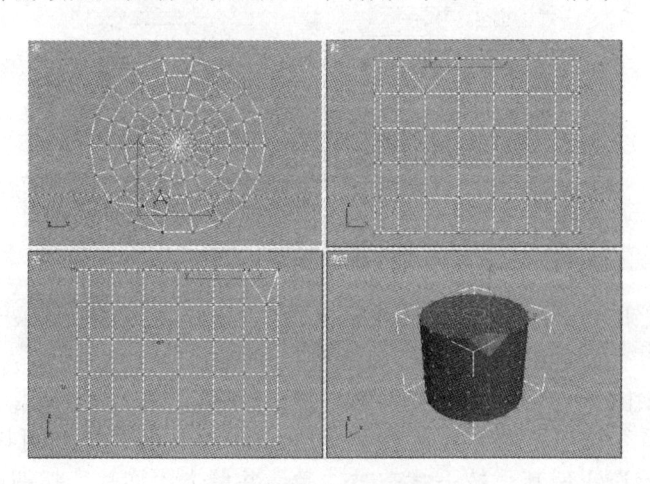

图 3-2-23　切角的效果

◈ “焊接”栏：用于焊接顶点。

选择两个或两个以上的顶点，单击“选择项”按钮，可以将右侧数值框中指定范围内的顶点合并为一个顶点。“目标”按钮的使用方法是：选定一个顶点，拖动鼠标，这时鼠标指针照常变为“移动”光标，但是将光标定位在未选择顶点上时，它就变为“+”的样子，如图 3-2-24 左图所示。在该点释放鼠标以便将所有选定顶点焊接到目标顶点，选定顶点下落到该目标顶点上，焊接的结果如图 3-2-24 右图所示。

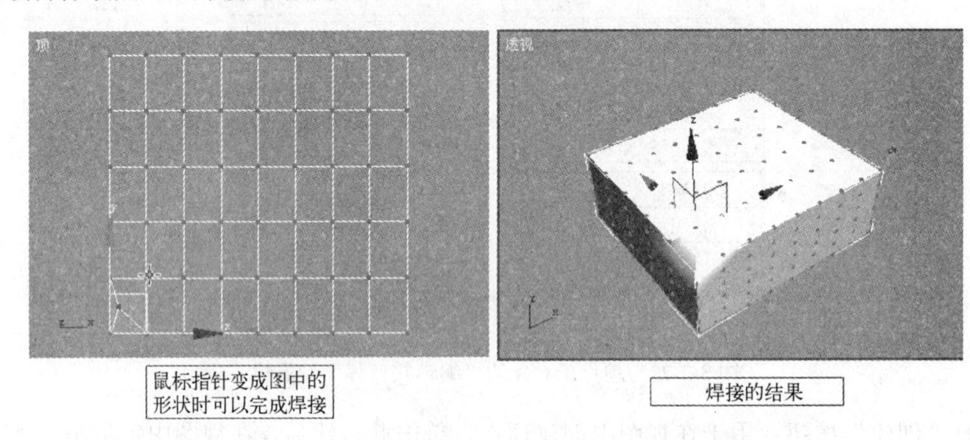


图 3-2-24 焊接的效果

（2）边的编辑。边编辑模式主要是对网格对象中面的边界进行操作。在选择了网格对象的“边”子对象后，“编辑几何体”卷展栏如图 3-2-25 所示。在边模式下，“编辑几何体”卷展栏提供的命令按钮与顶点模式的基本相同，但是顶点模式下的某些命令按钮不能再使用，又提供了边界模式下可以使用的另外一些命令按钮。下面介绍在边界模式下使用的一些主要按钮的编辑功能。

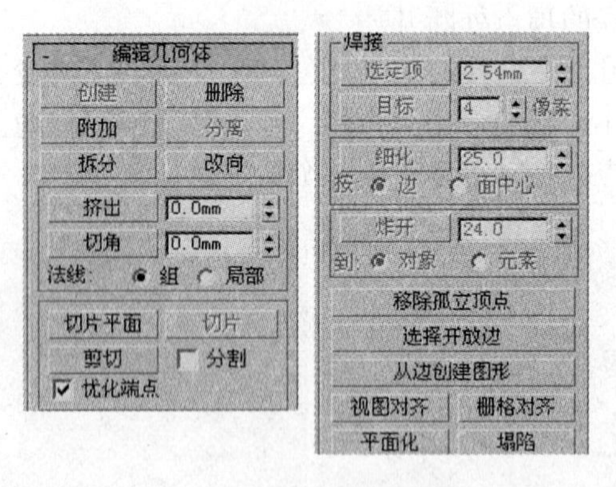


图 3-2-25 边子对象的“编辑几何体”卷展栏

◈ “拆分”按钮：用于在一个边界中插入一个顶点，将边界分为两段。单击该按钮，再单击视图中的边界，该边界即被分割。

◈ “挤出”按钮：用于将选择的边界进行挤出操作。

◈ “切片平面”按钮：用于显示出一个平面，通过这个平面可以创建一个切割平面。单击该按钮使其呈按下状态时，激活并单击“切片”按钮，才能创建出切割平面。

◈ “剪切”按钮：用于创建切割边界。单击该按钮使其呈按下状态时，在网格对象的一个边界上单击选中一点，再在另一个边界上单击选中另一点，由这两个点创建一个新的边界。

◈ “分割”复选框：用于控制在被分割的顶点处生成两套顶点，使一套顶点独立于边界。

（3）面、多边形和元素编辑。面编辑模式主要是对网格对象中的面、多边形和元素进行操作，并可为这些子对象设置材质 ID 号。在选择了“面”、“多边形”和“元素”子对象后，“编辑几何体”卷展栏如图 3-2-26 所示。“多边形”子对象的“编辑几何体”卷展栏提供的命令按钮与顶点模式和边界模式的基本相同，但是顶点模式和边界模式下的某些命令按钮不能再使用，又提供了面模式下可以使用的另外一些命令按钮。下面介绍在“多边形”模式下使用的一些按钮的编辑功能。

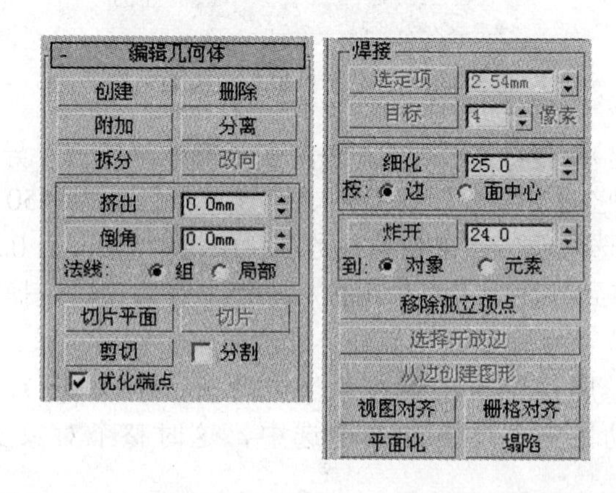


图 3-2-26　“多边形”子对象的“编辑几何体”卷展栏

◈ “创建”按钮：用于在视图中创建新面。单击该按钮后，在网格对象上显示出所有顶点。在视图中，单击网格对象上的顶点，或按住 Shift 键可以在空白位置创建新的顶点，也可以创建新面。在“面”或“元素”子对象方式下，单击 3 个顶点即可创建一个新面；在“多边形”子对象方式下，单击 3 个以上的顶点可以创建任意边数的新面，双击鼠标左键即可结束创建操作。

◈ “挤出”按钮：用于将选择的面进行挤出操作，生成复杂的网格对象。单击该按钮，将选择的面沿其法线方向拖动进行拉伸，或在其右边的“挤出”数值框中输入拉伸的数值，即可生成拉伸的形体，正值为向外挤出，负值为向内挤出。

◈ “倒角”按钮：用于将选择的面沿法线方向拉伸后，再沿垂直于法线的方向进行缩放，使网格对象产生倒角。

◈ “炸开”按钮：用于将选择的面分解为网格对象或元素。在其右边的数值框中，用于设置选择的面被分解为面或元素。当面之间的角度为大于该数值时，被分解为元素；将该数值框中的值设置为 0 时，选择的所有面都被分解为面。在“炸开”按钮下面还有“对象”和“元素”两个单选按钮，“对象”单选按钮表示将面分解为独立的网格对象，“元素”单选按钮表示将面分解为元素。

## 3.3 上机实战——足球模型

本例要完成一个足球的模型，效果如图 3-3-1 所示。制作本例的具体操作步骤如下所述。

图 3-3-1 “足球模型”渲染效果图

（1）单击 （创建）→ （几何体）→“扩展基本体”→“异面体”按钮，在顶视图中创建一个异面体，在它的“参数”卷展栏中设置“半径”为 150，在“系列”栏中选中“十二/二十四面体”单选按钮，在“系列参数”栏中设置“P”为 0.35。

（2）将鼠标指针移到异面体上，单击鼠标右键，在弹出的快捷菜单中单击“转换为”→“转换为可编辑网格”菜单命令，将异面体变为可编辑网格对象。

（3）在“选择”卷展栏中单击 按钮（或者按数字 4 键），进入对面子对象的编辑状态，在视图中拖动鼠标将所有的面全选中，这时整个对象变为红色，如图 3-3-2 所示。

（4）向上拖动参数面板，单击“几何体”卷展栏“炸开”按钮弹出“炸开为对象”对话框，如图 3-3-2 所示，在该对话框中使用默认参数，单击“确定”按钮。

（5）在“选择”卷展栏中单击 按钮，结束对面子对象的编辑，按 Ctrl+A 键将所有的对象选中，这时的效果如图 3-3-3 所示。

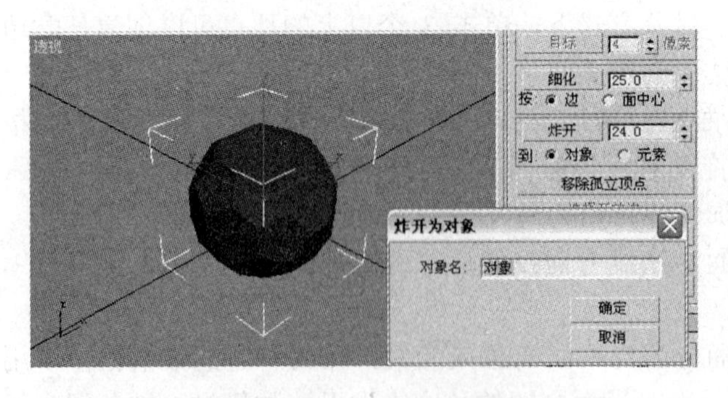

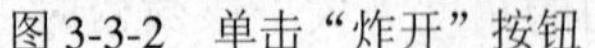

图 3-3-2 单击“炸开”按钮

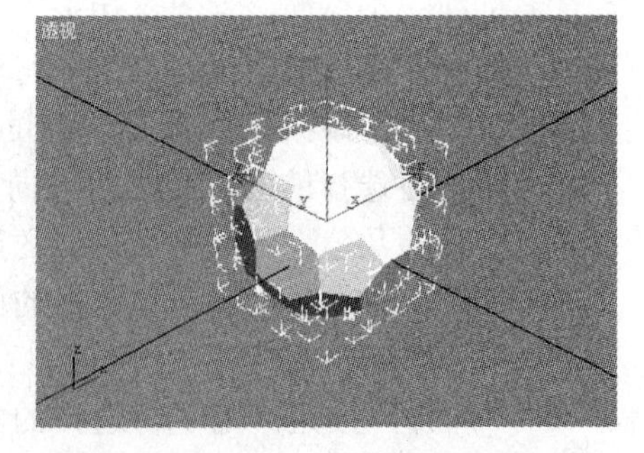


图 3-3-3 选中被炸开的所有对象

（6）单击 （修改）→“修改器列表”→“网格选择”修改器，在修改器堆栈中单击“网格选择”前的“+”，将其展开，单击其中的“面”选项，进入对面子对象的编辑状态。按 Ctrl+A 键将所有的面选中。

这时场景中的对象与图 3-3-3 所示的状况相似，只不过呈现出面子对象被选中时的红色，注意在以下的操作中都不可取消这种选择。

（7）单击 （修改）→“修改器列表”→“网格平滑”修改器，在“细分量”卷展栏中将“迭代次数”设置为 2，如图 3-3-4 所示。

（8）单击 （修改）→“修改器列表”→“球形化”修改器，这时所有的对象形成了一个球体的形状，如图 3-3-5 所示。

（9）单击 （修改）→“修改器列表”→“面挤出”修改器，在它的“参数”卷展栏设置“数量”为 0.5，“比例”为 105，如图 3-3-6 所示。

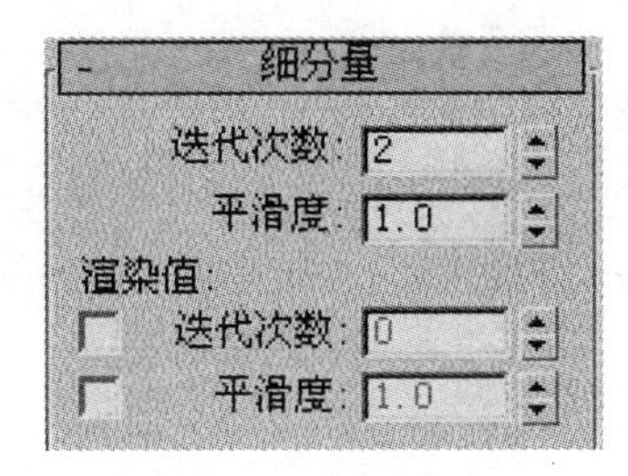


图 3-3-4　设置迭代数值

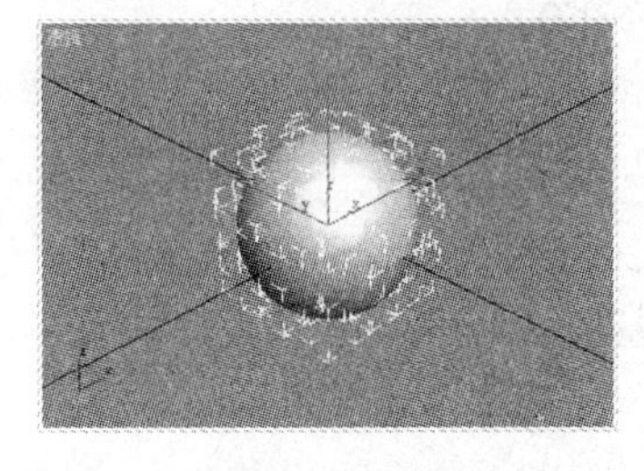

图 3-3-5　添加“球形化”修改器以后的效果

图 3-3-6　面挤出的设置

（10）单击 （修改）→“修改器列表”→“网格平滑”修改器，使用默认设置。

（11）单击“渲染”→“环境”菜单命令，弹出“环境和效果”对话框，如图 3-3-7 所示。单击“环境贴图”下面的“无”按钮，弹出“材质/贴图浏览器”对话框，双击“位图”选项，弹出“选择位图图像文件”对话框，如图 3-3-8 所示。从中选择一幅草地的图像，单击“打开”按钮，关闭该对话框，回到“环境和效果”对话框中，再关闭该对话框。

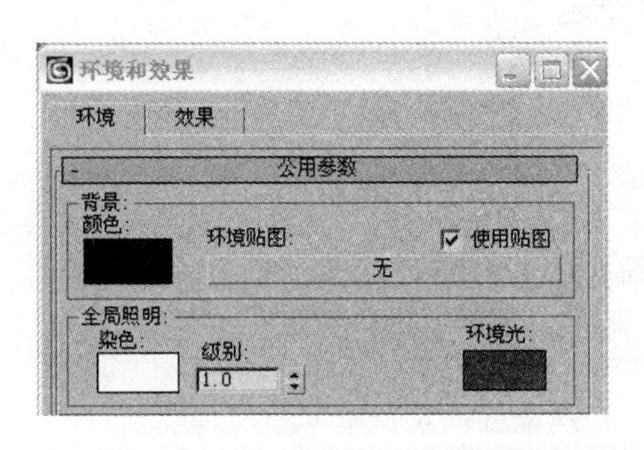


图 3-3-7　“环境和效果”对话框

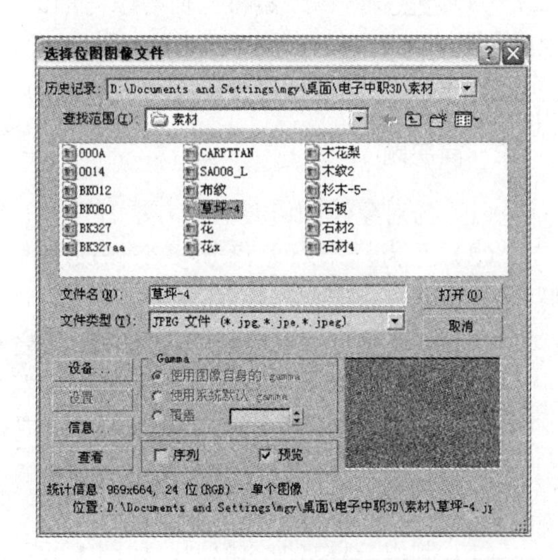


图 3-3-8　“选择位图图像文件”对话框

渲染透视视图后的效果如图 3-3-1 所示。

## 本章小结

本章介绍了用于修改对象形状的修改器的使用及“编辑网格”修改器的使用。

应用于三维对象的修改器比较多，在本章中介绍了比较常用的 5 个修改器，其中“弯曲”修改器可以使作用的对象沿某一特定的轴向进行弯曲变形；“锥化”修改器用于将对象沿某一轴向进行缩放，使一端放大或缩小，产生削尖变形的效果；“扭曲”修改器用于将几何对象的一端相对于另一端绕某一轴向进行旋转，使对象的表面产生扭曲变形的效果；“噪波”修改器用于使几何对象产生扭曲变形，将其表面处理为随机变化的不规则效果；“FFD（自由变形）”修改器是用栅格框包围选定的几何体，通过调整栅格的控制点，让包住的几何体变形。

使用“编辑网格”修改器和将对象转换为可编辑网格对象都可以将对象转换成网格对象，网格对象具有强大的功能，它有 5 种子对象，通过对子对象的编辑，可以让用户制作出任何想象得出的复杂模型。

## 习题 3

### 1．填空题

（1）_______修改器使用晶格框包围选中几何体，共有 64 个晶格点。通过调整晶格的控制点，可以改变封闭几何体的形状。

（2）将对象转变为可编辑网格对象后，如果要将其中的某些面挤出，可以在使用“编辑几何体”卷展栏中的_______按钮。

（3）_______修改器将几何对象弯曲。

（4）选中要转换为可编辑网格对象的物体，单击鼠标右键，从快捷菜单中选择_______→_______选项，可以将对象转换为一个可编辑网格对象。

### 2．简答题

（1）为对象添加修改器的方法有几种？每种的操作方法是什么？

（2）在为一个对象添加多个修改器时，修改器在堆栈中的顺序对最终结果有影响吗？

（3）如何将一个对象转换成可编辑网格对象？

（4）可编辑网格对象中使用“软选择”与不使用“软选择”有什么不同？

（5）可编辑网格对象有几个子对象？它们都是什么？

### 3．操作题

（1）制作一只蜡烛的模型，如图 1 所示，蜡烛的半径约为 15，高约为 30。

（2）使用倒角长方体和“FFD”修改器，制作一个沙发模型，如图 2 所示。

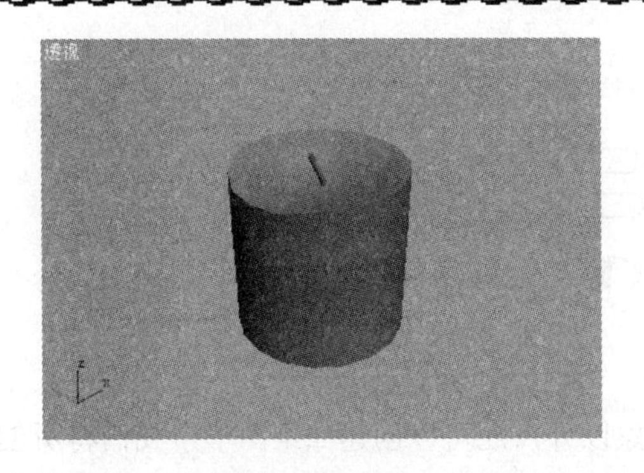


图1　蜡烛模型

图2　沙发模型

# 第 4 章　二维型建模

在 3ds max 7 中，除了可以创建三维对象以外，还可以创建二维图形，我们将所创建的二维图形对象称为二维型对象。在 Max 这样一个三维设计软件中创建的二维型可以作为几何形体直接渲染输出，但更主要的是用于创建更为复杂的三维对象。而且在制作动画时有时需要运动的路径，放样对象的路径或截面也都是二维图形。本章中将介绍如何创建二维型，对它进行编辑的方法及用二维型创建放样对象的方法。

## 4.1　制作“春挂件”模型——使用二维型建模

### 4.1.1　学习目标

◈ 熟练掌握创建线、文本、圆、矩形、圆环、星形等二维型的方法和参数设置。
◈ 熟练掌握“渲染”卷展栏中参数的设置。
◈ 掌握“倒角”、“车削”和“旋转”修改器的使用。

### 4.1.2　案例分析

在制作“春挂件”模型这个案例中，制作了一个在春节时使用的迎春挂件，效果如图 4-1-1 所示。在这个案例中一个大大的、红色的立体春字在正中央，与它相连的是一个圆

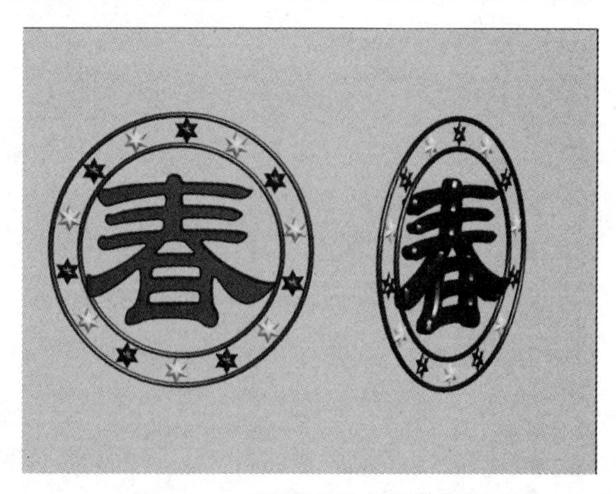


图 4-1-1　“春挂件”渲染效果图

圈，然后通过一圈立体的六角星与外面的大圆圈相连接，这样构成了一个整体，它的整体颜色是红色，符合中国人过春节时喜庆的气氛，读者在学习完本章后，还可以为它设计上面的挂链和下面的流苏，这样就可以将它挂起来。这个案例用于各种场景的装饰。通过本案例的学习可以练习用二维型对象建模的方法。

## 4.1.3　操作过程

（1）单击（创建）→（图形）→“样条线”→“文本”按钮，在它的“参数”卷展栏中选择合适的字体，在“大小”数值框中输入 200，在“文本”文本框中输入“春”文字，然后将鼠标指针移到前视图中单击，就可以创建文字，如图 4-1-2 所示。

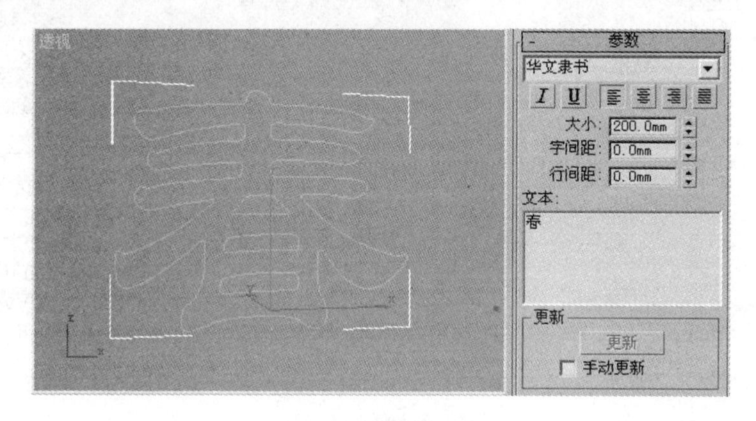


图 4-1-2　创建文字

（2）选中文字，单击（修改）→“修改器列表”→“倒角”修改器，然后在它的“倒角值”卷展栏中设置参数，同时显示出添加了“倒角”修改器以后的效果，如图 4-1-3 所示。

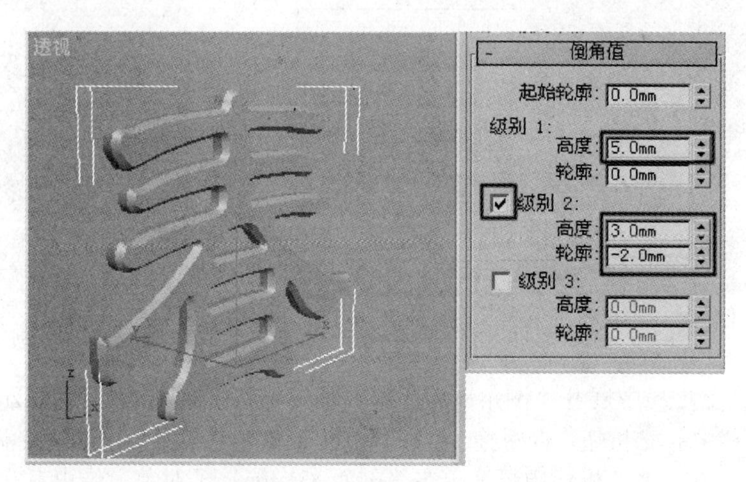


图 4-1-3　添加“倒角”修改器

（3）在前视图中选中文字，单击主工具栏中的（镜像）按钮，弹出“镜像”对话框，如图 4-1-4 所示，按图中所示进行设置，单击“确定”按钮，完成镜像复制。

（4）选中两个文字对象，单击“组”→“成组”菜单命令，弹出“组”对话框，在“组名”文本框中输入“春”文字，单击“确定”按钮，将文字组成组。

（5）单击（创建）→（图形）→“样条线”→“星形”按钮，在前视图中拖动鼠标创建一个星形，在它的“参数”卷展栏中设置“半径 1”为 18，“半径 2”为 10，“点”为 6，其余使用默认参数，形成一个六角星图形，如图 4-1-5 所示。

（6）单击（创建）→（图形）→“样条线”→“多边形”按钮，在顶视图中创建一个多边形对象，在它的“参数”卷展栏中设置“半径”为 5，“边数”为 3，形成一个三角形图形，如图 4-1-5 所示。

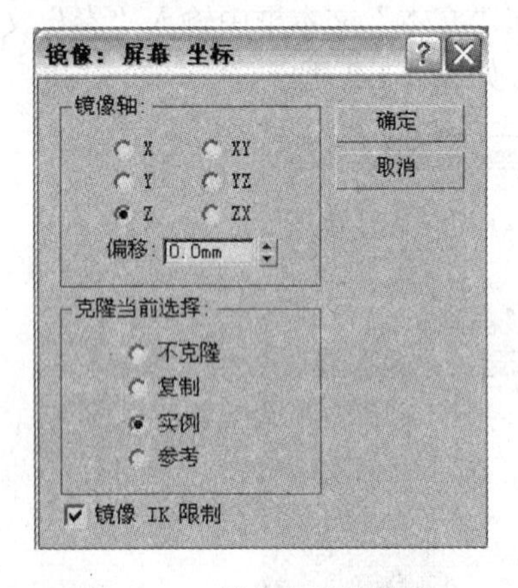


图 4-1-4　镜像文字的设置

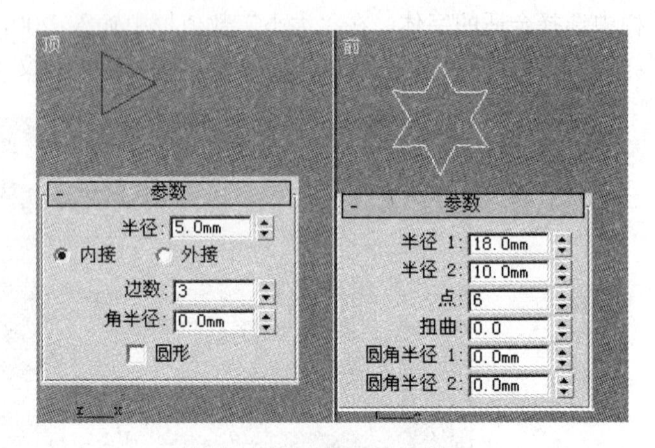


图 4-1-5　创建星形和三角形

（7）选中六角星图形，单击（修改）→“修改器列表”→“倒角剖面”修改器，在它的“参数”卷展栏中单击“拾取剖面”按钮，然后在顶视图中单击三角形图形对象，如图 4-1-6 所示。这时的效果如图 4-1-7 所示。

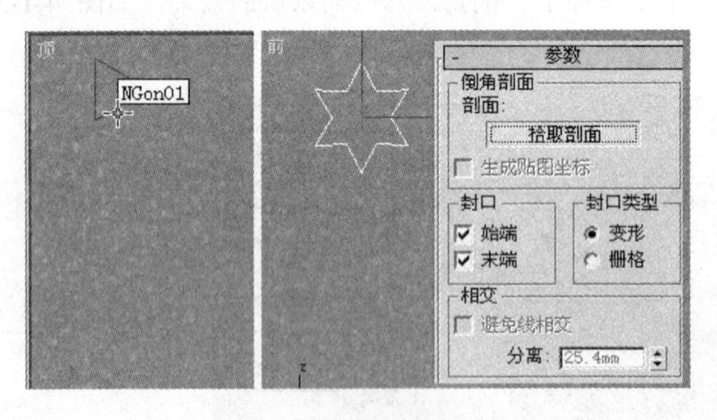


图 4-1-6　拾取剖面

图 4-1-7　拾取了剖面以后的对象

（8）在修改器堆栈中展开“倒角剖面”修改器的堆栈，单击“剖面 Gizmo”子对象，然后单击主工具栏中的按钮，向里拖动鼠标，就可以修正六角星中出现的空洞，如图 4-1-8 中左侧所示的星。在修改器堆栈中再次单击“剖面 Gizmo”子对象，结束对它的编辑。

（9）单击（创建）→（图形）→“样条线”→“圆环”按钮，在前视图中的文字周围创建一个圆环，设置它的“半径 1”为 95，“半径 2”为 122。展开“渲染”卷展栏，选中“可渲染”、“显示渲染网格”和“生成贴图坐标”3 个复选框，设置“厚度”为 5，如

图 4-1-9 所示。

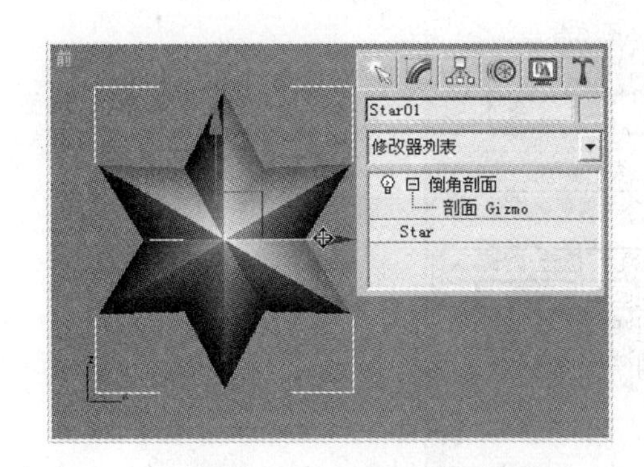


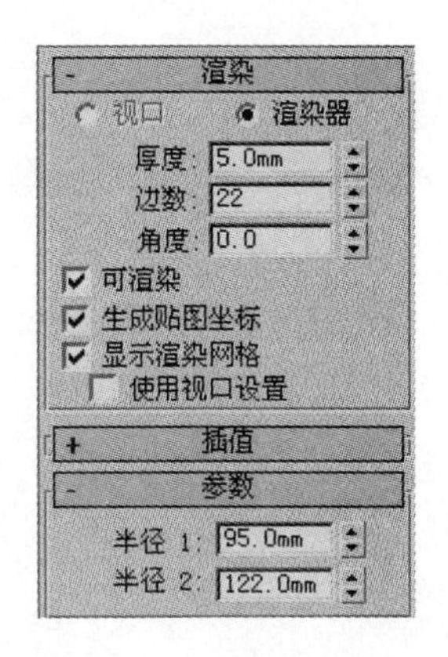


图 4-1-8　编辑“剖面 Gizmo”子对象在　　　　图 4-1-9　圆环的参数和渲染的设置

（10）单击（创建）→（图形）→“样条线”→“圆”按钮，在前视图中创建一个圆形，设置它的“半径”为 108.5，展开“渲染”卷展栏，取消 “可渲染”、“显示渲染网格”和“生成贴图坐标”3 个复选框的选择。

（11）在视图中调整好圆、圆环、文字和星几个对象的位置，如图 4-1-10 所示。

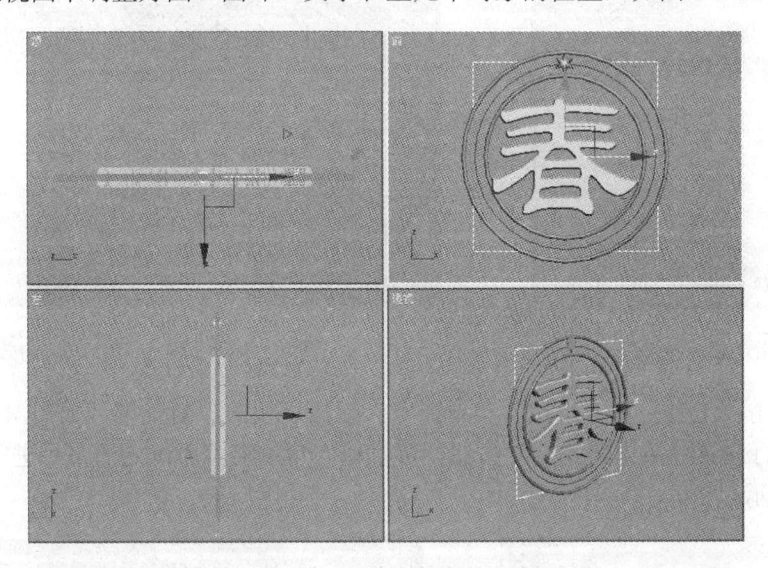

图 4-1-10　调整好 4 个对象的位置

（12）单击（运动）按钮，进入“运动”命令面板，展开“指定控制器”卷展栏，如图 4-1-11 所示，单击“位置:位置 XYZ”选项。

（13）这时（指定运动控制器）按钮为可用状态，如图 4-1-11 所示。单击该按钮，弹出“指定位置控制器”对话框，如图 4-1-12 所示。在该对话框中单击“路径约束”选项，单击“确定”按钮返回“运动”命令面板。

（14）在“运动”命令面板的参数区中向上拖动卷展栏，在“路径参数”卷展栏中单击“添加路径”按钮，如图 4-1-13 所示。然后将鼠标指针移到视图中单击圆形，这时无论六角星在何处，都会被放置到圆形的起始位置，如图 4-1-13 所示。

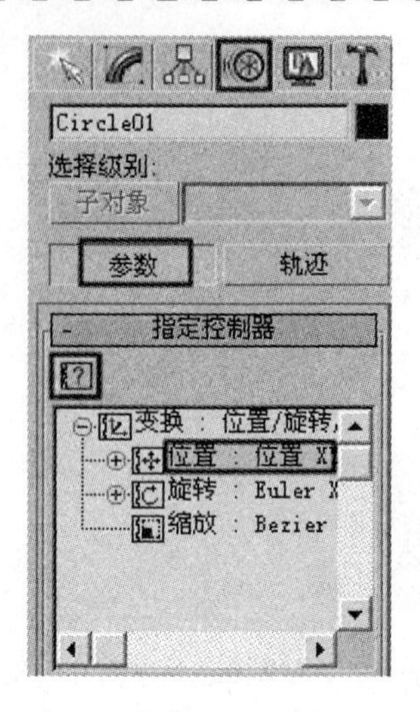


图 4-1-11 在“运动”面板中的“指定控制器”卷展栏

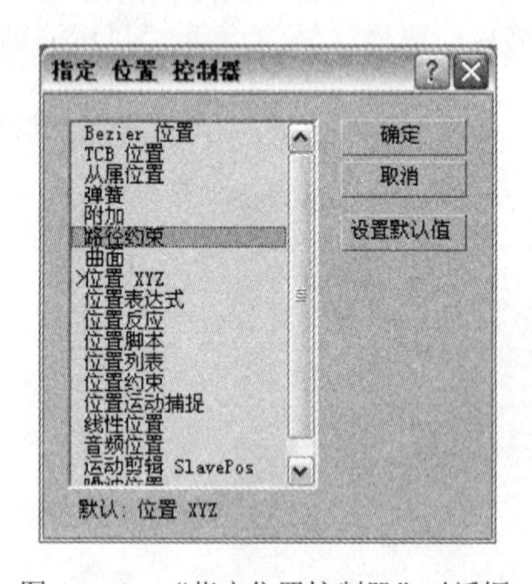


图 4-1-12 “指定位置控制器”对话框

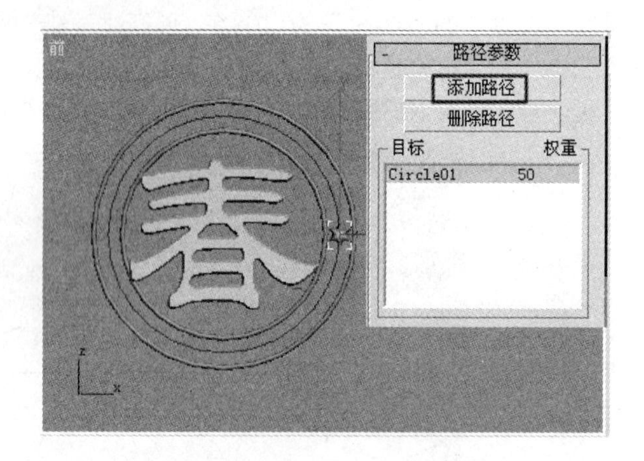


图 4-1-13 添加了路径以后的效果

（15）单击“工具”→“快照”菜单命令，弹出“快照”对话框，如图 4-1-14 所示。按图中所示进行设置后单击“确定”按钮，可以使六角星沿着所确定的路径进行复制，效果如图 4-1-15 所示。

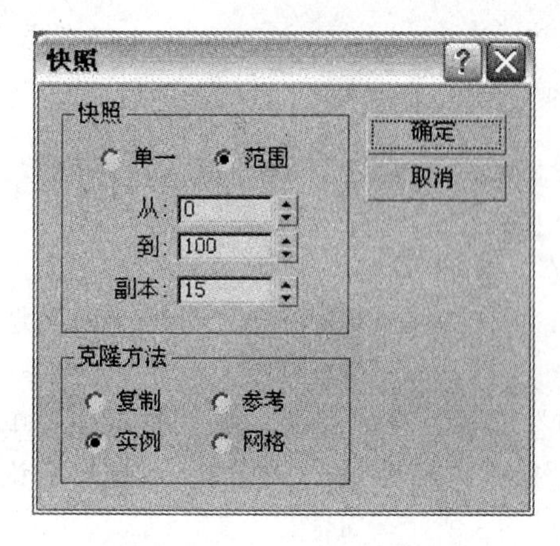


图 4-1-14 “快照”对话框

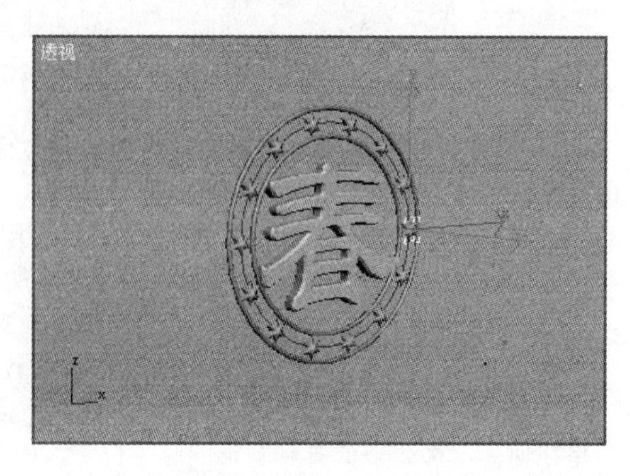


图 4-1-15 快照以后的结果

（16）选中不同的对象，将它们的颜色改为自己喜欢的颜色。选中所有对象，复制一份调整好位置，如图 4-1-1 所示。

（17）单击“渲染”→“环境”菜单命令，弹出“环境与效果”对话框，单击“背景”栏中“颜色”下面的色块，设置它的颜色为浅蓝色。

（18）关闭“环境与效果”对话框，激活透视视图，单击工具栏中的（快速渲染）按钮，弹出渲染窗口，对透视图进行着色渲染，效果如图 4-1-1 所示。

**【案例小结】**

在制作“春挂件”这个案例中，利用二维型对象中的文字对象创建了“春”字，然后使用“倒角”修改器将其变为立体文字；在制作周围的六角星的时候则使用了“倒角剖面”修改器；将圆环设置为可渲染的，这样就可以在渲染时看到二维型对象。

在 3ds max 7 中可以创建的样条曲线一共有 11 种，其他二维型的创建和参数将在下面的内容中进行介绍。

### 4.1.4　相关知识——基本二维型的创建和用于二维型的编辑修改器

在命令面板中，单击（创建）按钮，打开“创建”命令面板，单击（图形）按钮，显示出二维图形的命令面板。单击平面图形类型下拉列表框，在弹出的下拉列表中选择“样条线”选项，在其下面的“对象类型”卷展栏中显示出样条线的命令按钮，如图 4-1-16 所示。下面介绍部分利用这些按钮所创建的图形。

#### 1. 创建“线”二维型

“线”是由多条线段组成的样条曲线，线段由两端的顶点构成，每条线段可以是直线或曲线形式，可以根据顶点的类型确定线段的形式。单击“线”按钮，显示出线的参数面板，下面介绍这些面板的主要作用。

（1）创建方式。单击“线”按钮后，在命令面板中有一个“创建方式”卷展栏，如图 4-1-17 所示，在该卷展栏中可以选择样条曲线的顶点类型。在“初始类型”栏中可以设置以单击方式创建的顶点类型；“拖动类型”栏中可以设置以拖动方式创建的顶点类型。在这两个栏中有 5 个单选按钮，可以设置 3 种顶点类型。

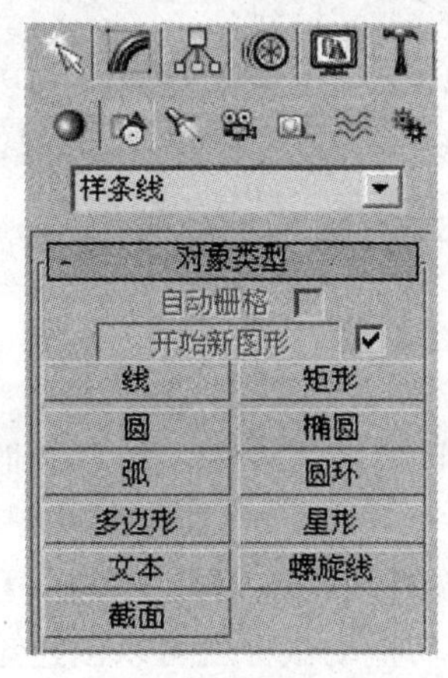


图 4-1-16　样条线的命令按钮

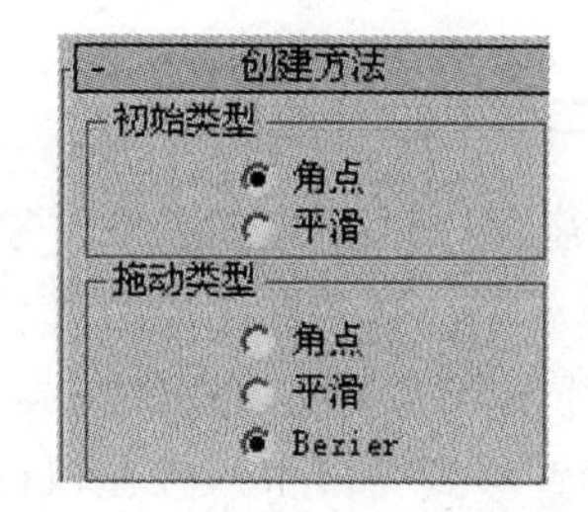


图 4-1-17　“创建方法”卷展栏

◈ “角点”单选按钮：设置单击或拖动的顶点类型为角点。在顶点的两边为直线，曲线在该顶点变为折线。

◈ “平滑”单选按钮：设置单击或拖动的顶点类型为平滑类型。在顶点的两边为曲率相等的曲线。

◈ “Bezier（贝兹）”单选按钮：设置拖动的顶点类型为贝兹曲线类型。通过拖动鼠标可以改变曲线的曲率和方向，在顶点的两边为曲率不等的曲线。

（2）创建线的方法。创建线也有两种方法，一种是用键盘输入创建，另一种是单击和拖动鼠标的方法创建，常用的方法是第 2 种。用这种方法创建线的具体操作步骤如下所述。

① 在“创建”命令面板中，单击“线”按钮，在参数面板的“创建方式”卷展栏中设置了单击方式和拖动方式的顶点类型。例如，在“初始类型”栏中选中“角点”单选按钮，在“拖动类型”栏中选中“平滑”单选按钮。

② 将鼠标指针移到视图区的任意一个视图中，在视图的适当位置单击，确定曲线的第一个顶点。

③ 移动鼠标指针到第二个要建立控制点的位置上单击或按住鼠标拖动。这时如果按下 Shift 键，可以创建与前一点水平或垂直的点。

④ 依次重复再确定其他的顶点，直至最后一个顶点时单击右键，结束创建，如图 4-1-18 所示。

⑤ 创建最后一个顶点时，如果未将鼠标指针移到创建曲线的起始顶点上，单击右键，结束曲线的创建则创建一条开放的曲线。如果将鼠标指针移到创建曲线的起始顶点上单击鼠标左键，屏幕上将弹出“样条线”对话框，如图 4-1-19 所示，如果单击“是”按钮，则结束曲线的创建并创建一条闭合的曲线；单击“否”按钮，则并未结束曲线的创建，可继续创建其他的顶点，直至单击右键或按 Esc 键，完成曲线的创建并创建一条曲线。

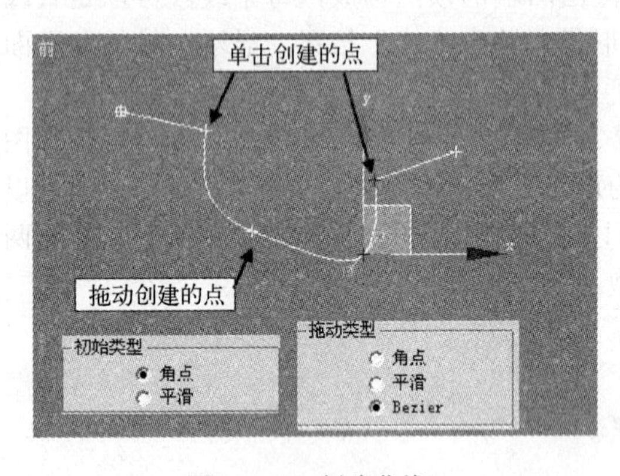


图 4-1-18　创建曲线

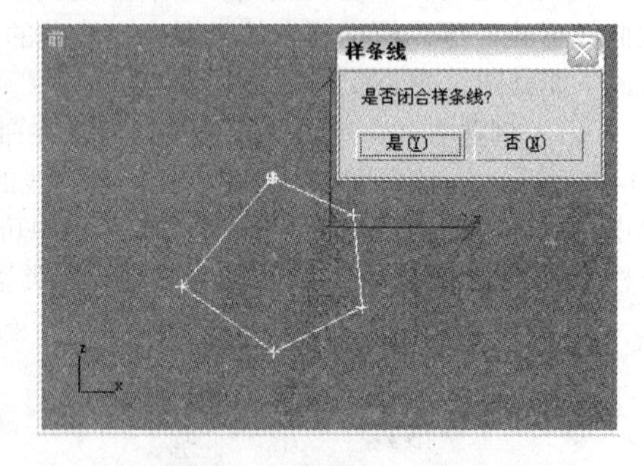


图 4-1-19　“样条线”对话框

### 2. 其他二维型的创建方法

在 Max 中可以创建的二维型对象除了上面所介绍的“线”以外，还有其他几种由参数控制的二维型对象，下面介绍这几种二维型的创建。

（1）“矩形”的创建。在如图 4-1-16 所示的“对象类型”卷展栏中单击“矩形”按钮后，将鼠标指针移到视口中，按住鼠标确定第一点，然后拖动鼠标就可以创建矩形。

矩形是由一条闭合的样条曲线构成的长方形平面图形，它的 4 个角可以是直角，也可以是圆角，矩形的“参数”卷展栏如图4-1-20所示。

◈ “长度”数值框：设置矩形的长度。

◈ “宽度”数值框：设置矩形的宽度。

◈ “角半径”数值框：设置矩形的圆角半径。

使用不同参数创建完成的各种矩形，如图4-1-21所示。

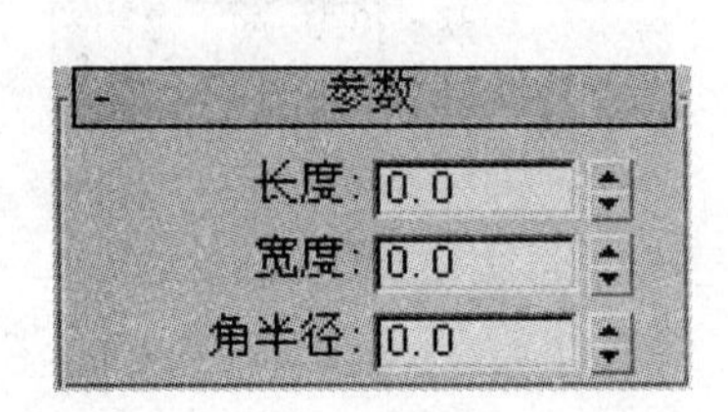


图4-1-20　矩形的“参数”卷展栏

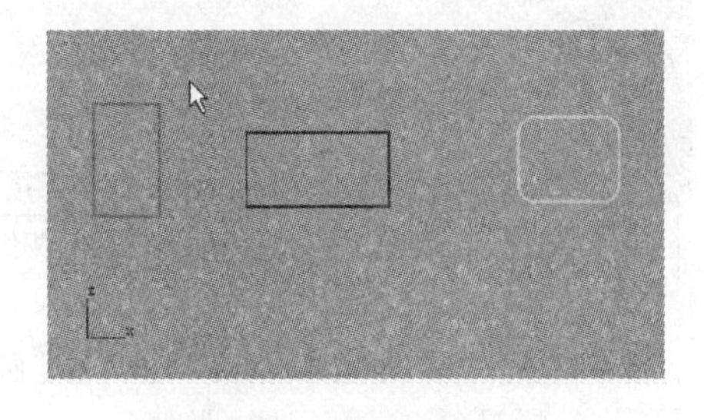

图4-1-21　不同参数的矩形

（2）“弧”二维型的创建。在图4-1-16所示的“对象类型”卷展栏中单击“弧”按钮，可以在视口中创建它。弧是由一条闭合或开放的样条曲线构成的圆弧形平面图形。可以创建圆弧和扇形。“弧”的创建不像前面对象那样简单，在它的“创建方法”卷展栏中有两种创建方法，如图4-1-22所示。

如果选中“端点-端点-中央”单选按钮，则应该在选中该单选按钮后，按住鼠标左键确定弧的起点，拖动鼠标确定终点，释放鼠标后形成弧的弦长，再拖动鼠标确定圆弧的大小（弧半径）的方式创建弧，如图4-1-23所示。

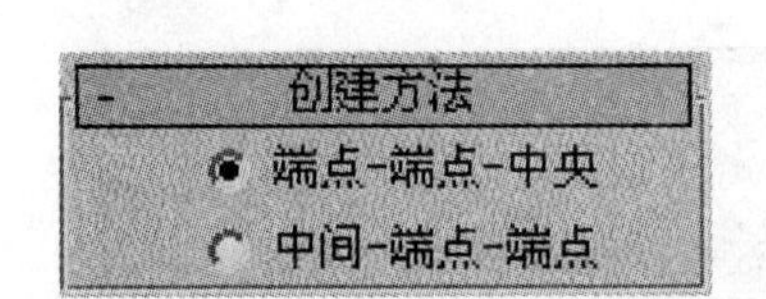


图4-1-22　弧的“创建方法”卷展栏

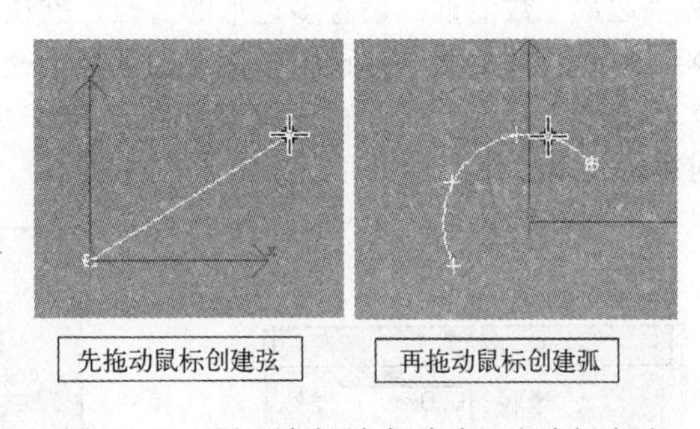


图4-1-23　用“端点-端点-中央”方式创建弧

如果选中“中间-端点-端点”单选按钮，则按住鼠标左键确定以弧所对应的圆心，拖动鼠标确定圆的半径，释放鼠标后再拖动即用确定出弧长的方式创建弧，如图4-1-24所示。

弧的“参数”卷展栏如图4-1-25所示，在该卷展栏中可以设置弧的参数，各参数的含义如下。

◈ “半径”数值框：设置构成弧所对应的圆的半径。

◈ “从”数值框：设置圆弧开口方向的开始角度，并确定弧的一个端点。

◈ “到”数值框：设圆弧开口方向的结束角度，并确定弧的弧长。

◈ “饼形切片”复选框：用于创建闭合的扇形。将圆弧从中心至两个端点增加两条半径构成一个闭合的扇形。

◈ “反转”复选框：用于改变弧的方向，将弧的起点和终点进行互换。对于弧的形状，用户不会看到所发生的变化，只有进入顶点的编辑模式下，才能看到端点互换的情况。

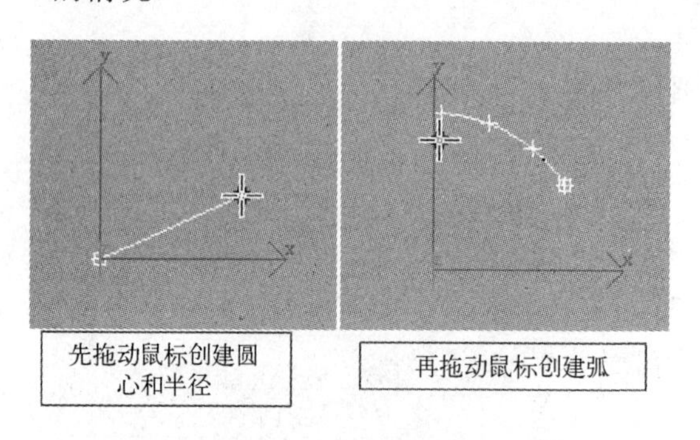


图 4-1-24 “中间-端点-端点”方式创建圆弧

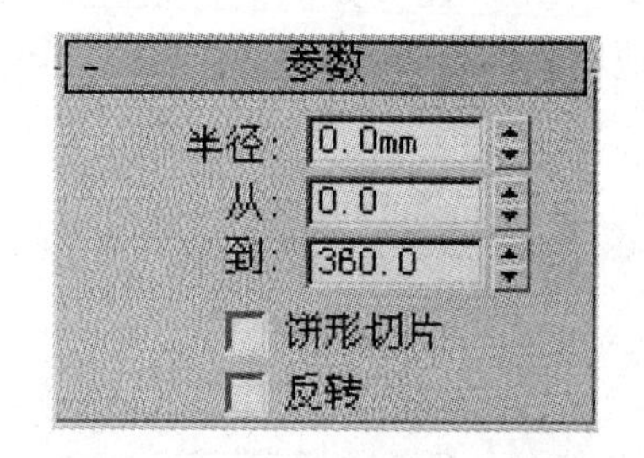


图 4-1-25 弧的“参数”卷展栏

（3）“多边形”二维型的创建。在如图 4-1-16 所示的“对象类型”卷展栏中单击“多边形”按钮，可以通过在视口中拖动鼠标创建它。“多边形”是由一条闭合的样条曲线构成的正多边形平面图形，可以创建有棱角的正多边形和圆角的正多边形。

多边形的“参数”卷展栏如图 4-1-26 所示。在该卷展栏中，可以设置多边形的参数，主要参数的含义如下所述。

◈ “半径”数值框：设置正多边形对应的圆形的半径。
◈ “内接”/“外接”单选按钮：设置多边形与所对应的圆形的关系是内接多边形还是外接多边形。
◈ “边数”数值框：设置多边形的边数，默认值为 6。
◈ “角半径”数值框：设置多边形的圆角半径。
◈ “圆形”复选框：设置多边形为圆形。此时多边形边为圆形。

创建完成的各种正多边形，如图 4-1-27 所示。

图 4-1-26 多边形的“参数”卷展栏

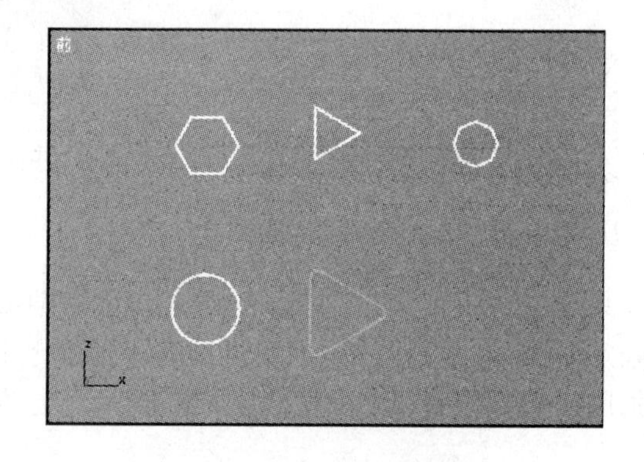

图 4-1-27 各正多边形

（4）“星形”二维型的创建。在如图 4-1-16 所示的“对象类型”卷展栏中单击“星形”按钮，可以在视口中拖动鼠标创建一个星形。“星形”是由一条闭合的样条曲线构成的多角星形平面图形，可以创建尖角的星形和圆角的星形。星形没有“创建方法”卷展栏，其创建方式是以星形的中心作为起始点进行创建。星形的“参数”卷展栏如图 4-1-28 所示，各参数的主要含义如下所述。

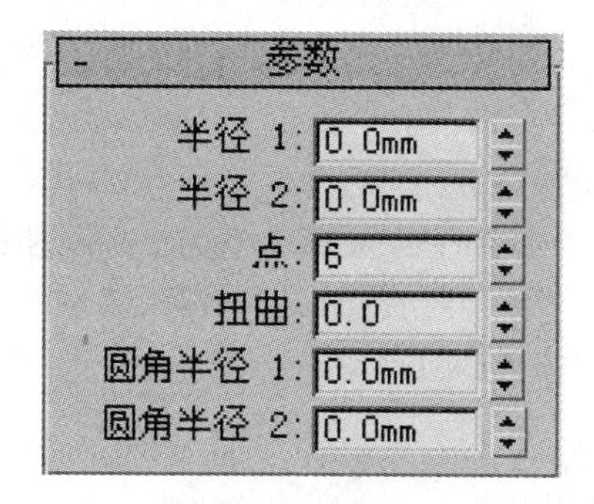


图 4-1-28　星形的“参数”卷展栏

◈ “半径 1”数值框：设置星形的外顶点至中心的距离，即外径。
◈ “半径 2”数值框：设置星形的内顶点至中心的距离，即内径。
◈ “点”数值框：设置星形的角数。
◈ “扭曲”数值框：设置星形各角的扭曲程度。
◈ “圆角半径 1”数值框：设置星形外顶点的圆角半径。
◈ “圆角半径 2”数值框：设置星形内顶点的圆角半径。

创建完成的各种星形，如图 4-1-29 所示。

图 4-1-29　各种星形

（5）“文字”二维型的创建。文字是一种特殊的样条平面图形。它简化了文字在 Max 中的建模。用户可以很方便地在视图中创建文字，对文字进行编辑。在图 4-1-16 所示的“对象类型”卷展栏中单击“文字”按钮，显示出文字的“参数”卷展栏，如图 4-1-30 所示。在视口中创建文字的方法是：单击“文字”按钮后，在“参数”卷展栏中，单击“文本”文本框，将光标定位在这里，选中该文本框中默认的文本，输入自己要创建的文字内容，将鼠标指针移到视图区的任意一个视口中，在适当位置单击，即可创建文字。文本的“参数”卷展栏中各主要参数的含义如下。

◈ 字体 Arial 下拉列表框：选择需要的各种字体。可以使用 Windows 系统中安装的 True Type 字体。
◈ I、U 按钮：分别用于将文字设置为斜体、给文字添加下划线。

◈ 、、、按钮：分别用于将文字设置为左对齐、中间对齐、右对齐和两端对齐。

◈ “大小”数值框：设置文字的大小。

◈ “字间距”/“行间距”数值框：设置文本的字间距和行间距。

◈ “文本”文本框：用于输入要创建的文本内容。

不同字体和大小的文本如图 4-1-31 所示。

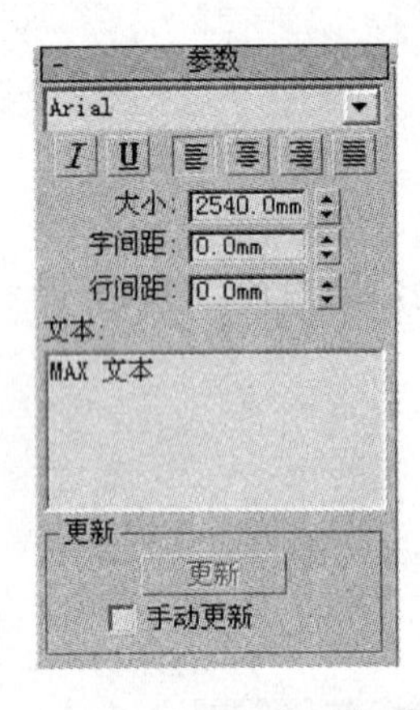


图 4-1-30 文字的“参数”卷展栏

图 4-1-31 创建的不同参数的文字

### 3．“开始新图形”按钮的作用

默认的情况下，在“对象类型”卷展栏中的“开始新图形”按钮右侧的复选框为选中状态时，按钮的形态如图 4-1-16 所示。在视图中绘制二维型时，如果绘制了一个对象后，还要继续绘制其他的对象，则绘制的每个对象都是互相独立的，如图 4-1-32 所示。

如果要将新绘制的图形附加到已绘制的二维型上，可以在绘制前，单击命令面板中“对象类型”卷展栏的“开始新图形”复选框，取消对该复选框选择，使该按钮弹起，则继续绘制的图形与原图形成为一个整体，如图 4-1-33 所示。

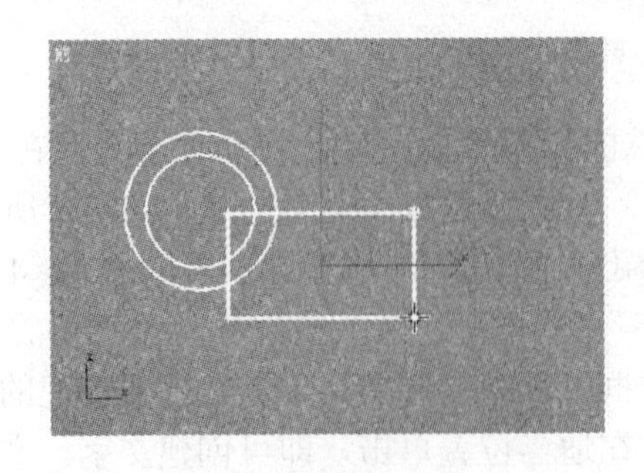

图 4-1-32 新创建的图形与原图形是两个对象

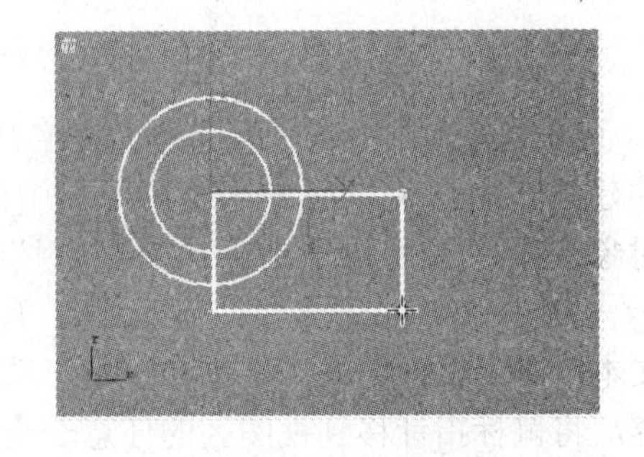

图 4-1-33 新对象与原对象是一个整体

### 4．“渲染”卷展栏

在默认情况下，3ds max 7 中所创建的二维型在渲染时是不可见的，如果要对其进行更改，可以在“渲染”卷展栏中进行设置，二维型对象的“渲染”卷展栏如图 4-1-34 所示，该卷展栏中各主要参数的含义如下。

◈ “视口”单选按钮：在下面的“使用视口设置”复选框选中后有效，选中该单选按钮，则下面的参数用于设置二维型在视口中的显示效果。

◈ “渲染器”单选按钮：选中该单选按钮，则下面的参数用于设置二维型在渲染器中的显示效果。

◈ “厚度”数值框：设置平面图形的线条厚度，相当于线条的截面直径。不同“厚度”值的效果如图 4-1-35 所示。

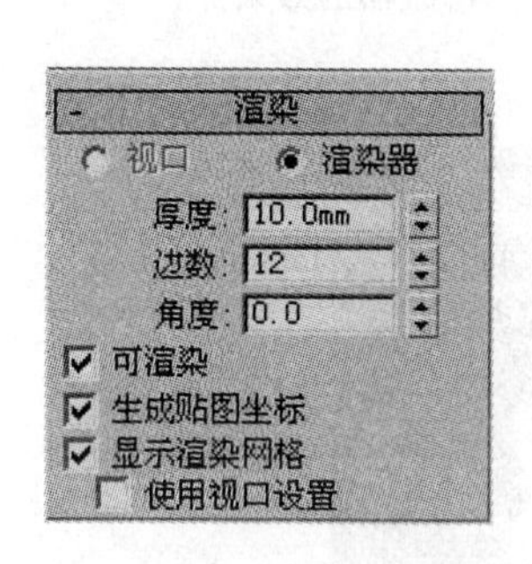


图 4-1-34　“渲染”卷展栏

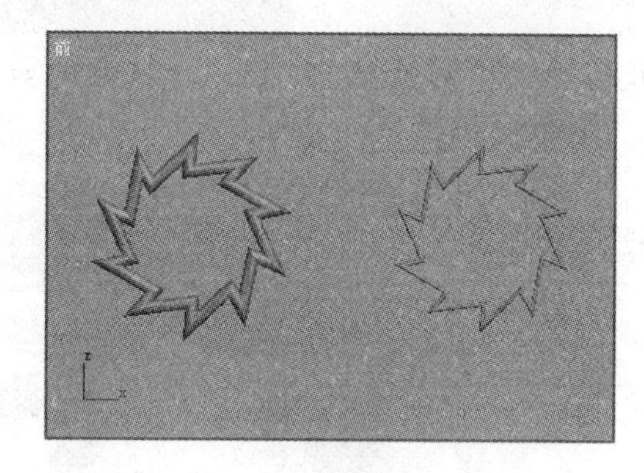


图 4-1-35　“厚度”值不同的渲染结果

◈ “边数”数值框：设置平面图形线条的截面边数，最小值是 3。

◈ “角度”数值框：设置横截面边的角的开始位置，通过对这个参数的调整，可以使样条曲线有一个突出的角或边。

◈ “可渲染”复选框：用线条的方式对平面图形进行渲染。

◈ “生成贴图坐标”复选框：用于建立材质贴图坐标，使平面图形的线条表面能够进行材质贴图处理。

◈ “显示渲染网格”复选框：选中该复选框，在视口中显示出平面图形的渲染效果。选中该复选框可以激活“使用视口设置”复选框。

◈ “使用视口设置”复选框：用于设置是否使用视图。

### 5.“挤出”修改器

“挤出”修改器用于将二维图形挤出成为三维立体模型。选中二维图形后，单击（修改）→“修改器列表”→“挤出”修改器，这时在“修改”命令面板的下方就会出现它的“参数”卷展栏，如图 4-1-36 所示，该卷展栏中各主要参数的含义如下。

（1）“数量”/“分段数”数值框：设置挤出的长度和挤出长度方向的分段数。应用了“挤出”修改器并设置了合适的“数量”后的效果如图 4-1-37 所示。

（2）“封口”栏：用于设置挤出模型两端是否具有端盖及端盖的方式。

◈ “封口始端”/“封口末端”复选框：单击并选中该复选框表示在挤出模型的起始处具有起始封口/在结束处具有结束封口。一端没有封口的挤出效果如图 4-1-38 所示。

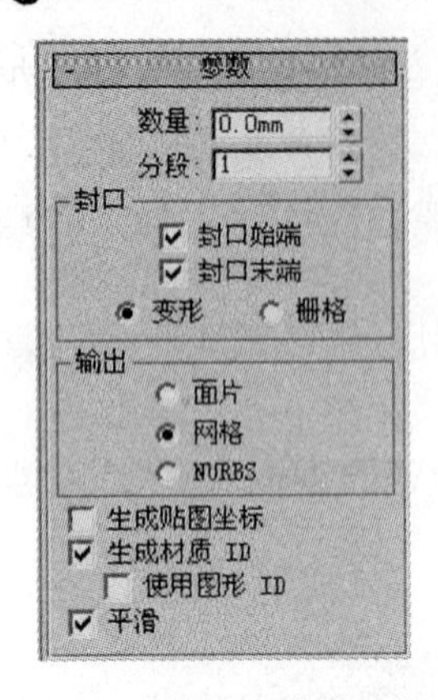


图 4-1-36 “挤出”修改器的“参数”卷展栏

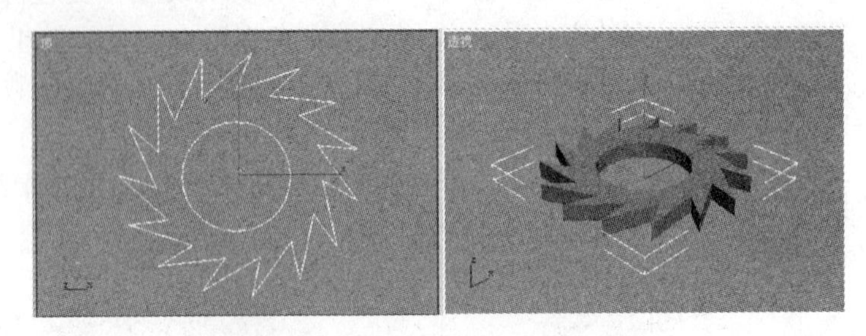

图 4-1-37 应用“挤出”修改器的效果

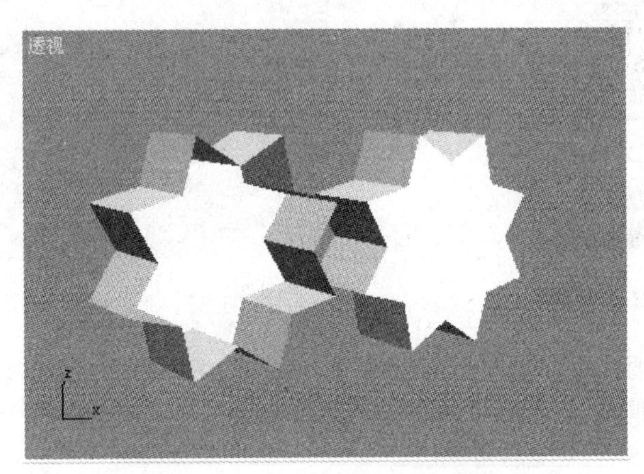


图 4-1-38 封口和一端没封口的结果

◈ “变形”单选按钮：选中该单选按钮，将以变形的方式产生封口。这种封口不处理表面，以便进行变形操作，制作动画。

◈ “栅格”单选按钮：选中该单选按钮，将以格线的方式产生封口。这种封口进行表面网格处理，它产生的渲染效果要优于“变形”方式。

（3）“输出”栏：用于设置挤出模型的输出方式。

（4）“生成材质 ID”复选框：将不同的材质 ID 指定给挤出对象侧面与封口。侧面 ID 为 3，封口 ID 为 1 和 2。

### 6.“倒角”修改器

“倒角”修改器将图形挤出为三维对象并在边缘应用平的或圆的倒角。该修改器的一个常规用法是创建三维文本和徽标，而且可以应用于任意图形。“倒角”的效果由“参数”和“倒角值”两个卷展栏控制。

（1）“参数”卷展栏。为二维型对象添加了“倒角”修改器后，它的“参数”卷展栏如图 4-1-39 所示。该卷展栏中有些参数与“挤出”修改器相同，下面仅介绍一些“挤出”修改

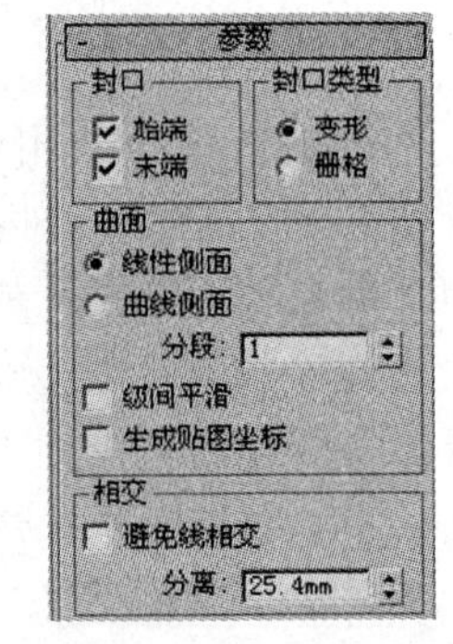


图 4-1-39 “倒角”修改器的

器中没有的主要参数。

◈ “曲面”栏：该栏中的参数控制侧面的曲率、平滑度及指定贴图坐标。可设置为“线性侧面”方式和“曲线侧面”方式。“分段”数值框用于设置倒角内部的片段数。“级间平滑”用于对倒角进行平滑处理，但总保持顶盖不被平滑。

◈ “相交”栏：该栏的参数用于防止重叠的临近边产生锐角。倒角操作最适合于弧状图形或图形的角大于 90°。锐角（小于 90°）会产生极化倒角，常常会与邻边重合。当添加了“倒角”修改器后，如果出现图形的突出变形，从而破坏整个造型时，可以选中该栏中的“避免线相交”复选框，该选项的作用效果如图 4-1-40 所示。“分离”数值框用于设置两个边界线之间保持的间隔距离，以防止越界交叉。

（2）“倒角值”卷展栏。“倒角”修改器的“倒角值”卷展栏如图 4-1-41 所示。该栏中包含设置高度和 3 个级别的倒角量的参数。

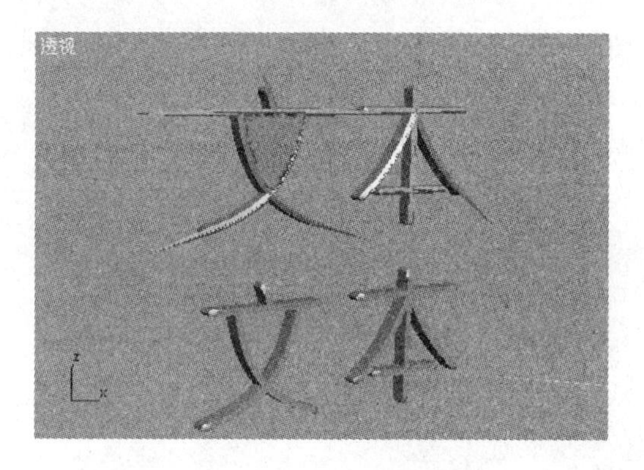


图 4-1-40　避免线相交的作用

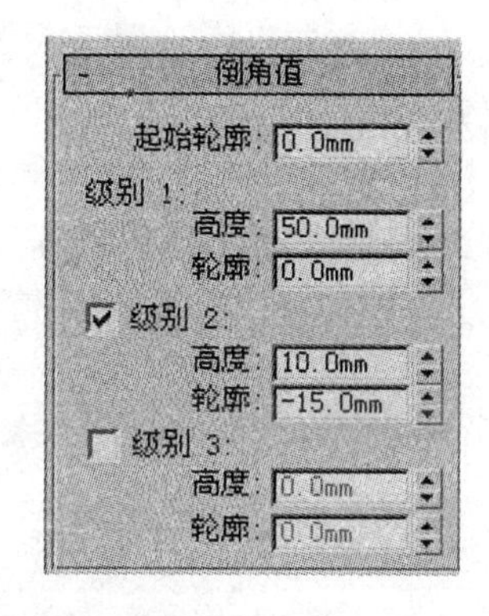


图 4-1-41　“倒角值”卷展栏

◈ “起始轮廓”数值框：设置轮廓从原始图形的偏移距离。非零设置会改变原始图形的大小。正值会使轮廓变大，负值会使轮廓变小。

◈ “级别 1”栏：该栏包含两个参数，它们表示起始级别的改变。在“高度”数值框中设置级别 1 在起始级别之上的距离。在“轮廓”数值框中设置级别 1 的轮廓到起始轮廓的偏移距离。

◈ “级别 2”和“级别 3”栏：该栏是可选的并且允许改变倒角量和方向。它们是在级别 1 之后添加一个级别。在这两个级别中的参数含义与级别 1 中的相同。

### 7. “车削”修改器

“车削”修改器用于将二维图形旋转成为三维立体模型。为选中的二维图形添加了“车削”修改器后，它的“参数”卷展栏如图 4-1-42 所示，该卷展栏中主要参数的含义如下。

（1）“度数”数值框：设置旋转的角度。

（2）“焊接内核”复选框：用于将旋转中心轴附近重叠的顶点合并在一起，使端面平滑。

（3）“翻转法线”复选框：用于将旋转模型表面法线的方向反向。

（4）“分段”数值框：设置旋转模型环绕旋转轴的分段数。

（5）“封口”栏：用于设置旋转模型起止端是否具有端盖及端盖的方式。该栏中的参数与“挤出”修改器的“封口”栏作用相似。

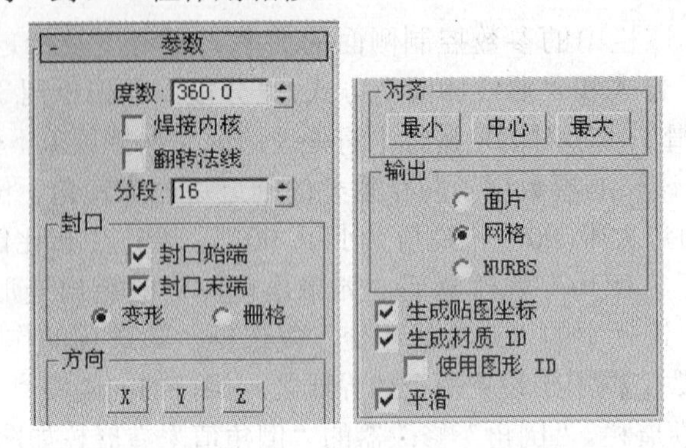


图 4-1-42　“车削”修改器的“参数”卷展栏

（6）“方向”栏：用于设置截面旋转轴的方向，有 X、Y、Z 3 个方向的旋转轴。单击 X、Y 或 Z 按钮，可以将截面分别绕 X、Y 或 Z 轴旋转。

（7）“对齐”栏：用于设置截面旋转轴的位置，有“最小”、“中心”和“最大”3 个位置。选择不同对齐方式的效果如图 4-1-43 所示。

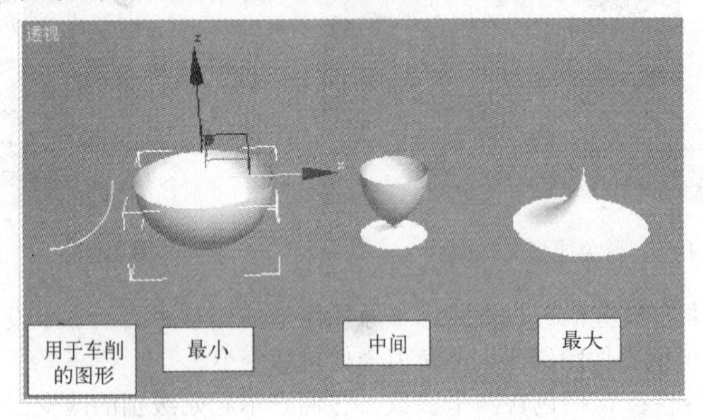


图 4-1-43　在对齐栏中选择不同对齐方式的效果

## 4.2　制作“桌子和茶杯”模型——通过编辑改变二维型

### 4.2.1　学习目标

◈ 熟练掌握将二维型对象转换为可编辑样条线的方法。
◈ 熟练掌握二维型子对象的种类。
◈ 掌握顶点子对象编辑中的“优化”、“融合”、“焊接”等操作方法。
◈ 掌握线段和样条线的初步编辑。

### 4.2.2　案例分析

在制作“桌子和茶杯”模型这个案例中，我们制作了一个矮桌子，在桌子上面放了茶壶和茶杯，完成后的效果如图 4-2-1 所示。仔细观察这个桌子的桌子腿，它是由一根钢管弯曲而成的，前面和侧面出现了连接。这个场景可以用于室内场景中的一角。通过本案例可以练习“线”二维型的创建和修改。

图 4-2-1　“桌子和茶杯”渲染效果图

### 4.2.3　操作过程

#### 1. 制作桌子模型

（1）打开本书配套光盘上“调用文件”\“第 4 章”文件夹中的“4-2 咖啡桌.max”文件。在这个场景中没有创建任何对象，但是已经编辑好了材质。

（2）单击（创建）→（图形）→“样条线”→“矩形”按钮，在视图创建一个矩形，设置这它的“长度”为 350，“宽度”900，“角半径”为 50，将其命名为“桌子腿”。

（3）选中刚创建的矩形图形，单击鼠标右键，在弹出的快捷菜单中单击“转换为”→“转换为可编辑样条线”菜单命令，就可将矩形转换成可编辑样条曲线。

（4）在“修改”命令面板中展开“线”堆栈，单击“线段”选项，进入对线段点子对象的编辑状态。在前视图中单击选中矩形下面的边和它两侧的圆角，如图 4-2-2 所示。然后按 Delete 键将选中的线段删除，再次在修改器堆栈中单击“线段”选项结束对子对象的编辑。

（5）在顶视图中再创建一个矩形，设置它的“长度”和“宽度”均为 900。

（6）在顶视图选中“桌子腿”移动到刚创建的矩形的一条边上，单击主工具栏中的按钮，向上拖动鼠标到一定距离后释放鼠标，弹出“克隆选项”对话框，使用默认参数，单击“确定”按钮，将其复制一份。

（7）在顶视图中将两个“桌子腿”对象移到新创建的矩形的上下边线处，这时透视视图中的效果如图 4-2-3 所示。这时两个“桌子腿”之间的距离为 900。

（8）选中边长为 900 的矩形，将其删除。再选中任意一个“桌子腿”，进入“修改”命令面板，在“几何体”卷展栏中单击“附加”按钮，然后将鼠标指针移到视图中另一个“桌子腿”对象上，当鼠标指针变为状态时单击，如图 4-2-4 所示。再次单击“附加”按钮，结束附加操作。

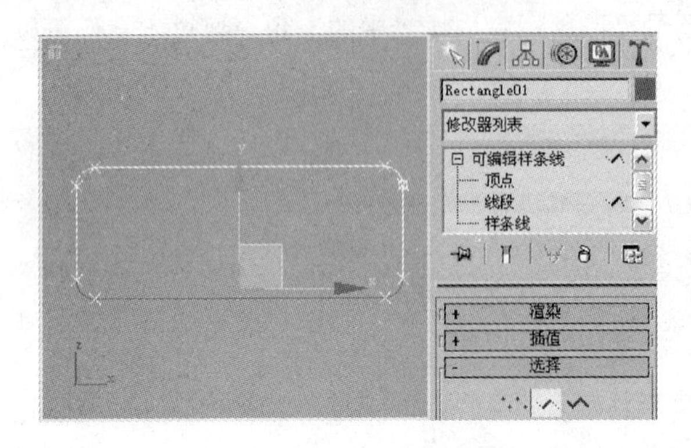


图 4-2-2　将选中的线段删除

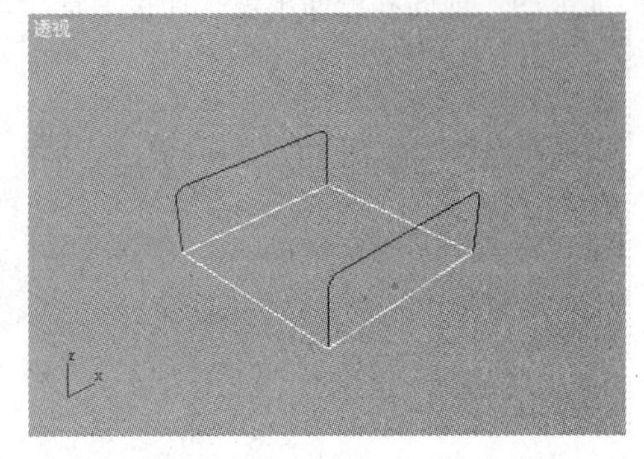


图 4-2-3　移动好两个“桌子腿”的位置

（9）单击主工具栏中的（捕捉形状）按钮，再在该按钮上单击鼠标右键，弹出“网格和捕捉设置”对话框，如图 4-2-5 所示。单击“清除全部”按钮，将所有的选择状态均取消，再选中“顶点”复选框，关闭该对话框。

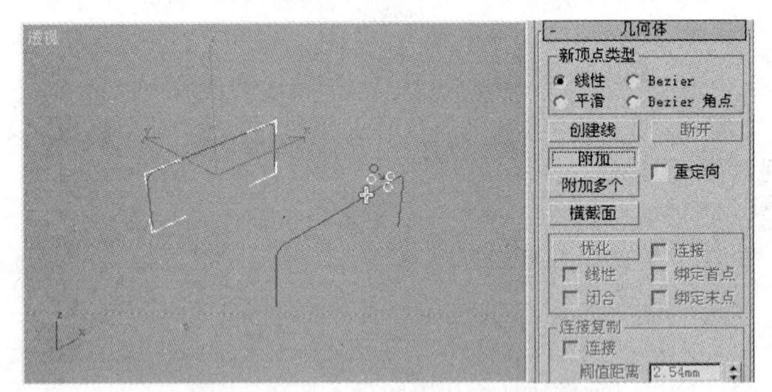


图 4-2-4　进行“附加”操作

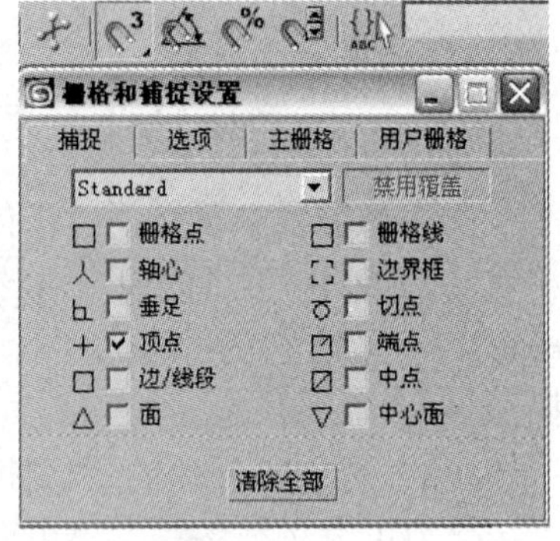


图 4-2-5　“栅格和捕捉设置”对话框

（10）在“几何体”卷展栏中单击“创建线”按钮（该按钮在“附加”按钮的上方，如图 4-2-4 所示）。

（11）将鼠标指针移到透视视图中一个“桌子腿”对象底部的端点上，待鼠标出现十字指针时单击该点，如图 4-2-6 所示。再将鼠标指针移到另一根线段的同侧点上单击，最后单击鼠标右键结束创建线，这样可以在原对象内补充画一条新的线，如图 4-2-6 所示。

（12）用同样的方法再补充另外两个端点之间的线，再次单击“创建线”按钮，结束创建线操作，这时已经基本形成一个架子的形状，如图 4-2-7 所示。单击主工具栏中的按钮结束鼠标指针的捕捉状态。

（13）在“选择”卷展栏中单击按钮，进入对顶点子对象的编辑状态，在透视视图中拖动鼠标选中如图 4-2-8 所示中圆形线框所标出的区域，可以将这个角上的两个顶点选中。

**提示：**这个角上的点放大以后可以看出是两个点，所以要拖动鼠标选中，而不能单击鼠标进行选择。

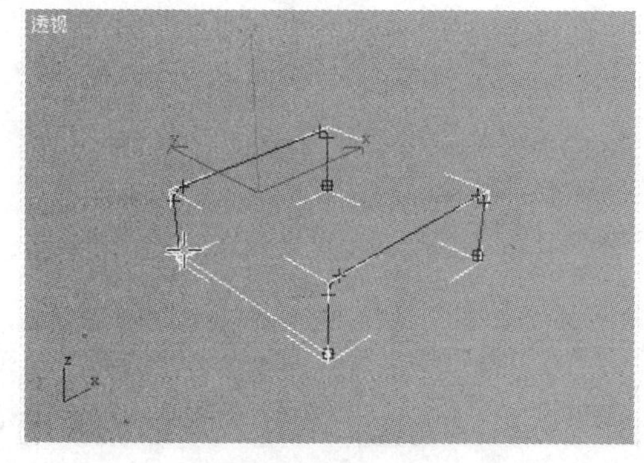


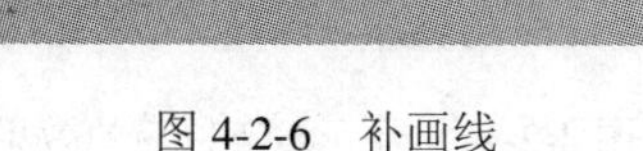

图 4-2-6　补画线

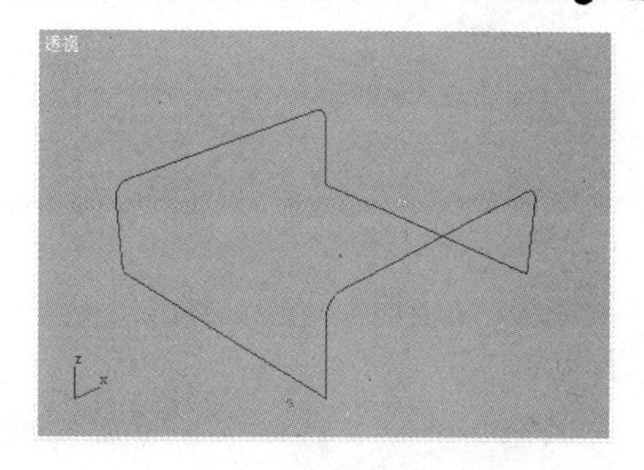


图 4-2-7　补画线完成以后的效果

（14）在命令面板中向上拖动“几何体”卷展栏，在“焊接”按钮右侧的数值框中输入 5，单击“熔合”按钮再单击“焊接”按钮，如图 4-2-9 所示，可以将两个点焊接成一个点。用同样的方法再将图 4-2-8 中矩形线框所标出几个区域的点分别进行焊接操作。

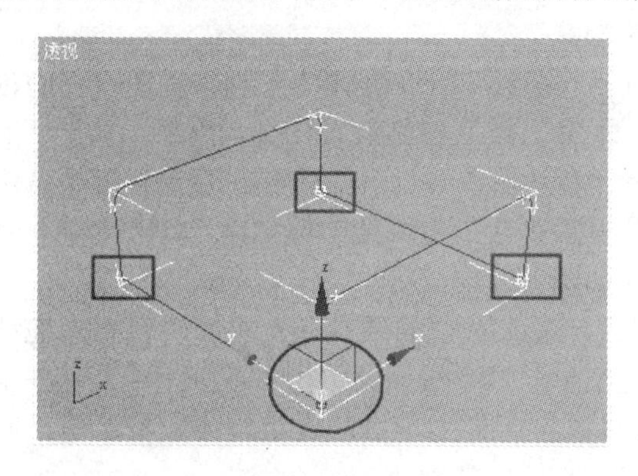


图 4-2-8　焊接点

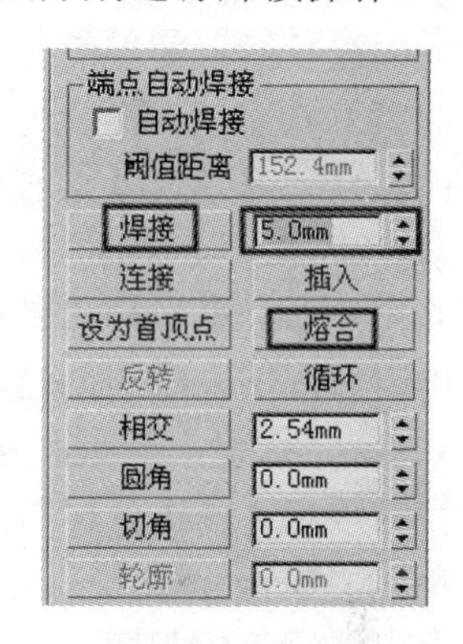


图 4-2-9　熔合并焊接

**注意：** 这两个顶点要尽量对称，而且离角上的点不能太远，距离是 50mm 左右，如果把握不好距离，可以先创建一个边是 50mm 的小矩形，将它移到这个角上，再以小矩形为标准来添加点。

（15）在透视视图中选中架子下面 3 个角上顶点中的一个，在“几何体”卷展栏中“圆角”按钮右侧的数值框中输入 50mm，如图 4-2-10 所示。这样可以将这个顶点从直角转换成圆角。

（16）重复上面的操作，将另外的 3 个角也修改成圆角。然后在“选择”卷展栏中单击按钮，结束对顶点子对象的编辑。

（17）在“渲染”卷展栏中，选中“可渲染”、“显示渲染网格”两个复选框，在“厚度”数值框中输入 15.0mm，这时场景中的效果如图 4-2-11 所示。

（18）单击（创建）→（几何体）→“扩展基本体”→“切角长方体”按钮，在顶视图中创建一个切角长方体，设置它的“长度”为 1100，“宽度”为 800，“高度”为 10，“圆角”为 5，将其命名为“桌子面”。然后在视图中将它移到“桌子腿”的上面。

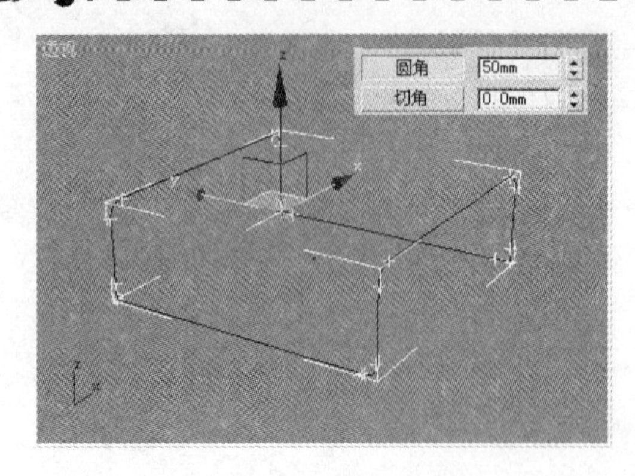


图 4-2-10 将顶点转换为圆角

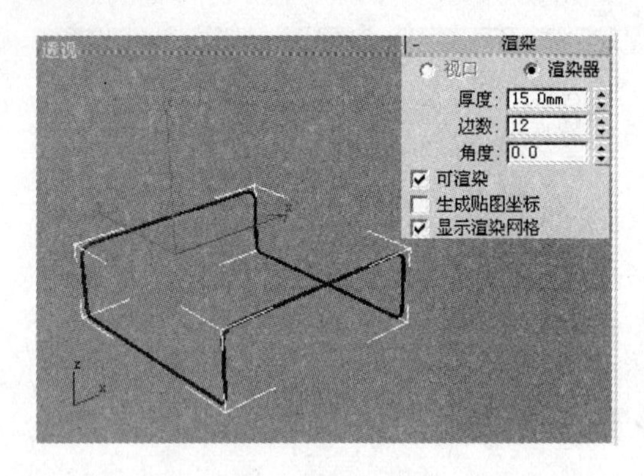


图 4-2-11 显示渲染以后的效果

## 2．制作茶杯模型

（1）取消对所有对象的选择，在视口空白处单击鼠标右键，在弹出的快捷菜单中单击“隐藏未选定对象”菜单命令，将所有对象隐藏。

（2）单击（创建）→（图形）→“样条线”→“矩形”按钮，在前视图中创建一个矩形，设置它的“长度”为 60，“宽度”为 30，然后将它最大化显示出来。

（3）单击（创建）→（图形）→“样条线”→“线”按钮，在前视图中单击鼠标创建线的第一点，水平移动鼠标到合适的位置后再单击形成线的第二点，如此重复，到最后一点时单击右键结束线的创建，所创建的线如图 4-2-12 所示。

（4）在“选择”卷展栏中单击按钮，进入对它的顶点子对象编辑状态。拖动鼠标选中所有的顶点，单击鼠标右键，弹出快捷菜单。这个快捷菜单由 4 部分组成，在左上角的菜单中单击“Beazer 角点”菜单命令，就可以将所有的顶点的类型转换成贝兹角，同时在各顶点上出现绿色控制柄。

（5）在视口中空白处单击取消所有选择，单击选中一个点，用鼠标拖动绿色控制柄，调整这个点曲线的形状，如图 4-2-13 所示。

（6）选中其他的顶点，继续调整。调整完成后的曲线形状如图 4-2-14 所示。选中图中标出的点，单击鼠标右键，在弹出的快捷菜单中选中“平滑”菜单命令，将顶点的类型转换成平滑的。

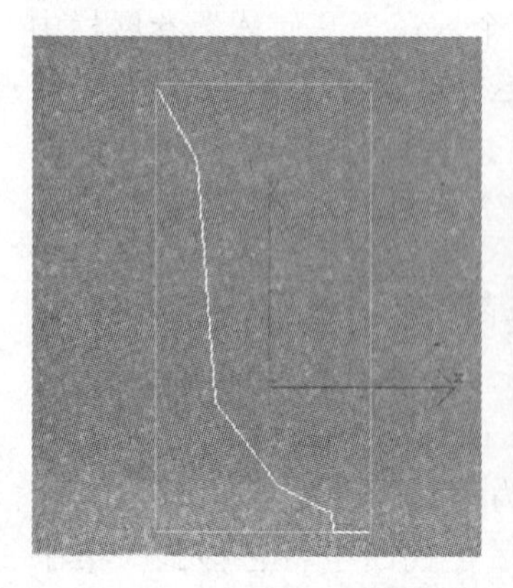

图 4-2-12 在前视图中创建线

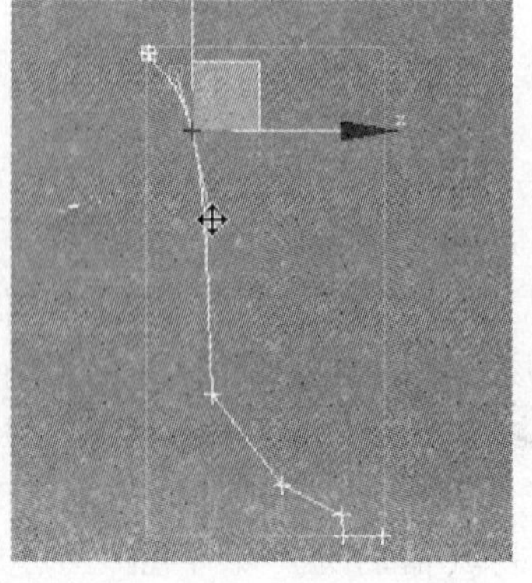

图 4-2-13 调整一个控制点的控制柄

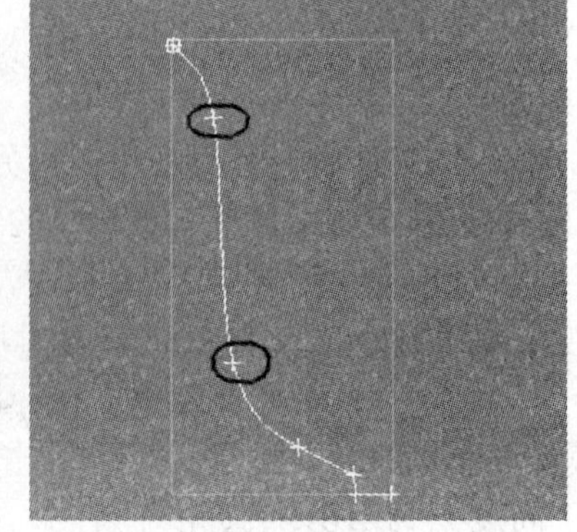

图 4-2-14 调整以后的曲线

**提示**：在对上面这些点进行调整时，有时会由于控制柄非常靠近一个轴，而使鼠标自动被约束到这个轴上，这时可以在将鼠标约束到 XY 轴上以后按 X 键，锁定这种约束，进行调整。调整完成以后再按 X 键，解除锁定。

（7）在“选择”卷展栏中单击按钮，进入对“样条线”子对象的编辑。选中图中的样条线，在“几何体”卷展栏中找到“轮廓”按钮，在它右侧的数值框中输入 2，按 Enter 键确认，这时的效果如图 4-2-15 所示。

（8）在“选择”卷展栏中单击按钮，进入对顶点子对象的编辑。选中轮廓线最上边的两组顶点，单击视口控制区的（所有视图最大化显示选定对象）按钮，将它们最大显示。然后调整顶点，使得作为杯子边缘的部分变薄，如图 4-2-16 所示。用同样的方法调整作为杯子底座外侧的顶点，也使它的边缘变薄，再次单击按钮，结束对顶点的编辑。这时单击视口控制区的（所有视图最大化显示）按钮，重新显示出整个曲线形状，再将矩形删除。

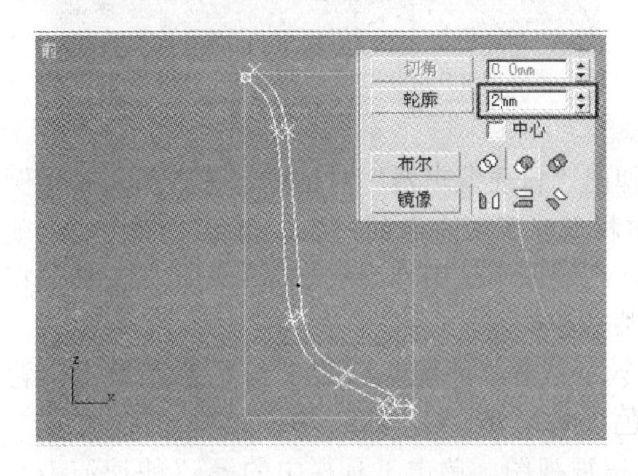


图 4-2-15　在“轮廓”按钮右侧的数值框中输入 2

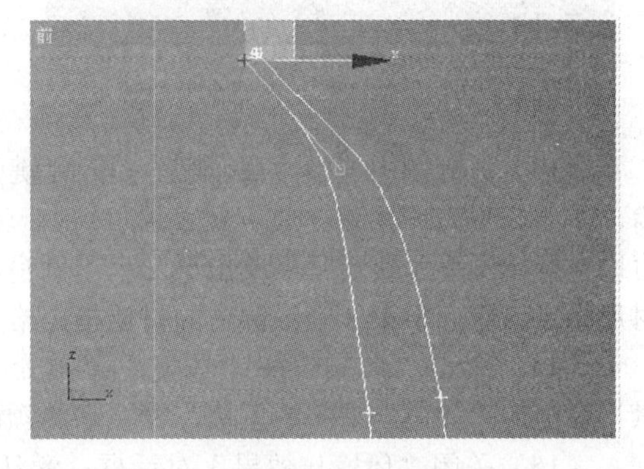


图 4-2-16　调整杯子边缘的顶点子对象

（9）单击（修改）→“修改器列表”（修改器列表）→“车削”修改器，这时的效果如图 4-2-17 所示，在它的“参数”卷展栏中，设置“分段”为 32，然后单击“对齐”栏中“最大”按钮，其余使用默认参数，这时的效果如图 4-2-18 所示，将其命名为“茶杯”。

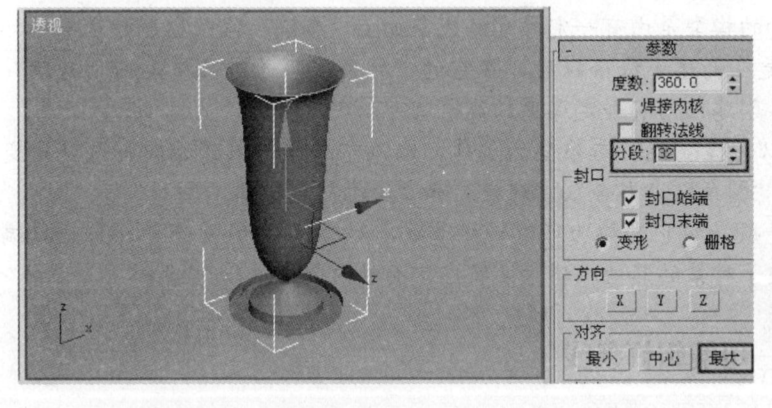

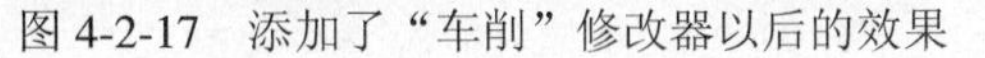

图 4-2-17　添加了“车削”修改器以后的效果　　图 4-2-18　茶杯的效果

（10）用创建“茶杯”的方法再创建一个名为“托盘”的小盘子，放在“茶杯”的下面，如图 4-2-19 所示。

（11）在视口空白处单击鼠标右键，在弹出的快捷菜单中单击“全部取消隐藏”菜单命令，然后将“茶杯”和“托盘”移到桌子的上面。

（12）单击（创建）→（几何体）→“标准基本体”→“茶壶”按钮，在顶视图中创建一个茶壶。将茶壶也移到桌子的上面调整好位置，如图 4-2-20 所示。

图 4-2-19 “茶杯”和“托盘”的效果

图 4-2-20 调整好所有对象的位置

（13）在视图中选中“桌子腿”，按 M 键弹出“材质编辑器”对话框，选中第 1 个示例窗，单击示例窗下水平工具栏中的按钮，将材质赋予所选中的对象，再单击按钮，就可以在视图中显示材质。再单击第 2 个示例窗，在视图中选中作为桌子面的切角长方体，将材质指定给它。将第 3 个示例窗的材质指定给茶杯和茶壶。

（14）单击“渲染”→“环境”菜单命令，弹出“环境与效果”对话框，单击“背景”栏中的“颜色”下面的色块，设置它的颜色（R：176、G：199、B：227）。

（15）关闭“环境与效果”对话框，激活透视视图，单击工具栏中的（快速渲染）按钮，弹出渲染窗口，对透视图进行着色渲染，效果如图 4-2-1 所示。

**【案例小结】**

在制作“桌子和茶杯”模型这个案例中，我们制作的桌子最特别的地方在于它的桌子腿，这个桌子腿是由一根钢管制成的，出现了从前面到侧面之间的连接，所以有时不得不工作在透视视图。茶杯和碟子的模型是由有一定厚度的线条加上“车削”修改器制作出来的，而具有一定厚度的线条则是在创建了线条以后，在它的“样条线”子对象中利用“轮廓”按钮进行扩边得到的，以后创建任何有一定厚度的线条都可以用这种方法。

通过本案例的学习可以掌握“线”二维型的创建，以及它的子对象的编辑，包括改变顶点类型、调整曲线形状、“圆角”、“融合”、“焊接”和“轮廓”等操作。

对二维型对象的编辑一般是将它转换为可编辑样条线，然后对它的 3 个子对象进行编辑来控制对象的形状，有关子对象的其他编辑方法将在下面的内容中进行介绍。

### 4.2.4 相关知识——可编辑样条线

#### 1．获得样条曲线的方法

在上一节创建的二维型对象中，除了线以外，其他全是由参数控制的，但这些参数对形状的控制有限。如果要获得更多的形状，这时就可以将二维型对象转换为可编辑样条线。再对图形对象进行编辑。将二维型转换为样条曲线的方法常用的有两种。

（1）使用快捷菜单：这种获得样条线的方法是在当前视图中已选择的二维型上单击鼠标右键，弹出对象特性快捷菜单，再在该快捷菜单中单击“转换为”→“转换为可编辑样条线”菜单命令。

（2）使用编辑修改器：这种方法是选中了二维型对象以后，在命令面板单击（修改）→“修改器列表”→“编辑样条线”修改器。

以上两种方法所获得的样条线的编辑功能基本相同，不同之处是，使用第一种方法所得到的样条线，其原始二维型的创建参数将不存在。

### 2. 选择二维型对象的子对象

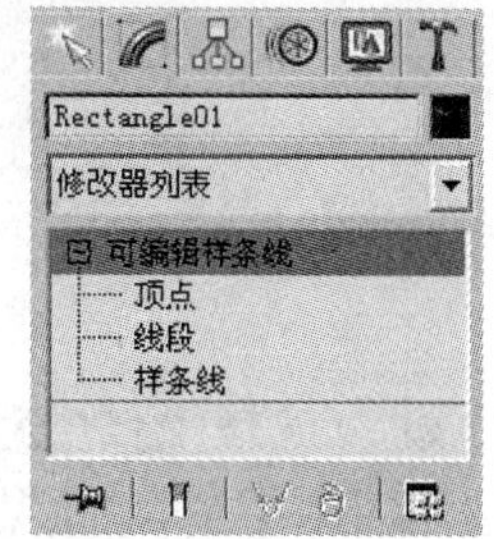

图 4-2-21　样条线的子对象

（1）直接选择二维型对象的子对象。将二维型对象转换为可编辑的样条曲线后，在“修改”命令面板的修改器堆栈中，单击对象名称前面的“＋”按钮，将对象的堆栈展开，出现它的子对象，可以看到二维型对象的子对象有 3 种，即“顶点”、“线段”和“样条线”，单击任何一个子对象，都可以在这个层级工作，如图 4-2-21 所示。在“修改”命令面板的“选择”卷展栏中，有 3 个按钮，分别是（顶点）、（线段）和（样条）按钮，它们与堆栈中的子对象是一一对应的，当单击任何一个子对象时，这里的按钮也随着按下。当选择了一种子对象类型后，在样条曲线上就可以选择要编辑的子对象，如图 4-2-22 所示，是在视图中选择样条线的 3 种子对象。

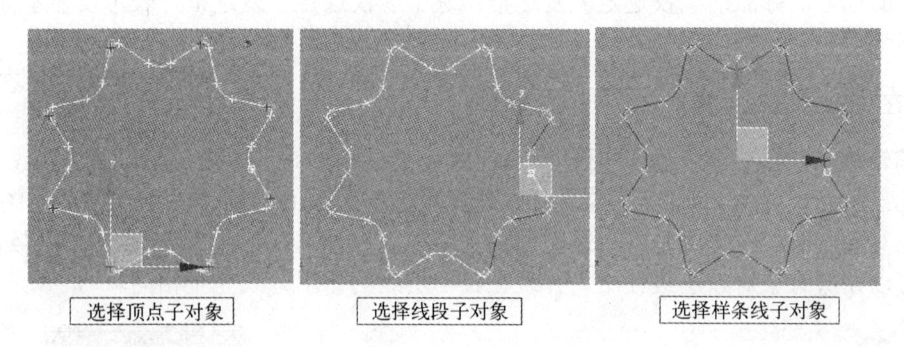

图 4-2-22　选择子对象

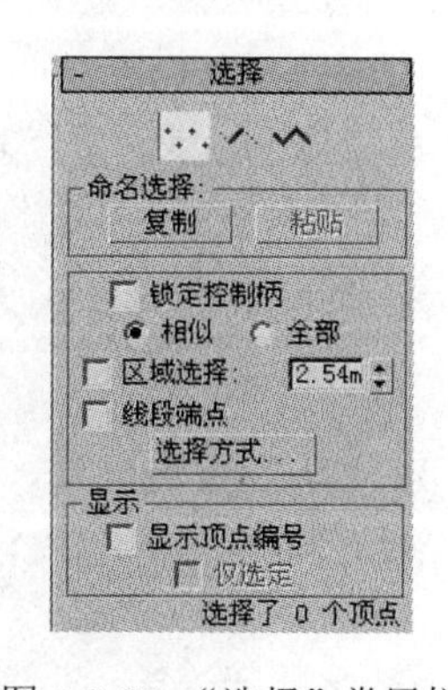

图 4-2-23　“选择”卷展栏

（2）其他选择方式。可编辑样条线的“选择”卷展栏如图 4-2-23 所示，可以看到其中除了前面提到的选择按钮以外，还有其他一些复选框和按钮，它们提供了不同的选择方式。

◈ “锁定控制柄”复选框：用于控制各顶点控制柄的方式。选中该复选框，可以同时调整所选择的各个顶点的控制柄。在该复选框的下方有两个单选按钮，如果选中“相似”单选按钮，则在选择多个顶点并锁定各顶点的控制柄后，当调节某一个接点的控制柄时，各顶点的同类控制柄都将产生影响。如果选中“全部”单选按钮，则选择多个顶点并锁定了各顶点的控制柄后，当调节某一个接点的控制柄时，各顶点的全部控制柄都产生影响。选中“锁定控制柄”复选框和它下面的“相似”单选按钮后，对顶点控制的效果如图 4-2-24 所示。

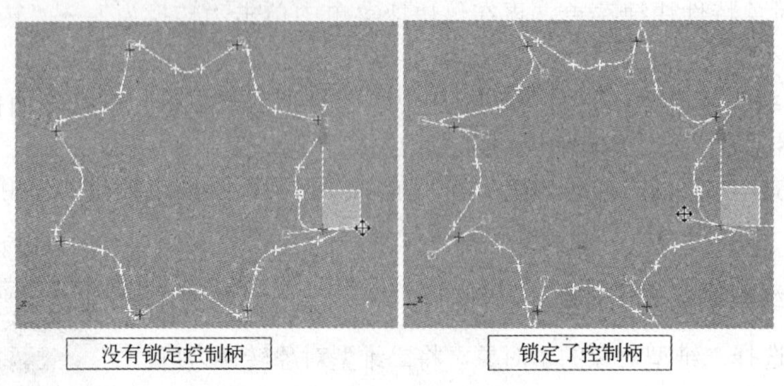


图 4-2-24 锁定控制柄的作用

◈ “区域选择”复选框：选中该复选框，在它后面的数值框中输入区域所影响的范围，这时单击某一顶点时，在该区域范围内的所有顶点均被选中。

◈ “线段端点”复选框：通过单击线段选择顶点，在顶点子对象中，启用该复选框，可以选择接近要选择的顶点的线段。

◈ “选择方式”按钮：单击该按钮弹出“选择方式”对话框，从中选择设置顶点的选择方式是线段还是样条线。

◈ “显示”栏：设置顶点的显示方式。选中“显示顶点编号”复选框，将在顶点旁显示出顶点的标号，并激活“仅选定”复选框；选中“仅选定”复选框，表示仅显示被选中顶点的标号。显示出顶点编号的效果如图 4-2-25 所示。

### 3. 在对象层进行编辑

可编辑样条线的编辑工作主要在“几何体”卷展栏中进行。在选中二维型后，如果不进入它的子对象，则可以对整个二维型体进行编辑，这时的“几何体”卷展栏如图 4-2-26 所示。在对象层的工作一般是为二维型体加入新的子对象。在可编辑样条线对象层级可用的功能也可以在所有子对象层级使用，并且在各个层级的作用方式完全相同。

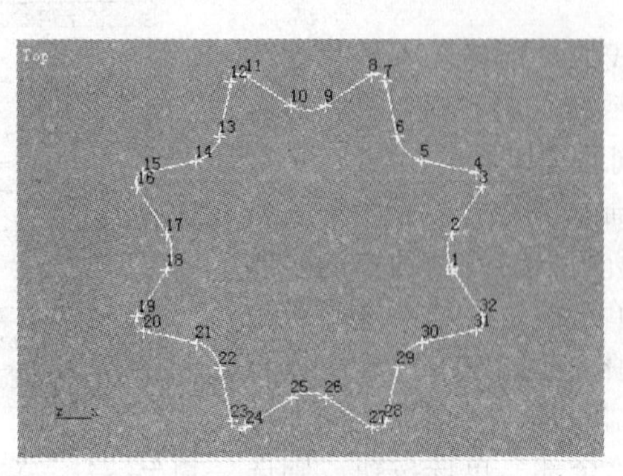

图 4-2-25 显示了顶点的编号

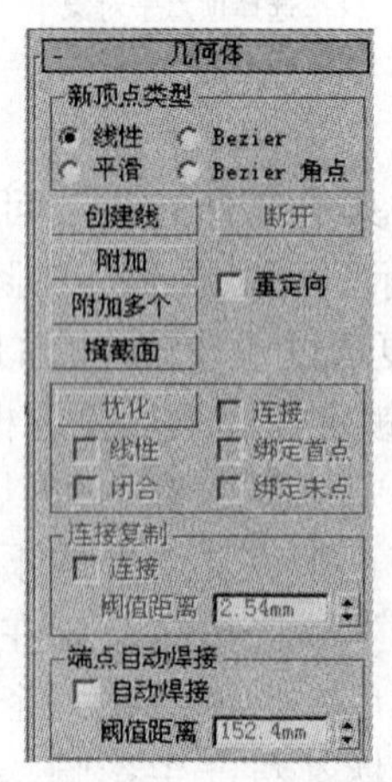


图 4-2-26 在对象层可用的“几何体”卷展栏

（1）“创建线”按钮：单击该按钮后，将鼠标移到视图中开始绘制线，可以将所绘制的样条线添加到所选样条线上。这时所创建的任何样条曲线都被认为是所选择对象的一部分。单击右键退出线的创建。

（2）“附加”按钮：单击该按钮可以将场景中的其他样条线附加到所选样条线上。具体操作方法是在选中源对象后，单击“附加”按钮，将鼠标指针移到视图中要附加的曲线上。当鼠标指针变为状态时，单击要附加到当前选定的样条线对象的对象，就可以将两个对象合并，合并后，被附加的对象成为源对象的子对象，如图 4-2-27 所示。这个按钮的使用率很高，因为很多针对二维型的操作都要求是针对一个对象进行的。

（3）“附加多个”按钮：单击此按钮可以显示“附加多个”对话框，如图 4-2-28 所示，该对话框包含场景中的所有其他形状的列表。选择要附加到当前可编辑样条线的形状，然后单击“附加”按钮。

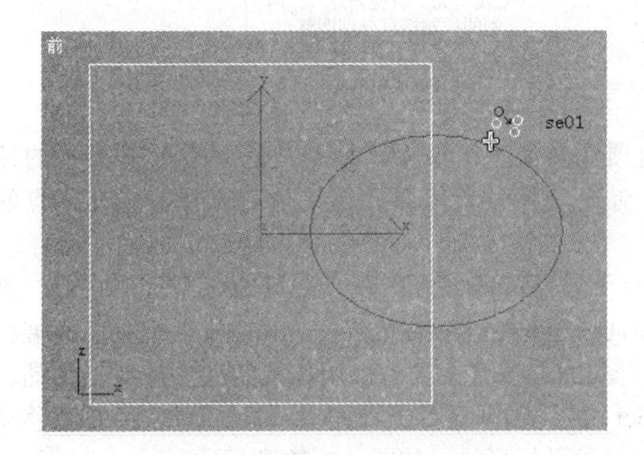


图 4-2-27　单击要合并的对象

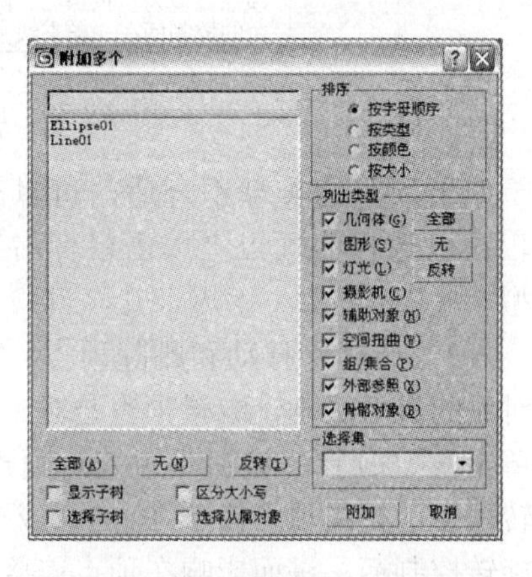


图 4-2-28　“附加多个”对话框

### 4．对“顶点”子对象进行编辑

（1）顶点的类型。在 Max 中，顶点有“平滑”、“角点”、“Bezier”（贝兹）和“Bezier 角点”（贝兹角点）4 种类型。

◈ “平滑”顶点：创建平滑连续曲线的不可调整的顶点。

◈ “角点”顶点：创建锐角转角的不可调整的顶点，这两种角的特点如图 4-2-29 所示。

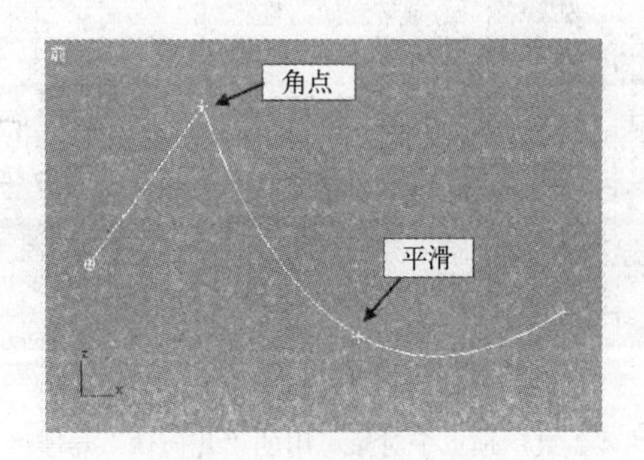


图 4-2-29　角点与平滑两种顶点类型

◈ “Bezier”顶点：这种类型的顶点两侧的控制柄为不可分的一条直线，用于创建平滑曲线。

◈ “Bezier 角点”顶点：这种类型的顶点两侧是两个独立的切线控制柄的不可调整的顶点，用于创建锐角转角。这两种角的特点如图 4-2-30 所示。

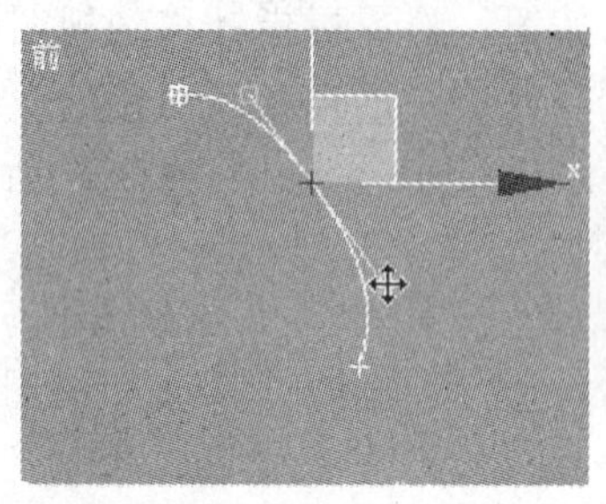


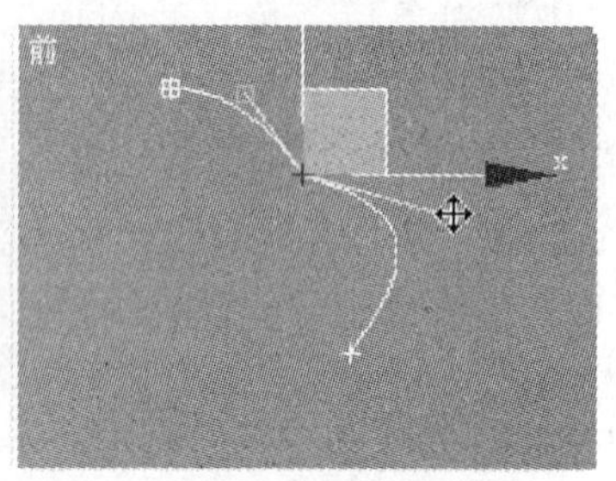


顶点类型为“贝兹”，两侧的控制柄在一条直线上

顶点类型为“贝兹角点”，两侧的控制柄可分别调整

图 4-2-30　Bezier 与 Bezier 角点两种顶点类型

如果顶点的类型不合适，可以改变顶点的类型。改变方法是：选中要改变类型的顶点，在已选择的顶点上单击鼠标右键，弹出快捷菜单，再在该快捷菜单中，选择顶点的类型。

（2）选择、移动和删除顶点。“顶点”是指样条曲线中任一线段的一个点，它是二维型对象的最低级别，编辑顶点是对二维型曲线进行完全控制的唯一方法。在“选择”卷展栏中单击 （顶点）按钮，进入对顶点子对象的编辑状态。可以用标准的方法选择、移动、旋转顶点。如果顶点属于 Bezier 或 Bezier 角点类型，除了移动和旋转顶点外，还可以移动和旋转控制柄，进而影响在顶点连接的任何线段的形状，如图 4-2-30 所示。

（3）对顶点的编辑。利用“几何体”卷展栏中提供的命令按钮，可以在曲线中插入、连接顶点，或对曲线中的顶点进行圆弧或倒角过渡等操作。在顶点模式下，“几何体”卷展栏提供了可以使用的多个命令按钮，如图 4-2-31 所示。除了上面介绍的在对象层上工作时所用的按钮外，下面介绍在顶点模式下使用的一些主要按钮的编辑功能。

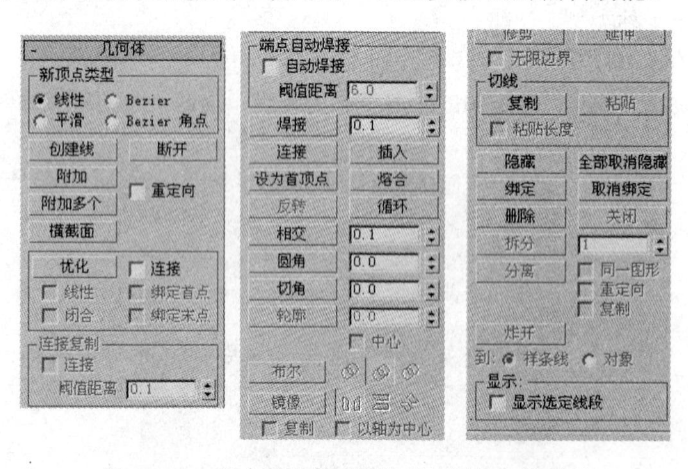


图 4-2-31　顶点子对象可用的“几何体”卷展栏

◈ “优化”按钮：用于在曲线上增加顶点，但不改变曲线的形状。在进入了顶点子对

象的工作层级后，单击“优化”按钮，将鼠标指针移到视图中已经选择的对象上时，鼠标指针变为状态时，单击可以增加一个顶点。

◈ “焊接”按钮：将同一曲线中的两个顶点或相邻的顶点移到距离小于“焊接”数值框中设置的数值范围内，并选中靠近的这两个顶点，单击该按钮可以将这两个顶点合并为一个顶点。焊接是一个很有用的按钮，因为在 Max 中，很多情况都要求曲线闭合没有断点，但在制作二维型对象时，为了对称或其他原因，经常制作的是有断点的曲线，如图 4-2-32 所示是给两个图形添加“挤出”修改器的效果。它们之间的区别仅是左侧对象的二维图形中有断点，而右侧对象的二维图形中没有断点。

图 4-2-32　不闭合的曲线和闭合曲线挤出的效果对比

◈ “设为首顶点”按钮：用于将选中的一个顶点定义为第一个顶点。线上的第一个顶点有特殊重要性。例如，线在作为放样路径时，首顶点决定路径的开始；制作路径动画时，它又是第一个位置关键点。

### 5. 对“线段”子对象进行编辑

“线段”是指样条曲线中两顶点之间的一段曲线，在可编辑样条线的线段层级，可以选择一条或多条线段，并使用标准方法移动、旋转、缩放或克隆它们。

“线段”子对象是二维型的子对象的中间级别，可使用的工具比较少，许多编辑命令只是使工作更方便。可以用标准的选择、移动和旋转方法对所选中的子对象进行调整。如果不再需要所选择的线段，可以按 Delete 键将其删除。

“线段”子对象的“几何体”卷展栏提供的命令按钮与“顶点”子对象的基本相同，对选定的线段进行操作时，顶点子对象的某些命令按钮不能再使用，但是所有在对象层级能使用的按钮，现在仍然可以使用，而且根据线段的特性又提供了线段子对象可以使用的另外一些命令按钮。因为这些按钮使用得比较少，所以这里不再详细介绍。

### 6. 对“样条线”子对象进行编辑

“样条线”是指样条曲线中由多个线段构成的曲线，是二维型的子对象的最高级别。对样条曲线的编辑看起来与编辑对象一样，但实质上是不一样的，所有子对象编辑只作用于对象空间，对对象的局部坐标或对象的变换没有影响。

（1）选择、移动和删除样条线。在“选择”卷展栏中单击按钮或按数字 3 键，进入

“样条线”子对象的编辑状态。可以用标准的选择、移动和旋转方法对所选中的子对象进行调整，如果不再需要所选择的样条线，可以按 Delete 键将其删除。

（2）对样条曲线的编辑。进入了对“样条线”子对象的编辑状态后，“几何体”卷展栏如图 4-2-33 所示。从图中可以看出，对选定的“样条线”进行操作时，顶点及线段子对象下的某些命令按钮不能再使用，根据“样条线”的特性又提供了样条模式下可以使用的另外一些命令按钮。下面介绍在样条模式下使用的一些主要按钮的编辑功能。

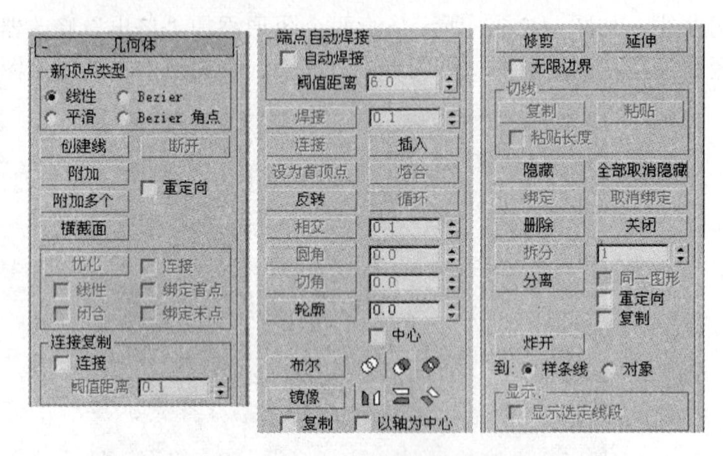


图 4-2-33 在样条线子对象可用的“几何体”卷展栏

◈ “轮廓”按钮：在选中了样条线后，在“轮廓”按钮右侧的数值框中输入数据，按 Enter 键或单击该按钮，都可以将选择的样条进行偏移复制，生成轮廓样条曲线，如图 4-2-34 所示。如果样条线是开口的，生成的样条线及其轮廓将生成一个闭合的样条线。

◈ “布尔”按钮：用于将性质完全相同的两个闭合样条进行布尔运算。在“布尔”按钮右侧有（并集）、（差集）和（交集）3 个按钮，用于选择布尔运算的方式。单击按钮，表示将两个样条合并为一个样条，将重叠的部分移去；单击按钮，表示从第一个样条中减去另一个样条；单击按钮，表示保留两个样条中重叠的部分。二维型的布尔运算只能在一个对象的样条线中进行，如果有多个对象要进行布尔运算，要将它们先结合成一个对象，然后再进行布尔运算。

进行布尔运算的步骤是先选中要进行布尔运算的可编辑样条线，进入对“样条线”子对象的编辑状态，选中原对象，如图 4-2-35 所示中的矩形，在“布尔”按钮右侧选择一个需要的运算方式，最后将鼠标指针移到要运算的另一个对象上单击，可以完成这个操作。

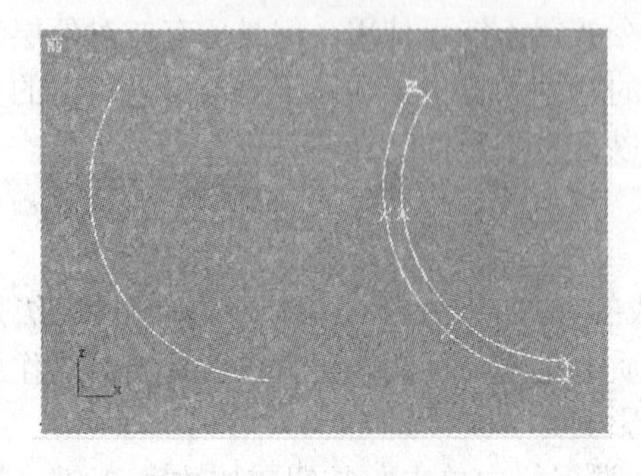

图 4-2-34 产生轮廓

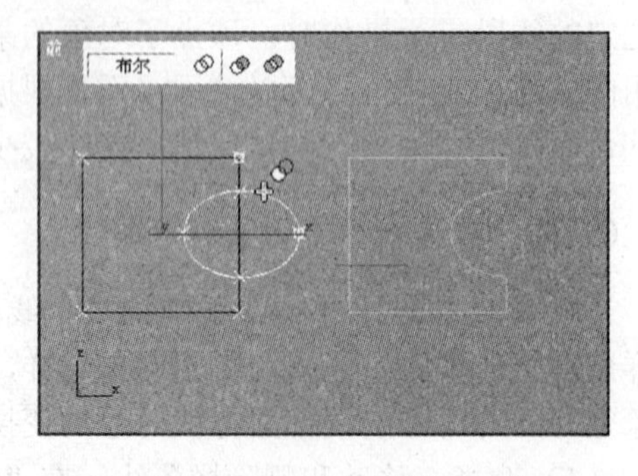


图 4-2-35 布尔运算的对象

## 4.3　上机实战——蝴蝶

本例要制作一个蝴蝶的模型，效果如图 4-3-1 所示。制作完这个模型后请注意保存，因为在后面章节中还要制作它的动画。制作本例的操作步骤如下。

图 4-3-1　“蝴蝶”渲染效果图

（1）打开本书配套光盘上“调用文件”\“第 4 章”文件夹中的“4-3 蝴蝶.max”文件。

（2）激活顶视图，单击“视图”→“视口背景”菜单命令，弹出“视口背景”对话框，如图 4-3-2 所示。单击“文件”按钮，弹出“选择背景图像”对话框，如图 4-3-3 所示，从中选中选择“蝴蝶翅膀”文件，单击“打开”按钮，关闭该对话框，回到“视口背景”对话框中，再关闭该对话框。

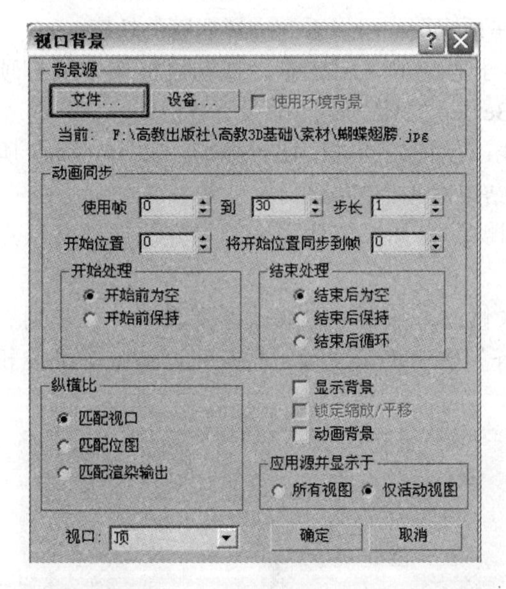


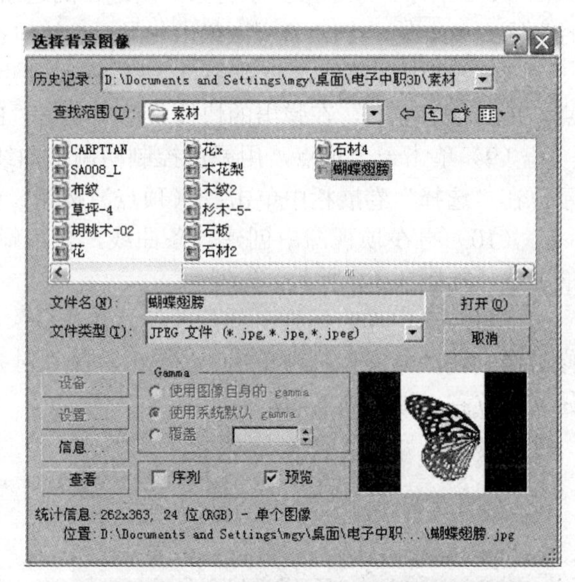


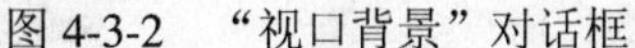

图 4-3-2　“视口背景”对话框　　　　图 4-3-3　“选择背景图像”对话框

（3）这时在顶视图中显示出一个蝴蝶翅膀的图像，但是明显这个翅膀被压缩了，这时调整视口布局，使得蝴蝶的翅膀显示比较正常，如图 4-3-4 所示。

（4）在顶视图中创建一个矩形，设置它的“长度”为 50，“宽度”为 30（这大概是一只大蝴蝶翅膀的大小）。单击视口控制区的按钮，将矩形最大化显示出来，这时的顶视图如图 4-3-5 所示。

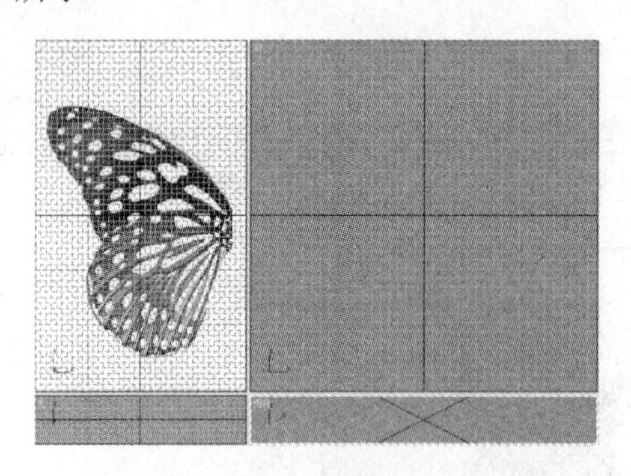

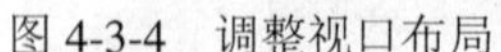

图 4-3-4 调整视口布局

图 4-3-5 顶视图中的矩形与蝴蝶翅膀相差不多

从图中可以看出这时的矩形已经与蝴蝶的翅膀相差不多，这样下面所制作出的翅膀就不会太大。

（5）单击（创建）→（图形）→“样条线”→“线”按钮，在顶视图中沿蝴蝶翅膀的边缘创建一条线，当最后一个顶点与起始点复合时，弹出“样条线”对话框，单击“是”按钮，闭合曲线并结束线的创建。

（6）将鼠标指针移到 4 个视图交界处单击鼠标右键，在弹出的菜单中单击“重置布局”菜单命令，可以回到默认的视口布局状态。

（7）激活顶视图，单击“视图”→“视口背景”菜单命令，弹出“视口背景”对话框，如图 4-3-2 所示，取消“显示背景”复选框的选取，这时视口中不再显示蝴蝶的翅膀。在视口控制区中单击按钮，将视图最大化显示，这时在顶视图中可以看到蝴蝶翅膀的轮廓。

（8）选中样条线，按数字 1 键进入对顶点子对象的编辑状态，拖动鼠标选中所有顶点，单击鼠标右键，在弹出的快捷菜单中单击“Bezier 角点”菜单命令。

（9）单击一个顶点，用绿色控制柄调整曲线，使得翅膀曲线比较光滑，如图 4-3-6 所示。在“选择”卷展栏中单击（顶点）按钮，结束对顶点的编辑。

（10）再在顶视图中创建一条曲线，作为蝴蝶的身体，用前面介绍的方法调整各顶点的曲线，如图 4-3-6 所示。

（11）选中作为蝴蝶身体的曲线，单击（修改）按钮→“修改器列表”→“车削”修改器，在“方向”栏中单击 Y 按钮，在“对齐”栏中单击“最大”按钮，调整好身体和翅膀的位置，如图 4-3-7 所示。

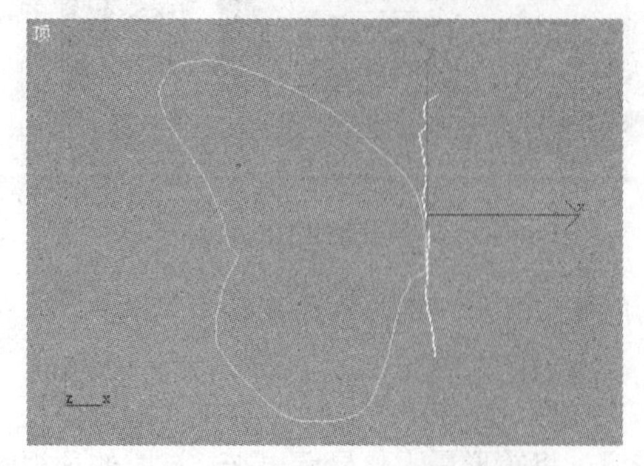


图 4-3-6 蝴蝶翅膀和身体的曲线

图 4-3-7 蝴蝶翅膀和身体的模型

（12）选中作为蝴蝶翅膀的曲线，单击鼠标右键，在弹出的快捷菜单中单击“转换为”→“转换为可编辑网格”菜单命令，再将它镜像复制一个出来，调整好位置，如图 4-3-7 所示。

（13）单击（创建）→（图形）→“样条线”→“线”按钮，在“创建方法”卷展栏中选中两个“平滑”按钮，在顶视图中创建一条线作为蝴蝶触须。然后进入对顶点子对象的编辑状态，在左视图中向上移动前面的两个点，如图 4-3-8 所示。调整好后结束对子对象的编辑。在“渲染”卷展栏中选中“可渲染”和“显示渲染网格”复选框，设置“厚度”为 0.5。

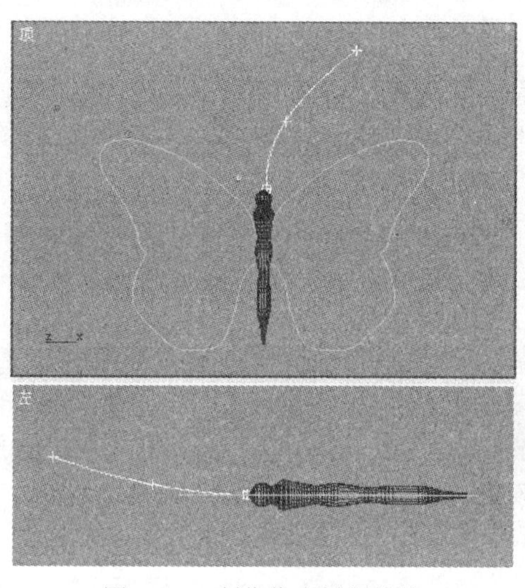

图 4-3-8　制作作为触须的线

（14）在顶视图中再创建一个球体，设置它的“半径”为 1。在视图中将它移动到触须的最前面。选中作为触须的线和小球，将它们以“触须”为名组成组。

（15）将“触须”镜像复制一个，调整好它们的位置，如图 4-3-9 所示。

（16）在前视图中创建 3 小段线，均设置成可渲染，“厚度”分别为 0.5，0.3 和 0.1，调整好它们的位置，然后将它们以“爪子”为名组成组。将对象的颜色设置为“黑色”。

（17）将“爪子”在前视图中镜像复制一个，形成一对爪子，再在左视图中将这一对爪子复制两对，形成三对爪子，调整好位置，如图 4-3-9 所示。

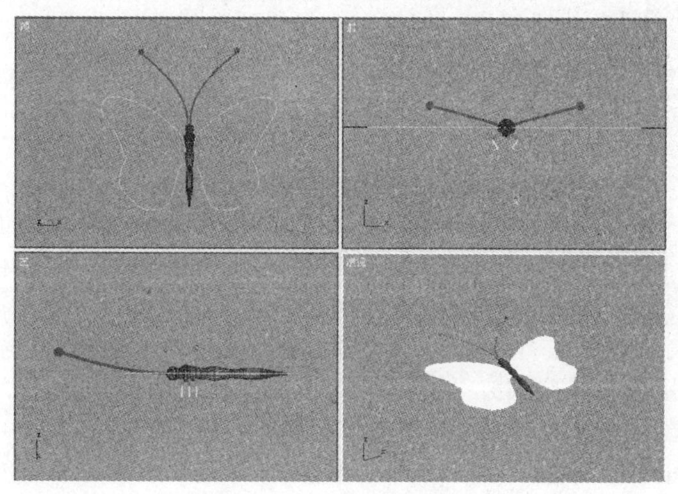

图 4-3-9　完成的蝴蝶模型

（18）按 M 键弹出“材质编辑器”对话框，将这个对话框中的材质分别指定给相应的对象。单击“渲染”→“环境”菜单命令，弹出“环境与效果”对话框，单击“背景”栏中的“颜色”下面的色块，设置它的颜色（R：203、G：232、B：218）。

对透视图进行渲染，效果如图 4-3-1 所示。

## 本章小结

本章通过 3 个案例介绍了二维型对象的创建和编辑。

在 Max 中可以直接创建的二维型对象有 11 个，除了“螺旋线”在三维空间外其他对象都在二维空间中。利用创建二维型对象的命令按钮可以直接创建很多形状的对象，但如果要创建更多的其他形状的图形，则可以将二维型对象转换为可编辑样条线，然后对它进行编辑。

与可编辑网格对象相同，可编辑样条线也是通过控制子对象来改变对象的形状的，可编辑样条线的子对象有 3 个，它们是顶点、线段和样条线。

二维型对象除了直接渲染、用于动画的路径、放样的路径和截面等方面外，还可以通过添加修改器直接改变成立体模型。常用于二维型对象的修改器包括“挤出”、“倒角”和“车削”等。其中“挤出”修改器用于将二维图形挤出成为三维立体模型，“倒角”修改器将图形挤出为三维对象并在边缘应用平或圆的倒角，而“车削”修改器用于将二维图形旋转成为三维立体模型。

## 习题 4

1．填空题

（1）利用“线”命令绘制二维型时，按_______键可以创建与前一点水平或垂直的点。

（2）所有的二维型中，只有一种能存在于三维空间，它是_______。

（3）“线”的子对象有_______、_______和_______3 个。

（4）在对一个样条线对象进行编辑时，如果要在样条线上添加一个顶点，应进入_______子对象的编辑状态，然后单击_______按钮，再在需要的位置单击。

（5）如果要将一个二维图形旋转成为三维立体模型，应使用_______修改器。

2．简答题

（1）默认状态下二维图形对象不可渲染，要让二维图形可渲染，应如何操作？

（2）在创建了一个星形以后，需要再创建一个圆，如果需要这个圆和星形组成一个对象，应如何操作？

（3）在为文字对象添加“倒角”修改器时，发现文字表面被撕裂，这时应如何操作？

（4）如果在用二维图形挤出三维对象时，发现没有始端和末端封口，而检查参数设置时又发现这两个选项全部被选中，则这时问题的原因可能是什么？

（5）简述可编辑样条线的“样条线”子对象中“轮廓”按钮的作用。

### 3. 操作题

（1）仿照本章制作“春挂件”的方法制作一幅立方体文字的图片，如图1所示。

（2）用本章所学过的方法制作一个酒杯模型，如图2所示。

图1　立体文字

图2　酒杯

# 第5章　复合对象建模

在本书前面的章节中我们已经介绍了多种建模的方法，其中包括直接用三维对象建模、使用编辑修改器、用二维图形建模等。在 Max 中还有一种建模方式，就是复合对象建模。复合对象建模一般都是使用两个或两个以上的对象来形成一个三维模型。

## 5.1　制作“工作灯”模型——在建模中使用“布尔”操作

### 5.1.1　学习目标

◈ 了解布尔运算的概念。
◈ 掌握创建布尔运算对象的方法。
◈ 理解布尔运算对象的主要参数设置。

### 5.1.2　案例分析

在制作“工作灯”模型这个案例中，制作了一盏学习、工作时使用的台灯，渲染后的效果如图 5-1-1 所示。由这盏灯的用途所决定，它的造型应简洁美观。这个对象可以用于表现工作环境的办公室、书房等场景，或用于制作广告宣传的效果图制作。通过本案例的学习可以练习有关布尔操作的应用。

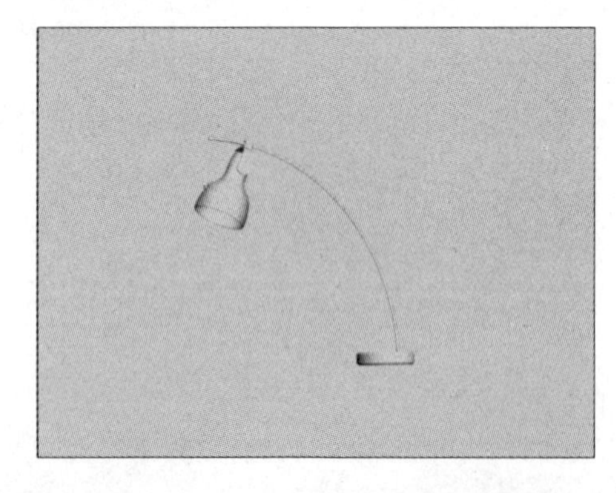

图 5-1-1　“工作灯”渲染效果图

### 5.1.3　操作过程

#### 1. 制作“灯罩”

（1）打开本书配套光盘上“调用文件”\“第 5 章”文件夹中的“5-1 工作灯.max”文件。

（2）在前视图中创建一个长度为 180，宽度为 60 的矩形，然后再在前视图中创建一条线，最后将矩形删除，如图 5-1-2 所示。

（3）在“选择”卷展栏中单击按钮，进入对它的顶点子对象编辑状态。拖动鼠标选中所有的顶点，单击鼠标右键，在弹出的快捷菜单中单击“Beazer 角点”菜单命令，就可以将所有的顶点的类型转换成贝兹角，同时在各顶点上出现绿色控制柄。

（4）在视口中空白处单击取消所有选择，再单击选中一个点，用鼠标拖动绿色控制柄，调整这个点曲线的形状，调整完成的曲线形状如图 5-1-3 所示。依次选中除两个端点以外的其他顶点，单击鼠标右键，在弹出的快捷菜单中选中“平滑”菜单命令，将顶点的类型转换成平滑的。

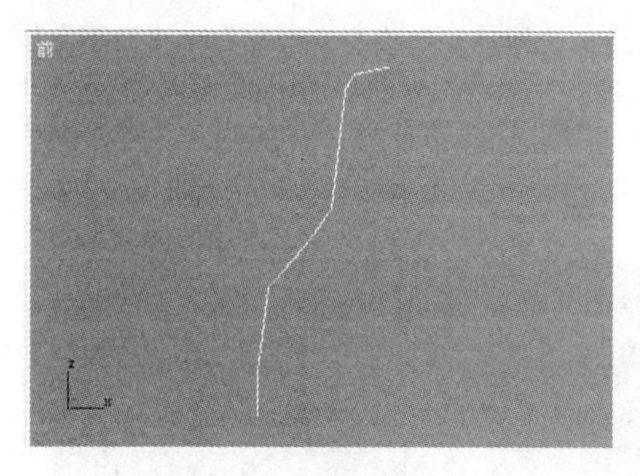

图 5-1-2　在前视图中创建的线

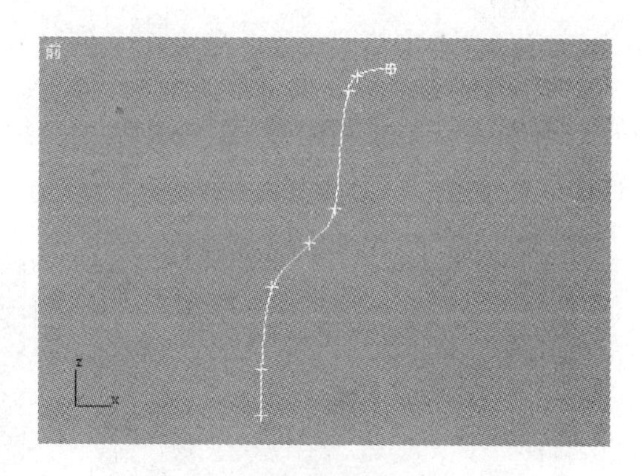

图 5-1-3　线调整好以后的形状

**注意**：这部分要一个点一个点地转换，如果在转换过程中出现问题，请撤销操作，再重新调整绿色控制柄。

（5）在“选择”卷展栏中单击（样条线）按钮，进入对“样条线”子对象的编辑状态，向上拖动参数面板，在“几何体”卷展栏中找到“轮廓”按钮，在它右侧的数值框中输入 2，按 Enter 键确认，形成线的轮廓。再次单击（样条线）按钮，结束对样条线子对象的编辑状态。

（6）选中形成轮廓的线条，单击（修改）→“修改器列表”→“车削”修改器，在“对齐”栏中单击“最大”按钮，形成灯罩部分，这时的效果如图 5-1-4 所示。

（7）在前视图中创建一根圆柱体，设置它的“半径”为 2，“长度”在 100 左右。移动它的位置，使它能在各个方向上都能穿过灯罩，并且在 X 和 Y 轴上都能对齐到灯罩的中心，如图 5-1-5 所示。

**注意**：这根圆柱体的长度可以不是 100，但它的长度一定要能够穿透灯罩的上部。

图 5-1-4 添加了“车削”修改器以后的效果

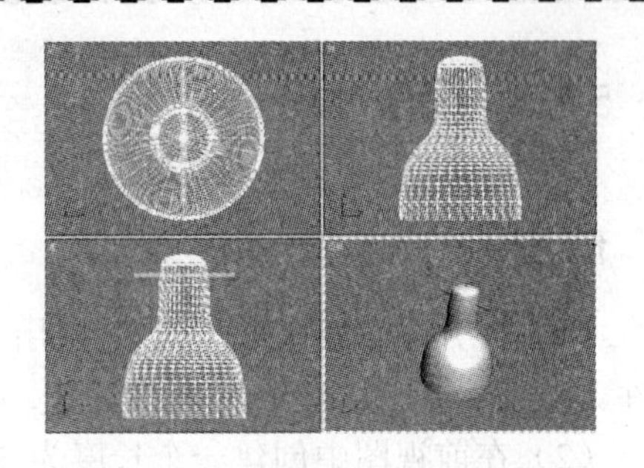

图 5-1-5 调整好圆柱体的位置

（8）选中圆柱体对象，单击（层次）按钮，进入“层次”命令面板，在“调整轴”卷展栏中单击“仅影响轴”按钮，然后在顶视图中将圆柱体的轴心调整到灯罩的中心位置，如图 5-1-6 所示。再次单击“仅影响轴”按钮，结束对轴的编辑。

（9）选中圆柱体对象，单击“工具”→“阵列”菜单命令，弹出“阵列”对话框，在“阵列变换”栏的“增量”区域设置 Z 轴的旋转数值为 120，在“阵列维度”栏中设置 1D 的数量为 3，单击“确定”按钮，完成阵列操作。这时在灯罩上就出现了 3 根圆柱体，如图 5-1-7 所示。

（10）选中灯罩对象，单击（创建）→（几何体）→“复合对象”→“布尔”按钮，向上拖动参数面板，在下面的“参数”卷展栏中选中“差集（A-B）”单选按钮，在“拾取布尔”卷展栏中选中“移动”单选按钮，然后单击“拾取操作对象 B”按钮，如图 5-1-7 所示。

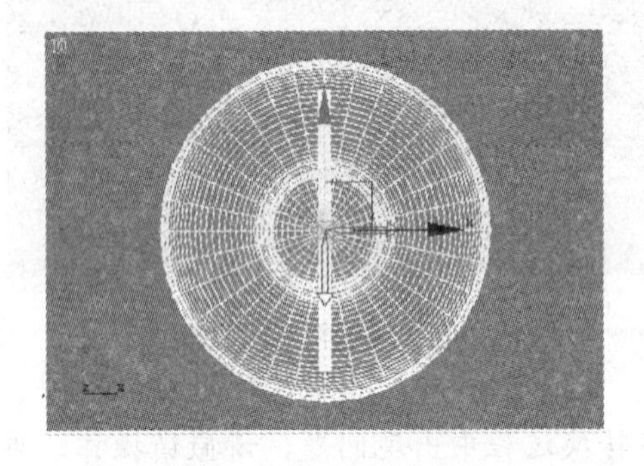

图 5-1-6 调整轴心的位置

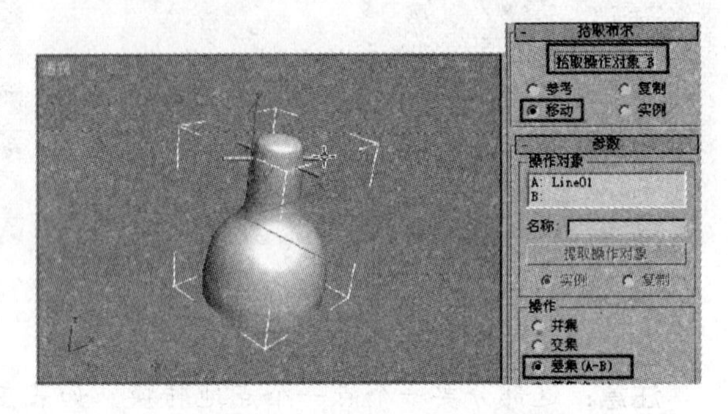


图 5-1-7 进行布尔运算操作

（11）将鼠标指针移到任意一个视图中，当鼠标指针变为状态时，单击 3 根圆柱体中的一根。这时可以发现单击的圆柱体消失，而在灯罩上面出现了两个小圆洞。

（12）再次选中灯罩，重复步骤（9）～（10），完成灯罩与第 2 根圆柱体之间的布尔运算操作。

（13）重新选中灯罩对象，重复步骤（9）～（10），完成灯罩与第 3 根圆柱体之间的布尔运算操作。这时在灯罩上就出现了 6 个用于散热的小孔，如图 5-1-8 所示。

（14）在顶视图中创建一根半径为 2 的圆柱体，调整它的位置，使它能穿过灯罩的顶部，然后调整轴心，再阵列 10 根，效果如图 5-1-8 所示。

（15）重复步骤（9）～（13）的操作，可以在顶部也形成一圈散热用的小孔，如图 5-1-9 所示。

图 5-1-8　对象上出现了小孔

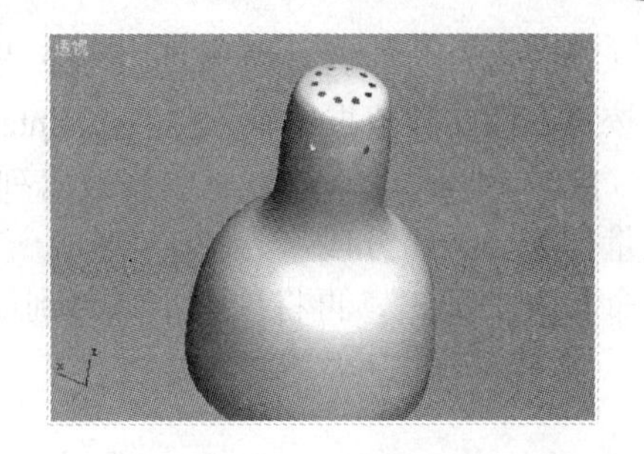

图 5-1-9　在顶部和侧面都有散热孔的灯罩

2．制作“支架”

（1）在前视图中再创建一条线，如图 5-1-10 所示。对它的顶点子对象进行编辑，调整曲线的形状，使得曲线比较光滑。然后激活前视图，单击主工具栏中的按钮，在弹出的对话框中选择镜像的轴为 X，在“克隆当前选项”栏中选择“复制”单选按钮，单击“确定”按钮，就可以将线条镜像复制一个。

（2）选中其中的一条线，在“修改”命令面板的“几何体”卷展栏中单击“附加”按钮，将鼠标指针移到视图中单击另一条线，将两条线结合成一条线。

（3）选中结合好的线，进入对顶点子对象的编辑状态，选中图 5-1-11 中矩形所标出的两个点，单击“几何体”卷展栏中的“熔合”按钮，再单击“焊接”按钮，将这两个点结合成一个。

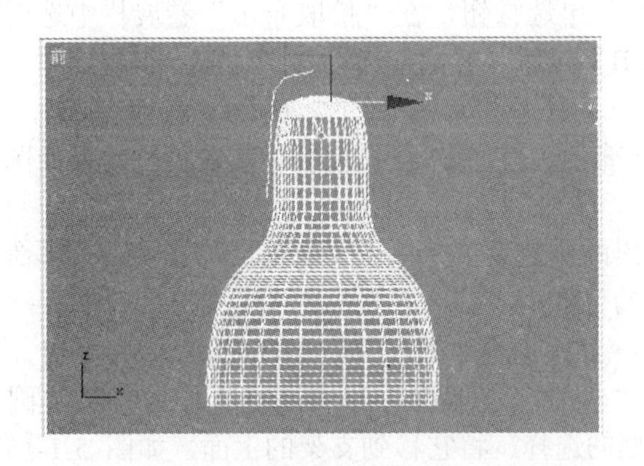

图 5-1-10　在前视图中创建线

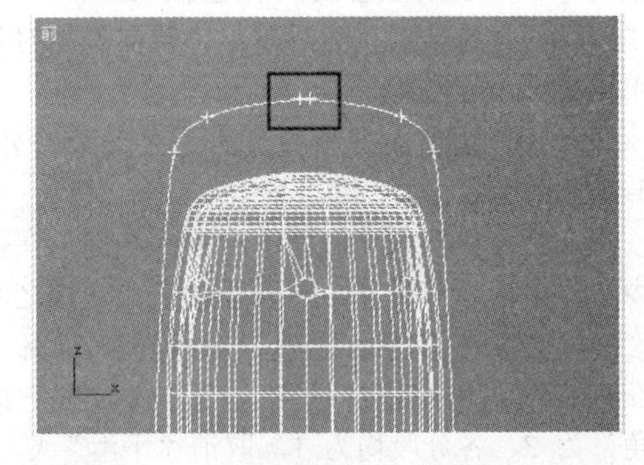

图 5-1-11　在顶部和侧面都有散热孔的灯罩

（4）在“选择”卷展栏中单击（样条线）按钮，进入对“样条线”子对象的编辑状态，向上拖动参数面板，在“几何体”卷展栏中找到“轮廓”按钮，在它右侧的数值框中输入 3，按 Enter 键确认，形成线的轮廓。再次单击（样条线）按钮，结束对样条线子对象的编辑状态。

（5）单击（修改）→“修改器列表”→“挤出”修改器，在“参数”卷展栏中设置“数量”为 30，“分段”为 20，将其命名为“支架”。

（6）选择灯罩对象，将它隐藏。单击（创建）→（图形）→“样条线”→“弧”按钮，在左视图中创建一条弧线，如图 5-1-12 所示，然后单击鼠标右键，在弹出的快捷菜单中单击“转换为”→“转换为可编辑样条线”菜单命令，将它命名为“弧 1”。

（7）按数字 3 键，进入对“样条线”子对象编辑状态，在“几何体”卷展栏中的“轮廓”按钮右侧的数值框中输入 8，按 Enter 键确认。

（8）单击（修改）→“修改器列表”→“挤出”修改器，在“参数”卷展栏中设置“数量”为 30，“分段”为 20，形成一个挤出的弧。然后把这个对象复制一份，将复制的对象命名为“弧 2”，再将这两个弧移到如图 5-1-13 中所示的位置。

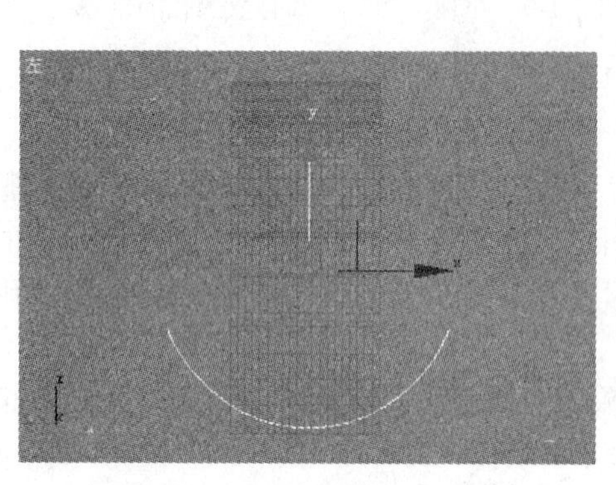
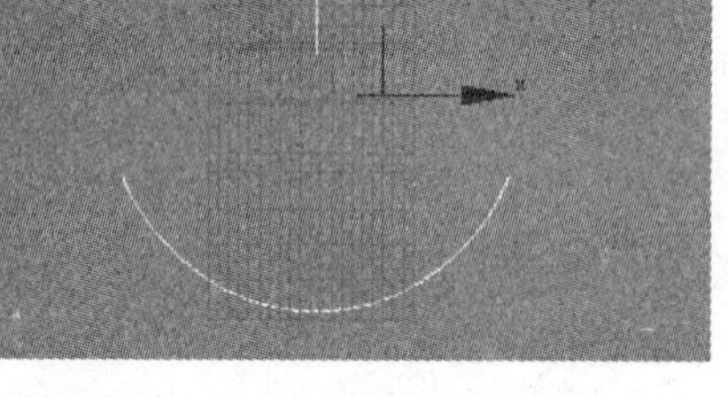

图 5-1-12　在左视图中创建弧线

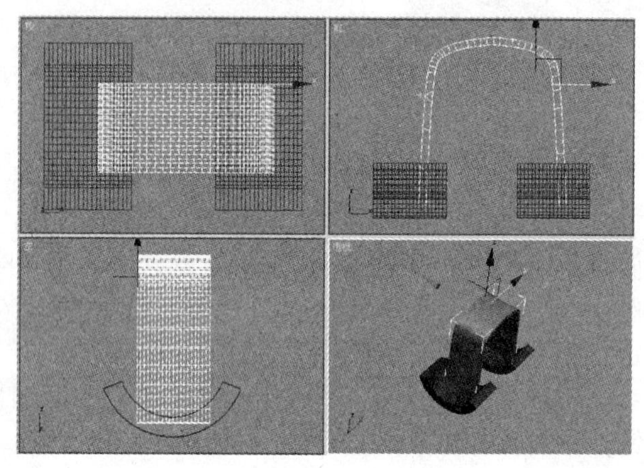

图 5-1-13　调整“弧”和“支架”的位置

（9）选中“支架”对象，单击（创建）→（几何体）→“复合对象”→“布尔”按钮，在“参数”卷展栏中选中“差集（A-B）”单选按钮，在“拾取布尔”卷展栏中选中“移动”单选按钮，然后单击“拾取操作对象 B”按钮，将鼠标指针移到任意一个视图中，单击“弧 1”对象。

（10）用前面介绍的方法再对支架的另一部分进行布尔运算操作。完成后的效果如图 5-1-14 所示。

（11）在视口空白处单击鼠标右键，在弹出的快捷菜单中单击“取消全部隐藏”菜单命令，显示出灯罩对象，再调整好它和支架之间的位置。

（12）单击（创建）→（几何体）→“扩展几何体”→“切角长方体”按钮，在顶视图中创建一个切角长方体，设置它的“长度”、“宽度”和“高度”均为 20，“圆角”为 3，各分段均为 1，取消“平滑”复选框的选择。将它移到支架的上面，如图 5-1-15 所示。

（13）单击（创建）→（图形）→“样条线”→“弧”按钮，在左视图中创建一条弧，在它的“参数”卷展栏中设置“半径”为 500，“从”数值框为 0，“到”数值框为 90。展开“渲染”卷展栏，选中“可渲染”和“显示渲染网格”复选框，设置“厚度”为 5。

（14）最大化显示所有对象以后，综合使用移动和旋转工具按钮调整各部件的位置，如图 5-1-15 所示。

（15）选中刚创建的大弧线，单击主工具栏中的按钮，按住 Shift 键的同时单击大弧线对象，在弹出的对话框中使用默认设置，单击“确定”按钮。这时复制出的对象为选中状态，将这个对象隐藏。

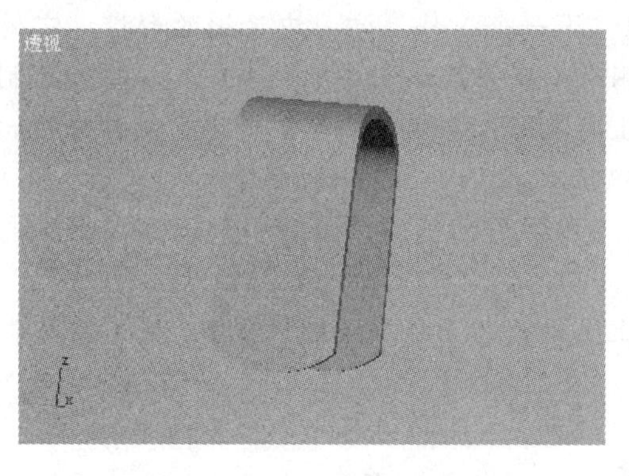


图 5-1-14　进行了布尔运算的支架

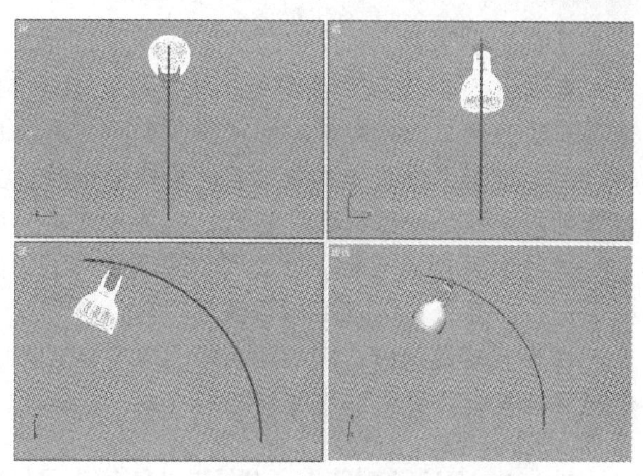

图 5-1-15　综合调整各对象的位置

（16）选中现在视图中的大弧线对象，将“渲染”卷展栏中的“厚度”数值修改为6，单击鼠标右键，在弹出的快捷菜单中单击“转换为”→“转换为可编辑网格对象”菜单命令。

（17）在视图中选中切角长方体，单击（创建）→（几何体）→“复合对象”→“布尔”按钮，在“参数”卷展栏中选中“差集（A-B）”单选按钮，在“拾取布尔”卷展栏中选中“移动”单选按钮，然后单击“拾取操作对象 B”按钮，将鼠标指针移到任意一个视图中，单击视图中的大弧线，这时就可以在切角长方体上制作出一个洞，如图 5-1-16 所示。

（18）在视口空白处单击鼠标右键，在弹出的快捷菜单中单击“取消全部隐藏”菜单命令，显示出隐藏了的大弧线，现在它正好能穿过切角长方体中的洞。

（19）单击（创建）→（几何体）→“扩展基本体”→“切角圆柱体”按钮，在顶视图中创建一个切角圆柱体作为灯座。调整好位置，如图 5-1-17 所示。

图 5-1-16　在切角长方体上制作出一个洞

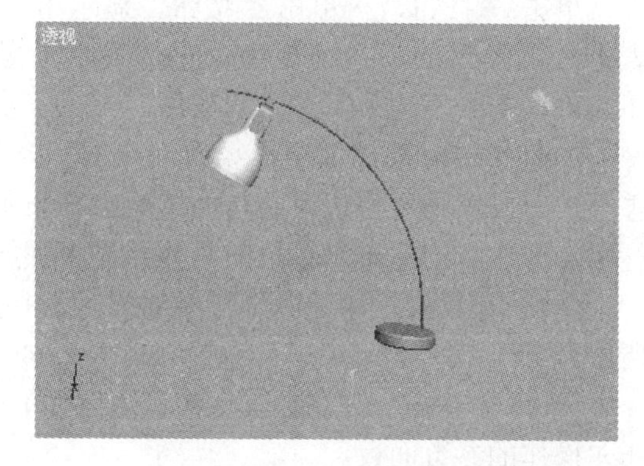


图 5-1-17　再制作一个灯座并调整位置

（20）按 M 键弹出“材质编辑器”对话框，将该对话框中的铝材质指定给大弧线，将塑料材质指定给其他对象。

（21）单击“渲染”→“环境”菜单命令，弹出“环境与效果”对话框，单击“背景”栏中的“颜色”下面的色块，设置它的颜色（R：255、G：247、B：216）。

（22）关闭“环境与效果”对话框，激活透视视图，单击工具栏中的（快速渲染）按钮，弹出渲染窗口，对透视图进行着色渲染，效果如图 5-1-1 所示。

【案例小结】

在制作“工作灯”模型这个案例中，我们制作了一个工作、学习中使用的台灯，它的造型简洁明快。因为灯罩的形状所限制，肯定要用有一定厚度线条添加“车削”修改器来制作，但是灯罩上应有一些散热孔，要在一个对象上打孔，则必须使用布尔操作。制作台灯的灯杆时则制作了一根圆弧，然后让其为可渲染的即可。

通过本案例的学习，可以掌握多个对象进行布尔操作的基本方法和参数设置，更主要的学会如何分析何时应用布尔操作。

在上面的案例中，我们使用布尔操作时基本上是“差集 B-A”模式，事实上它的操作类型还有很多种，我们将在下面进行介绍。

### 5.1.4 相关知识——创建“布尔”对象

#### 1. 布尔对象的特点

布尔对象通过在两个对象上执行布尔操作将它们组合起来。在 Max 中，原始的两个对象是操作对象（A 和 B），而布尔对象本身是操作的结果。对于几何体，布尔操作有如下有3种。

◈ 并集：布尔对象包含两个原始对象的体积。将移除几何体的相交部分或重叠部分。
◈ 交集：布尔对象只包含两个原始对象共用的体积（也就是说，重叠的位置）。
◈ 差集（或差）：布尔对象包含从中减去相交体积的原始对象的体积。

#### 2. 创建“布尔”对象的方法

单击按钮，再单击按钮，显示出几何体模型命令面板。单击“对象类型”下拉列表框，在弹出的下拉菜单中单击“复合对象”选项，这时在命令面板中单击“布尔”按钮，可以开始创建布尔对象的操作。

创建布尔对象以前至少要有两个对象，以前布尔操作要求对象重叠。如果两个对象不重叠，而仅仅是边与边或面与面接触，则布尔操作将失败。现在，对不重叠的对象也可以执行布尔操作。创建布尔对象的具体操作步骤如下。

（1）在场景中创建两个三维对象，选择原始对象，此对象为操作对象 A，如图 5-1-18 所示。

（2）单击（创建）→（几何体）→“复合对象”→“布尔”按钮，显示出进行布尔操作的参数面板。

这时操作对象 A 的名称显示在“参数”卷展栏的“操作对象”列表中。

（3）在“拾取布尔”卷展栏上选择操作对象 B 的复制方法（即“参考”、“复制”、“移动”和“实例”4 个单选按钮中的 1 个）。

（4）在“参数”卷展栏上选择要执行的布尔操作的种类。

在该卷展栏上布尔操作的种类由 4 个单选按钮控制，它们是“并集”、“交集”、“差集(A-B)”和“差集（B-A）”。

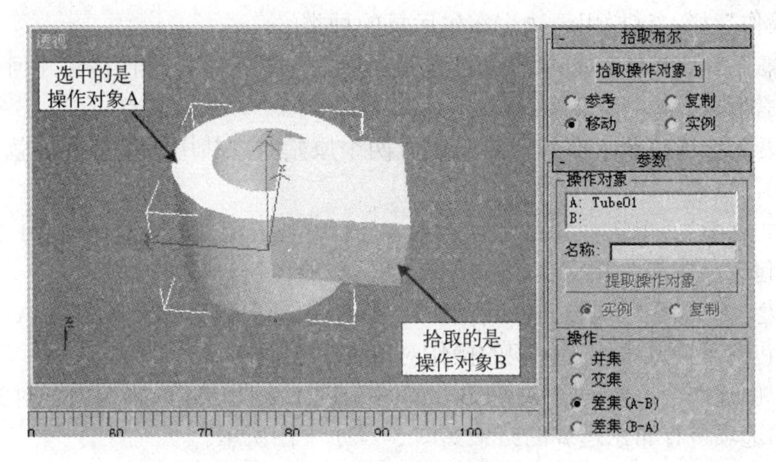


图 5-1-18　选中 A 对象

（5）在“拾取布尔”卷展栏上单击“拾取操作对象 B”按钮。

（6）在视图中选择操作对象 B。

3ds max 将执行布尔运算操作，结果如图 5-1-19 所示。

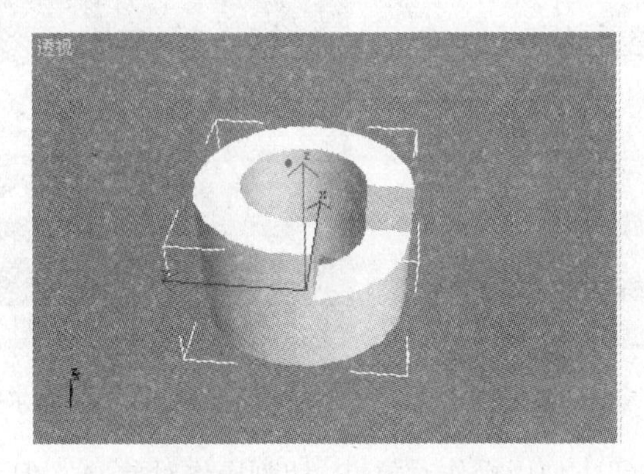


图 5-1-19　布尔操作的结果

### 3. “参数”卷展栏

布尔操作的“参数”卷展栏如图 5-1-20 所示，在该卷展栏中可以对运算方式进行选择，可以选择已参与运算的对象和布尔运算方法。该卷展栏包含有“操作对象”和“操作”两个栏，这两个栏的主要作用如下。

（1）“操作对象”栏：该栏的参数主要用于选择运算对象。

◈ “操作对象”列表：在该列表中列出所有的运算对象，供编辑操作时选择使用。选中了列表中的对象以后，在“名称”文本框中可以进行名称修改。选择了运算对象后，可以激活“提取操作对象”按钮激活“实例”单选按钮和“复制”单选按钮。

◈ “提取操作对象”按钮：此按钮只有在“修改”命令面板中才有效，它将当前指定的运算对象重新提取到场景中，作为一个新的可用对象，包括“实例”和“复制”

两种属性。

（2）“操作”栏：该栏用于决定布尔运算的种类。

◈ “并集”单选按钮：布尔对象包含两个原始对象的体积。将移除几何体的相交部分或重叠部分。

◈ “交集”单选按钮：布尔对象只包含两个原始对象共用的体积（也就是说，重叠的位置）。

◈ “差集(A-B)”单选按钮：从操作对象 A 中减去相交的操作对象 B 的体积。布尔对象包含从中减去相交体积的操作对象 A 的体积。

◈ “差集（B-A）”单选按钮：从操作对象 B 中减去相交的操作对象 A 的体积。布尔对象包含从中减去相交体积的操作对象 B 的体积。

在场景中创建两个原始对象 A 和 B，如图 5-1-21 上图所示，当选中了对象 A 以后，使用上面不同的选项进行布尔运算的结果如图 5-1-21 下图所示。

图 5-1-20 布尔操作的“参数”卷展栏

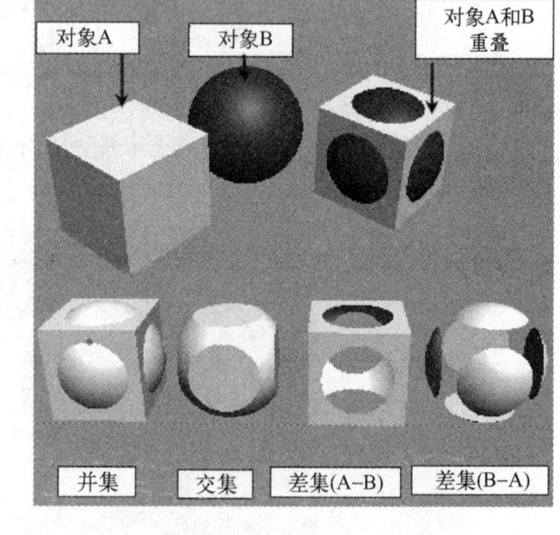


图 5-1-21 布尔操作的结果

◈ “切割”单选按钮：使用操作对象 B 切割操作对象 A，但不给操作对象 B 的网格添加任何东西。

### 4．“显示/更新”卷展栏

布尔操作的“显示/更新”卷展栏如图 5-1-22 所示。用于设置显示和更新的效果，不影响布尔操作。

（1）“显示”栏：该栏中的选项用来帮助查看布尔操作的构造方式。

◈ “结果”单选按钮：只显示最后的运算结果。

◈ “操作对象”单选按钮：显示出所有的运算对象。

◈ “结果+隐藏的操作对象”单选按钮：显示结果的同时，将隐藏的操作对象显示为线框。

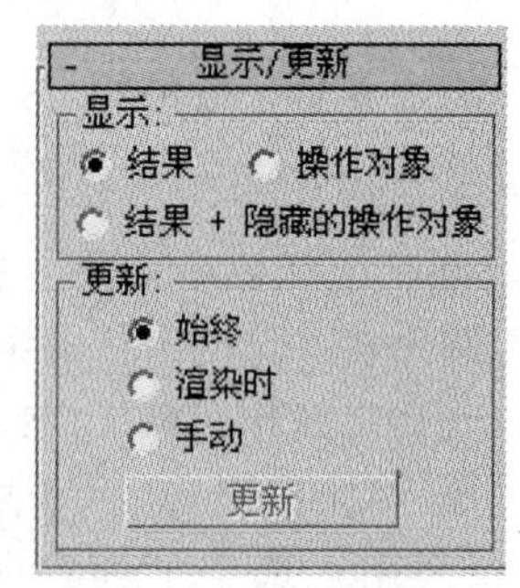


图 5-1-22 “显示/更新”卷展栏

对于同一个布尔运算的结果，用不同的显示方式显示的效果如图 5-1-23 所示。

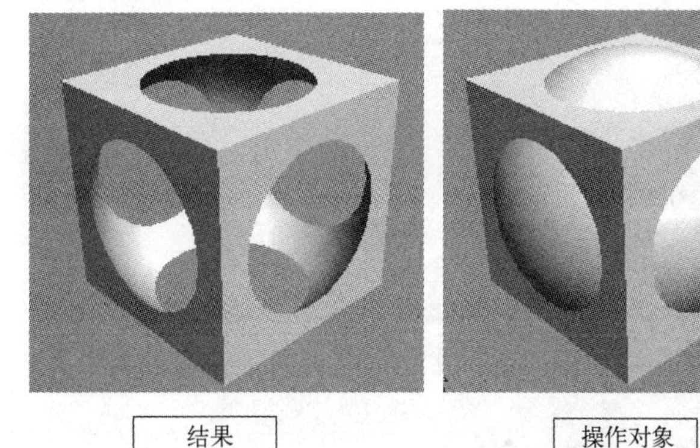
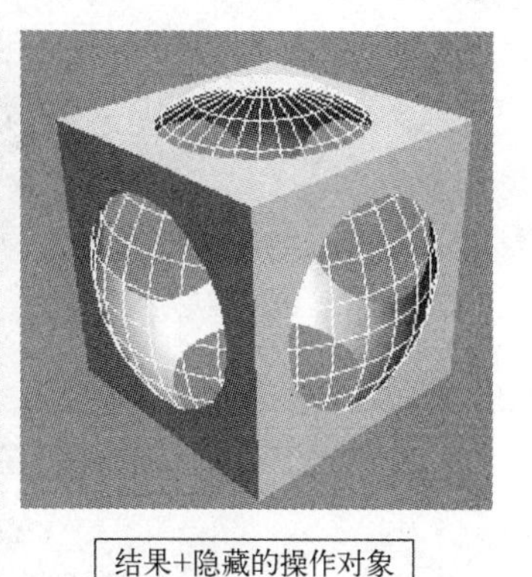


图 5-1-23　使用不同显示选项的结果

（2）“更新”栏：默认情况下，只要更改操作对象，布尔对象便会更新。但是，如果场景包含一个或多个复杂的活动布尔对象，则性能会受到影响。该栏中的参数为提高性能提供了一种选择。

## 5.2　制作“酒瓶”模型——创建“放样”对象

### 5.2.1　学习目标

◈ 了解放样的概念。
◈ 掌握创建放样对象的方法。
◈ 理解变形的作用。
◈ 初步掌握拟合变形的应用。
◈ 掌握纠正放样对象扭曲的方法。

### 5.2.2　案例分析

在制作“酒瓶”模型这个案例中，制作了一个扁平的小酒瓶，完成以后的效果如图 5-2-1 所示。这个酒瓶的瓶颈处是圆形的，而瓶身是长方形的，这种复杂的酒瓶不能用“车削”修改器来完成，而要使用“放样”建模。这个模型编辑好材质后可以放在场景中的酒柜里、摆放在桌子上。通过本案例的学习可以练习放样建模的有关操作。

### 5.2.3　操作过程

#### 1．创建放样的截面图形和路径

（1）新建一个文件，将单位设置为“毫米”。

图 5-2-1 “酒瓶”渲染效果图

（2）单击（创建）→（图形）→“样条线”→“矩形”按钮，在顶视图中拖动鼠标创建一个矩形，在它的“参数”卷展栏中设置“长度”为 25，“宽度”为 100。

（3）单击（创建）→（图形）→“样条线”→“多边形”按钮，在“对象类型”卷展栏中取消“开始新图形”右侧复选框的选中状态，这时该按钮为抬起状态，如图 5-2-2 所示。

（4）在主工具栏中单击“捕捉开关”按钮，在弹出按钮中单击按钮，再在该按钮上单击鼠标右键，弹出“栅格捕捉设置”对话框，只选中“顶点”复选框，然后关闭该对话框。

（5）将鼠标指针移到顶视图中，当鼠标指针移到矩形的一个角上附近的时候，出现一个浅蓝色的“十”字，表示现在鼠标已经捕捉到这个顶点，拖动鼠标创建一个多边形对象，在它的“参数”卷展栏中设置“半径”为 6，“边数”为 4，如图 5-2-3 所示。

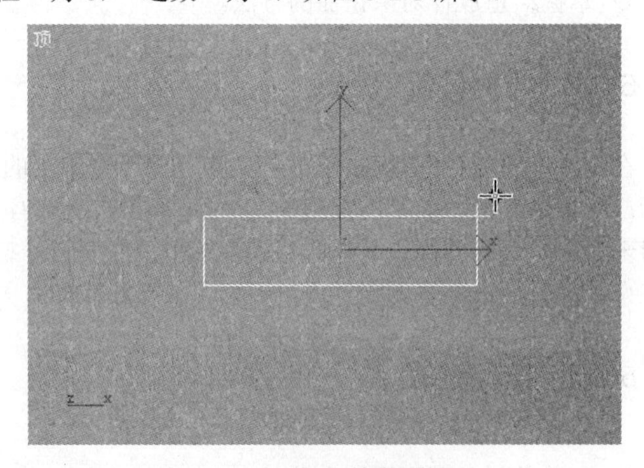


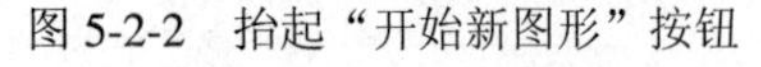

图 5-2-2 抬起“开始新图形”按钮

图 5-2-3 捕捉到矩形的一个角

（6）将鼠标指针移到另一个角上，当捕捉到这个角的顶点时，再创建一个多边形，参数与上一个多边形的参数相同。重复这个操作，直到在 4 个角上各创建了一个多边形为止，如图

5-2-4 所示。单击主工具栏中的按钮，将其抬起。再选中“开始新图形”右侧的复选框。

（7）进入“修改”命令面板，在修改器堆栈中可以看到现在的图形已经是可编辑样条线，展开堆栈，单击“样条线”子对象，进入对它的编辑状态。

（8）单击中间的矩形，将这个样条线选中，在“几何体”卷展栏中单击“布尔”按钮，再按下它右侧的（差集）按钮，将鼠标指针移到顶视图中单击小多边形，如图 5-2-5 所示。

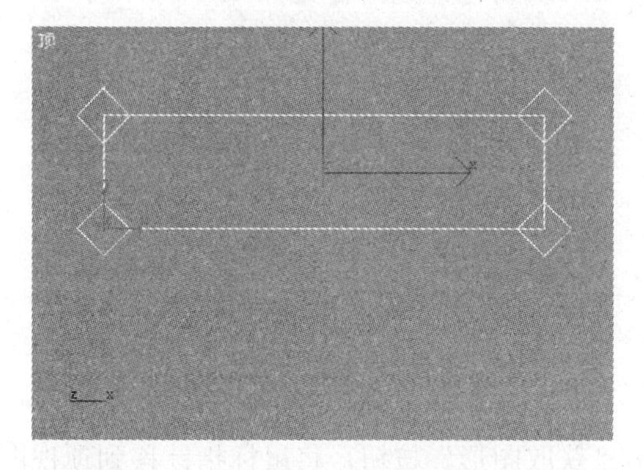


图 5-2-4　在矩形的 4 个角上各创建一个多边形

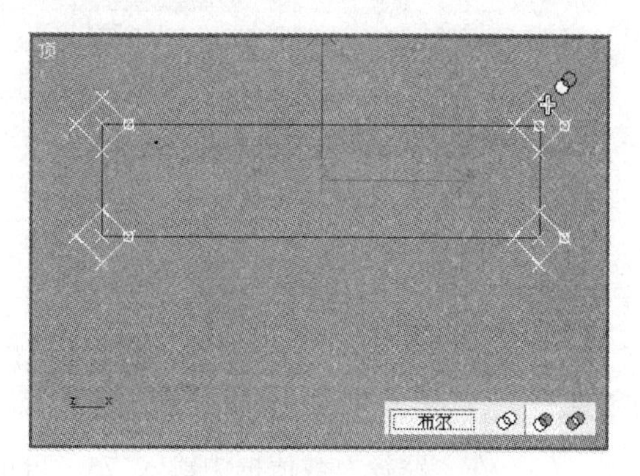


图 5-2-5　二维布尔操作

（9）依次单击其他几个小矩形，完成布尔操作，在修改器堆栈中再次单击“样条线”子项，结束对它的编辑，这时的效果如图 5-2-6 所示。

（10）单击（创建）→（图形）→“样条线”→“圆”按钮，在顶视图中创建一个圆，设置它的“半径”为 10。以上的两个图形作为放样的截面图形，如图 5-2-6 所示。

（11）鼠标单击前视图，将其激活，单击（创建）→（图形）→“样条线”→“线”按钮，然后在它的“参数”面板中将“键盘输入”卷展栏展开，这时 X、Y、Z 3 个数值框中的数值都是 0。单击“添加点”按钮，添加线的第一个点，再将 Y 数值框中的数值修改为 200，再次单击“添加点”按钮，添加另一个点，最后单击“完成”按钮，结束线的创建，如图 5-2-7 所示。这条线作为放样的路径。

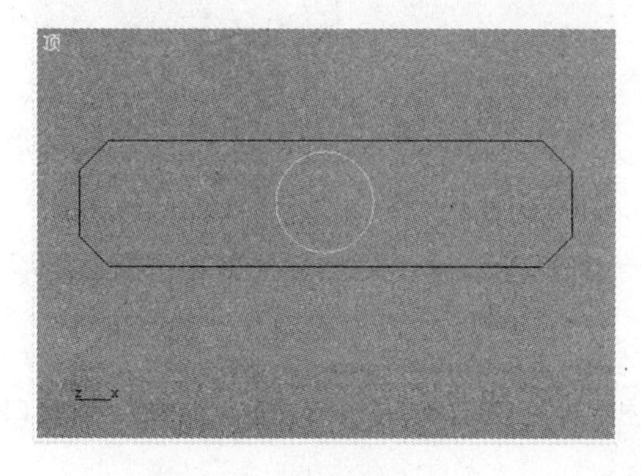


图 5-2-6　放样的截面图形

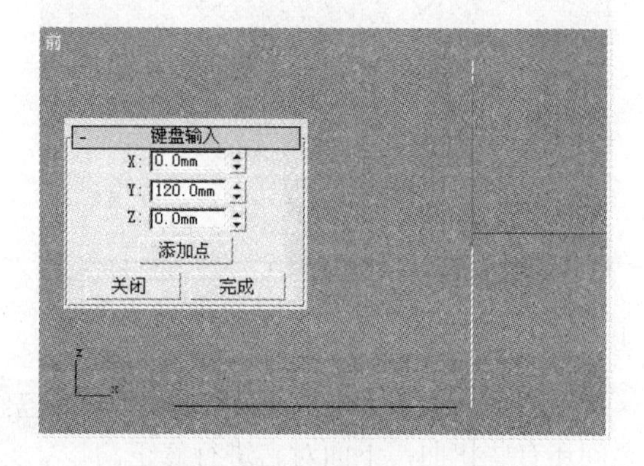


图 5-2-7　用“键盘输入”创建一条线

## 2．创建放样对象

（1）选中刚创建的线，单击（创建）→（几何体）→“复合对象”→“放样”按钮，准备进行放样操作。

（2）在“创建方法”卷展栏中选中“实例”单选按钮，单击“获取图形”按钮，然后将鼠标指针移到视图中单击长方形图形，如图 5-2-8 所示。这时得到的放样对象如图 5-2-9 所示。

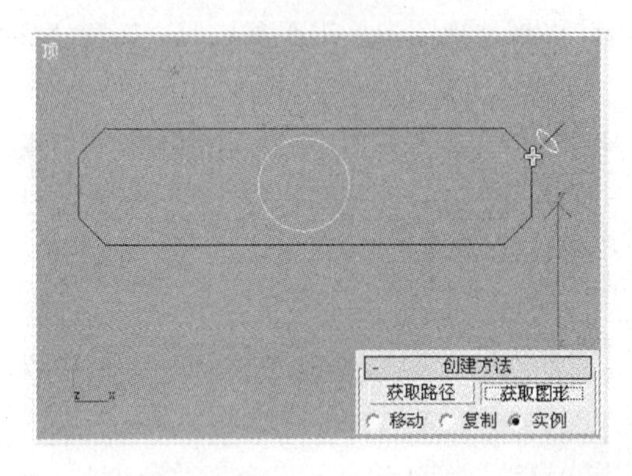


图 5-2-8 创建放样对象

图 5-2-9 第一次放样的效果

（3）在“路径”数值框中输入 75，再单击“获取图形”按钮，将鼠标指针移到顶视图中单击圆形图形。

这样就可以在整个路径的 75%处得到第 2 个放样的截面，这时完成的放样对象效果如图 5-2-10 所示。从图中可以看出这个结果离我们想象的结果相差比较远，这是因为在两个放样截面图形之间的路径相差比较大造成的，下面进行修正。

（4）在“路径参数”卷展栏中的“路径”数值框中输入 55，单击“获取图形”按钮再单击长方形图形；在“路径”数值框中输入 57，单击“获取图形”按钮第三次单击这个长方形图形，这时放样的结果如图 5-2-11 所示。

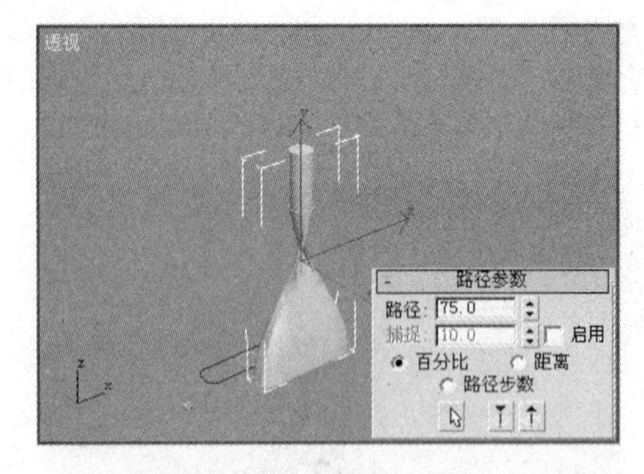


图 5-2-10 在路径的 75%处使用第 2 个截面图形

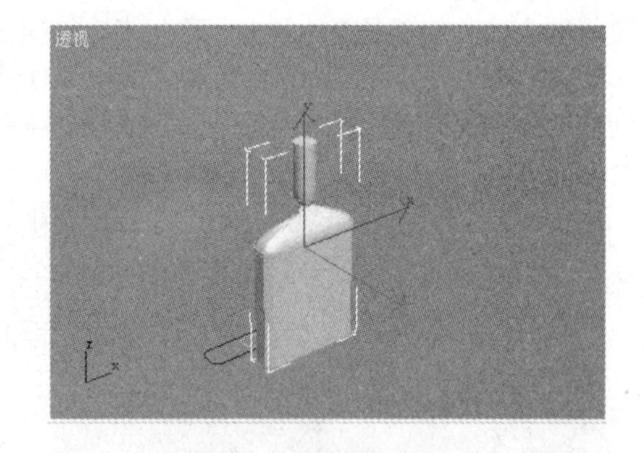


图 5-2-11 放样以后的结果

从图中可以看出这时放样对象的截面已经和我们想象的结果相同，但是在瓶身到瓶口之间还有些扭曲，下面对它进行修正。

（5）进入“修改”命令面板，在修改器堆栈中展开 Loft 选项单击其中的“图形”子对象，进入对它的编辑状态。在“图形命令”卷展栏中单击“比较”按钮，如图 5-2-12 所示。

（6）这时屏幕上弹出“比较”窗口，如图 5-2-13 所示，在该窗口中单击按钮，将鼠标指针在视图中的放样对象上移动，如果鼠标指针上出现了“+”符号，这时单击就可以在窗口中出现这个截面图形。图 5-2-13 中所示的“比较”窗口就是添加了圆和长方形两个放样截面图形之后的效果。

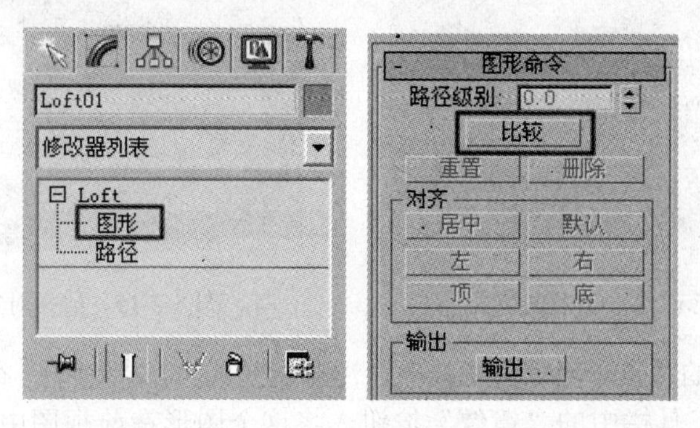


图 5-2-12　选中“图形”子对象再单击“比较”按钮

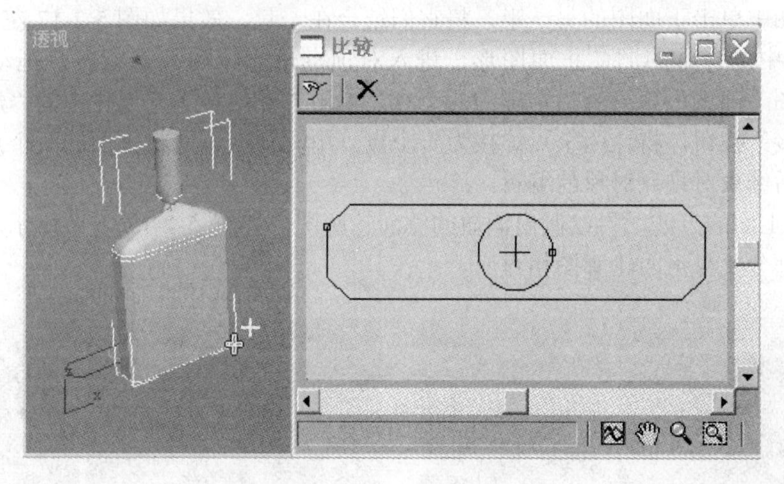


图 5-2-13　“比较”窗口

从图中可以发现现在放样截面上各有一个小矩形控制柄，它的位置是图形的第一顶点位置，现在它们相差太多，才造成放样对象的扭曲，下面对截面的第一个顶点位置进行调整。

（7）在修改堆栈中再次单击“图形”子对象，结束对它的编辑。在视图选中长方形的放样截面图形，按数字 1 键进入对顶点子对象的编辑状态。

（8）在“几何体”卷展栏中单击“优化”按钮，在图 5-2-14 中黑色矩形所指示出的位置单击，创建一个新顶点（图中的顶点就是新添加的顶点），在图中选中刚创建的这个的顶点，然后在“几何体”卷展栏中单击“设为首顶点”按钮，这时放样对象的扭曲得到了纠正，如图 5-2-15 所示。再次按数字 1 键结束对顶点子对象的编辑。

### 3. 用“拟合”来修改外形

（1）选中刚创建的线，单击（创建）→（图形）→“样条线”→“线”按钮，在前视图中创建酒瓶下面轮廓图的一半图形，如图 5-2-16 左图所示。

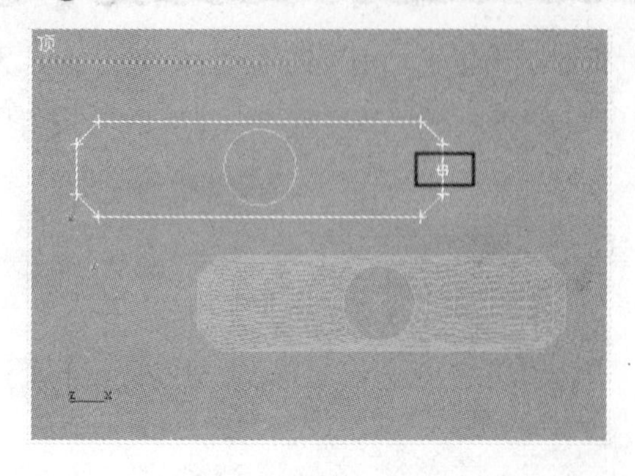


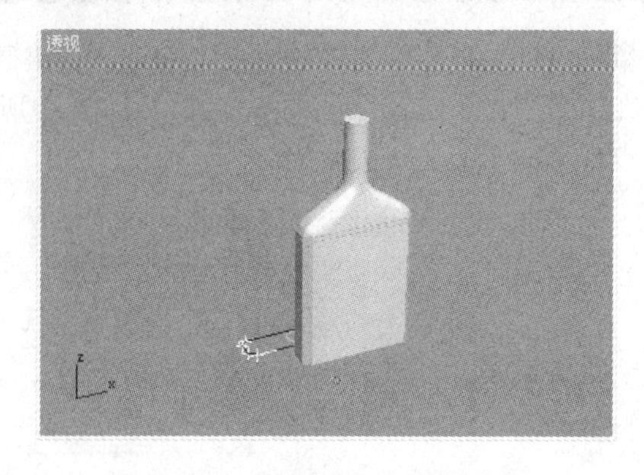


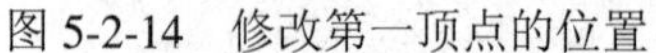
图 5-2-14 修改第一顶点的位置

图 5-2-15 放样对象的扭曲得到纠正

（2）对这条线的顶点子对象进行修改，注意瓶劲的中部略细些，得到图 5-2-16 右图所示的图形。单击主工具栏中的“镜像”按钮，将这个图形在前视图中沿 X 轴镜像复制一个，将复制品移到原对象的另一侧，调整好位置。在“几何体”卷展栏中单击“附加”按钮，再在视图中单击正面图的另一半，将它们结合在一起，效果如图 5-2-17 左图所示。

（3）选中结合好的酒瓶正面图形，进入对顶点子对象的编辑状态，拖动鼠标选中图 5-2-17 中左图上部黑色矩形所指示出的两个点，单击“几何体”卷展栏中的“熔合”按钮，再单击“焊接”按钮，将这两个点焊接为一个点。用同样的方法将下面的两个点焊接为一个点，完成以后结束对顶点对象的编辑。

（4）用上面的方法，再绘制出酒瓶的侧面轮廓图，如图 5-2-17 右图所示。在绘制时要注意让瓶劲部分要与正面轮廓图相对应。

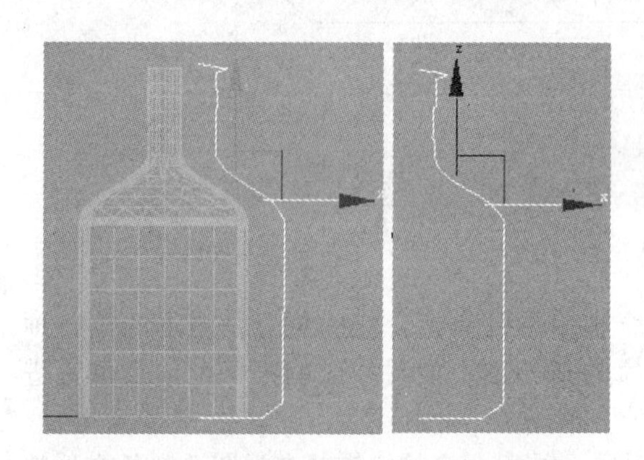
图 5-2-16 在前视图中创建酒瓶正面轮廓图

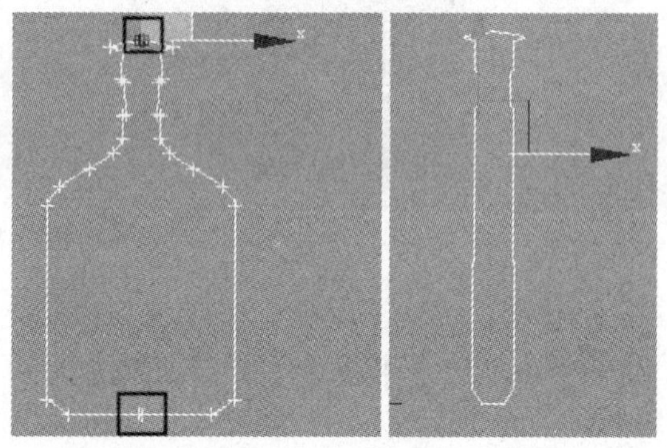
图 5-2-17 酒瓶的正面和侧面轮廓图

（5）选中放样对象，进入“修改”命令面板，在下面的参数面板中展开“变形”卷展栏，如图 5-2-18 所示。

（6）在“变形”卷展栏中单击“拟合”按钮，弹出“拟合变形(X)”对话框。单击工具栏中的（均衡）按钮，使其为抬起的状态，再单击（显示 X 轴）和（获取图形）按钮，然后在前视图中单击酒瓶的正面轮廓图形，作为 X 轴的截面，“拟合变形”对话框中出现了刚选取的截面图形，如图 5-2-19 所示（如果看不到图形，可以使用单击该窗口下面状态栏中的按

图 5-2-18 “变形”卷展栏

钮，使其弹出，再单击按钮，调整出图形）。现在从透视图中可以看到拟合的结果是一个非常奇怪的图形，这是因为图形的方向与放样对象的轴不在同一方向上，下面进行调整。

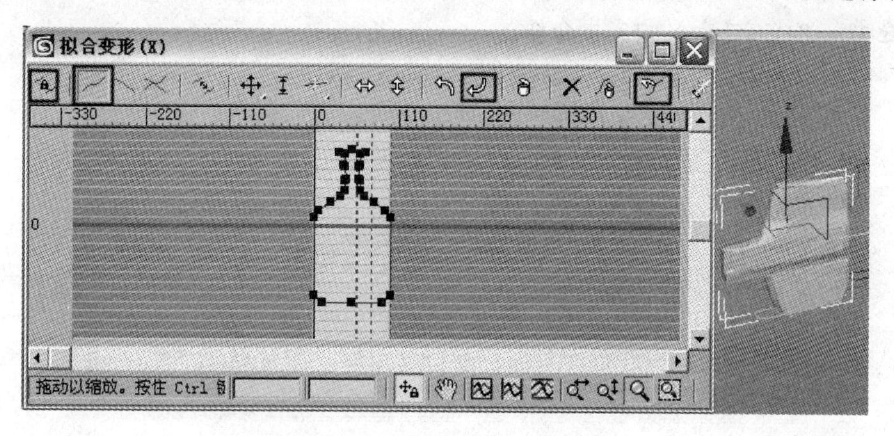


图 5-2-19　在 X 方向进行拟合的结果

（7）在“拟合变形(X)”对话框的工具栏中单击（顺时针旋转 90°）按钮，这时拟合变形窗口中的图形和拟合的结果如图 5-2-20 所示。

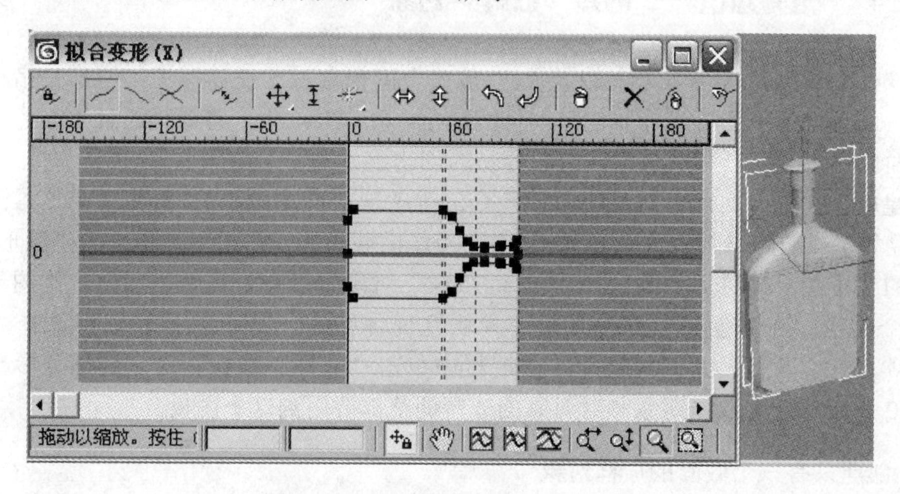


图 5-2-20　旋转拟合图形以后的结果

（8）在“拟合变形(X)”对话框工具栏中单击（显示 Y 轴）按钮，然后再单击（获取图形）按钮，然后在前视图中单击酒瓶侧面轮廓图形，作为 Y 轴的截面，然后再单击（顺时针旋转 90°）按钮，这时的“拟合变形(X)”对话框和完成的效果如图 5-2-21 所示。关闭该对话框。

（9）设置环境颜色后渲染输出的结果如图 5-2-1 所示。

**【案例小结】**

在制作“酒瓶”模型这个案例中，我们制作了一个异型酒瓶，因为其形状特殊，故使用了放样建模。在这个案例中酒瓶的截面图形只有两个，一个是底部的方形图形，另一个是瓶颈的圆形，但是为了使两种图形交界处能产生良好的效果，所以在路径的不同位置上反复进行了拾取截面的操作。为了更加细致地调整酒瓶的形状，还使用侧面的图形进行拟合。

通过本案例的学习可以掌握放样建模的基本操作方法。

放样建模是一种比较复杂的建模方式，它还有许多功能，如“缩放”变形、“扭曲”变形等，这些知识将在下面的内容中介绍。

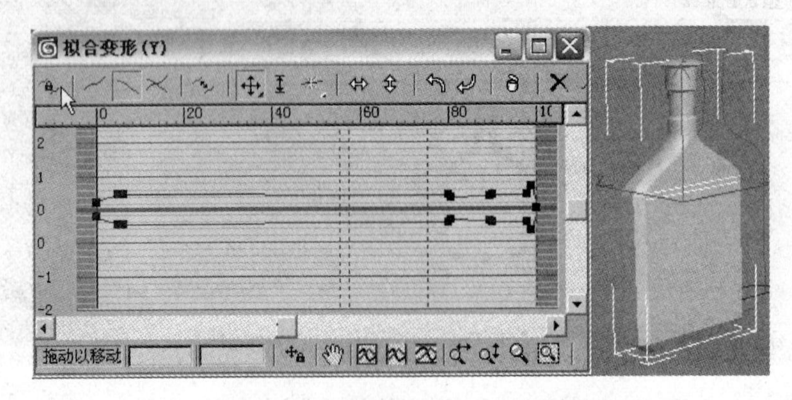


图 5-2-21 旋转拟合图形以后的结果

## 5.2.4 相关知识——创建“放样”对象

“放样”对象是复合对象中的一种，“放样”的概念源于船体制造，通常是指将船肋放入龙骨，以龙骨为中心排列船肋创建船体的过程。在 Max 中，将放样路径比喻为龙骨，将放样截面比喻为船肋，利用放样可以很容易的创建出各种复杂的形体。

创建放样对象，实际上是让一个或几个二维图形（截面图形），沿另一个二维图形生长（放样路径），组成三维模型的工具。其中，当作横截面的二维造型被称之为“图形”，而放样使用的二维图形被称为“路径”。一个“放样”对象可以有好几个横截面二维图形，但只能有一个路径。在“创建”命令面板中单击几何体按钮，从下拉列表框中选择“复合对象”选项，在它下面的“对象类型”卷展栏中单击“放样”按钮后，它的部分参数面板如图 5-2-22 所示。创建放样对象和对对象的一些调整都要用到这个面板。

### 1. 创建只有一个截面的放样对象

创建放样模型时，要先创建一个放样的路径和至少一个放样用的截面，而且要求路径和截面都应是样条线。样条线可以是闭合的，也可以是开放的。放样路径只能是一条样条线，如果用多于一条的样条线，必须将它们结合成为一条样条线才能使用。放样截面可以有多个。每个截面可以由多条样条曲线构成，所包含的样条曲线数目必须相同。

在创建了放样用的路径和截面以后，就可以创建放样对象，在 Max 中一共有两种创建放样对象的方法。

（1）选择路径后创建放样对象。先选择了放样的路径，创建放样对象的操作方法如下。

① 选中放样的路径。

② 在“创建方法”卷展栏中单击“获取图形”按钮，如图 5-2-22 所示。

③ 在“移动”、“复制”、“实例”3 个单选按钮中选择一个。

④ 将鼠标移到视图中，单击作为截面的图形，如图 5-2-23 所示。

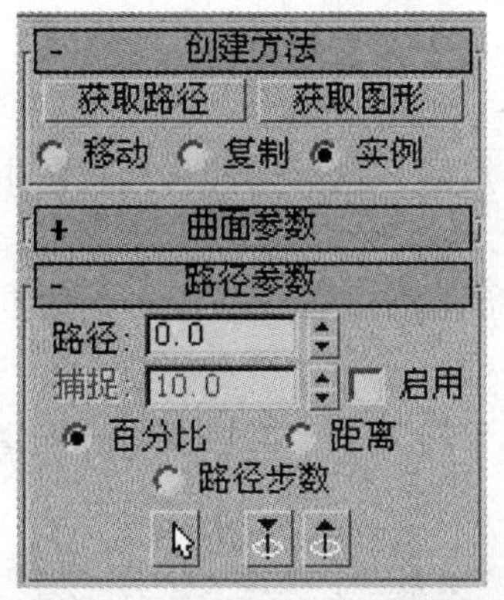


图 5-2-22　放样命令的部分参数面板

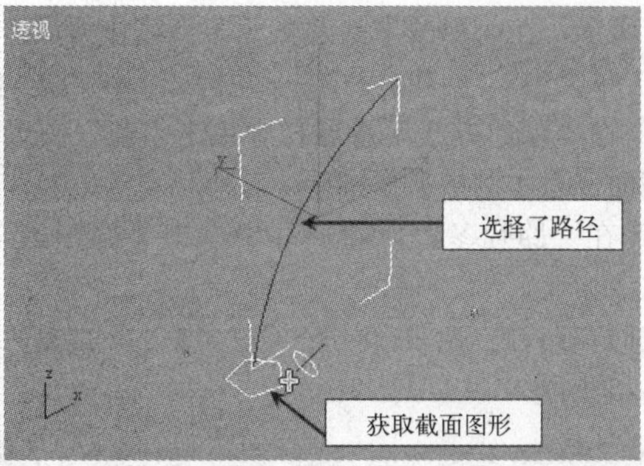

图 5-2-23　在视图中单击作为截面的图形

（2）选择路径后创建放样对象。如果先选择了放样的截面图形，创建放样对象的操作方法如下。

① 选择放样的截面图形。

② 在“创建方法”卷展栏中单击“获取路径”按钮。

③ 在“移动”、“复制”、“实例”3 个单选按钮中选择一个。

④ 将鼠标移到视图中，单击作为截面的路径。

经过以上操作，都可以得到放样的对象。其中，“移动”、“复制”、“关联”是 3 种复制属性，用于决定放样时，对原图形的使用方法。一般用默认的“实例”方式，这样，原来的二维图形都将继续保留。

### 2. 创建有多个截面图形的放样对象

在放样对象的一条路径上，允许有多个不同的截面图形存在，它们共同控制放样对象的外形。控制不同截面图形在路径上的位置参数都集中在“路径参数”卷展栏中。

（1）“路径参数”卷展栏：在什么位置使用哪一个截面图形，是在“路径参数”卷展栏中进行控制的，该卷展栏如图 5-2-22 所示。其中各主要参数的含义如下。

◈ “路径”数值框：可以确定插入点在路径上的位置。它的值的含义由“百分比”、“距离”和“路径步数”3 个参数项决定。

◈ “百分比”单选按钮：将全部路径设为 100%，根据百分比来确定插入点的位置。

◈ “距离”单选按钮：以实际路径的长度单位为单位，根据具体长度数值来确定插入点的位置。

◈ “路径步数”单选按钮：以路径的步长值来确定插入点的位置。

◈ “启用”复选框：可以启动“捕捉”设置，在其中设置捕捉值，如设为 10，在百分比方式时每调节一个路径值，都会跳跃 10%的距离。

◈ （拾取图形）按钮：单击此按钮，用于在屏幕上手动选择截面图形。

◈ （上一个图形）/（下一个图形）按钮：在有多个截面图形时，单击此按钮，可以在不同的截面图形之间转换。

（2）创建有多个截面图形的放样对象的方法。如果要创建的放样对象比较复杂，用到不同的截面图形，这时创建放样对象的具体操作方法如下。

① 先在视图中创建要用于放样操作的截面和路径，在顶视图中创建了几个截面，如图

5-2-24 所示。在前视图中创建了一条直线作为放样的路径，选中该直线。

② 单击（创建）→（几何体）→“复合对象”→“放样”按钮。

③ 在“创建方法”卷展栏中单击“获取图形”按钮，然后将鼠标指针移到视图中单击一个截面。在本例中单击圆形。

④ 在“路径参数”卷展栏中选中“百分比”单选按钮，然后在“路径”数值框输入10。

这时在路径上出现了一个黄色“×”形的标记，用于指示出下一个放样截面的位置，如图 5-2-25 所示。

图 5-2-24　用于放样操作的截面和路径

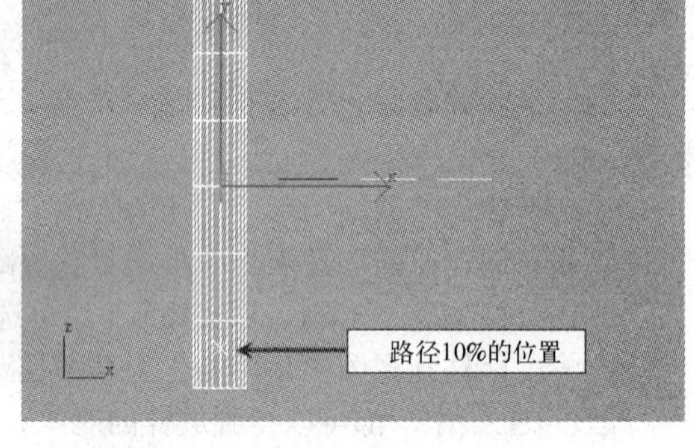


图 5-2-25　指示出下一个放样截面的位置

**提示**：“路径”数值框中输入的数值是以路径上的第一个顶点的位置开始进行计算的，本例中创建路径时，由下向上拖动鼠标，所以默认的第一个顶点在最下方。如果第一个顶点的位置不对，可以进入顶点子对象，选中最下面的点，然后单击“设置为首顶点”按钮。

⑤ 单击“获取图形”按钮，然后将鼠标移到视图中单击第二个截面。在本例中单击星形。

如果还有其他的路径，重复上面的两步，直至完成所有的截面控制。

本例中在“路径”数值框输入 90，再单击“获取图形”按钮，然后将鼠标移到视图中单击矩形。然后再在路径 8%处获取圆形作为截面，在路径 85%处获取星形作为截面，最后得到的效果如图 5-2-26 所示。

### 3.“缩放”变形

经过前面的操作所创建的放样对象还是比较简单的，通过变形曲线，可以改变放样对象的外形。选择放样对象后，单击按钮，进入“修改”命令面板，在命令面板中的底部显示出“变形”卷展栏，如图 5-2-27 所示。在该卷展栏中一共有 5 个按钮，各代表一种变形，在每个按钮的右边均有一个切换按钮，用于控制是否应用这种变形的效果。该按钮呈按下状态时，则应用这种变形，如果处于抬起状态时，这种变形被禁用但还可以保留。

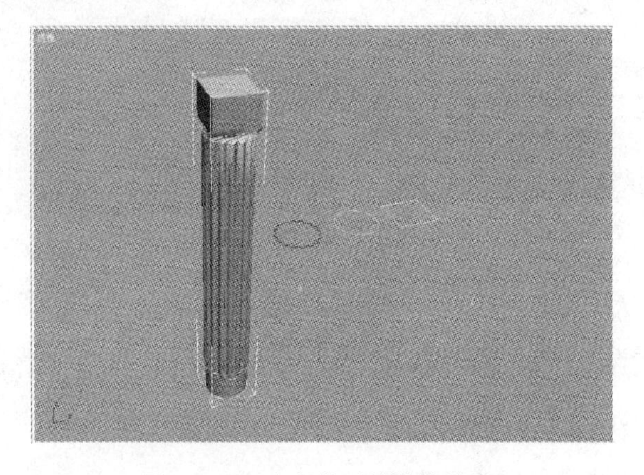

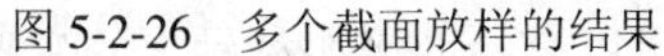

图 5-2-26　多个截面放样的结果

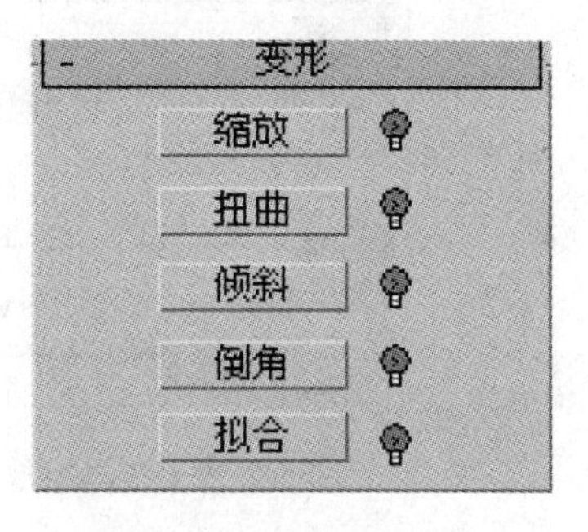


图 5-2-27　“变形”卷展栏

（1）使用“缩放”变形的方法。对放样对象进行缩放变形的具体操作步骤如下。

① 在视图中创建一个圆环作为放样的截面图形，再创建一条直线作为放样的路径。创建放样对象，得到一个管状体，在“修改”命令面板中的“变形”卷展栏中单击“缩放”按钮，弹出“缩放变形”对话框，如图 5-2-28 所示。

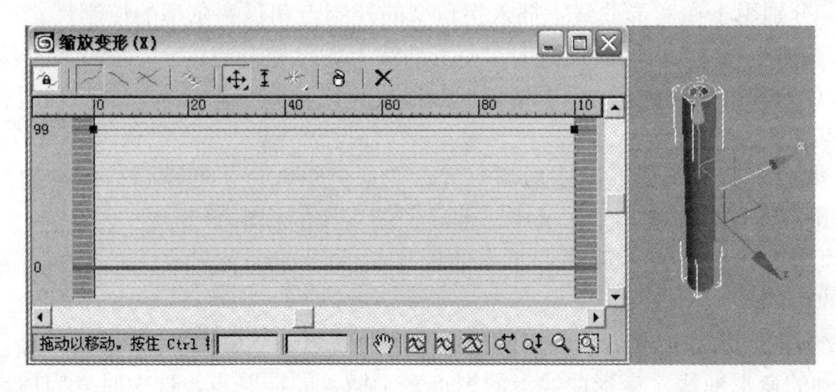


图 5-2-28　“缩放变形”对话框和放样对象

从图中可以看出，在整个路径的范围内，各点的值均是 100%，也就是说，对放样截面没有进行缩放，所以曲线显示为一条直线。

② 单击工具栏中的（均衡）按钮使其为按下状态，然后单击按钮，从弹出的下拉按钮中选择（插入贝塞尔点）按钮，在窗口缩放比例线上单击插入 2～3 个点。

③ 单击工具栏中的（移动控制点）按钮，移动控制点，并调整控制柄使放样对象产生的缩放变形效果，如图 5-2-29 所示。

（2）“缩放变形”对话框的工具栏。“缩放变形”对话框由工具栏、变形调整区和状态栏 3 部分组成。工具栏位于该对话框的最上端，提供了用于变形操作的工具按钮，各按钮的功能如下。

◈ （均衡）按钮：单击按下该按钮，可以使两个坐标轴上的变形保持一致。

◈ （显示 X 轴）按钮：单击按下该按钮，可以显示 X 轴的变形曲线。

◈ （显示 Y 轴）按钮：单击按下该按钮，可以显示 Y 轴的变形曲线。

◈ （显示 XY 轴）按钮：单击按下该按钮，可以同时显示 X 轴和 Y 轴的变形曲线。

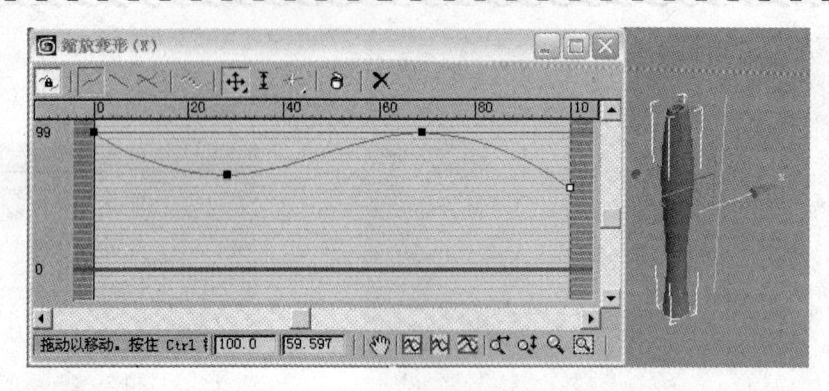


图 5-2-29 在“缩放变形”对话框调整放样路径和缩放后的放样对象

◈ （交换变形曲线）按钮：单击该按钮，可以交换两个坐标轴上的变形曲线。

◈ （移动控制点）按钮：这是一组弹出式按钮，从中选择一个，可以移动变形曲线上的控制点。

◈ （缩放控制点）按钮：用于上、下移动改变控制点在垂直方向的变形量。

◈ （插入角点）按钮：这是一组弹出式按钮，还有一个是（插入贝塞尔点）按钮，分别用于在变形曲线上插入拐角型的控制点和贝塞尔型的控制点。

◈ （删除控制点）按钮：用于在变形曲线上删除控制点。

◈ （复位曲线）按钮：用于将变形曲线快速恢复到初始状态，并删除所有添加的控制点。

（3）“缩放变形”对话框的变形调整区。变形调整区位于变形窗口的中间部分，用于对变形曲线进行操作。在变形工作区中，曲线、栅格线的作用如下。

◈ 垂直方向：虚线表示放样对象中的放样截面，实线表示放样对象中当前的放样截面。

◈ 水平方向：水平格线表示变形的值。红色曲线表示 X 轴的变形曲线，绿色曲线表示 Y 轴的变形曲线。变形曲线上的黑点表示插入的控制点，选中时变为白点。通过主工具栏的按钮或在控制点上单击鼠标右键，可以改变控制点的类型，也可以移动控制点改变其位置，或调整控制点的控制柄改变其两侧的曲率。变形曲线两端控制点的水平位置不能改变。

在“变形”卷展栏中，“扭曲”、“倾斜”和“倒角”变形与“缩放”变形使用方法相似。

#### 4.“拟合”变形

在放样变形工具中，拟合变形是功能最强大的一种变形方式，它使用 4 个图形相互配合来制作一个三维模型。这 4 个图形是截面图形（不论截面图形有多少个，都视为一个）、放样的路径和两个轮廓图形。这两个轮廓图形一个用于 X 方向的拟合，另一个用于 Y 方向的拟合。拟合图形实际上是缩放边界。当横截面图形沿着路径移动时，缩放 X 轴可以拟合 X 轴拟合图形的边界，而缩放 Y 轴可以拟合 Y 轴拟合图形的边界。

（1）“拟合”变形应满足的条件。进行“拟合”变形时应满足以下条件。

① 两个轮廓图形应有相同的长度。

②“拟合”变形所需的图形一定是封闭的，并且只能包含一条曲线。

③ 在 X 轴上不能有曲线段超出第一或最后一个顶点。

（2）拟合的步骤。进行拟合的具体操作步骤如下。

① 选择放样对象。

② 进入“修改”命令面板，单击“变形”卷展栏中的“拟合”按钮，弹出“拟合变形(X)”对话框，如图 5-2-30 所示。

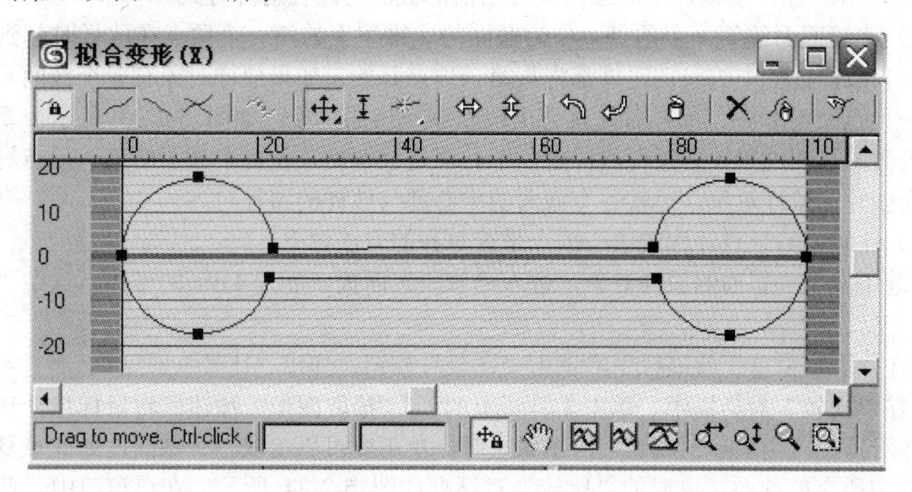


图 5-2-30　“拟合变形(X)”对话框

③ 在窗口工具栏中单击按钮，然后在视图中选择要用作拟合曲线的图形。

## 5．纠正放样的扭曲现象

当放样对象创建完成后，可能需要修改各截面图形或者路径图形，这时需要进入放样对象的子对象层，进行编辑修改。进入“修改”命令面板，将堆栈的 Loft 选项展开，可以看到 Loft 对象的子对象有“图形”和“路径”两个，如图 5-2-31 所示。

（1）“图形”子对象：在修改器堆栈中展开 Loft 的堆栈，单击“图形”子对象后，在命令面板中显示出“图形命令”卷展栏，如图 5-2-32 所示，该卷展栏中主要按钮的作用如下。

图 5-2-31　放样对象的两个子对象

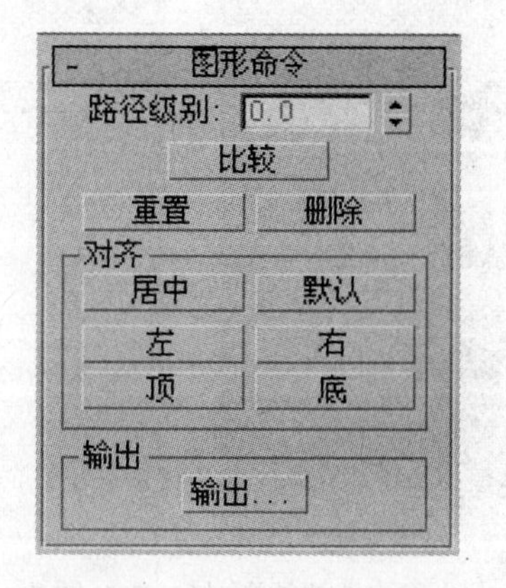


图 5-2-32　“图形命令”卷展栏

◈ “路径级别”数值框：在选中了截面以后，该数值框被激活，用于显示或设置当前截面在放样路径上的位置。

◈ “比较”按钮：单击该按钮，弹出“比较”窗口，用以调整并对齐截面。

◈ “重置”按钮：用于将当前截面快速恢复到初始状态。

◈ “删除”按钮：用于删除当前的截面。

◈ “对齐”栏：用该栏中的按钮设置当前的截面与路径对齐方式。

（2）比较截面的第一个顶点。作为截面的二维型上的第一个顶点在放样时起到很大的作用，因为放样过程中的一切运算都将从第一顶点开始。如果放样对象有多个截面，每个截面的第一顶点又没对齐，放样对象就会出现收缩或扭曲现象，如图 5-2-33 所示。要消除放样对象表面的扭曲现象，必须对放样的各个截面进行调整，使各个截面的第一顶点对齐。用多个截面创建的放样对象，通常各个截面的中心都与放样的路径对齐。

（3）比较第一顶点。比较第一顶点是否对齐的方法如下。

① 选中发生了扭曲的放样对象，进入“修改”面板，展开 Loft 的堆栈，选中“图形”子对象。

② 在“图形命令”卷展栏中，单击“比较”按钮，弹出“比较”对话框。

③ 在“比较”对话框中，单击工具栏上的 （拾取图形）按钮，将鼠标指针移到视图中的放样对象上，当鼠标变成图中所示状态时，单击就可以拾取一个截面，如此重复操作，直到拾取完所有的截面。这时的“比较”对话框如图 5-2-34 所示。在该窗口中，截面图形上的小矩形就是第一顶点的位置。从图中可以看出放样所用的两个截面的第一顶点的位置不同，所以产生了扭曲现象。

（4）调整并对齐截面第一顶点的方法。如果能将多个放样截面图形的第一个顶点都调整到一个方向上，就可以纠正扭曲的现象。调整第一个顶点的方法可以有下两种方法。

① 在“修改”命令面板中选中“图形”子对象，选中要调整的截面，然后对这个面进行旋转，观察视图中的放样对象，直到扭曲现象消失为止。

② 将需要调整顶点位置的图形转为可编辑样条曲线，进入顶点的编辑状态，选择要调整为第一个顶点的对象，单击“几何体”卷展栏中的“设置为首顶点”按钮，就可以将第一顶点对齐。纠正了扭曲的放样对象如图 5-2-35 所示。

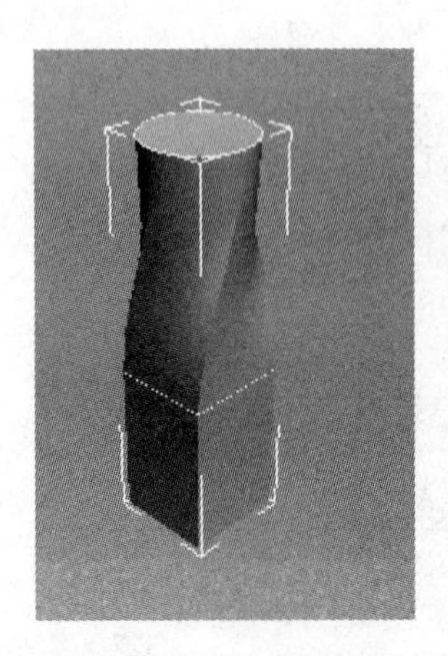

图 5-2-33　发生了扭曲的放样对象

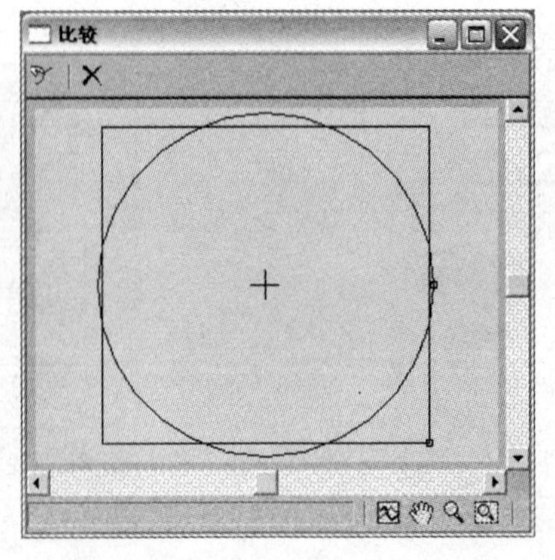


图 5-2-34　已经拾取了截面的“比较”对话框

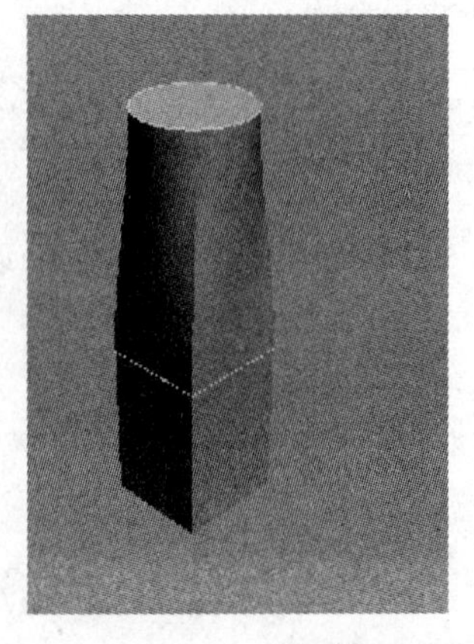

图 5-2-35　纠正了扭曲的放样对象

## 5.3　上机实战——窗帘

本例要制作一个卧室中一面有窗户的墙壁，在窗户上挂着漂亮的窗帘（当然因为没有编辑材质的关系，我们还不能透过窗户看到外面的美丽景色，材质的编辑要在下一章中进行）完成后的效果如图 5-3-1 所示。制作本例的具体操作步骤如下。

图 5-3-1　“窗帘”渲染效果图

（1）打开本书配套光盘上“调用文件”\“第 5 章”文件夹中的“5-3 窗帘.max”文件。在这个文件中我们已经制作好了一个作为墙壁的长方体和一架摄像机，而且透视图已经切换成了摄像机视图。

（2）单击（创建）→（几何体）→“标准基本体”→“长方体”按钮，在前视图中创建一个长方体，设置它的“长度”为 1100，“宽度”为 2300，“高度”为 300。将这个长方体作为门。

（3）再在前视图中创建一个“长度”和“宽度”都是 700，“高度”为 300 的长方体，将这个长方体复制出 6 个，再在视图中调整好它们的位置，如图 5-3-2 所示。这几个长方体的大小是窗户大小。

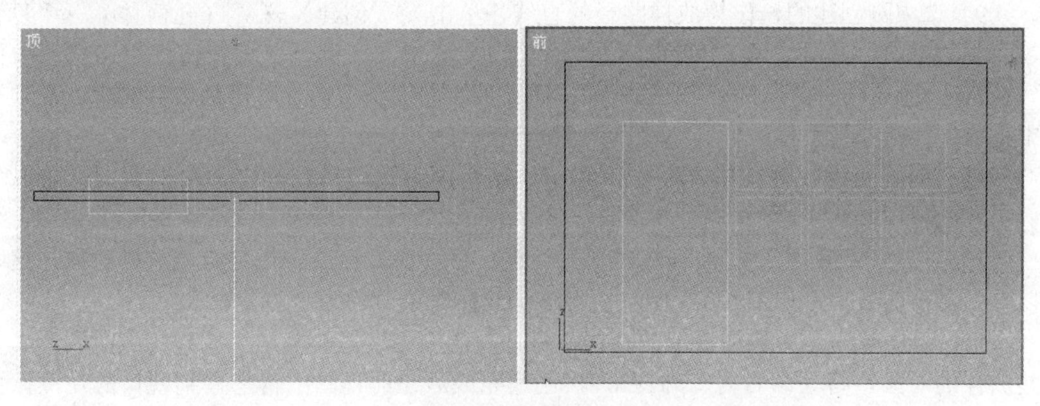


图 5-3-2　在视图中调整好新创建的长方体的位置

（4）选中作为墙壁的大长方体，单击（创建）→（几何体）→“复合对象”→“布尔”按钮，在“拾取布尔”卷展栏中选中“移动”按钮，在“参数”卷展栏中选中“差集（A-B）”单选按钮，然后在“拾取布尔”卷展栏中单击“拾取操作对象 B”按钮，将鼠标指针移到视图中单击作为门的长方体。

（5）单击主工具栏中的按钮，然后再重复上一步操作，对另外的作为窗户的长方体进行布尔操作。如此重复，直到完成所有的布尔操作，效果如图 5-3-3 所示。

（6）单击（创建）→（图形）→“样条线”→“线”按钮，在“创建方法”卷展栏中选中两个“平滑”单选按钮，然后在顶视图中创建一条线，如图 5-3-3 所示。

注意这条线是作为窗帘放样时的截面图形使用，所以起伏不要太大，但是长度应与整个窗户的长度相差不多。

（7）将这条线复制一份，然后进入它的顶点编辑状态，拖动鼠标选中右侧的将近一半的顶点，将它们删除。这样这条线就基本是原来那条线的一半。

（8）鼠标单击前视图，将其激活，单击（创建）→（图形）→“样条线”→“线”按钮，然后在它的参数面板中将“键盘输入”卷展栏展开，这时 X、Y、Z 3 个数值框中的数值都是 0，单击“添加点”按钮，添加线的第一个点，再将 Y 数值框中的数值修改为 3000，再次单击“添加点”按钮，添加另一个点，最后单击“结束”按钮，结束线的创建。这条线作为放样的路径。然后将这条线移到墙壁的正中，如图 5-3-4 所示。

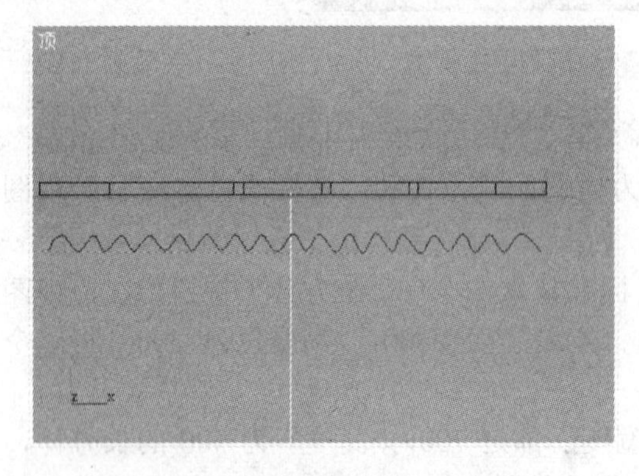

图 5-3-3　在顶视图中创建一条曲线

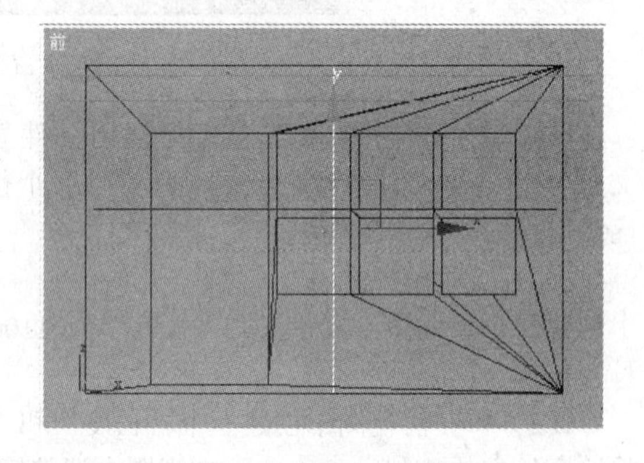

图 5-3-4　放样路径的位置

（9）选中刚创建的、作为放样路径的直线，单击（创建）→（几何体）→“复合对象”→“放样”按钮，在“创建方法”卷展栏中选中“实例”单选按钮，单击“获取图形”按钮，然后将鼠标指针移到视图中单击比较长的曲线图形。这时得到放样对象，在顶视图中将放样的对象向下移，使其在墙壁的里面。

但是这时在摄像机视图中不能看到窗帘，这是因为我们看到的是窗帘的背面，可以使用一个双面材质来解决这个问题。

（10）按 M 键弹出“材质编辑器”对话框，将“窗帘材质”指定给该放样对象，这时可以看到窗帘的效果，如图 5-3-5 所示。将这个放样对象命名为“内窗帘”。

（11）再次选中作为放样路径的直线，以顶视图中比较短的曲线为放样的截面图形，再创建放样的对象，将其命名为“外窗帘”，创建完成后在前视图中将它移到视口的左侧，再将“窗帘材质”指定给它，这时的效果如图 5-3-6 所示。

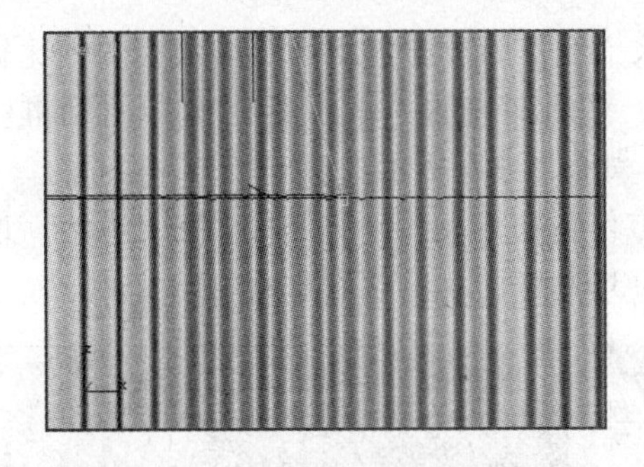

图 5-3-5　已经完成“内窗帘”的制作

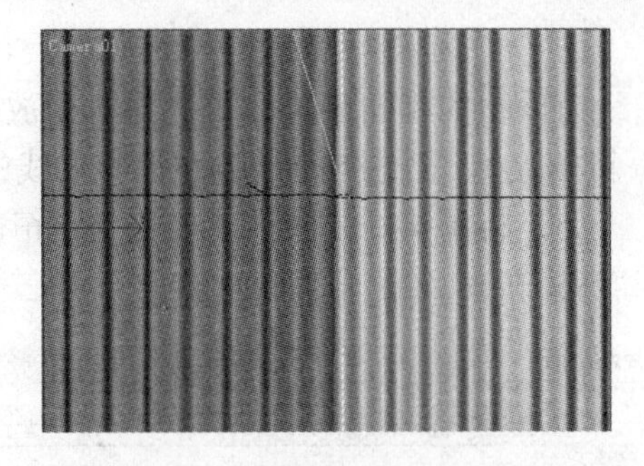

图 5-3-6　创建完成了“外窗帘”

（12）选中“外窗帘”对象，在“修改”命令面板中展开“变形”卷展栏，单击“缩放”按钮，弹出“缩放变形(X)”对话框，单击对话框工具栏中的（插入角点）按钮，在路径约 40%的位置上单击鼠标，添加一个角点，如图 5-3-7 所示。

（13）单击工具栏中的按钮，选中刚创建的角点，单击鼠标右键，在弹出的快捷菜单中单击“Bezier 角点”按钮，转换点的类型。然后拖动控制柄调整曲线的形状，如图 5-3-7 所示。

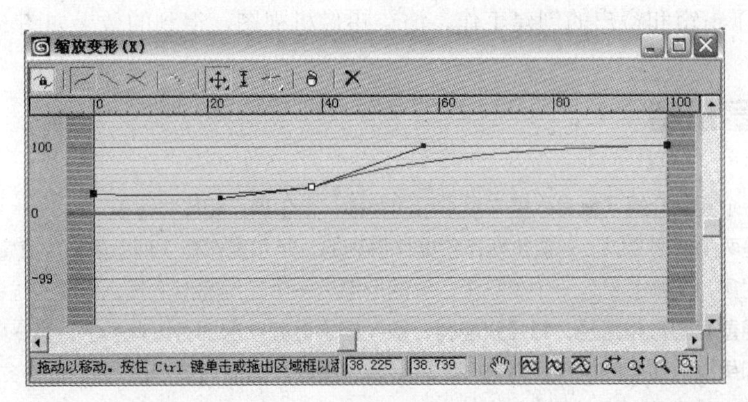


图 5-3-7　调整缩放变形的曲线

（14）在前视图中将外窗帘镜像复制一个，复制的类型选择“实例”，这时的效果如图 5-3-8 所示。

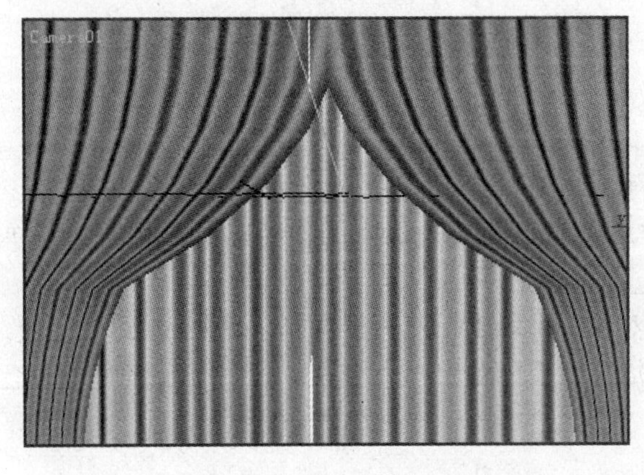

图 5-3-8　外窗帘的效果

（15）在前视图中创建一条长约为 5000 的水平线作为放样的路径，以顶视图中比较短的曲线为放样的截面图形，再创建一个放样对象。然后在它的“缩放变形(X)”对话框中添加 5 个控制点，用这 5 个控制点调整曲线的形状，如图 5-3-9 所示。

（16）将调整好的放样对象移到窗帘的最上方作窗帘眉使用，如图 5-3-10 所示。最后再在前视图中创建两个切角长方体，将它移到图 5-3-10 中所示的位置。

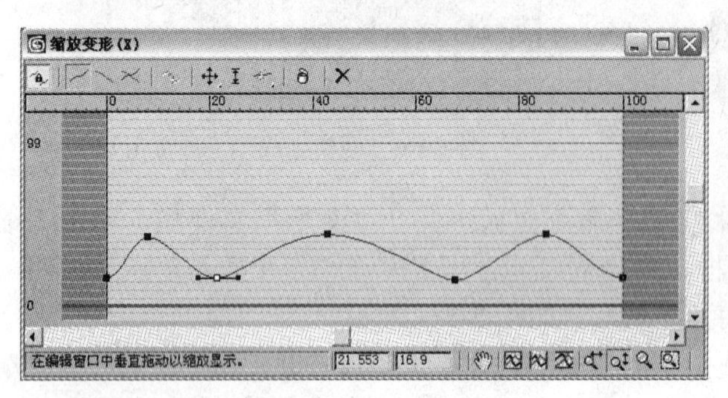


图 5-3-9 第 2 放样对象的“缩放变形(X)”对话框

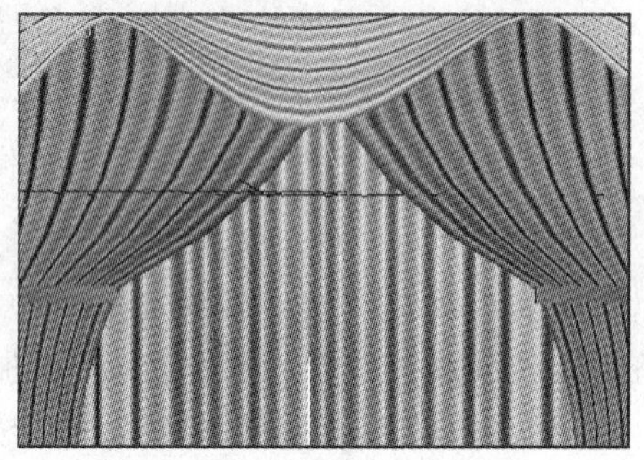

图 5-3-10 制作完成的窗帘

至此完成了窗帘和窗户的创建工作，渲染摄像机视图，得到的效果如图 5-3-1 所示。

## 本章小结

本章通过 3 个实例介绍了复合建模中最常用的两种：布尔操作和放样建模。

布尔对象是两个或两个以上对象执行布尔操作得到的，布尔操作有 3 种：并集、交集和差集。

创建放样对象，实际上是让一个或几个二维图形沿另一个二维图形生长，形成三维模型在创建放样对象时，要使用截面图形和路径，路径只能有一条，但是截面图形却可以有多个。当一个放样对象上有多个截面时，如果第一顶点的位置没有对齐，就会发生扭曲，这时可以用旋转截面图形或重新设置第一顶点的方法来解决扭曲。

## 习题 5

### 1. 填空题

（1）放样对象的子对象有_______和_______两个。

（2）在创建放样对象时，如果先选中了作为路径的样条线，单击了“放样”按钮以后，应进行的操作是_______。

（3）在创建放样对象时出现了扭曲变形现象，这是因为_______。

（4）在进行布尔运算时要先选中一个对象，这个对象称为_______。

### 2. 简答题

（1）如果要在一个大大的薄板上制作出镂空的文字，该如何操作？

（2）布尔操作有几种类型？

（3）布尔操作中的差集和交集有什么不同？

（4）如果要制作只有一个截面的放样对象可以有几种操作方法？如何操作？

（5）如果要制作有多个截面的放样对象应如何进行操作？

### 3. 操作题

（1）为我们在第 3 章所制作的转椅制作几个用于散热的孔，效果如图 1 所示。

（2）用放样的方法制作一幅窗帘，如图 2 所示。注意这幅窗帘和前面所制作的窗帘的不同点是它的上下褶皱不同，所以要使用两个放样的截面图形。

图 1　有孔的转椅

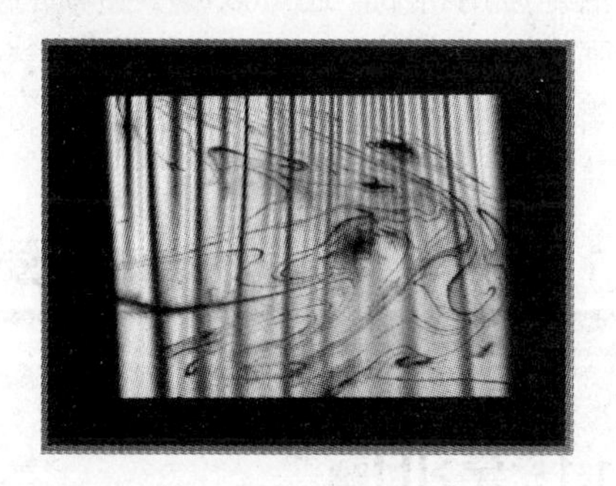

图 2　窗帘

# 第 6 章　材质和贴图

材质在三维设计制作过程中占有很重要的地位，是一件三维作品成败的关键因素之一。灵活地应用材质，还可以减少建模的工作量，大大提高工作效率。3ds max 7 的材质编辑功能强大而且灵活，能够编辑出真实令人信服的材质。本章将介绍使用材质的基本内容及材质编辑器的主要特征。

## 6.1　制作“花篮”——材质编辑器的初步使用

### 6.1.1　学习目标

◈ 了解材质编辑器的基本构成与主要功能。
◈ 理解不同的着色类型。
◈ 掌握在材质编辑器中编辑漫反射颜色和高光曲线的方法。

### 6.1.2　案例分析

在制作“花篮”这个案例中，制作了一个插花中使用的花篮，渲染后的效果如图 6-1-1

图 6-1-1　“花篮”渲染效果图

所示。在这个案例中花篮的造型细长，很适合用于制作摆放在地上的大型花篮。这个案例可以放在需要摆放花篮的任何一个场景中作为装饰。通过本案例的学习可以练习修改材质的颜色、高光级别、使用线框等材质的基本参数。

## 6.1.3　操作过程

（1）单击（创建）→（图形）→“样条线”→“线”按钮，在前视图中创建一条线，如图 6-1-2 左图所示。

（2）进入“修改”命令面板，在“选择”卷展栏中单击按钮，进入对它的顶点子对象编辑状态。拖动鼠标选中所有的顶点，单击鼠标右键，在弹出的快捷菜单中单击“Bezier 角点”菜单命令，就可以将所有的顶点的类型转换成贝兹角，同时在各顶点上出现绿色控制柄。

（3）在视图中调整各控制点修改曲线的形状，如图 6-1-2 右图所示。

（4）单击“几何体”卷展栏中的“优化”按钮，在曲线上单击，添加一些控制点，如图 6-1-3 所示。添加完成以后，在“选择”卷展栏中单击按钮结束对顶点子对象的编辑。

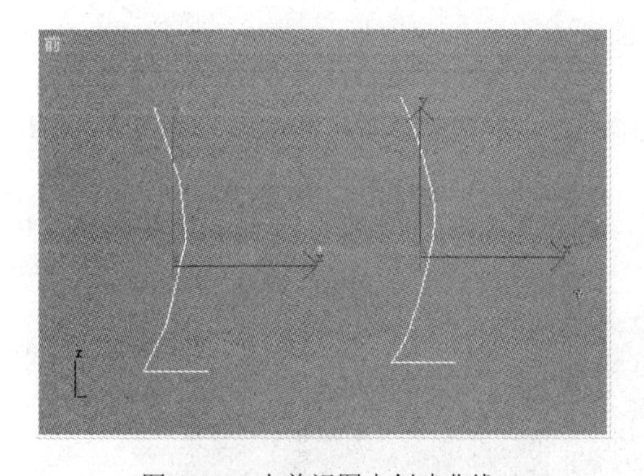

图 6-1-2　在前视图中创建曲线

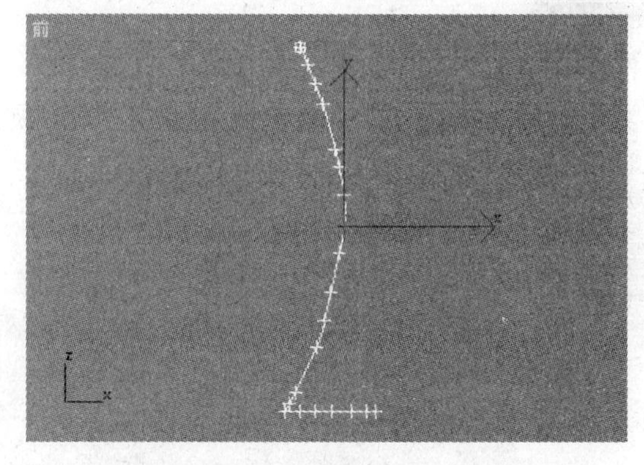

图 6-1-3　调整曲线并添加点

（5）单击（修改）→“修改器列表”→“车削”修改器，这时视图中的效果如图 6-1-4 左图所示。在修改堆栈中保证 Lathe 修改器为选中状态，然后在命令面板下面的“参数”卷展栏中设置它的参数。在“方向”栏中单击 Y 按钮，在“对齐”栏中单击“最大”按钮，效果如图 6-1-4 右图所示。

这时所得到的效果，在其他视图中的显示都是正常的，但是在透视视图中的显示却不正常，这是因为在 Max 中渲染时只渲染可见的前面，而背面是不渲染的，我们把这个问题留待后面解决。

（6）单击（创建）→（几何体）→“扩展基本体”→“环形结”按钮，在顶视图中拖动鼠标创建一个圆环结，在它的“参数”卷展栏中设置它的参数。在“基础曲线”栏中选中“圆”单选按钮，在“横截面”栏中将“扭曲”的值设置为 180，如图 6-1-5 所示其余参数以大小正好在花篮的上方，形成花篮的边为准。

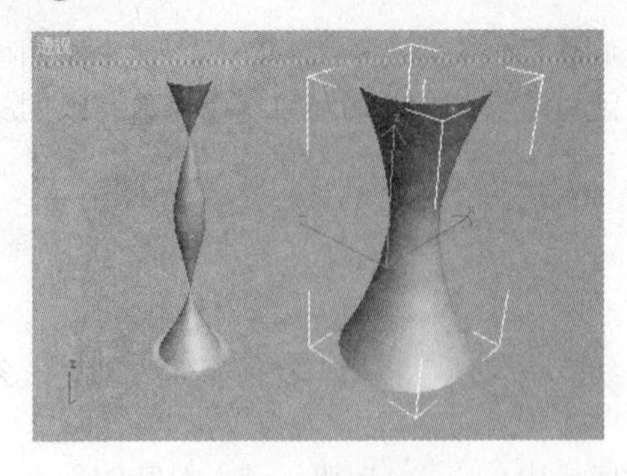

图 6-1-4　添加 Lathe 修改器以后的效果

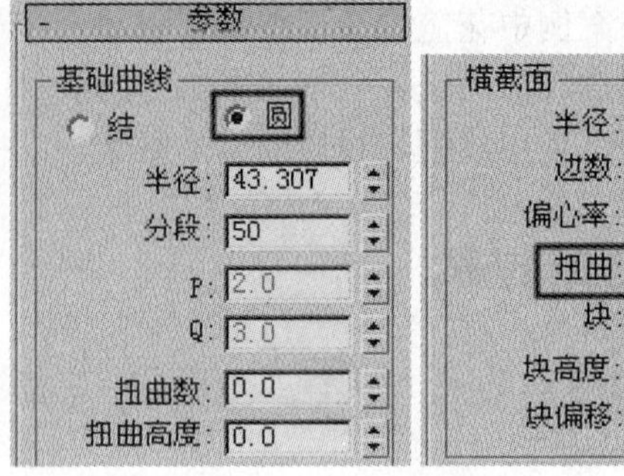


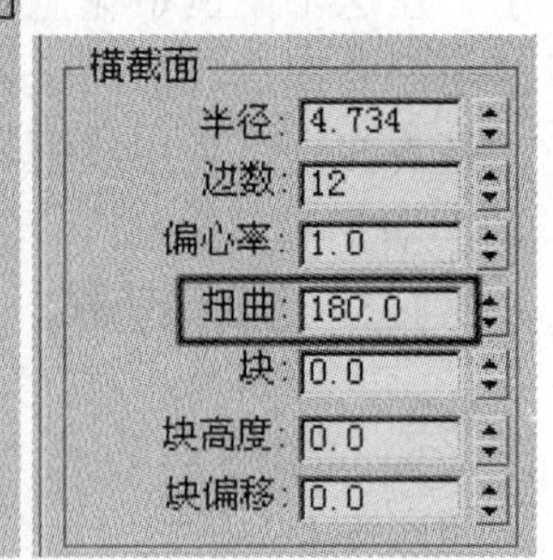


图 6-1-5　圆环结的参数设置

（7）在视图中拖动鼠标选中所有对象，然后单击主工具栏中的（材质编辑器）按钮，弹出“材质编辑器”对话框，如图 6-1-6 所示。

（8）在“材质编辑器”对话框中选中第 1 个示例窗。然后在示例窗下面的水平工具栏中单击（将材质指定给选定的对象）按钮，将材质赋予所选对象，再单击（在视口中显示贴图）按钮，如图 6-1-6 所示。

（9）在“明暗器基本参数”卷展栏中单击着色类型下拉列表框，从中选择 Phone 选项，然后选中“线框”和“双面”复选框。

（10）这时它下面的卷展栏变为“Phone 基本参数”卷展栏，单击“漫反射”右侧的颜色块，弹出“颜色选择器”对话框，在这个对话框中调整颜色，这时在它右侧的数值框中显示出各种颜色的数值，调整颜色数值（R：221、G：206、B：165），关闭该对话框。

（11）在“反射高光”栏中设置“高光级别”为 30，“光泽度”为 10，如图 6-1-6 所示。

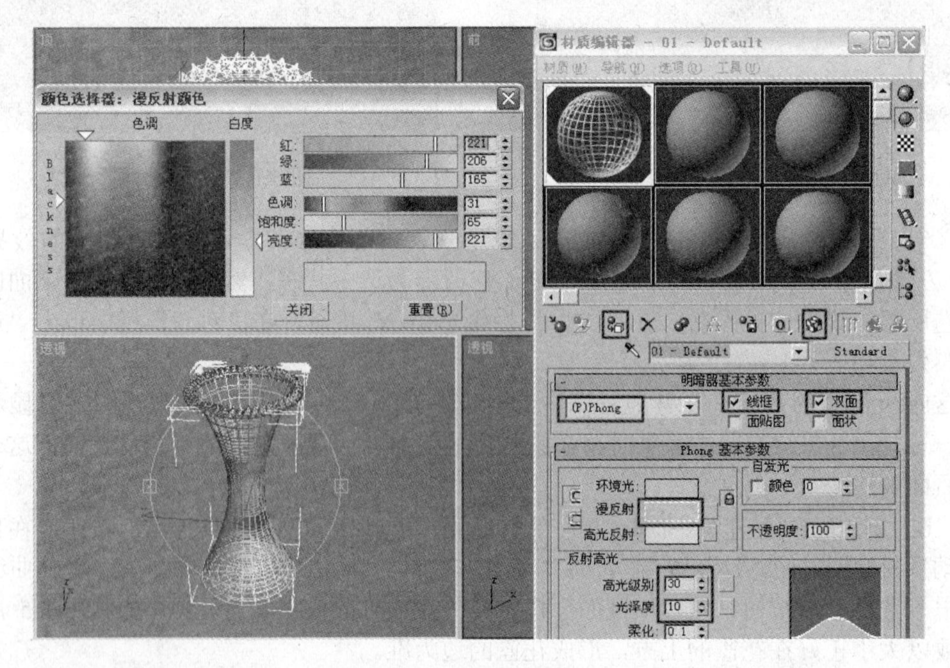


图 6-1-6　设置花篮的材质

（12）单击“渲染”→“环境”菜单命令，弹出“环境与效果”对话框，单击“背景”栏中的“颜色”区域下面的色块，设置它的颜色。

经过以上的设置后单击工具栏中的（快速渲染）按钮，弹出渲染窗口，对透视图进行着色渲染，效果如图6-1-1所示。

【案例小结】

在制作“花篮”这个案例中，制作了一个可以放在地上的大型花篮。因为花篮要有镂空的效果，在本案例中我们使用了将材质设置为“线框”来达到这个目的。为了能够产生透过花篮看到花篮另一面的效果，又在“材质编辑器”对话框中选中了“双面”复选框。

### 6.1.4 相关知识——“材质编辑器”的基本使用方法

#### 1. 示例窗和工具栏

编辑材质的工作主要在材质编辑器中完成，单击“渲染”→“材质编辑器”菜单命令或单击主工具栏中的“材质编辑器”按钮或按M键，都可以打开“材质编辑器”对话框，如图6-1-7所示。

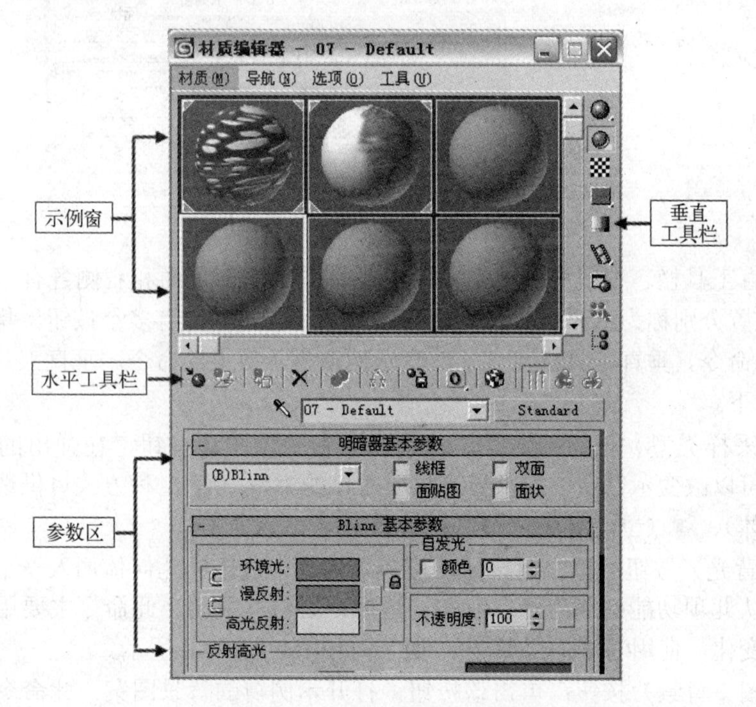


图6-1-7　“材质编辑器”对话框

从图中可以看出，“材质编辑器”对话框可以分为上下两部分，上半部分是材质的示例窗（也称为样本槽）及功能区，这部分的操作绝大多数对材质没有影响；下半部分是参数区，对材质的具体编辑工作主要在这一部分进行，其状态随操作和材质层级的更改而改变。

（1）菜单栏。在对话框名称下面是菜单栏，菜单栏中大部分命令与工具栏中按钮提供相同的功能。

（2）示例窗。“示例窗”位于“材质编辑器”对话框的最上部，它的作用主要是保留材质设置，显示材质效果。在默认状态下，显示出 6 个示例窗并以球体作为示例对象。在 3ds max 7 中有 24 个示例窗格，用户可以在“示例窗”上单击鼠标右键，在弹出的快捷菜单中选择示例窗格的数目，如图 6-1-8 所示。

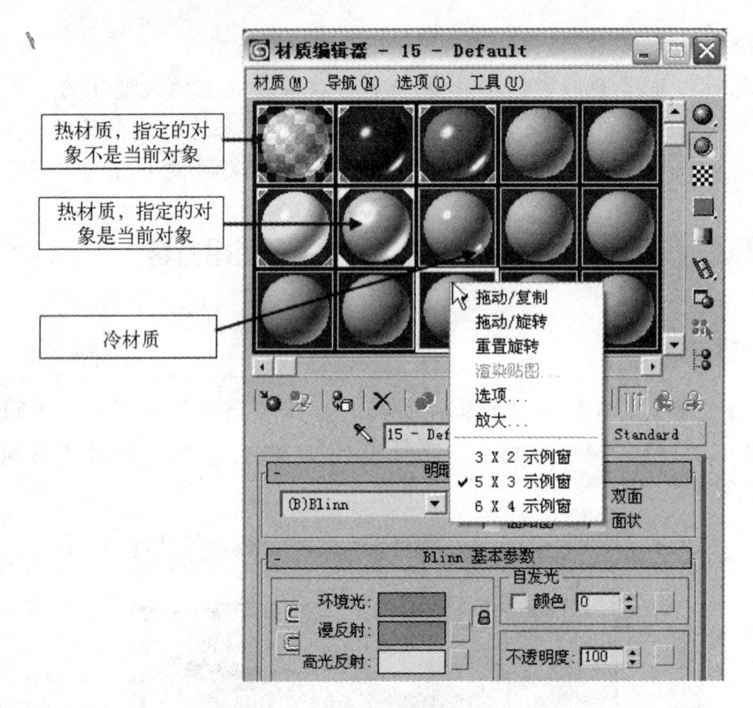


图 6-1-8 改变示例窗格的数目

（3）垂直工具栏。在“材质编辑器”对话框的示例窗下面和右侧各有一个工具栏，按它们所处的位置分别称为水平工具栏和垂直工具栏。工具栏内有多个按钮，集合了改变各种材质和贴图的命令。垂直工具栏包含了改变示例窗显示效果的命令。垂直工具栏内部分按钮的功能介绍如下。

◈ （采样类型）按钮：这是一组弹出按钮，单击该按钮，在弹出的按钮中进行选择，可以改变示例窗中用来显示材质对象的类型。有 3 种方式可供选择，分别为（球体）、（立方体）和（圆柱体）。

◈ （背光）按钮：单击该按钮，可为示例窗中显示的几何体加入一个背光效果。系统默认此项功能始终为开启状态，最好不要将其关闭。此命令主要用于观察金属材质的变化。使用与不使用背光效果的示例窗如图 6-1-9 所示。

◈ （图案背景）按钮：单击该按钮，打开示例窗的背景图案。此命令主要用于检验被赋予透明“材质”或“贴图”后的对象表面效果。使用与不使用图案背景的示例窗效果如图 6-1-10 所示。

（4）水平工具栏。水平工具栏包含了材质的指定、存储和在不同层级材质间相互转换等命令。水平工具栏内部分按钮的功能如下。

◈ （将材质指定给选定的对象）按钮：单击该按钮，将当前示例窗中的“材质”指定给选择的对象。如果场景中有相同名称的“材质”，系统会提示是否进行替换或改名操作。

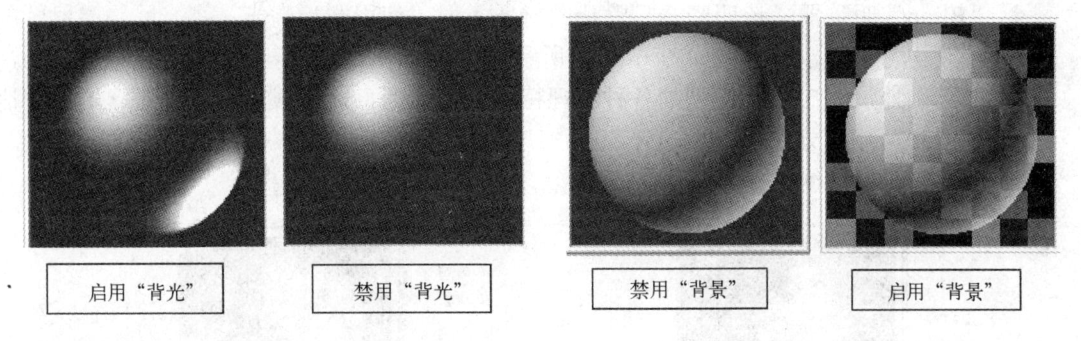


图 6-1-9　使用与不使用背光效果的示例窗　　图 6-1-10　使用与不使用图案背景的效果

◈ （重置贴图/材质为默认设置）按钮：单击该按钮，弹出“材质编辑器”对话框，单击“是”按钮，可以重新设定当前示例窗中的“材质”和“贴图”。

◈ （在视口中显示贴图）按钮：在有“贴图”的“材质”中，必须单击该按钮，视图中的对象上才能显示出“贴图”效果。而且贴图技术只能针对 2D 类“贴图”起作用，对于 3D 类程序“贴图”无效。

◈ （返回到父级材质）按钮：单击该按钮，回到当前材质的上一级材质。可以把多个层级的材质比做父与子的关系，最顶层为父，其他的都为子。只有工作在多个层级“材质”中间，此按钮才可使用。

◈ 01 - Default（材质名称）框：显示“材质”和“贴图”的名称。将默认的名称选中以后，可以输入新的名称。

## 2．“明暗器基本参数”卷展栏的设置

默认情况下，“材质编辑器”对话框中显示的是“标准材质”，该材质的参数放在 7 个卷展栏中，在这些卷展栏中，最基本的是“明暗器基本参数”卷展栏，将它展开后，如图 6-1-11 所示，在这个卷展栏中可以改变标准材质的明暗器和渲染方式。

（1）着色类型和明暗器。在“明暗器基本参数”卷展栏中，左侧的下拉列表框供选择不同的着色类型，着色类型由明暗器控制。单击着色类型下拉列表框弹出其下拉列表，如图 6-1-12 所示。从图中可以看出一共有 8 种明暗器可供选择（选择不同的明暗器选项后，在其下面的基本参数卷展栏将变为相应类型的卷展栏），常用明暗器的功能如下。

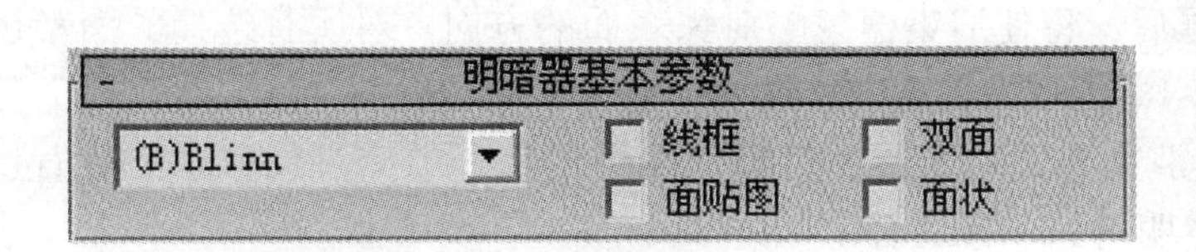


图 6-1-11　“明暗器基本参数”卷展栏

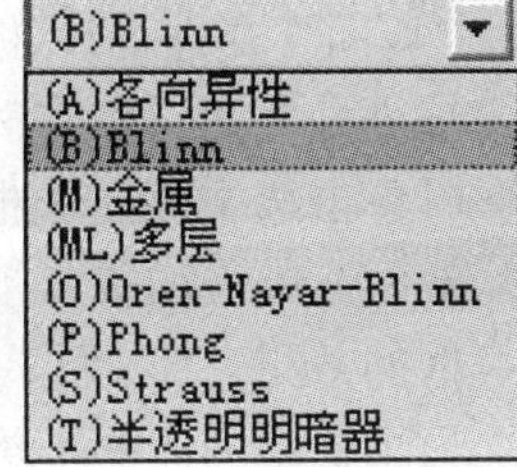


图 6-1-12　明暗器

◈ “各向异性”明暗器：该明暗器使用椭圆形高光，其样本球示例如图 6-1-13 所示。这种明暗器可以制作表面具有抛光效果的材质，对于建立头发、玻璃或磨沙金属的

模型很有效。

◈ “Blinn”明暗器：该明暗器是默认的材质类型，使用圆形高光，高光区与漫射区的过渡均匀，样本球示例如图 6-1-14 所示。这种明暗器可以渲染光滑和粗糙的表面，能精确地反映出三维模型的各种物理特性，如透明、对光线的反映等。它的色调比较柔和，能充分表现材质质感，有很广的应用范围，可以表现织物、塑料、陶瓷、土质、石材等绝大部分材质。

图 6-1-13 “各向异性”明暗器的高光

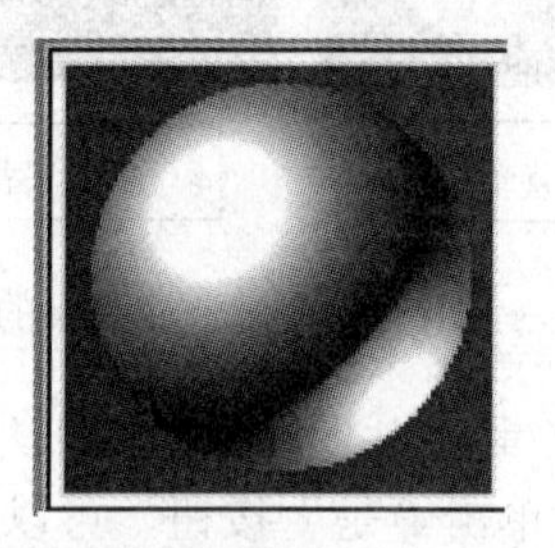

图 6-1-14 “Blinn”明暗器的高光

◈ “金属”明暗器：这种明暗器在对象的表面会产生强烈金属质感的反光效果，可以制作金属材质与反光及色调特别强烈的较抽象的材质。在创建金属材质时要保证示例窗口中的“背光”按钮按下，将背光添加到活动示例窗中（默认情况下，此按钮处于启用状态）。

◈ “Phong”明暗器：该明暗器与“Blinn”、“Oren-Nayar-Blinn”明暗器一样，都具有圆形高光，并且具有相同的“基本参数”卷展栏。“Phong”明暗器应用于对象的表面会产生光滑柔和的反光效果，与“Blinn”的不同之处是渲染的感觉要硬一些。它可以制作光滑质感的材质。

◈ “半透明”明暗器：该明暗器与“Blinn”明暗器类似，但它还可用于指定半透明。半透明对象允许光线穿过，并在对象内部使光线散射。可以使用半透明来模拟被霜覆盖的和被侵蚀的玻璃、石蜡、玉石、凝固的油脂及细嫩的皮肤等。

（2）渲染方式。在“明暗器基本参数”卷展栏的右侧提供了标准材质的 4 种渲染方式，分别是“线框”、“双面”、“面贴图”和“块状”。

◈ “线框”复选框：单击选中该复选框后，将清除对象表面部分，只保留对象的线框结构。在渲染时，对象将被渲染成线框形式，这时的示例窗上的球体也显示为线框状，如图 6-1-15 所示。

◈ “双面”复选框：在 Max 中三维模型是表面和背面空心的蒙皮结构，默认情况下只渲染外表面，但有时三维模型中会形成敞开的面，其内壁因无材质而无法看到。这时单击选中该复选框后，将使渲染器忽略对象表面的方向，对所有选择的面都进行双面渲染，如图 6-1-16 所示为在选中“线框”复选框的情况下又选中“双面”复选框的效果。“双面”渲染方式对于透明对象、线框对象、中空对象和非常薄而且要显示正反两面的不透明对象非常适合。

◈ “面贴图”复选框：单击选中该复选框后，对象表面的贴图将自动被指定到对象的每一个表面上，贴图的疏密程度与对象面数的多少有关，效果如图 6-1-17 所示。

◈ “面状”复选框：单击选中该复选框，就像表面是平面一样，渲染表面的每一面，

渲染的效果如图 6-1-18 所示。该复选框只对渲染有效，对对象本身没有影响。

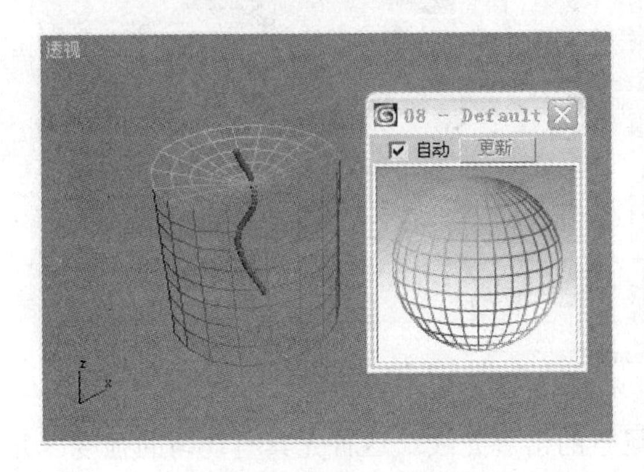


图 6-1-15　线框渲染方式

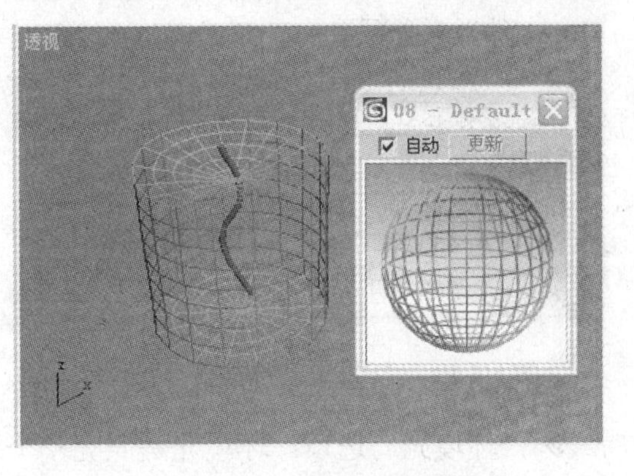


图 6-1-16　双面的线框渲染方式

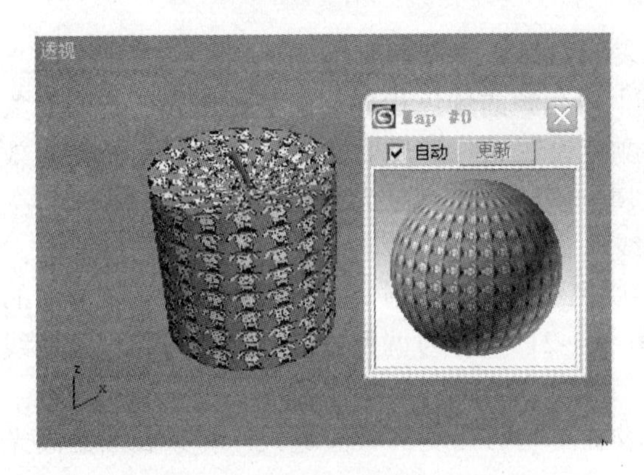


图 6-1-17　选中“面贴图”复选框

图 6-1-18　面状的渲染方式

### 3．“Blinn 基本参数”卷展栏的设置

在“明暗器基本参数”卷展栏“着色类型”下拉列表框选择了不同的明暗器以后，该栏下方卷展栏的名称和参数也将发生变化。

如图 6-1-19 所示为使用系统默认的“Blinn”明暗器时的“Blinn 基本参数”卷展栏。其他明暗类型的基本参数卷展栏与这个卷展栏有不同的地方，但思想基本相同，下面介绍这个卷展栏的设置。

（1）颜色编辑区：一个自己不能发光的对象在全黑的环境中，不能被人的眼睛看到，所以在默认情况下，在每个场景中都具有少量环境光。当光线照射到对象上时，产生明暗两个面，其中亮面最强的光线称为“高光”，反映出对象自身颜色的参数是“漫反射”，“环境光”参数则反映出阴影的颜色。三种光在对象上的位置如图 6-1-20 所示。

◈ “漫反射”选项：漫反射颜色是当用直射日光或人造灯光投射到对象上面时反映出来的颜色，是对材质外表影响最大的颜色。单击“漫反射”右侧的颜色样本，弹出“颜色选择器”对话框，用于指定颜色。在“漫反射”颜色样本的右侧有一个（无）按钮，单击它可以弹出“材质/贴图浏览器”对话框，用来选择一种贴图来代替颜色。

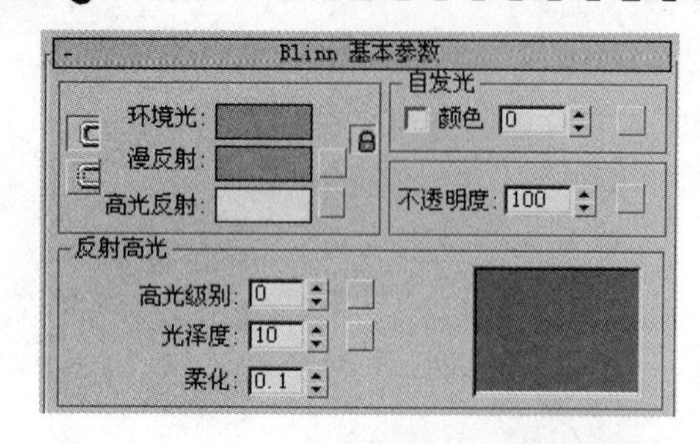


图 6-1-19　“Blinn 基本参数”卷展栏

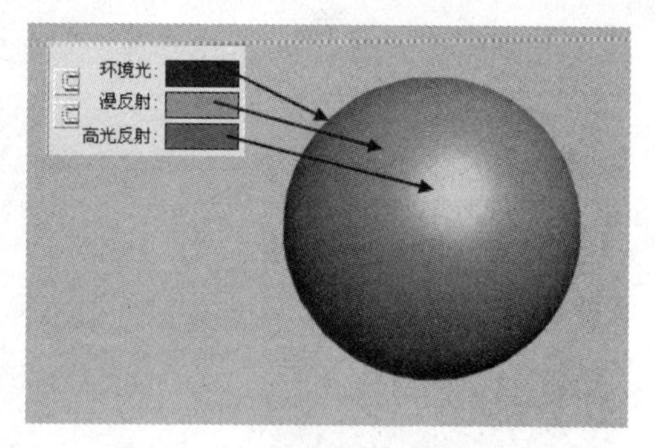


图 6-1-20　三种光在对象上的表现

◈ “环境光”选项：环境光是照亮整个场景的常规光线。这种光具有均匀的强度，并且属于均质漫反射，不具有可辨别的光源和方向。环境光主要用于设置对象阴影部分的颜色。

◈ “高光反射”选项：高光颜色是发光表面以最高亮度显示的颜色。高光是用于照亮表面的灯光的反射。高光颜色应该与主要光源的颜色相同，但是并不是所有的对象都有高光。在 Max 中，可以将高光颜色设置成与漫反射颜色相符，以达到无光效果，降低了材质的光泽性。另外“金属”明暗器没有高光组件，因为它的高光直接来源于“漫反射”颜色成分和高光曲线。

（2）高光曲线。在“Blinn 基本参数”卷展栏下端的“反射高光”栏中可以设置材质的高光参数，在参数的右侧是高光曲线图。如图 6-1-21 所示为调整好的高光曲线和这条曲线所对应的示例窗。

◈ “高光级别”数值框：该数值框用于设置高光的强度。数值越大，对象表面的高光越强，高光就越亮。

◈ “光泽度”数值框：该数值框用于设置反射高光的大小。随着该值增大，高光将越来越小，材质将变得越来越亮，如图 6-1-22 所示。

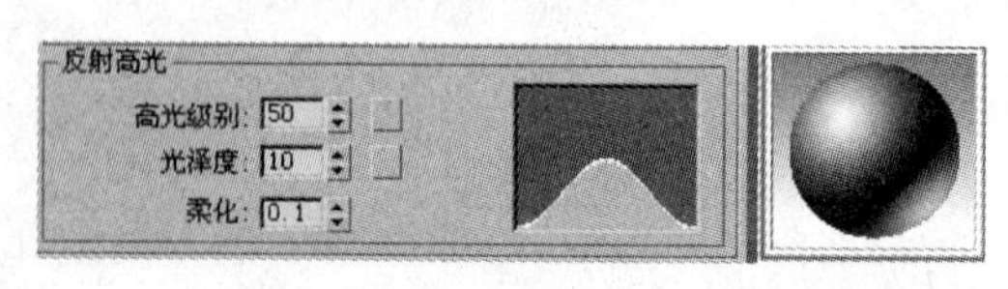


图 6-1-21　高光曲线之一

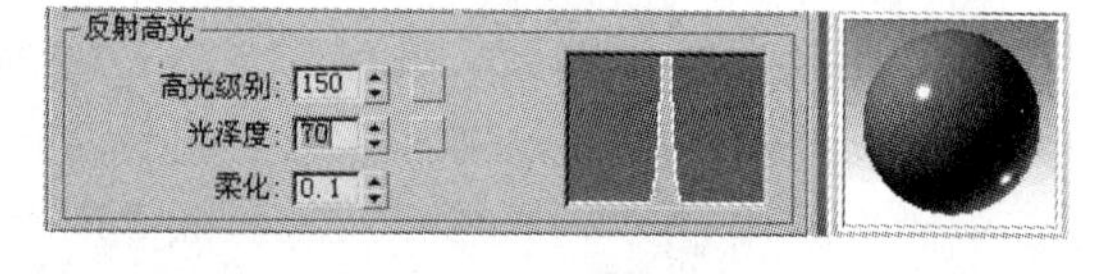


图 6-1-22　高光曲线之二

◈ “柔化”数值框：该数值框柔化反射高光的效果。当高光级别很高，而光泽度很低时，表面上会出现剧烈的背光效果。增加柔化的值可以减轻这种效果。

在 3 个参数的右侧是高光曲线图，该曲线显示调整高光级别和光泽度值的效果。水平方向反映高光区的范围，竖直方向反映高光的级别。

（3）自发光颜色和不透明度。在材质颜色区的右侧区域中的参数用于设置对象的自发光效果和不透明度。

◈ “自发光”栏：自发光是通过减少材质中的环境阴影成分来产生自发光效果。通过该项设置可以用来制作车灯、荧光灯等一些自己能发光的对象。在“自发光”栏中的“颜色”数值框中直接输入数值可以设置自发光的强度。如果选中了“颜色”复选框，则可以控制指定给对象的自发光颜色，这时右边的“颜色”数值框变为颜色样本框，同时也无法再调节原数值框中的数值。单击参数栏的■（无）按钮后，可以指定自发光的贴图。

◈ “不透明度”数值框：在“不透明度”数值框用于设置对象的透明程度，用百分比表示。数值越大，对象越趋于不透明。单击右侧的■（无）按钮，可以设置不透明度贴图。

## 6.2　“窗外景色”——使用贴图通道编辑材质

### 6.2.1　学习目标

◈ 初步掌握设置贴图的方法。
◈ 理解贴图通道的含义。
◈ 掌握“漫反射”、“凹凸”、“不透明”、“反射”等贴图通道的使用方法。

### 6.2.2　案例分析

在“窗外美景”这个案例中要为上一章中所制作的窗帘添加材质，添加完材质以后可以透过窗户看到外面的美丽景色，完成后的效果如图 6-2-1 所示。在这个案例中展示的是一面墙上的窗户，透过窗户显示出窗外的山水景色，窗户上挂着两层窗帘，一层是薄薄的纱帘，另一层是收起的布窗帘。这个案例可以作为室内装饰的一部分，用于室内装饰效果图的制作或者是浏览动画的制作。通过本案例的学习可以练习“漫反射”、“凹凸”、“高光级别”和“自发光”等贴图通道的使用方法。

图 6-2-1　“窗外景色”渲染效果图

## 6.2.3 操作过程

### 1. 编辑材质

（1）打开上一章中所制作的“窗帘”文件。

（2）在视图选中墙壁对象，单击鼠标右键，在弹出的快捷菜单中单击“隐藏未选定对象”。

（3）单击主工具栏中的按钮，弹出“材质编辑器”对话框。选中第 1 个示例窗，在下面的名称框中输入“墙壁材质”文字，将该材质命名，如图 6-2-2 所示。然后单击该对话框水平工具栏中的按钮，将材质赋予所选对象，再单击按钮，在视口中显示贴图效果。

（4）在“基本参数”卷展栏中单击着色类型下拉列表框，从中选择 Phone 选项，然后向上拖动面板，单击“漫反射”右侧的颜色样本，在弹出的“颜色选择器”中设置颜色（R：238、G：235、B：205），如图 6-2-2 所示。

（5）在“材质编辑器”中向上拖动参数面板，展开“贴图”卷展栏，单击“凹凸”右侧的“无”按钮，弹出“材质/贴图浏览器”对话框，如图 6-2-3 所示。双击“噪波”选项，这时“材质编辑器”对话框中出现了“坐标”卷展栏和“噪波参数”卷展栏，如图 6-2-4 所示。

（6）在“坐标”卷展栏中“平铺”区域下面的 3 个数值框中均输入 10，在“噪波参数”卷展栏中设置“大小”的数值为 1，选中“分形”单选按钮，如图 6-2-4 所示。

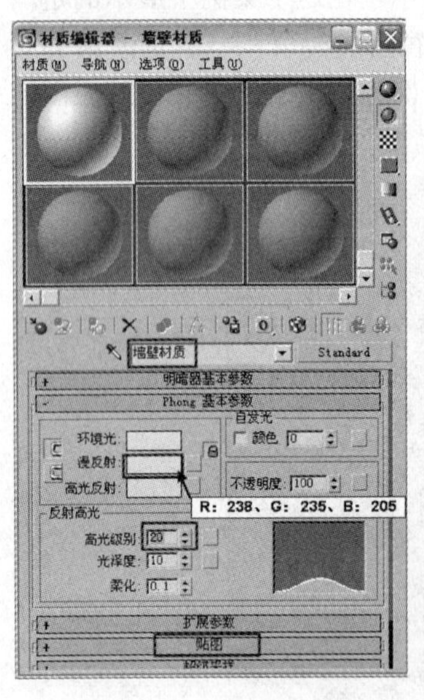


图 6-2-2 “材质编辑器”对话框

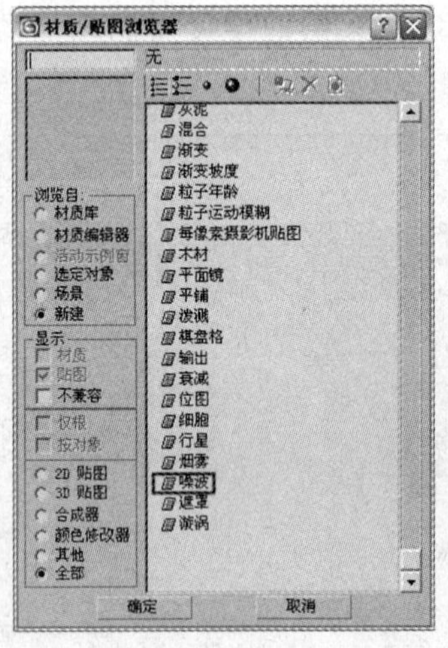


图 6-2-3 “材质/贴图浏览器”对话框

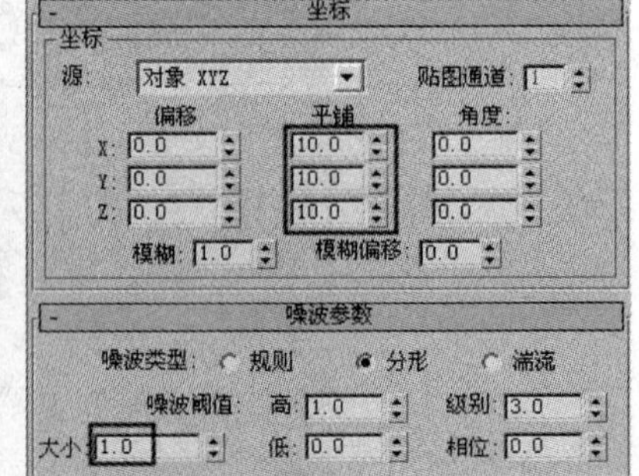


图 6-2-4 设置坐标值和噪波的参数

（7）单击“材质编辑器”水平工具栏中的（转到父级）按钮，回到“贴图”卷展栏中，这时可以发现“凹凸”右侧的按钮上已经出现了文字来提示在这个通道中已经添加了贴图，如图 6-2-5 所示，在它左侧的数值框中输入 30。这时将场景中其他对象隐藏以后，渲染墙壁后的局部效果如图 6-2-6 所示。

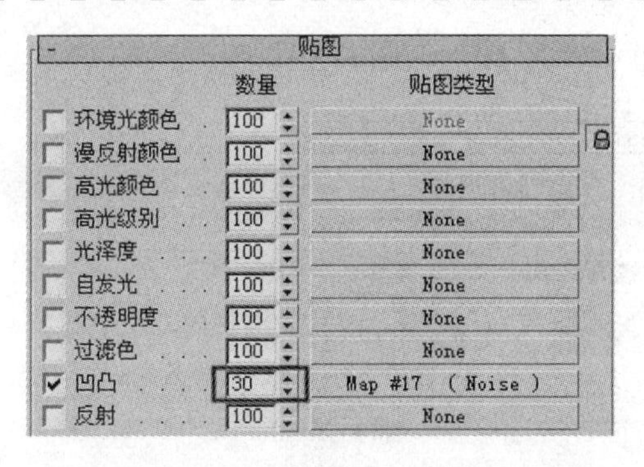


图 6-2-5　已经设置了贴图的“贴图”卷展栏

图 6-2-6　墙壁的渲染效果

（8）在视口空白处单击鼠标右键，在弹出的快捷菜单中单击“全部取消隐藏”菜单命令。在视图中选中“内窗帘”对象，在“材质编辑器”对话框中选中一个空示例窗，将其命名为“内窗帘材质”，单击水平工具栏中单击（将材质指定给选定的对象）按钮，将材质赋予所选对象，再单击（在视口中显示贴图）按钮。

（9）在“明暗器基本参数”卷展栏中的着色类型下拉列表框中选择“Oren-Nayar-Blinn”明暗器，选中右侧的“双面”复选框，如图 6-2-7 所示。

（10）在下面的“Oren-Nayar-Blinn 基本参数”卷展栏中设置“漫反射”“高光反射”右侧的颜色样本的颜色为白色。设置“不透明度”为 80，“高级漫反射”栏中“漫反射级别”为 80，“粗糙度”为 70。在“反射高光”栏中设置“高光级别”为 30，其余参数使用默认值。

（11）向上拖动参数面板，展开“贴图”卷展栏，单击“凹凸”右侧的“无”按钮弹出“材质/贴图浏览器”对话框。在该对话框中双击“位图”选项，弹出“选择位图图像文件”对话框，如图 6-2-8 所示，在该对话框中选择“布纹”文件，单击“打开”按钮，调入贴图文件。

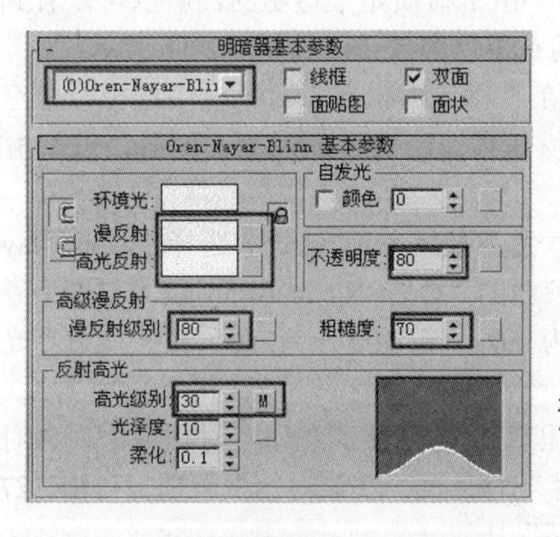


图 6-2-7　“内窗帘材质”的基本参数

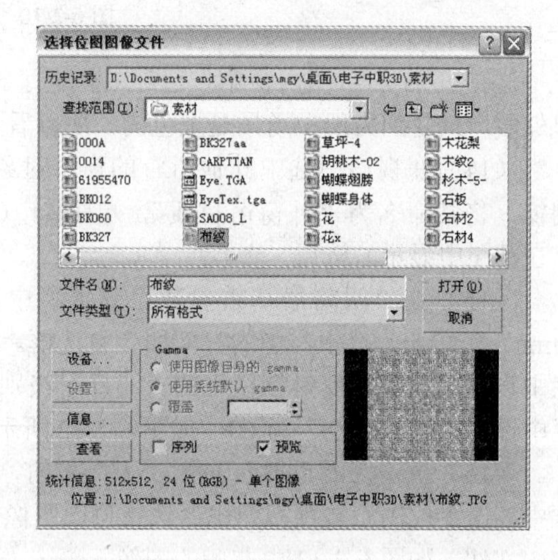


图 6-2-8　“选择位图图像文件”对话框

（12）这时的“材质编辑器”显示出“坐标”卷展栏，如图 6-2-9 所示（注意对比一下图 6-2-4，注意它们的不同点），按图中所示设置参数。单击水平工具栏中的（转到父级）按钮，在“凹凸”右侧的“数量”数值框中输入 50，如图 6-2-10 所示。

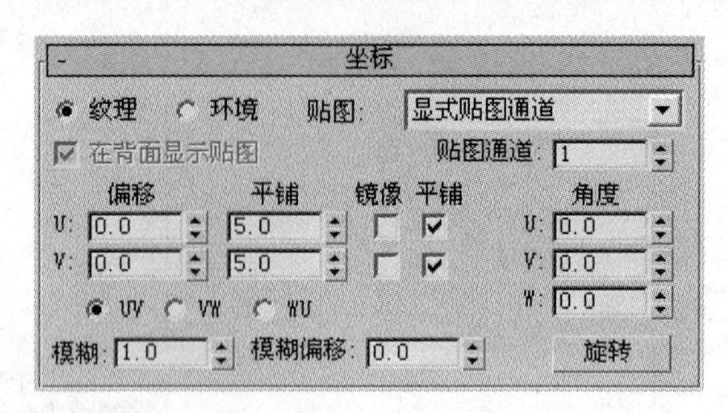


图 6-2-9 “内窗帘材质”的坐标设置

（13）在“贴图”卷展栏中按住“凹凸”右侧的长按钮，向上拖动，到“高光级别”右侧的“无”按钮上释放，这时弹出“复制（实例）贴图”对话框。选中“复制”单选按钮，如图 6-2-10 所示，单击“确定”按钮，就可以将“凹凸”通道的贴图复制到“高光级别”通道上。再将“高光级别”通道右侧的“数量”数值框中的数值修改为 30。

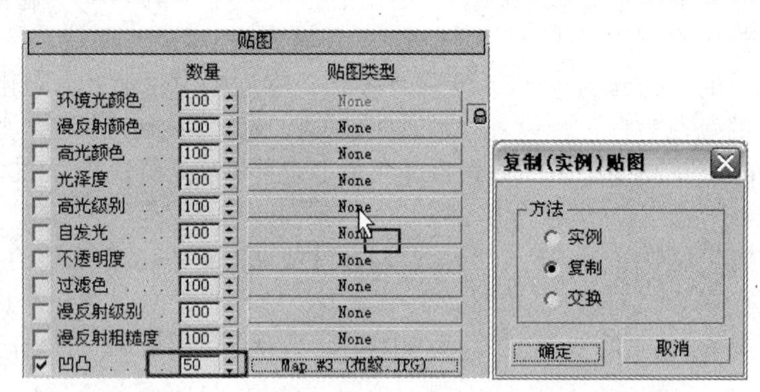


图 6-2-10 复制贴图

这时渲染场景，“内窗帘”已经被指定了材质，由于材质是半透明的，所以可以看到窗户外面，只是因为现在场景是黑色的，所以看到的是黑色的效果，如图 6-2-11 所示。

（14）在视口中选中其他所有的窗帘对象，在“材质编辑器”对话框中选中一个空示例窗，将其命名为“外窗帘材质”，单击（将材质指定给选定的对象）按钮，再单击（在视图中显示）按钮。

（15）在“明暗器基本参数”卷展栏中的着色类型下拉列表框中选择“Oren-Nayar-Blinn”明暗器，选中右侧的“双面”复选框。在下面的“Oren-Nayar-Blinn 基本参数”卷展栏中设置“高级漫反射”栏中的“漫反射级别”为 80，“粗糙度”为 50。在“反射高光”栏中设置“高光级别”为 60，如图 6-2-12 所示。

（16）单击“漫反射”右侧“无”按钮，弹出“材质/贴图浏览器”对话框。在该对话框中双击“位图”选项，弹出“选择位图图像文件”对话框，在该对话框中选择“BK327”位图文件，如图 6-2-12 中右侧的图像，单击“打开”按钮。

（17）这时的“材质编辑器”对话框中显示出“坐标”卷展栏，如图 6-2-9 所示。在“平铺”下面的两个数值框中均输入 5。单击水平工具栏中的（转到父级）按钮。

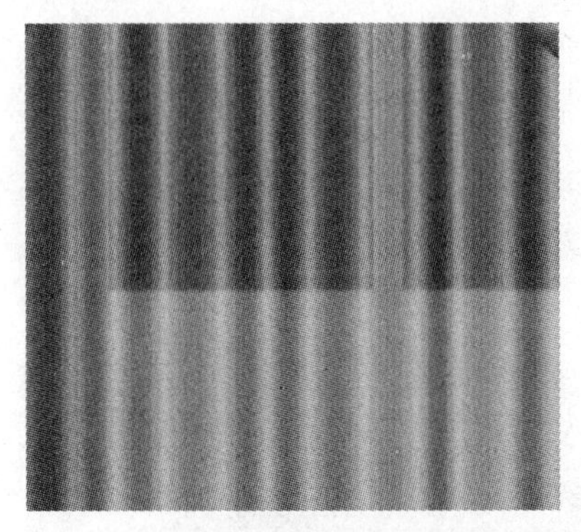

图 6-2-11　“内窗帘材质”的局部渲染效果

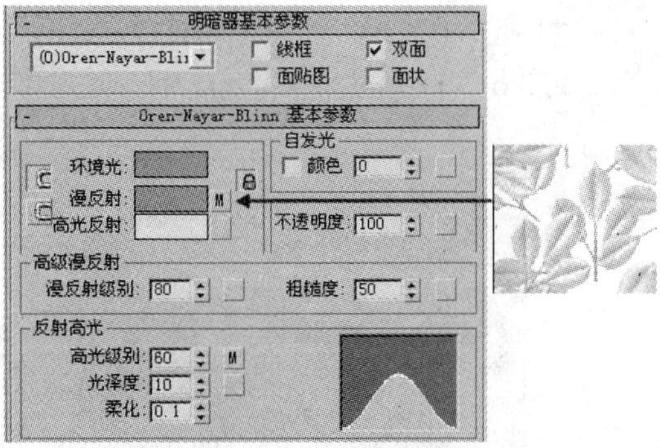

图 6-2-12　“外窗帘材质”的参数设置

（18）在“贴图”卷展栏中，将“漫反射颜色”贴图通道的贴图复制到“自发光”贴图通道上，设置它的数量为 50。

（19）参照步骤（11）～（13）中的方法，展开“贴图”卷展栏，在“凹凸”通道中导入“布纹”位图图片。再将它复制到“高光级别”通道上，设置它的数量为 30，这时的“贴图”卷展栏如图 6-2-13 所示，设置完成以后的透视图效果如图 6-2-14 所示。

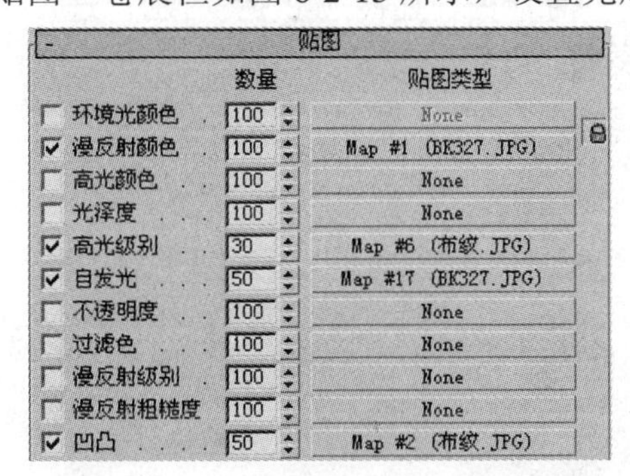


图 6-2-13　“外窗帘材质”的贴图设置

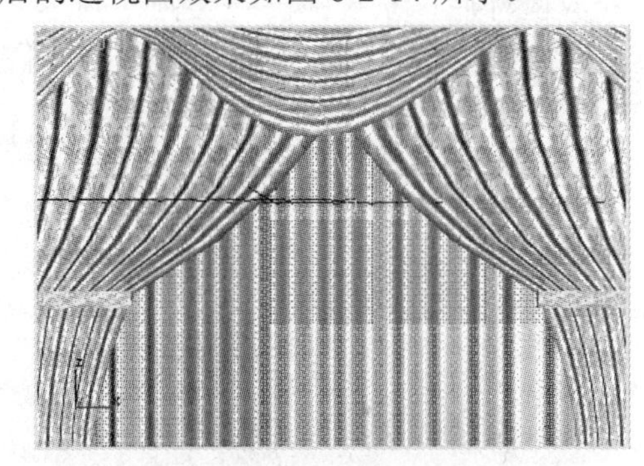

图 6-2-14　编辑了所有材质的场景

## 2．设置环境

（1）单击“渲染”→“环境”菜单命令，弹出“环境和效果”对话框，如图 6-2-15 所示，在“环境”选项卡的“公用参数”卷展栏中单击“环境贴图”区域中的“无”按钮，弹出“材质/贴图浏览器”对话框，在该对话框中双击“位图”选项，弹出“选择位图图像文件”对话框，利用该对话框打开图 6-2-16 中所示的图片，单击“打开”按钮，系统将关闭该对话框，回到“环境和效果”对话框中。

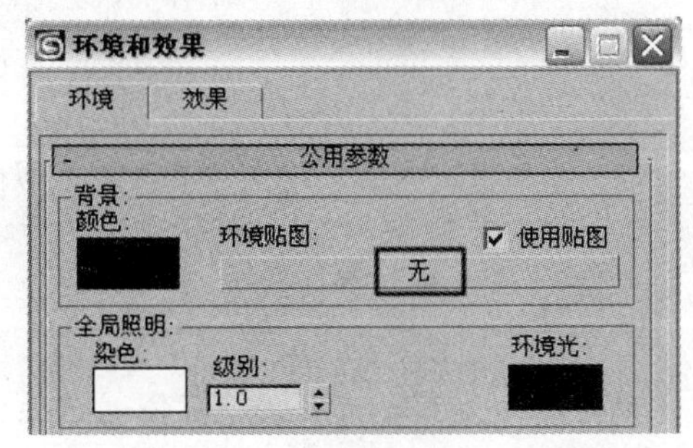


图 6-2-15　“环境和效果”对话框

图 6-2-16　要作为背景的图片

这时“环境和效果”对话框中的“环境贴图”下面的按钮上已经出现了显示贴图文件的文字，如图 6-2-17 所示。

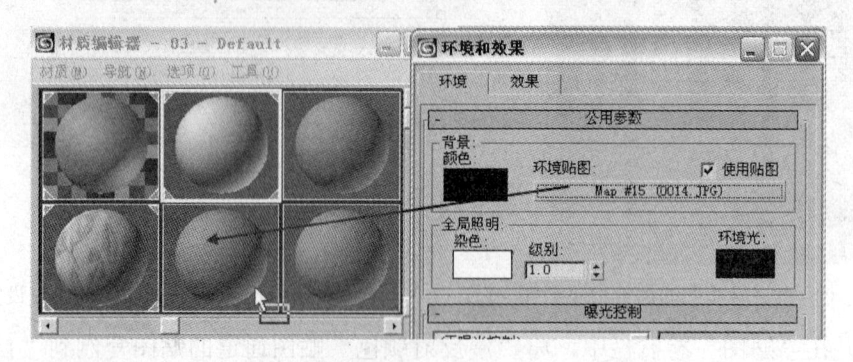


图 6-2-17 将“环境贴图”拖动到一个示例窗上

（2）按 M 键弹出“材质编辑器”对话框，然后将鼠标指针移到“环境和效果”对话框中的长按钮上，按下鼠标，将它拖动到“材质编辑器”的一个示例窗上，如图 6-2-17 所示。释放鼠标后，系统弹出“实例（副本）贴图”对话框，如图 6-2-18 所示，选中“实例”单选按钮，单击“确定”按钮，建立两者的关系。

图 6-2-18 “实例（副本）贴图”对话框

这时的材质编辑器示例窗和它下面的“坐标”卷展栏如图 6-2-19 所示。现在的这种示例窗表示已经将“环境贴图”和“材质编辑器”之间建立起了关联。但是这时如果渲染视图，可以发现因为有内窗帘的遮挡，窗外的景色比较暗，下面通过调整输出来解决这个问题。

（3）展开“材质编辑器”的“输出”卷展栏，在“RGB 级别”数值框中输入 1.6，如图 6-2-20 所示。这时可以发现环境贴图的亮度得到了很大的提高，渲染摄像机视图后的效果如图 6-2-1 所示。

【案例小结】

在“窗外美景”这个案例中，利用上一章所制作的模型，为两层窗帘编辑了材质。其中，“内窗帘材质”因为要制作成半透明的效果，所以将透明度设置为 60，然后在“凹凸”贴图通道中导入一幅布纹的位图，形成纱帘的效果。而“外窗帘材质”是布制的，所以在“漫反射颜色”贴图通道中导入布的图片，而这时渲染以后发现颜色比较灰暗，所以将其复制到“自发光”贴图通道中。

贴图通道的数量的多少与着色类型有关，最少的也有 12 种，有关其他贴图通道的使用将在下面的内容中介绍。

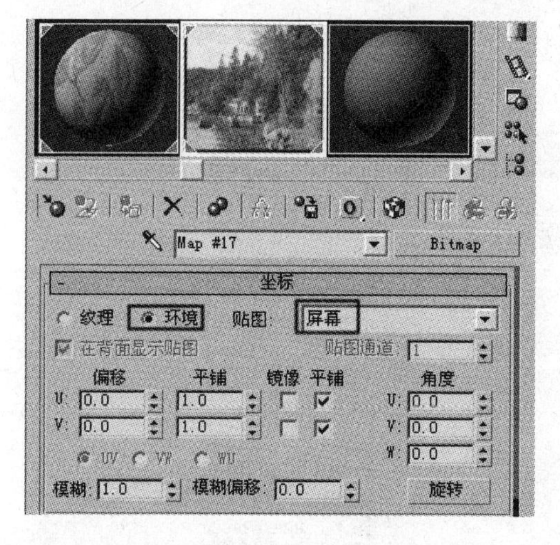


图 6-2-19　“环境贴图”的“坐标”卷展栏

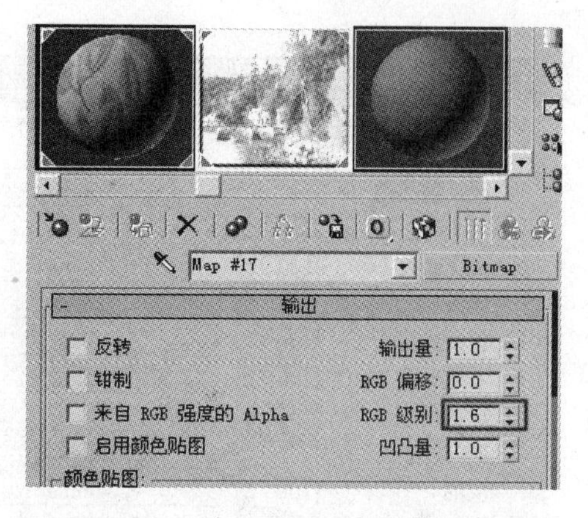


图 6-2-20　“环境贴图”的“输出”卷展栏

### 6.2.4　相关知识——设置贴图的方法和常用贴图通道

#### 1. 贴图通道

贴图可以改善材质的外观和真实感，可以模拟纹理、反射、折射及其他一些效果。所有的贴图都在贴图通道中进行，贴图通道主要存放在“贴图”卷展栏中。不同明暗器的贴图通道数量不同，其中最常用的“Blinn”明暗器的贴图通道有 12 个，它的“贴图”卷展栏如图 6-2-21 所示，它所包含的 12 种贴图通道是比较常用的贴图通道。在贴图通道中的名称前有一个复选框、一个数量数值框和一个长按钮。

（1）名称前的复选框：该复选框表示是否使用该贴图通道，选中复选框，即可使该贴图通道发生作用。另外使用该通道后，此复选框也为选择状态，表示场景中的对象正在使用该类型的贴图效果，如果在使用该类型后，关闭复选框的选择状态，将暂时关闭该类型贴图的使用效果。

（2）“数量”数值框：该数值框用于在该贴图通道设置了贴图后，控制贴图作用于对象上的使用效果。当该参数值较大时，材质的使用效果就比较明显。

（3）长按钮：该按钮用于为该贴图通道设置贴图。

#### 2. 设置贴图

在所有贴图通道中添加贴图对象的操作方法都是相同的，这个操作过程称为设置贴图，或简称为贴图。通常给一个对象指定某一贴图的操作步骤如下。

（1）在场景中选择一个需要添加贴图的对象，单击工具栏中的（材质编辑器）按钮，弹出“材质编辑器”对话框。

（2）单击“贴图”卷展栏，将其展开，如图 6-2-21 所示。

（3）根据需要选择一个合适的贴图通道，单击 None（无）按钮，弹出“材质/贴图浏览器”对话框，如图 6-2-22 所示。

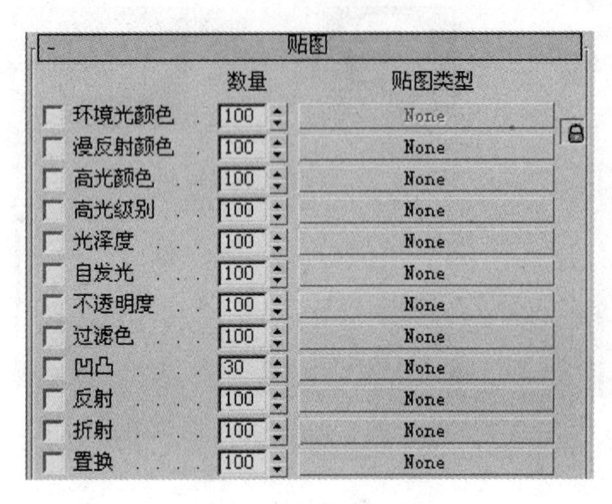

图 6-2-21 “贴图”卷展栏

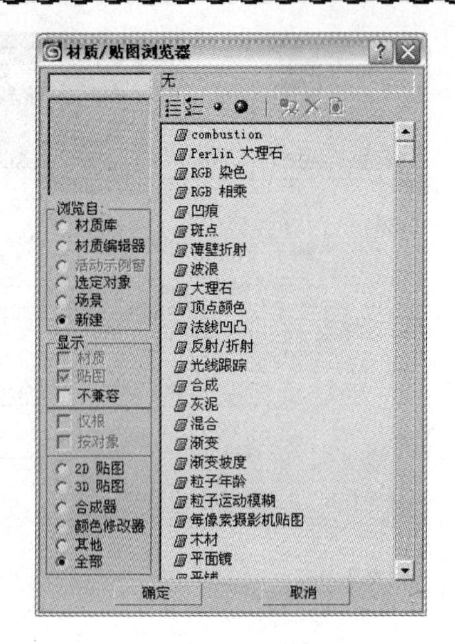


图 6-2-22 “材质/贴图浏览器”对话框

（4）在“材质/贴图浏览器”对话框中选择一个适当的贴图类型，双击该贴图或单击“确定”按钮，则关闭该对话框，回到材质编辑器中。

**注意**：在进行这一步操作时，如果选择的是“位图”选项，则会弹出“选择位图图像文件”对话框，如图 6-2-23 所示，在该对话框中选择所需要文件夹下的文件，单击“打开”按钮，才可以完成选择贴图。

（5）在材质编辑器内的参数区中，对贴图的参数进行编辑。

（6）单击材质编辑器水平工具栏中的按钮，回到“贴图”卷展栏中，在“数量”数值框中修改贴图对视图中对象的影响程度，最后将贴图指定给对象。

## 3．常用贴图通道

在选用不同明暗器以后，贴图通道的数目也会发生变化。其中，“各向异性”明暗器的贴图通道数为 15 个，“Blinn”、“金属”和“Phong”明暗器的贴图通道数为 12 个，“多层”明暗器的贴图通道数为 21 个。下面我们以在不同的贴图通道中导入一幅位图图像为例，介绍几种贴图通道的不同效果。

（1）“环境光颜色”和“漫反射颜色”贴图通道。“漫反射颜色”贴图是最常用的一种贴图，它允许使用位图文件或程序贴图，将贴图的结果像贴壁纸一样贴到对象的表面，所以这种贴图也被称为纹理贴图。贴图的颜色将替换材质的漫反射颜色，在“漫反射颜色”贴图通道导入位图后的效果如图 6-2-24 所示。“漫反射颜色”贴图也经常用于“环境光颜色”贴图通道上，一般不需要单独为“环境光颜色”贴图指定位图文件或程序文件。一般情况下，“环境光颜色”和“漫反射颜色”贴图锁定在一起使用，当需要单独使用这两种贴图时，必须单击“环境光颜色”和“漫反射颜色”后面的（锁定）按钮。

（2）“高光颜色”和“高光级别”贴图通道。在这两个贴图通道设置的贴图都是对高光区进行设置，它们有各自的特点。

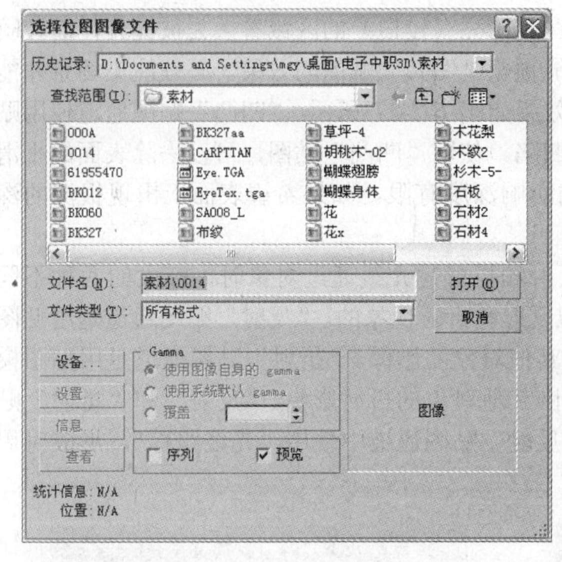


图 6-2-23　“选择位图图像文件”对话框

图 6-2-24　“漫反射颜色”贴图通道中导入位图的效果

“高光颜色”贴图通道主要用于材质的高光区域。例如，将一个位图文件作为高光贴图指定给对象的高光区域，这时贴图的图像只出现在反射高光区域中，位图将替代原有的高光颜色，显示出使用的位图效果，如图 6-2-25 所示。

“高光级别”贴图主要作用于对象的高光区域。这种贴图将去掉贴图中的彩色成分，使贴图仅显示为灰度。即贴图中最亮或最浅的区域呈白色显示，最暗或最重的颜色部分呈黑色显示，从白色到黑色中间的颜色部分为增加或减少的灰色成分，这种贴图的效果与图 6-2-25 相似，只不过没有颜色，全部是灰度。

（3）“不透明度”贴图通道。这种贴图用来定义对象材质表面的透明效果，通常用来制作带纹理的透明或半透明效果。“不透明度”贴图和基本参数中的“不透明度”参数配合使用，一起决定对象的不透明性。在“不透明度”贴图中，纯白色完全不透明，纯黑色完全透明，两者之间的灰色区域则会根据灰度值显示不同程度的不透明度。在该通道贴图的效果如图 6-2-26 所示。

图 6-2-25　“高光颜色”贴图通道中使用位图的效果

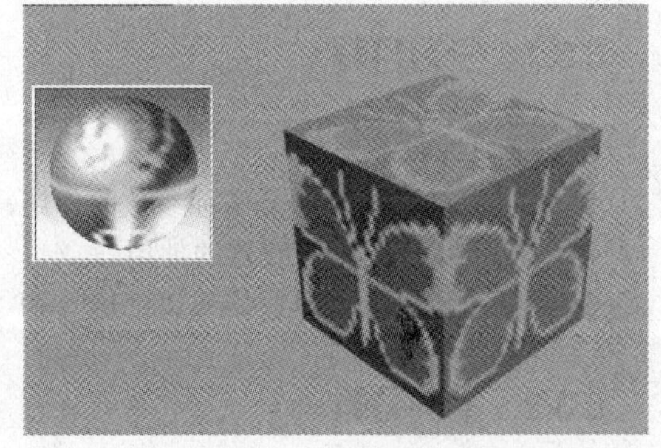

图 6-2-26　“不透明度”通道中使用位图的效果

（4）“凹凸”贴图通道。“凹凸”贴图通道使对象的表面看起来凹凸不平或呈现不规则形状。用“凹凸”贴图材质渲染对象时，贴图较明亮（较白）的区域看上去被提升，而较暗（较黑）的区域看上去被降低。在视图中不能预览“凹凸”贴图的效果。必须渲染场景才能看到凹凸效果。在该通道中使用位图贴图的效果如图 6-2-27 所示。“凹凸”贴图通道使用贴图影响材质表面，白色区域凸出，黑色区域凹陷。使用“凹凸”贴图，可以去除表面的平滑度，或创建浮雕效果。但是“凹凸”贴图的影响深度有限，如果希望表面上出现很深的深度，应该使用建模技术或使用置换贴图。

（5）“反射”和“折射”贴图通道。反射和折射是光线通过对象时，产生的两种不同物理现象，在 Max 中的这两种贴图就是模拟反射和折射现象的。“反射”贴图通道是用贴图在对象的表面产生光亮效果，并反射出周围其他对象的影像。“折射”贴图通道是用贴图模拟介质的折射效果，在对象的表面产生对周围其他对象的折射影像。“反射”和“折射”贴图通道的使用方法很多，其中之一就是在“反射”贴图通道中使用“光线跟踪”，形成对周围环境的反射，效果如图 6-2-28 所示。

图 6-2-27 “凹凸”贴图通道中使用位图的效果

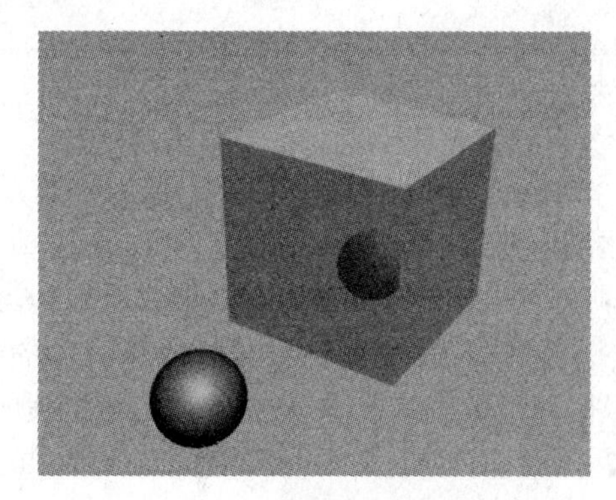

图 6-2-28 “反射”贴图通道中使用光线跟踪的效果

## 6.3 编辑“桌子和地板”的材质——使用不同类型的贴图

### 6.3.1 学习目标

- ◈ 理解 UVW 坐标。
- ◈ 掌握二维贴图的主要坐标参数的作用，能根据贴图的要求灵活进行设置。
- ◈ 掌握 UVW 贴图修改器的使用。
- ◈ 掌握“位图”、“棋盘格”、“细胞”和“噪波”等几种类型贴图的使用方法。

### 6.3.2 案例分析

在编辑“桌子和地板”的材质这个案例中，我们要为一个桌子和地板编辑材质，完成后的效果如图 6-3-1 所示。在场景中的桌子面由有碎玻璃花纹的玻璃构成，周围的边框使用的是木质材质，下面的桌子腿为钢管，而地板则是由花砖与白色砖铺成。这个案例中的对象可以用于各种家庭室内装饰装潢设计。通过本案例的学习可以练习“细胞”、“棋盘格”、“位图”贴图的使用方法。

图 6-3-1　“桌子和地板”渲染效果图

## 6.3.3　操作过程

### 1．编辑地板的材质

（1）打开本书配套光盘上“调用文件”\“第 6 章”文件夹中的“6-3 桌子和地板.max”文件。在这个文件中已经制作好一个桌子的模型和一个地板的模型。

（2）在视图中选中地板，按 M 键弹出“材质编辑器”对话框，选中第 1 个示例窗，将其命名为“地板材质”。然后单击该对话框水平工具栏中的按钮，将材质赋予所选对象，再单击按钮，在视口中显示贴图效果。

（3）在“明暗器基本参数”卷展栏中选择着色类型为 Blinn，在“Blinn 基本参数”卷展栏中设置“高光级别”为 50，“光泽度”为 10。

（4）单击“漫反射”右侧的“无”按钮，弹出“材质/贴图浏览器”对话框，双击“棋盘格”选项，则系统关闭该对话框，回到“材质编辑器”对话框中。这时“材质编辑器”对话框中显示出有关棋盘格的参数，在“坐标”卷展栏中设置“平铺”区域中 U、V 的值都是 5，如图 6-3-2 所示。

（5）单击“棋盘格参数”卷展栏中“颜色 #1”右侧的“None”按钮，弹出“材质贴图浏览器”对话框，双击其中的“位图”选项，弹出“选择位图图像文件”对话框，从中选择名为“BK126.JPG”的位图文件，单击“打开”按钮，回到“材质编辑器”对话框中。

（6）这时的“材质编辑器”对话框中显示出位图的“坐标”卷展栏，如图 6-3-2 所示。在“偏移”区域中设置 U、V 的数值均为 0.05，在“平铺”区域中设置 U、V 值均为 10。

（7）单击“材质编辑器”对话框中垂直工具栏中的（材质/贴图导航器）按钮，弹出“材质/贴图导航器”对话框，如图 6-3-3 所示。从图中可以看出“地板材质”的贴图层次一共有 3 层，在该对话框中单击任何一个层级的贴图，在“材质编辑器”对话框中都可以进入这一层级的贴图参数设置。单击“地板材质”层级，返回到最高级贴图。然后关闭该对话框。

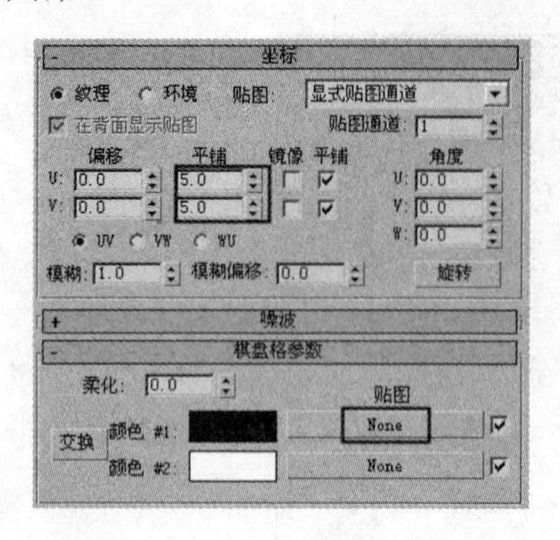


图 6-3-2　棋盘格的参数设置

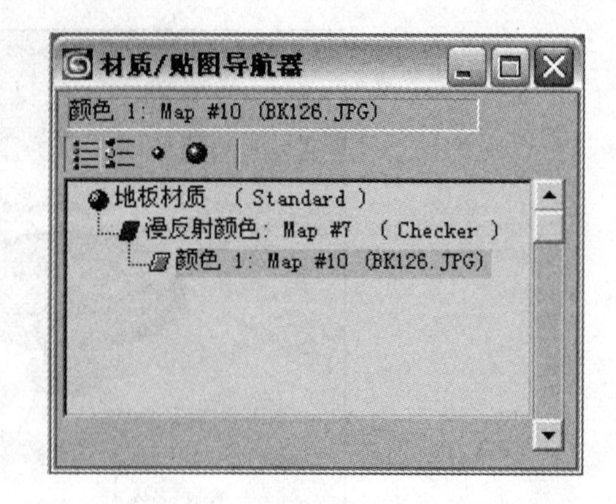


图 6-3-3　“材质/贴图导航器”对话框

（8）展开“贴图”卷展栏，单击“反射”贴图通道右侧的 None 按钮，弹出“材质/贴图浏览器”对话框。双击其中的“光线跟踪”选项，这时在“材质编辑器”对话框中显示出“光线跟踪”的参数，单击（转到父级）按钮，回到上级材质，在“贴图”卷展栏中将“反射”贴图通道的“数量”数值框设置为 20。

这时的透视视图中地板显示为棋盘格的黑白格，如图 6-3-4 所示，渲染后可以看到在黑格的位置已经被位图替代，如图 6-3-5 所示。

图 6-3-4　在透视视图中的地板

图 6-3-5　地板渲染以后的效果

## 2．编辑桌面的材质

（1）在视图中选中桌面外围的管状体，单击（修改）→“修改器列表”→“UVW 贴图”修改器，然后在下面的“参数”卷展栏中选中“平面”单选按钮。

（2）在“材质编辑器”对话框中选中一个空示例窗，将它命名为“桌面外围材质”，然后单击该对话框水平工具栏中的按钮，将材质赋予所选对象，再单击按钮，在视口中显示贴图效果。

（3）在“明暗器基本参数”卷展栏中选择着色类型为 Phone，在“Phone 基本参数”卷展栏中设置“高光级别”为 60，“光泽度”为 20。

（4）单击“漫反射”右侧的“无”按钮，弹出“材质/贴图浏览器”对话框，双击“位图”选项，弹出“选择位图图像文件”对话框，从本书所带素材文件中选择名为“木花梨.JPG”的位图文件，单击“打开”按钮，系统关闭该对话框，回到“材质编辑器”对话框中，在“坐标”卷展栏中设置“平铺”区域中 U 的值是 3。

（5）在视图中选中桌面中心的圆柱体，单击（修改）→“修改器列表”→“UVW 贴图”修改器，然后在下面的“参数”卷展栏中选中“平面”单选按钮。在“材质编辑器”对话框中选中一个空示例窗，将它命名为“桌面材质”，然后单击该对话框水平工具栏中的按钮，将材质赋予所选对象，再单击按钮，在视口中显示贴图效果。

（6）在“明暗器基本参数”卷展栏中选择着色类型为 Phone，在“Phone 基本参数”卷展栏中设置“高光级别”为 150，“光泽度”为 80。

（7）单击“漫反射”右侧的“无”按钮，弹出“材质/贴图浏览器”对话框，双击“细胞”选项，则系统关闭该对话框，回到“材质编辑器”对话框中，这时“材质编辑器”对话框中显示出有关细胞的参数。主要有两个卷展栏，一个是“坐标”卷展栏，与前面所见到的“坐标”卷展栏相同，另一个是“细胞参数”卷展栏，如图 6-3-6 所示。

（8）按图中所示在“细胞参数”卷展栏中设置“细胞颜色”和“分界颜色”，在“细胞颜色”栏中设置“变化”为 20，在“细胞特性”栏中设置“大小”为 2，“扩散”为 0.6，选中“碎片”单选按钮。在“阈值”栏中设置“低”为 0.1，“中”为 0.4，“高”为 0.9。

（9）单击水平工具栏中的（转到父级）按钮，回到上级材质，展开“贴图”卷展栏，按住“漫反射”贴图通道右侧的长按钮，将它拖动到“不透明度”贴图通道右侧的长按钮上释放，弹出“复制（实例）贴图”对话框，选中“复制”单选按钮，单击“确定”按钮，系统关闭该对话框，同时完成贴图的复制。

（10）单击“不透明度”贴图通道右侧的长按钮，进入它的参数区域，在“细胞参数”卷展栏中设置“细胞颜色”（R：118、G：118、B：118），“分界颜色”中上面的颜色（R：155、G：155、B：155），下面的颜色（R：206、G：206、B：206）。编辑好材质的桌面效果如图 6-3-7 所示。

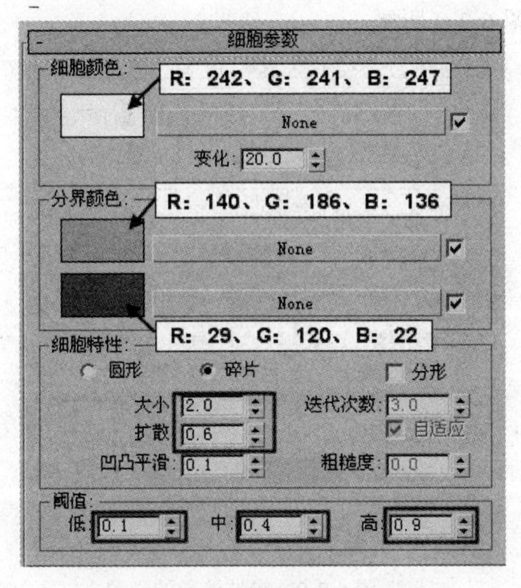


图 6-3-6　“细胞参数”卷展栏

图 6-3-7　编辑好桌面材质以后的效果

**3．编辑其他对象的材质**

（1）单击“编辑”→“选择方式”→“颜色”菜单命令，然后将鼠标指针移到视图中，单击桌子腿就可以将所有的桌子腿选中，如图 6-3-8 所示。

（2）在“材质编辑器”对话框中选中一个空示例窗，将其命名为“桌子腿材质”。然后单击该对话框水平工具栏中的按钮，将材质指定给所选对象，再单击按钮，在视口中显示贴图效果。

（3）在“明暗器基本参数”卷展栏中选择“着色类型”为“金属”，在下面的“金属基本参数”卷展栏中设置“漫反射”的颜色（R：125、G：125、B：125），在“反射高光”栏中设置“高光级别”为 220，“光泽度”为 80。

（4）展开“贴图”卷展栏，单击“反射”贴图通道右侧的长按钮，弹出“材质/贴图浏览器”对话框，在列表中双击“光线跟踪”选项，则系统关闭该对话框，回到“材质编辑器”对话框中，这时显示出“光线跟踪器参数”卷展栏，不改变它的参数，直接单击水平工具栏中的（转到父级）按钮，回到上级材质。

（5）将“反射”贴图通道的“数量”数值框中的数值修改为 30。

（6）在视图中选中桌子腿中间的小圆盘，单击（修改）→“修改器列表”→“UVW 贴图”修改器，然后在下面的“参数”卷展栏中选中“平面”单选按钮。

（7）在“材质编辑器”对话框中选中一个空示例窗，将其命名为“圆盘材质”。然后单击该对话框水平工具栏中的按钮，将材质指定给所选对象，再单击按钮，在视口中显示贴图效果。

（8）在“明暗器基本参数”卷展栏中选择“着色类型”为 Phong，在下面的“Phong 基本参数”卷展栏中设置“漫反射”的颜色（R：122、G：28、B：56），在“反射高光”栏中设置“高光级别”为 66，“光泽度”为 30。

（9）展开“贴图”卷展栏，单击“凹凸”贴图通道右侧的长按钮，弹出“材质/贴图浏览器”对话框，在列表中双击“噪波”选项，则系统关闭该对话框，回到“材质编辑器”对话框中，这时显示出“噪波参数”卷展栏，如图 6-3-9 所示。

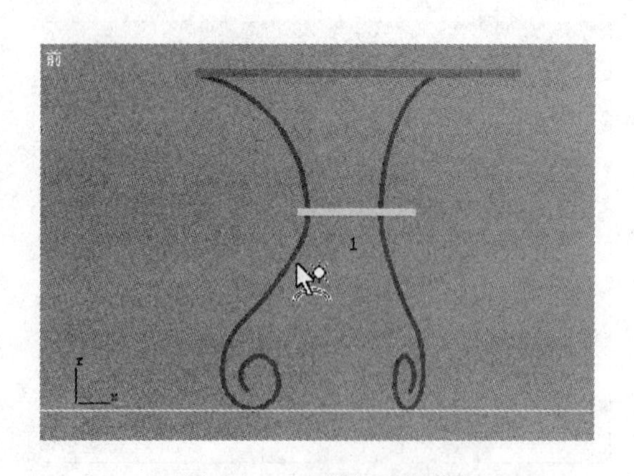


图 6-3-8 选择桌子腿对象

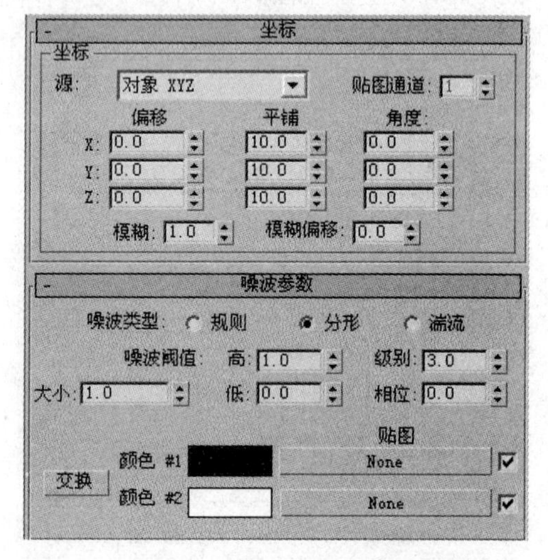


图 6-3-9 噪波参数的设置

（10）在“坐标”卷展栏中将“平铺”的 X、Y、Z 值均设置为 10，在“噪波参数”卷展栏中设置“噪波类型”为“分形”，“大小”为 1，其余使用默认参数。

至此编辑完成了所有对象的材质，设置环境颜色后再渲染的效果如图 6-3-1 所示。

【案例小结】

在编辑“桌子和地板”这个案例中，我们为放在室内的一张桌子编辑了材质，同时也为地板编辑了材质。因为桌面的中心部分要用碎玻璃花纹，而“细胞”贴图在设置了合适的参数以后正好能完成这个任务，中心的玻璃使用了“细胞”贴图。地面由白色地砖与花地砖相间铺设而成，表面上看与第一章中的“儿童房地板”相同，但使用的方法完全不同，在本例中使用了“棋盘格”贴图来完成，这样的场景更简单，在实际工作中都是使用这种方法。

不同种类的贴图还有许多，将在下面的内容中进行介绍。

### 6.3.4　相关知识——贴图类型和贴图坐标

在上一节中已经介绍过贴图通道的相关知识，在设置材质时，贴图通道要与贴图配合使用才能产生需要的效果。在 Max 中，默认的扫描线渲染方式下一共有 35 种贴图类型，在“材质/贴图浏览器”对话框的列表中可以看到它们，在该对话框中将所有的贴图类型共分为 5 种类型。

#### 1．“位图”贴图

“位图”贴图是 2D 贴图类型中的一种，所谓 2D 是指二维图像或图案，2D 贴图需要贴图坐标才能进行渲染或显示在视窗中，通常用于对象的表面贴图或环境贴图。

在“材质编辑器”对话框的“贴图”卷展栏中单击任何一个贴图通道右侧的长按钮，都可以弹出“材质/贴图浏览器”对话框，在该对话框中，选择“2D 贴图”单选按钮，在右侧的列表中就可以看到所有的 2D 贴图，如图 6-3-10 所示。

从图中可以看出一共有 7 种 2D 贴图，其中“位图”贴图是使用最多的一种贴图方式，它的功能是引入外来的图像并做简单的处理。Max 的这种贴图方式可以引进 Windows 系统支持的大部分图形格式，经常用到的格式有 JPG、BMP、TIF、GIF 等。除了这些图形以外，Max 还支持 AVI 等格式的动画甚至一个文件序列，利用这个特性，可以制作材质的动画效果。

在“材质/贴图浏览器”对话框中双击“位图”贴图选项后，会弹出“选择位图图像文件”对话框，在该对话框中选择一个 3ds max 支持的图像或视频、动画文件作为贴图图像文件，会在“材质编辑器”对话框中显示出位图贴图的“位图参数”卷展栏，如图 6-3-11 所示。常用的参数介绍如下。

（1）“位图”按钮：“位图参数”卷展栏的最上方是“位图”按钮，单击此按钮可以弹出“选择位图图像文件”对话框，重新选择贴图的图像文件。

（2）“裁剪/放置”栏：该栏中的参数用于对贴图图像的显示位置和贴图图像的大小进行调节。如果要使用该功能，应选中“应用”复选框。使用该栏中的参数，可以使用位图中的某一部分区域。例如，如图 6-3-12 所示，为一个平面应用位图贴图后的效果，下面应用该栏中的参数对贴图进行修改。

◈ “查看图像”按钮：单击该按钮，弹出“指定裁剪/放置”对话框，如图 6-3-13 所示。在该对话框的中有 U、V、W 和 H 4 个数值框，分别显示出使用位图的大小和位置，它们与“裁剪”单选按钮下方同名数值框的作用相同。在该对话框中的图像周围有一个虚线框和 8 个控制柄，拖动控制柄可调整使用贴图图像的大小，这时

W、H 数值跟着发生变化；拖动虚线框，改变所使用图像的部位，这时 U、V 的数据也跟着发生变化。

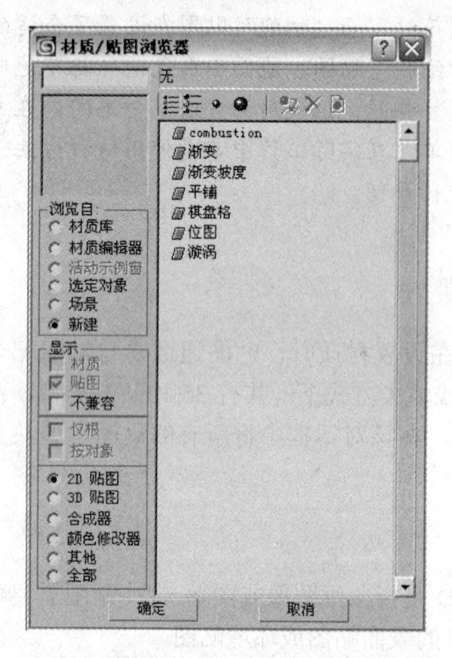


图 6-3-10　“材质/贴图浏览器”的 2D 贴图列表

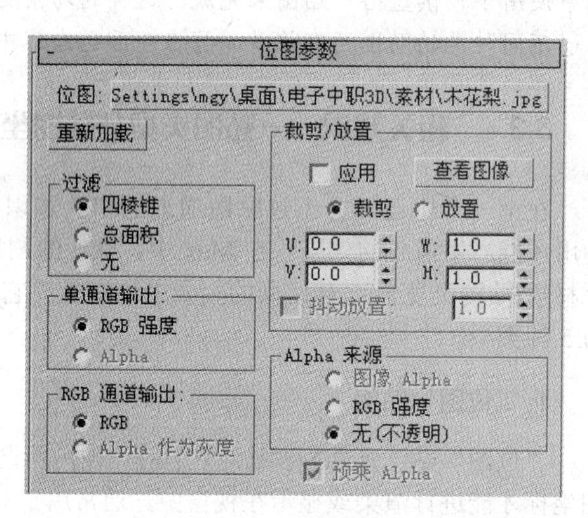


图 6-3-11　“位图参数”卷展栏

图 6-3-12　使用位图贴图的对象

图 6-3-13　“指定裁剪/放置”对话框

◈ “裁剪”单选按钮：选中该单选按钮，可以对贴图的图像进行切割，其下方的 U、V、W、H 4 个参数用来决定所用图像的大小和位置。按图 6-3-13 中所示调整了虚线框的大小和位置后，如果选中“裁剪”单选按钮后再选中“应用”复选框，就可以将裁剪的图像用于对象，效果如图 6-3-14 所示。

◈ “放置”单选按钮：如果选中了该单选按钮，再单击“查看图像”按钮，弹出“指定裁剪/放置”对话框，这时如果拖动虚线上的控制柄，可以改变整个图像的大小。将鼠标移到图像上面，当变成一只手的形状时，可以在原图像大小的范围内拖动图像，改变位置。如果按图 6-3-13 中所示调整虚线框的大小和位置后，选中“放置”

单选按钮，则图像按比例放到这个虚线框中，如图 6-3-15 所示，应用于对象后的效果如图 6-3-16 所示。

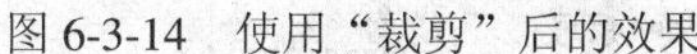

图 6-3-14　使用“裁剪”后的效果　　图 6-3-15　选中了“放置”后的“指定裁剪/放置”对话框

### 2．“棋盘格”贴图

“棋盘格”贴图是用两种颜色或贴图以方格交错的方式构成的贴图。默认为黑白两色交错的图案效果。在“材质/贴图浏览器”对话框中双击“棋盘格”选项后，会显示出棋盘格贴图的“棋盘格参数”卷展栏，如图 6-3-17 所示。主要的参数介绍如下。

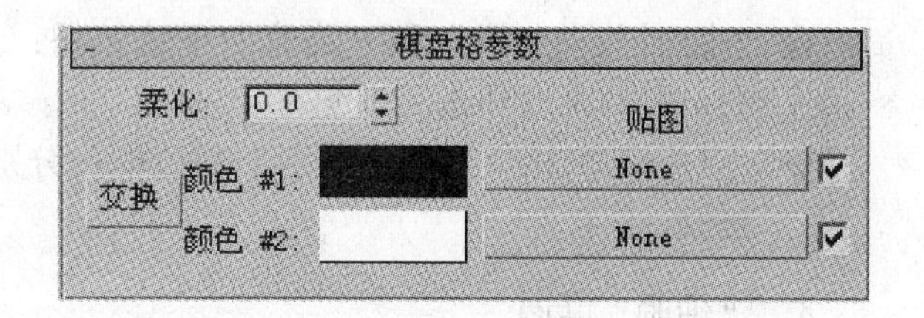


图 6-3-16　选择了“放置”以后的效果　　图 6-3-17　“棋盘格参数”卷展栏

（1）“柔化”数值框：该数值框用于对交错的方格边缘进行模糊柔化处理。默认为 0，不对边缘进行模糊处理；数值越大，边缘就越模糊。

（2）“颜色#1”/“颜色#2”样本框：这两个选项的右侧都有一个颜色的样本块和一个长按钮。单击颜色样本块可以设置贴图的两种颜色；单击“贴图”下面的长按钮，可以设置构成棋盘格贴图的两种贴图。

### 3．“渐变”贴图

“渐变”贴图是用 3 种颜色或贴图以渐变过渡的方式构成的贴图。默认为黑、灰、白二色渐变的图案效果。在“材质/贴图浏览器”对话框中双击“渐变”选项后，显示出渐变贴图的“渐变参数”卷展栏，如图 6-3-18 所示。主要的参数介绍如下。

（1）“颜色#1”/“颜色#2”/“颜色 #3”样本框：这 3 个颜色框用于设置贴图的 3 种颜色。旁边的“贴图”按钮可以设置构成渐变贴图的 3 种贴图。

（2）“颜色 2 位置”数值框：该数值框用于设置第二种颜色的渐变位置。“渐变”贴图产生的 3 种颜色或 3 个贴图的渐变效果，可以在“颜色 2 位置”中调节 3 种颜色的比例，如果设置为 0.5 时，3 种颜色平均分配；设置为 0 时形成颜色 1 和颜色 2 的渐变；设置为 1 时形成颜色 2 和颜色 3 的渐变。使用不同的“颜色 2 位置”的贴图效果如图 6-3-19 所示，其中左侧圆柱体使用的贴图中“颜色 2 位置”为 0.5，而右侧的为 0.9。

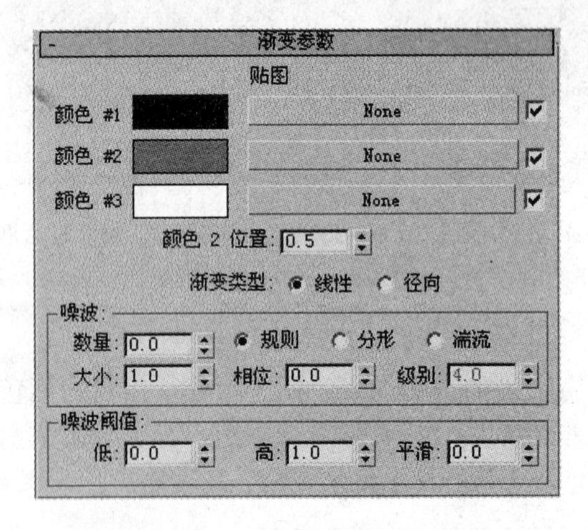


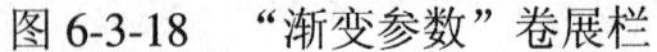
图 6-3-18　“渐变参数”卷展栏

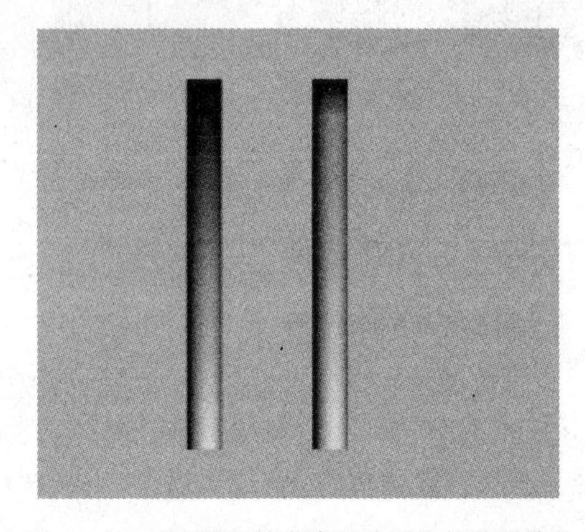

图 6-3-19　使用不同“颜色 2 位置”的贴图效果

（3）“噪波”栏：该栏中的参数用于设置渐变颜色或贴图进行随机混合的数量和方式。

◈ “数量”数值框：用于设置产生随机混合噪波的数量。
◈ “规则”、“分形”和“湍流”单选按钮：用于设置渐变混合的方式分别为规则渐变、碎片渐变和紊乱渐变。
◈ “大小”、“相位”和“级别”数值框：分别用于设置渐变随机噪波的大小、相位和级别。

### 4．“细胞”贴图

“细胞”贴图是 3D 贴图中的一种，所谓 3D 贴图是根据程序以三维方式生成的图案。在“材质/贴图浏览器”对话框中选中“3D 贴图”单选按钮，可以看到 3D 贴图的列表，如图 6-3-20 所示。由于篇幅所限只介绍其中的两种，其中一种是“细胞”贴图。

“细胞”贴图可以产生马赛克、鹅卵石、细胞壁等随机序列贴图效果，还可以模拟出海洋效果，在调节时会发现示例球中上的效果不是很清晰，最好指定给对象后再渲染调节。“细胞”贴图自身还具有一定的纹理，通过该纹理可以形成某些动物的皮肤或昆虫的翅膀。在“材质/贴图浏览器”对话框中选中双击“细胞”选项后，在“材质编辑器”对话框中会显示出“细胞参数”卷展栏，如图 6-3-21 所示。在该卷展栏中常用参数的含义如下。

（1）“细胞颜色”和“分界颜色”栏：这两栏的参数用于设置“细胞”贴图的颜色，

或单击 None 按钮为它指定其他贴图类型来代替贴图的颜色。

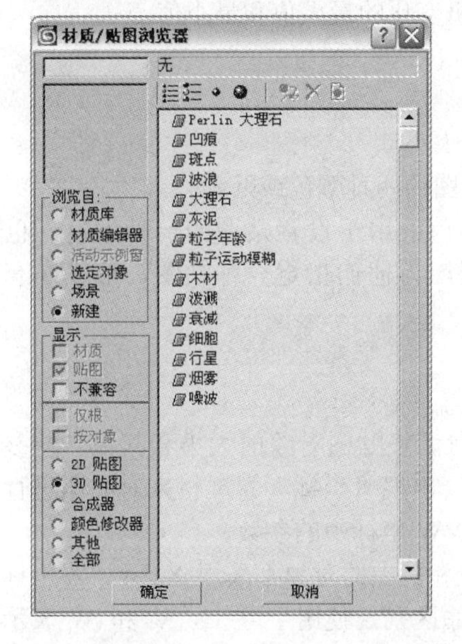


图 6-3-20 “材质/贴图浏览器”对话框的 3D 贴图

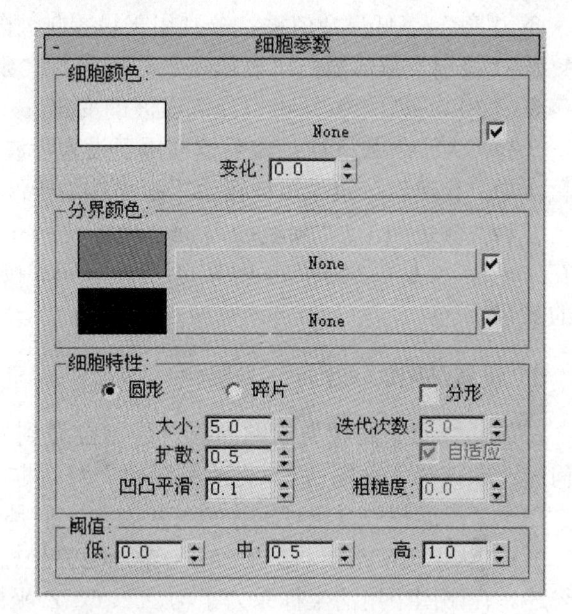


图 6-3-21 “细胞参数”卷展栏

（2）“细胞特性”栏：该栏用于设置贴图自身的特性。

◈ “圆形”和“碎片”单选按钮：用于控制细胞的形状。其中“圆形”是一种圆形细胞，类似于泡沫状；“碎片”是直边的碎片状细胞，类似于碎玻璃或马赛克效果。

◈ “大小”数值框：用于设置总体贴图的大小。

◈ “扩散”数值框：用于设置单个细胞的大小。

◈ “阈值”栏：该栏的参数可以控制细胞、细胞壁和细胞液三者的大小比例。

## 5. “噪波”贴图

“噪波”贴图用两种颜色随机混合，以随机的团状效果构成贴图，它是使用比较频繁的一种贴图，常用于无序贴图效果的制作。默认为黑白两色产生的随机效果。在“材质/贴图浏览器”对话框中选择了“噪波”贴图后，在“材质编辑器”对话框中就会显示出噪波贴图的“噪波参数”卷展栏，如图 6-3-22 所示。主要的参数的含义如下。

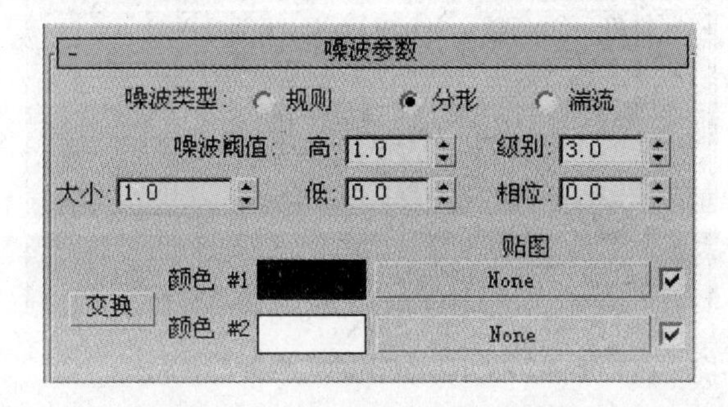


图 6-3-22 “噪波参数”卷展栏

（1）“噪波类型”区域：这一部分的参数由 3 个单选按钮控制噪波的形状。

（2）“噪波阈值”区域：这一部分的参数用于设置噪波的变化范围。

◈ “高”/“低”数值框：分别用于设置噪波随机变化的最大值和最小值。

◈ “级别”数值框：可以控制噪波迭代的次数。

◈ “相位”数值框，可以控制噪波的变化。

（3）“大小”数值框：该数值框用于设置噪波的大小。

（4）“交换”按钮：该按钮用于交换构成噪波贴图的两种颜色或贴图。

（5）“颜色#1”/“颜色#2”颜色框：这两个颜色框用于设置贴图的一种颜色。也可以在“贴图”选项区内单击其中的两个 None 按钮，为他们指定一种贴图，形成嵌套噪波的效果。

### 6. 设置贴图的“坐标”卷展栏

在前面介绍不同种类的贴图时，经常会遇到如何调整贴图对象的大小和其他一些参数的问题。在选择了贴图后，“材质编辑器”对话框中会出现“坐标”卷展栏来对贴图进行调整，在这个卷展栏中会出现 U、V 等参数，它们是 UVW 坐标中的参数。

（1）认识 UVW 坐标。在 Max 中，世界坐标系和其中的对象都采用 X、Y、Z 坐标系来表述。在贴图中用的坐标系为了与 X、Y、Z 坐标系区别，使用字母 U、V 和 W 表示。之所以用这 3 个字母，是因为在字母表中，这 3 个字母位于 X、Y 和 Z 之前。与 XYZ 坐标系统相比，UVW 贴图坐标是一个相对独立的坐标系统，可以平移和旋转。如果让 UVW 贴图坐标系平行于 XYZ 坐标系，再观察一个二维贴图图像，可以发现 U 相当于 X，代表贴图的水平方向；V 相当于 Y，代表贴图的垂直方向；W 相当于 Z，代表贴图的纵深方向。对于 2D 平面贴图设置 W 这样的深度坐标有两个原因，一个原因是相对于贴图的几何体对该贴图的方向进行翻转时，还需要第三个坐标；另一个原因是，W 坐标对三维程序材质的作用非常重要。

（2）二维贴图的坐标参数。贴图的坐标参数一般放在“坐标”卷展栏中。在前面学习使用不同的贴图类型时已经发现每一种贴图都有它的“坐标”卷展栏，虽然不同的贴图类型“坐标”卷展栏中的参数不尽相同，但相差不多，所以本节中将以 2D 贴图的“坐标”卷展栏为例介绍它的作用。选择一种 2D 贴图后，就可在“材质编辑器”对话框中显示出二维贴图的“坐标”卷展栏，如图 6-3-23 所示。该卷展栏中的主要参数含义如下。

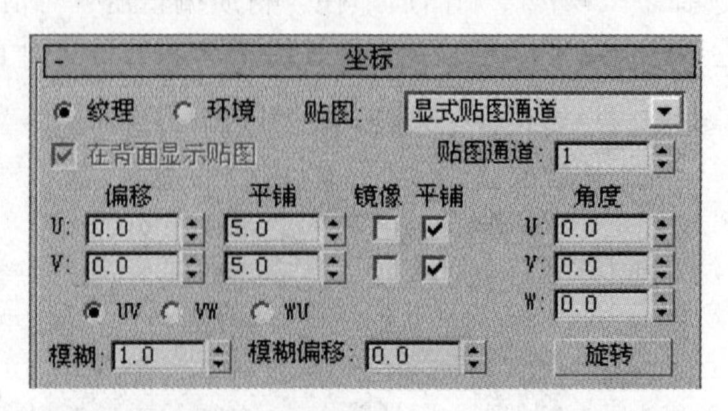


图 6-3-23 二维贴图的“坐标”卷展栏

◈ “纹理”/“环境”单选按钮：这两个单选按钮用于选择贴图图像赋予对象的方式。选中“纹理”单选按钮，可以将贴图作为纹理赋予对象的各个表面。选中“环境”

单选按钮，可以将贴图作为环境贴图。

◈ “贴图”下拉列表框：在该下拉列表框中，可以选择贴图的坐标方式，对于“纹理”贴图和“环境”贴图，此下拉列表框中的选项不同。
◈ “在背面显示贴图”复选框：选中该复选框可以在对象的背面显示平面贴图。
◈ “贴图通道”数值框：在该数值框中可以选择贴图的通道。
◈ “偏移”数值框：在 UV 坐标中更改贴图的位置。贴图相对于其大小移动。
◈ “平铺”数值框：决定贴图沿每根轴重复的次数。
◈ “镜像”/“平铺”复选框：这两个复选框用于选择对象上的贴图方式，这两个参数一次只能选择一个，有些像单选按钮的作用。
◈ “角度”数值框：用于设置贴图绕标轴旋转的角度。
◈ “旋转”按钮：单击该按钮，屏幕上就会弹出“旋转贴图坐标”对话框。在该对话框中，通过拖动鼠标即可设置旋转的角度。
◈ UV、VW、WU 单选按钮：这 3 个单选按钮用于选择贴图的坐标平面分别是 UV 平面、VW 平面和 WU 平面。
◈ “模糊”/“模糊偏移”数值框：用于设置贴图在对象上的模糊程度和偏移的模糊程度。

#### 7．“UVW 贴图”修改器

在日常生活中都有这样的经验，当我们用一张印有图案的包装纸来包一个盒子的时候，这张纸从什么地方开始贴起对包装的效果有很大的影响。在 Max 中，所有贴图的效果也与贴图时所用的坐标有关。在创建对象时有些对象自己带有贴图坐标，而有些对象的贴图坐标则需要指定。

（1）内置贴图坐标。在创建一些简单的几何体时，在它的“参数”卷展栏中有一个“生成贴图坐标”复选框，当选中了该复选框后，所创建的对象自带贴图坐标。这样在进行场景渲染时，将自动启用此默认贴图坐标，这种贴图坐标称为内置贴图坐标。

（2）为对象添加“UVW 贴图”修改器。有一些对象没有内置的贴图坐标。例如，在创建几何体时就没有选中创建贴图坐标，而后又对其使用了“编辑网格”修改器，将对象转换成了可编辑网格对象或布尔运算之类的命令对几何体进行了修改。这时系统无法再按内置贴图坐标进行贴图，在渲染时会出现“贴图坐标”对话框，提示无贴图坐标，如图 6-3-24 所示。这时必须人为地给对象指定一种贴图坐标，在 Max 中，解决这个问题的方法是选中要进行编辑的对象，然后为其添加“UVW 贴图”修改器。下面先创建一个没有贴图坐标的对象，然后再为它添加“UVW 贴图”修改器，具体操作步骤如下。

① 用本书前面介绍的方法在视图中创建一个长方体。

② 在它的“参数”卷展栏中取消对“生成贴图坐标”复选框选择，选中该对象，将其转换为可编辑网格对象。这时该对象就是一个没有贴图坐标的对象。

③ 按 M 键弹出“材质编辑器”对话框，选中的一个空示例窗，单击“漫反射”贴图通道右侧的长按钮，弹出“材质/贴图浏览器”对话框，双击“位图”选项，在弹出的对话框中选择一幅位图图像，单击“打开”按钮，回到“材质编辑器”对话框中。这时将材质赋予对象然后进行渲染，就会弹出图 6-3-24 所示的“缺少贴图坐标”对话框。

④ 单击（修改）→“修改器列表”→“UVW 贴图”修改器。这时它的参数卷展栏

如图 6-3-25 所示。

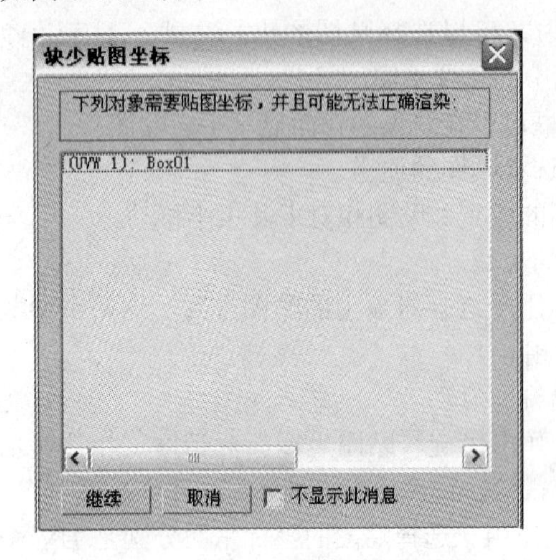


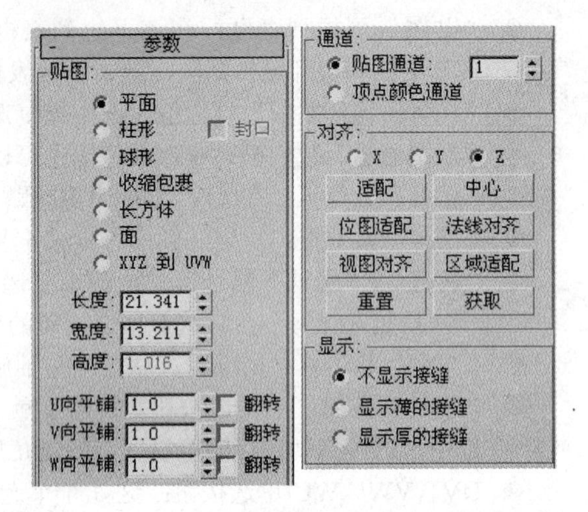


图 6-3-24 “缺少贴图坐标”对话框　　图 6-3-25 “UVW 贴图”修改器的“参数”卷展栏

（3）7 种贴图坐标。在“UVW 贴图”修改器“参数”卷展栏中的“贴图”栏中有 7 个单选按钮，如图 6-3-25 所示。它们分别决定了采用什么方式进行贴图的投影。

◈ “平面”单选按钮：选中“平面”单选按钮，将对象上的一个平面投影贴图，如图 6-3-26 左图所示，这种贴图坐标在某种程度上类似于投影幻灯片。在需要贴图对象的一侧时，可以使用平面投影。在修改命令面板中展开修改器堆栈，选中 Gizmo 子对象，这时可以移动或旋转它来改变贴图的效果，如图 6-3-26 右图所示。在其他几种贴图坐标中都有这种 Gizmo 子对象，调整方法也相同。

◈ “长方体”单选按钮：从长方体的六个侧面投影贴图。每个侧面投影为一个平面贴图，且表面上的效果取决于曲面法线，效果如图 6-3-27 所示。

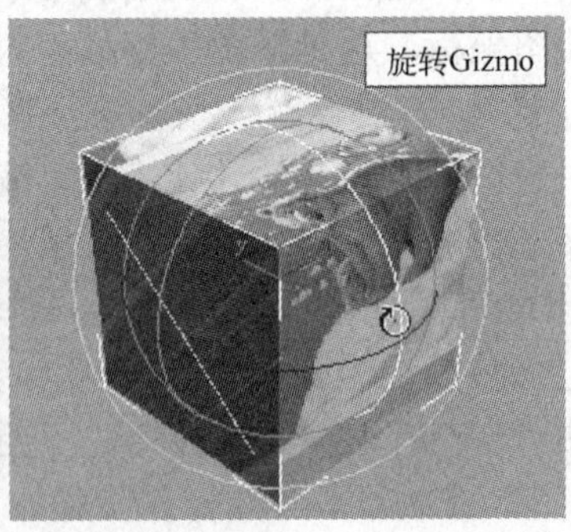

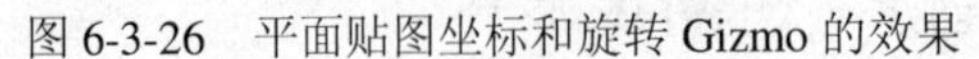

图 6-3-26 平面贴图坐标和旋转 Gizmo 的效果　　图 6-3-27 长方体贴图坐标的效果图

◈ “柱形”单选按钮：从柱体投影贴图，使用它包裹对象。位图接合处的缝是可见的。柱形投影用于基本形状为圆柱形的对象。圆柱体封口应用平面贴图坐标。

◈ “球形”单选按钮：通过从球体投影贴图来包围对象。在球体顶部和底部，位图边与球体两极交汇处会看到缝和贴图奇点。球形投影用于基本形状为球形的对象。

◈ “收缩包裹”单选按钮：使用球形贴图，但它会截去贴图的各个角，然后在一个单独的极点将它们结合在一起。

◈ “面”单选按钮：对对象的每个面应用贴图副本。
◈ “从 XYZ 到 UVW”单选按钮：将 3D 程序坐标贴图到 UVW 坐标。这会将程序纹理贴到表面。如果表面被拉伸，3D 程序贴图也被拉伸。

## 6.4　编辑“酒瓶”材质——常用材质

### 6.4.1　学习目标

◈ 理解材质和贴图的关系。
◈ 掌握“多维/子对象”材质的使用和参数设置。
◈ 掌握“双面”材质的使用和参数设置。
◈ 掌握“光线跟踪”材质的使用方法和主要参数设置。

### 6.4.2　案例分析

在编辑“酒瓶”材质这个案例中，要为第 5 章中所制作的酒瓶编辑材质，完成后的效果如图 6-4-1 所示。在场景中的酒瓶瓶身是由浅黄色的玻璃制作而成，在酒瓶上面还贴有商标，另外瓶盖也应有自己的材质。这个案例中的对象可以用于餐桌、酒吧等。通过本案例的学习可以练习使用“多维/子对象”材质。

图 6-4-1　编辑了材质的酒瓶渲染效果图

### 6.4.3　操作过程

（1）打开第 5 章第 5.2 节中所制作的酒瓶模型，将其另存为“有材质的酒瓶”文件。

（2）选中酒瓶对象，单击鼠标右键，在弹出的快捷菜单中单击“转换为”→“转换为可编辑网格”菜单命令，将酒瓶转换为可编辑网格对象。

（3）在“选择”卷展栏中单击按钮（或者按数字 4 键），进入对多边形子对象的编辑状态，选中“忽略背面”复选框，拖动鼠标选中要用来贴商标的区域，然后在“表面属性”卷展栏中的“设置 ID”数值框中输入 1，按 Enter 键确认，设置这部分对象的材质编辑，如图 6-4-2 所示。

（4）单击“编辑”→“反选”菜单命令，将刚才没有选中的所有面都选中，然后再用上面的方法为它设置材质编号为 2。

（5）在“选择”卷展栏中取消“忽略背面”的选择，选择酒瓶的瓶颈部分，将它的材质 ID 设置为 3，如图 6-4-3 所示，再按图中所示设置其他材质编号。然后在“选择”卷展栏中再次单击■按钮，结束对多边形子对象的编辑。

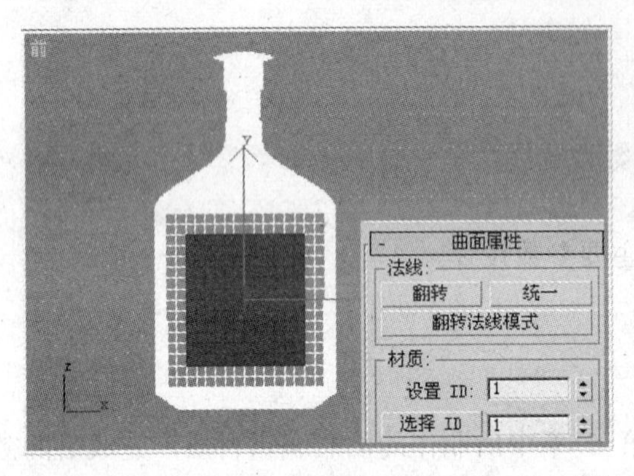


图 6-4-2　为选择的面设置材质 ID 为 1

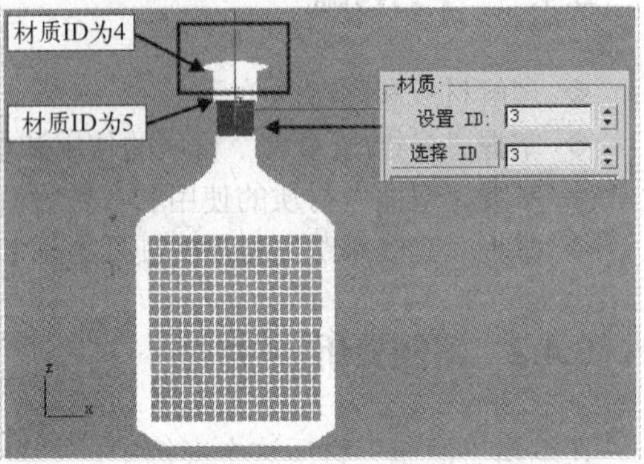

图 6-4-3　为瓶颈部分设置材质 ID

（6）选中酒瓶对象，为它添加“UVW 贴图”修改器，在“贴图”栏中选中“长方体”单选按钮，在“对齐”栏中选中 Y 单选按钮，再单击“适配”按钮。

（7）单击主工具栏上的按钮，弹出“材质编辑器”对话框，在该对话框的水平工具栏中单击按钮，再单击按钮，将材质赋予所选择的对象。单击材质名称右侧的材质类型按钮，如图 6-4-4 所示，弹出“材质/贴图浏览器”对话框，选择“多维/子对象”材质类型，如图 6-4-5 所示。

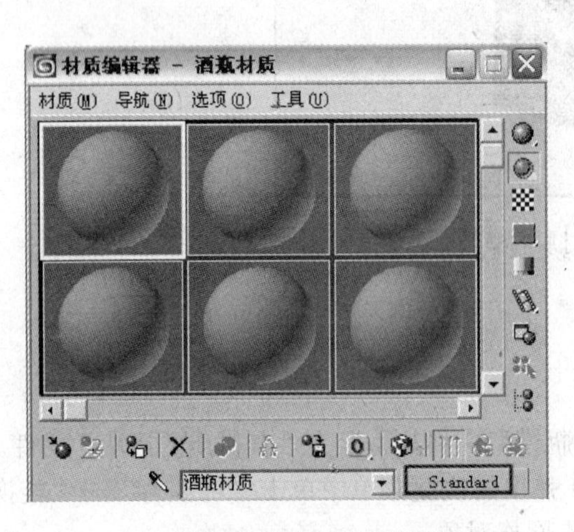


图 6-4-4　选择“材质类型”

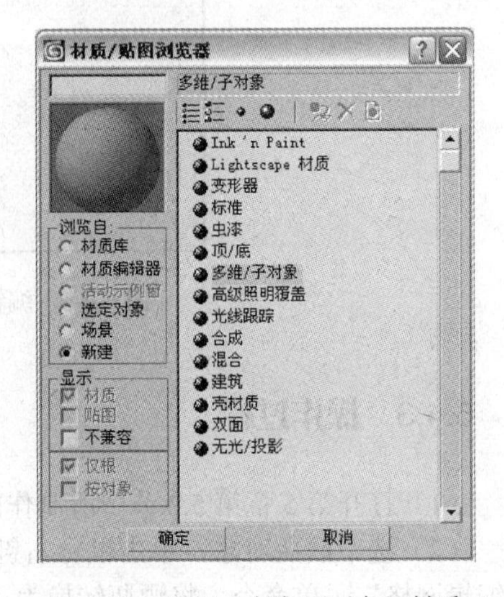


图 6-4-5　选择“多维/子对象”材质

（8）单击“确定”按钮后，弹出“替换材质”对话框，如图 6-4-6 所示，在该对话框中选择“丢弃旧材质？”单选按钮，然后单击“确定”按钮。

（9）这时的“材质编辑器”对话框下面的参数区中变为了“多维/子对象基本参数”卷展栏。该卷展栏中一共有 10 个不同 ID 的子材质，单击该卷展栏中的“设置数量”按钮，弹出“设置材质数量”对话框，如图 6-4-7 所示，在“材质数量”数值框中输入 5，单击“确定”按钮，将子材质的数量设置为 5 个。

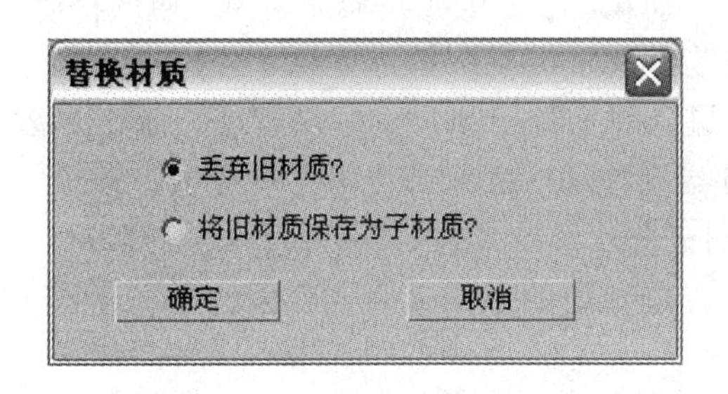


图 6-4-6　“替换材质”对话框

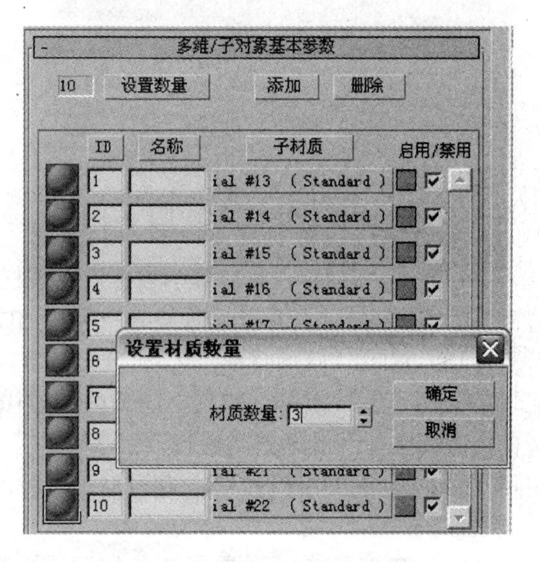


图 6-4-7　设置子材质的数量

（10）在 ID 为 1 的子材质的“名称”文本框中输入“商标图案”文字，将这个子材质命名，然后单击它右侧的长按钮 Material #44 ( Standard )，进入材质 ID 为 1 的子材质的编辑窗口。

（11）在材质 ID 为 1 的编辑窗口中单击右侧的空按钮，弹出“材质/贴图浏览器”对话框，双击“位图”选项，在弹出的对话框中选择一幅作为商标的图片，单击“打开”按钮，回到“材质编辑器”中，在它的“坐标”卷展栏中设置参数，其中“偏移”栏中 V 值为 0，V 值为 0.2；“平铺”栏中 V 值为 1.5，V 值为 2.5；“角度”栏的 V 值为 180。

（12）两次单击按钮，回到最高层材质。在“多维/子对象基本参数”卷展栏中将 ID 为 2 的子材质命名为“瓶身材质”，单击它右侧的长按钮，进入对这种子材质的编辑状态。

（13）单击材质类型按钮，弹出“材质/贴图浏览器”对话框，双击“光线跟踪”选项，系统关闭“材质/贴图浏览器”对话框，回到“材质编辑器”对话框中。

（14）在“光线跟踪基本参数”卷展栏中设置“漫反射”右侧的颜色块（R：254、G：248、B：181），“透明度”右侧的颜色块（R：179、G：175、B：128），“折射率”为 1.5，“高光级别”为 230，“光泽度”为 70，如图 6-4-8 所示。

（15）在“扩展参数”卷展栏中，取消“渲染光线跟踪对象内的大气”复选框的选中，如图 6-4-9 所示。

（16）展开“贴图”卷展栏，单击“反射”贴图通道右侧的空按钮，在弹出的“材质/贴图浏览器”对话框中双击“衰减”选项，使用默认设置，两次单击按钮，回到最高层材质。

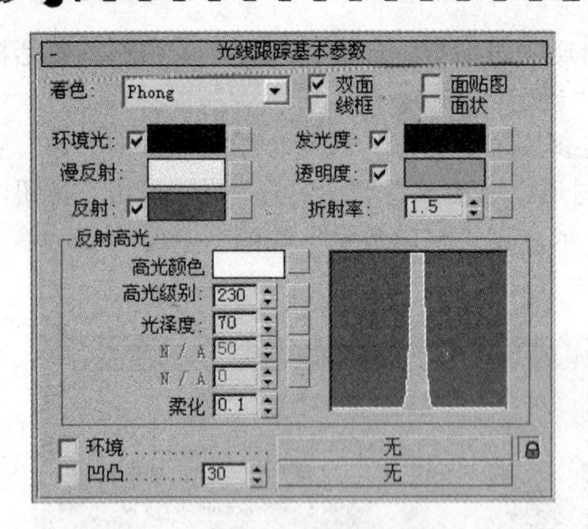


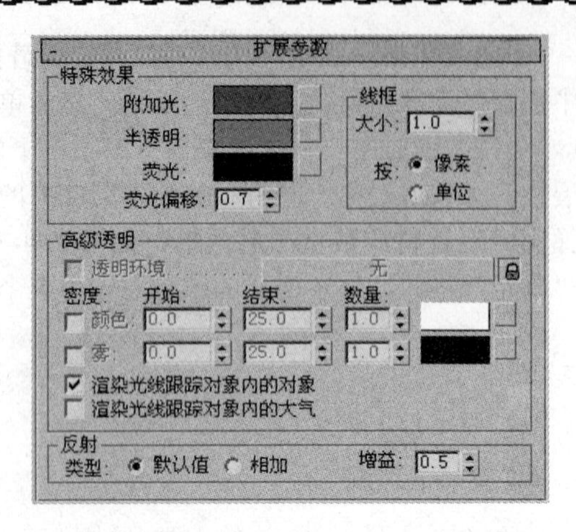


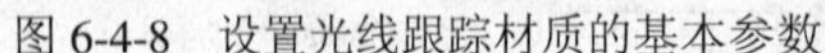

图 6-4-8　设置光线跟踪材质的基本参数　　　　图 6-4-9　设置光线跟踪材质的扩展参数

（17）在“多维/子对象基本参数”卷展栏中将 ID 为 3 的子材质命名为“瓶颈材质”，将 ID 为 4 的子材质命名为“瓶盖材质”，将 ID 为 5 的子材质命名为“金属圈”。

（18）单击“瓶颈材质”右侧的长按钮，进入对这种子材质的编辑状态，单击“漫反射”右侧的“无”按钮，弹出“材质/贴图浏览器”对话框，双击“位图”选项，弹出“选择位图图像文件”对话框，选择一幅相应的位图文件，单击“确定”按钮。

（19）两次单击按钮，返回最高级材质，用上面的方法再为“瓶盖材质”选择一幅位图图像。

（20）在“多维/子对象基本参数”卷展栏中，单击“金属圈”子材质右侧的长按钮，进入对这种子材质的编辑状态，在“明暗器基本参数”卷展栏中的“着色类型”下拉列表框中选择“金属”明暗器。

（21）在“金属明暗基本参数”卷展栏中设置“漫反射”的颜色为白色，“高光级别”为 300，“光泽度”为 80。展开“贴图”卷展栏，单击“反射”贴图通道右侧的长按钮，在弹出的“材质/贴图浏览器”对话框中双击“光线跟踪”选项，回到“材质编辑器”对话框中。

（22）这时的“材质编辑器”对话框中显示出“光线跟踪器基本参数”卷展栏，使用默认参数，单击按钮，返回上层材质。在“贴图”卷展栏中将“反射”的“数量”数值框中的数值设置为 30，再次单击按钮，回到最高层材质，这时的“材质编辑器”对话框如图 6-4-10 所示。

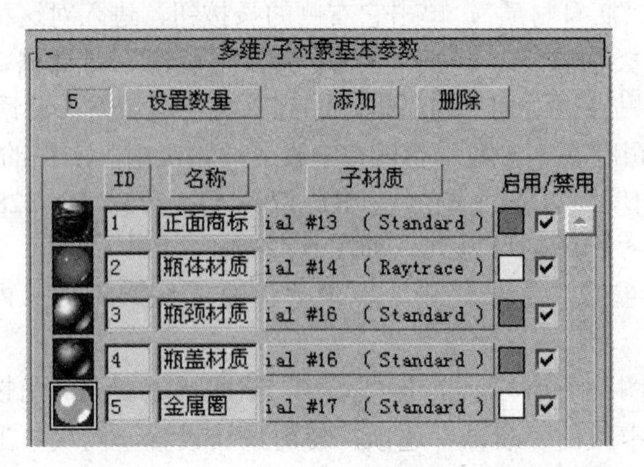


图 6-4-10　编辑完材质的“多维/子对象基本参数”卷展栏

经过以上的设置，渲染后的效果如图 6-4-1 所示。

【案例小结】

在编辑“酒瓶”材质这个案例中，编辑了第 5 章所制作的酒瓶的材质。酒瓶是由放样对象制作成的，它是一个整体，但是它上面的材质却是多种，包括瓶身、瓶盖、正面商标、瓶颈上的商标等。在 Max 中为一个对象指定多个材质时使用“多维/子对象”材质。

材质的种类很多，除了本案例中用到的“多维/子对象”材质，常用的材质还有“双面”、“光线跟踪”等材质，它们的使用方法将在下面的内容中介绍。

### 6.4.4　相关知识——常用材质

#### 1．使用材质

在本书前面的内容中，讨论了贴图，在本节我们要分析材质。贴图是将图案附着在对象的表面上，使对象表面出现花纹或色泽。材质的概念则要广泛得多，材质的直接意思是一个对象是由什么样的物质构成的，它不仅包括表面的纹理，还包括了对象对光的属性。贴图只是体现材质属性的一个基本方式。一系列的贴图和其他参数才能构成一个完整的材质。

（1）材质的分类。材质的分类有多种方法，可以将他们简单地分为单质材质和复合材质两种。单质材质包含“高级照明替换”、“建筑”、Ink’n Paint、“Lightscape 材质”、“无光/投影”、“光线跟踪”、“壳材质”和“标准”材质。复合材质包含“混合”、“合成”、“双面”、“变形器”、“多维/子对象”、“虫漆”和“顶/底”材质。

（2）使用不同材质的方法。本书前面的章节中使用的材质基本都是“标准”材质，更换材质的方法如下。

① 在“材质编辑器”中激活要更换材质的示例窗。

② 单击“材质类型”按钮，弹出“材质/贴图浏览器”对话框，如图 6-4-11 所示。

③ 在“材质/贴图浏览器”对话框中选择所需要的材质，然后单击“确定”按钮。

④ 屏幕上出现“替换材质”对话框，如图 6-4-12 所示，在这个对话框中选择对旧材质的处理方法后单击“确定”按钮。

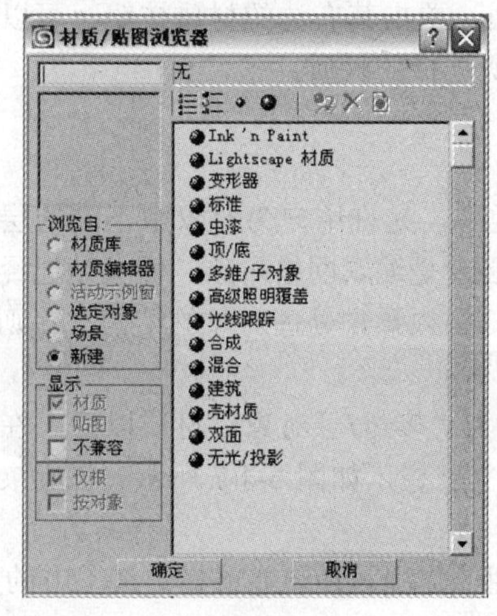


图 6-4-11　“材质/贴图浏览器”对话框

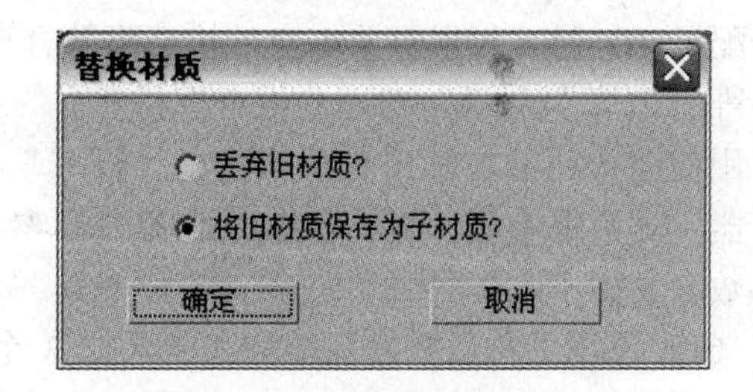


图 6-4-12　“替换材质”对话框

### 2．“双面”材质

一般情况下，当用户给一个对象指定材质后，材质被指定到对象的两面，但 Max 只渲染法线指定的方向，这意味着从后面进行观察时，显示缺少该面。解决这个问题的方法是在标准材质选中“双面”复选框，这样对象的正反两面获得完全相同的材质。但在用 Max 模拟现实环境时，经常要模拟一些对象，如树叶、花瓣、花瓶等，这些对象的正反两面经常是不同的，用标准材质中的“双面”解决不了这个问题，这时就要使用“双面”材质。“双面”材质应用于对象上的效果如图 6-4-13 所示。

用前面介绍的方法将标准材质替换成“双面”材质后，在“材质编辑器”对话框中会显示出双面材质的“双面基本参数”卷展栏，如图 6-4-14 所示。该卷展栏中的主要参数含义如下。

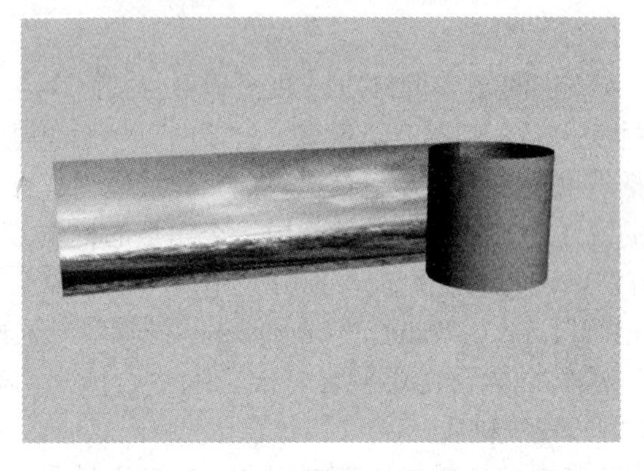

图 6-4-13　使用了“双面”材质的效果

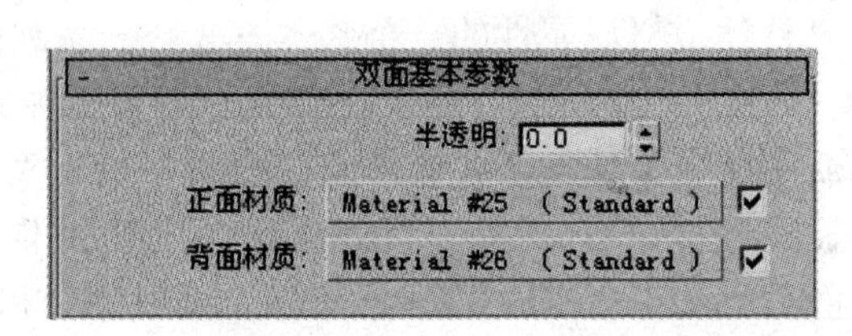


图 6-4-14　“双面基本参数”卷展栏

（1）“半透明”数值框：用于设置内外表面材质互相混合的透明程度。数值为 0 时，内外表面的材质不发生混合，分别显示在各自的表面；数值为 50 时，内外表面的材质发生混合，并各占一半的比例；数值为 100 时，内外表面的材质进行交换。

（2）“正面材质”：用于设置对象外表面的材质。单击其右边的材质按钮，可以选择一种材质。材质按钮右边的复选框用于确定是否使用所选择的材质。

（3）“背面材质”：用于设置对象内表面的材质。单击其右边的材质按钮，可以选择一种材质。材质按钮右边的复选框用于确定是否使用所选择的材质。

### 3．“多维/子对象”材质

“多维/子对象”材质是一个功能强大的材质类型，允许用户为对象中不同的层级对象部分指定不同的材质，但是要求被指定的对象模型必须是编辑网格对象，而且是已经给子对象分配了 ID 号。如果对象本身的构造不符合要求，必须预先处理对象的结构，否则应放弃“多维/子对象”材质，改用“混合”材质。

用前面介绍的方法将材质类型由“标准”更换为“多维/子对象”材质以后，在“材质编辑器”对话框中显示出“多维/子对象基本参数”卷展栏，如图 6-4-7 所示。该卷展栏的主要参数含义如下。

（1）设置子材质数量及增加和删除的 3 个按钮的作用。在该卷展栏中最上方的 3 个按钮用于设置材质的数量及增加和删除材质。

◈ “设置数量”按钮：单击该按钮弹出“设置材质数量”对话框，用于设置多维/子对象材质的个数。
◈ “添加”按钮：单击该按钮一次可以将当前子材质的数量增加一个。
◈ “删除”按钮：单击该按钮可以将当前选定的子材质删除。

（2）材质编辑区。在材质的编辑区中可以修改子材质的一些参数。

◈ “ID”按钮：在其下面的文本框中显示了材质的 ID 号，也可以设置材质的 ID 号。
◈ “名称”文本框：可以在其下面的文本框中给材质输入一个名称。
◈ “子材质”按钮：单击其下面的材质按钮，可以给子材质设置其他材质及贴图。

## 6.5　上机实战——编辑“蜡烛和蜡烛杯”的材质

本例要为第 3 章中所制作的蜡烛和蜡烛杯编辑材质，完成后的效果如图 6-5-1 所示。制作本例的操作步骤如下。

图 6-5-1　编辑好材质的“蜡烛和蜡烛杯”

### 1．编辑“蜡烛杯”的材质

（1）打开本书第 3 章中所制作的“蜡烛杯”模型。

（2）选中“杯身”对象，按数字 5 键，进入对“元素”子对象的编辑状态。单击杯身上面的边缘，将其选中，然后在“几何体”卷展栏中单击“分离”按钮，如图 6-5-2 所示，这样就可以将它与下面的对象分离，使之成为独立的对象。然后将其命名为“杯边”，将另一部分命名为“杯身”。

（3）选中“杯边”和“杯底”对象，按 M 键，弹出“材质编辑器”对话框，选中一个空示例窗，将其命名为“边材质”。单击水平工具栏中按钮，再单击按钮，将材质指定所选择的对象。

（4）在“材质编辑器”对话框中单击 Standard （材质类型）按钮，弹出“材质/贴图浏览器”对话框，双击“光线跟踪”选项，系统关闭“材质/贴图浏览器”对话框，回到“材质编辑器”对话框中。

（5）在“光线跟踪基本参数”卷展栏中设置“漫反射”右侧的颜色块（R：128、G：

135、B：252)，“透明度”右侧的颜色块（R：76、G：76、B：76)，“折射率”为 1.5，“高光级别”为 200，“光泽度”为 70。

（6）在光线跟踪“扩展参数”卷展栏中，设置“半透明”右侧的颜色块（R：135、G：135、B：135)，取消“渲染光线跟踪对象内的大气”复选框的选中。这时渲染后的对象如图 6-5-3 所示。

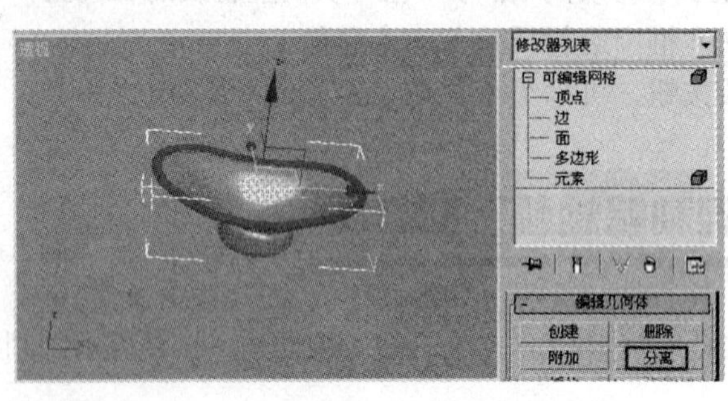


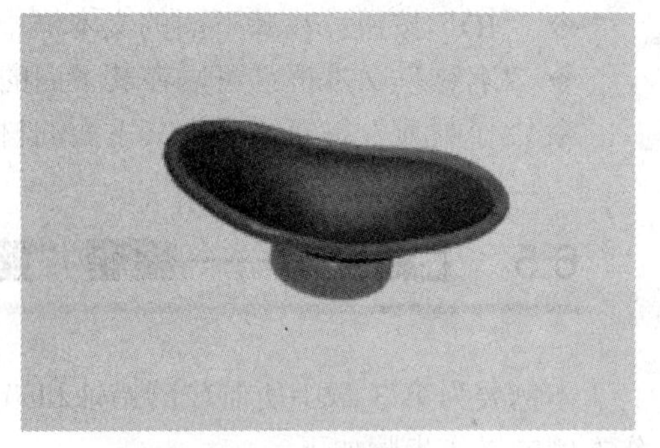

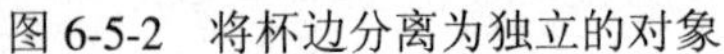

图 6-5-2　将杯边分离为独立的对象　　　　图 6-5-3　杯边和杯底的材质

（7）在视图中选中分离出来的“杯身”对象，单击（修改）→“修改器列表”→“UVW 贴图”修改器，在“参数”卷展栏中单击“收缩包裹”单选按钮，在“对齐”栏中选中 Z 单选按钮，再单击“适配”按钮。

（8）在“材质编辑器”对话框中选中一个空示例窗，将其命名为“杯身材质”，单击水平工具栏中按钮，再单击按钮，将材质指定所选择的对象。单击 Standard （材质类型）按钮，弹出“材质/贴图浏览器”对话框，双击“光线跟踪”选项，系统关闭“材质/贴图浏览器”对话框，回到“材质编辑器”对话框中。

（9）在“光线跟踪基本参数”卷展栏中单击“漫反射”右侧的“无”按钮，弹出“材质/贴图浏览器”对话框，双击“渐变坡度”选项，这时的“材质编辑器”对话框中出现了“渐变坡度参数”卷展栏，如图 6-5-4 所示。

（10）双击“渐变栏”下面最左侧的小图标，弹出“颜色选择器”对话框，在该对话框中设置颜色（R：18、G：0、B：253)，这时在“渐变栏”的右上角显示出该颜色值和位置，如图 6-5-4 所示。

（11）单击第二个小图标，设置颜色（R：164、G：157、B：253)，然后拖动这个小图标，将位置移到 65 处。

（12）将鼠标指针移到“渐变栏”下面的边界线上单击，就可以添加一个小图标，设置它的颜色（R：235、G：233、B：255)，位置为 87；设置最后小图标的颜色（R：255、G：255、B：255)。

（13）在“噪波”栏中选中“湍流”单选按钮，其他参数按如图 6-5-4 所示进行设置。单击水平工具栏中的按钮，回到“光线跟踪基本参数”卷展栏中，如图 6-5-5 所示，取消“透明度”右侧的复选框，颜色样本变为数值框，将数值设置为 60，“折射率”为 1.5，“高光级别”为 200，“光泽度”为 70。

经过以上设置完成“蜡烛杯”材质的编辑，渲染后的效果如图 6-5-6 所示。

**2．编辑“蜡烛”的材质**

（1）单击“文件”→“合并”菜单命令，弹出“合并文件”对话框，选择本书第 3 章习题中所制作的“蜡烛.max”文件，如图 6-5-7 所示。

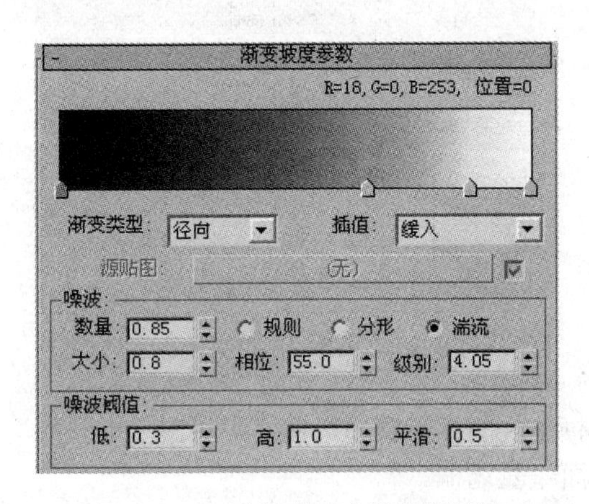


图 6-5-4　“渐变坡度参数”卷展栏

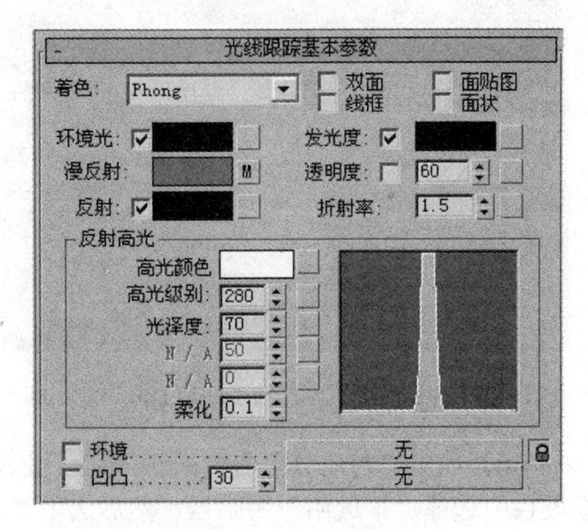


图 6-5-5　杯身参数设置

图 6-5-6　蜡烛杯渲染效果图

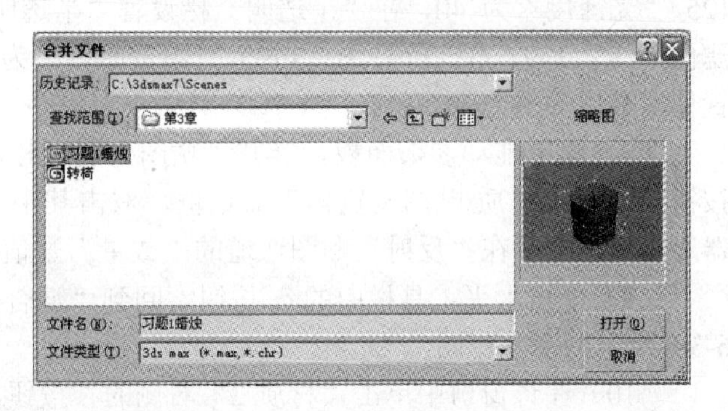


图 6-5-7　“合并文件”对话框

（2）在“合并文件”对话框中单击“打开”按钮，弹出“合并-习题 1 蜡烛.max”对话框，如图 6-5-8 所示。单击“全部”按钮，再单击“确定”按钮，这时系统关闭该对话框，场景中已经出现了要合并的蜡烛。

（3）在视图中选中“烛身”对象，单击（修改）→“修改器列表”→“UVW 贴图”修改器，在“参数”卷展栏中选择“柱形”单选按钮，在“对齐”栏中选择 Z 单选按钮，再单击“适配”按钮。

（4）单击主工具栏上的按钮，弹出“材质编辑器”对话框，选中一个空示例窗，将其命名为“烛身材质”，单击按钮，再单击按钮。

（5）单击“材质编辑器”中的“材质类型”按钮，弹出“材质/贴图浏览器”对话框，双击“混合”选项，系统弹出“替换材质”对话框，在该对话框中选择“丢弃旧材质？”单选按钮，单击“确定”按钮，退出该对话框。这时的“材质编辑器”对话框中出现“混合基本参数”卷展栏，如图 6-5-9 所示。

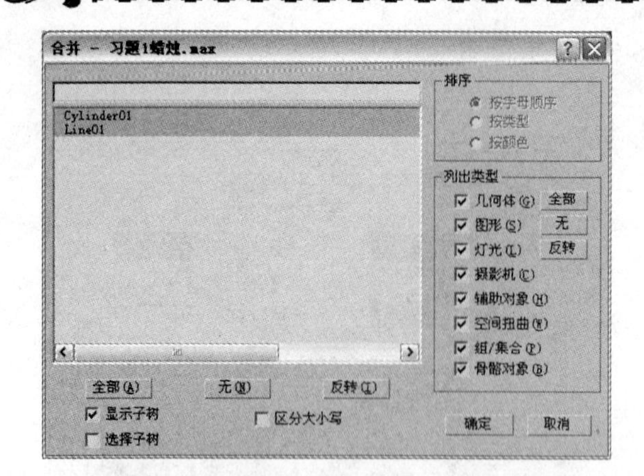


图 6-5-8 “合并-习题 1 蜡烛.max”对话框

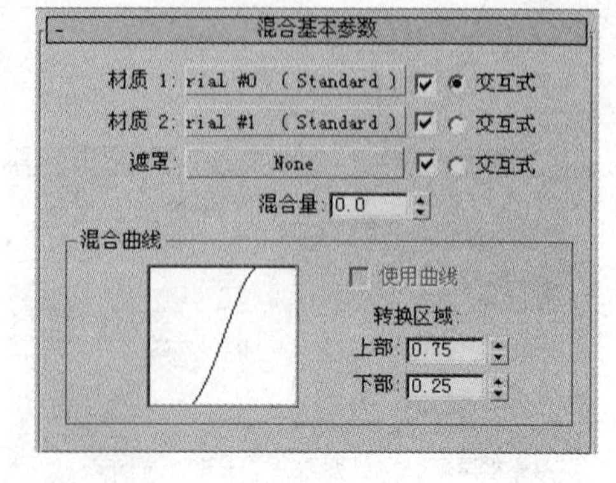


图 6-5-9 “混合基本参数”卷展栏

（6）单击“材质 1”右侧的长按钮，进入材质 1 的编辑窗口，在“明暗器基本参数”卷展栏中选择“半透明”明暗器，然后选中“双面”复选框。

（7）在“半透明基本参数”卷展栏中设置“漫反射”的颜色（R：231、G：68、B：60），在“自发光”栏下的数值框中输入 10，在“反射高光”栏中设置“高光级别”为 125、“光泽度”为 40，在“半透明”栏设置“半透明颜色”（R：246、G：17、B：0），“过滤色”（R：179、G：179、B：179），“不透明度”为 80，如图 6-5-10 所示。经过上面的设置使用蜡烛的颜色为红色。

（8）向上拖动参数面板，展开“贴图”卷展栏，单击“反射”贴图通道右侧的“无”按钮，弹出“材质/贴图浏览器”对话框，双击其中的“光线跟踪”选项，回到“材质编辑器”对话框中，在“反射”贴图通道的“数量”数值框中输入 30。

（9）单击水平工具栏中的按钮，回到“混合”材质的编辑窗口，这时的窗口与如图 6-3-9 所示的基本相同。

（10）在该窗口中单击“材质 2”右侧的长按钮，进入材质 2 的编辑窗口，单击“漫反射”右侧的“无”按钮，弹出“材质/贴图浏览器”对话框，双击其中的“噪波”选项，这时显示出“噪波参数”卷展栏，如图 6-5-11 所示。

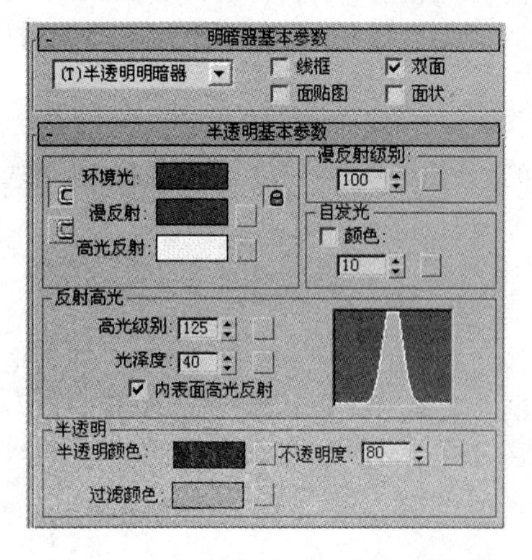


图 6-5-10 “半透明”材质的参数设置

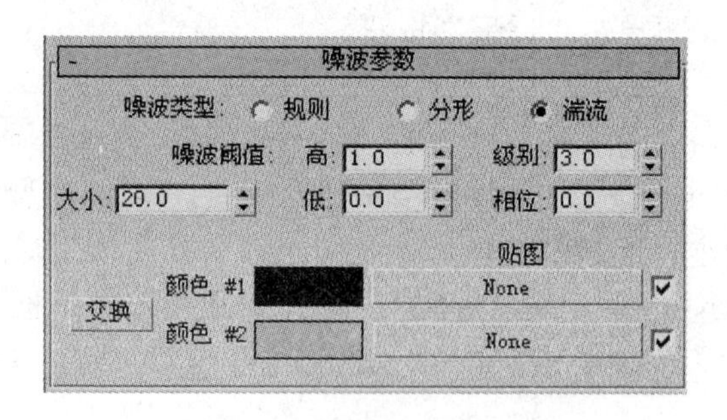


图 6-5-11 “噪波参数”卷展栏的设置

（11）在“噪波参数”卷展栏中，选中“湍流”单选按钮，在“大小”数值框中输入 20，设置“颜色#2”右侧的颜色块（R：183、G：179、B：158）。

（12）两次单击水平工具栏中的按钮，回到“混合基本参数”卷展栏，如图 6-3-9 所示。单击“遮罩”右侧的“None”按钮，弹出“材质/贴图浏览器”对话框，双击其中的“渐变”选项，进入“渐变”贴图类型的编辑窗口。设置“颜色#1”的 R、G、B 均为 87，“颜色#2”的 R、G、B 均为 106，“颜色#3”的 R、G、B 均为 141。单击水平工具栏中的按钮。

（13）在视图中选中烛芯对象，单击（修改）→“修改器列表”→“UVW 贴图”修改器，在“参数”卷展栏中单击“柱形”投影方式，在“对齐”栏中选中“Z”单选按钮，再单击“适配”按钮。

（14）在材质编辑器中选中一个空示例窗，将其命名为“烛芯材质”，单击按钮，再单击按钮。

（15）在“明暗器基本参数”卷展栏中选择“Oren-Nayar-Blinn”明暗器，展开“贴图”卷展栏，单击“漫反射”贴图通道右侧的长按钮，弹出“材质/贴图浏览器”对话框，双击其中的“渐变”选项，在“颜色 2 位置”数值框中输入 0.9，如图 6-5-12 所示。单击水平工具栏中的按钮，返回“材质编辑器”对话框，结束材质的编辑。最大化显示蜡烛后，单击主工具栏中的按钮，得到的渲染结果如图 6-5-13 所示。

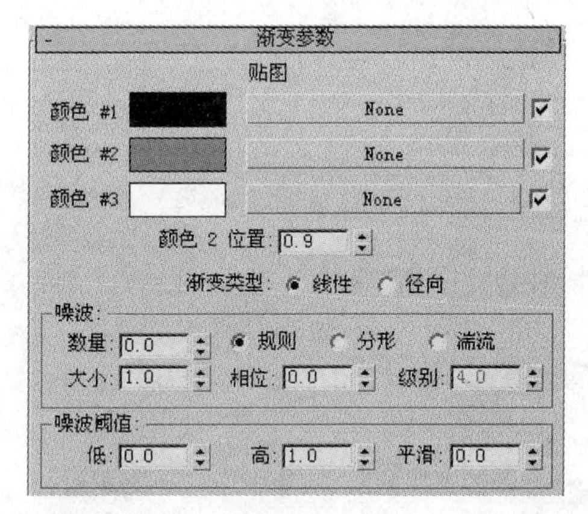


图 6-5-12 “渐变参数”卷展栏的参数设置

图 6-5-13 编辑完材质后的蜡烛

（16）在顶视图中创建一个分段在 10 以上的平面，大小以在蜡烛杯一半高度的位置能盖住它为好，如图 6-5-14 所示，然后将它转换成可编辑网格对象。

（17）单击（修改）→“修改器列表”→“FFD 3×3×3”修改器，然后在修改器堆栈中选择“控制点”子对象，在顶视图中调整控制点，效果如图 6-5-15 所示。调整完成后，再次单击“控制点”子对象，结束对它的编辑。

（18）在“材质编辑器”对话框中选中一个空示例窗，将其命名为“沙子材质”，在“明暗器基本参数”卷展栏中选择“Phong”明暗器，展开“贴图”卷展栏，单击“漫反射”贴图通道右侧的长按钮，弹出“材质/贴图浏览器”对话框，双击其中的“位图”选项，弹出“选择位图图像文件”对话框，在本书所提供的“素材”文件夹中选择“石材 4”位图文件，单击“打开”按钮，回到“材质编辑器”对话框。单击水平工具栏中的按钮回到上层材质。

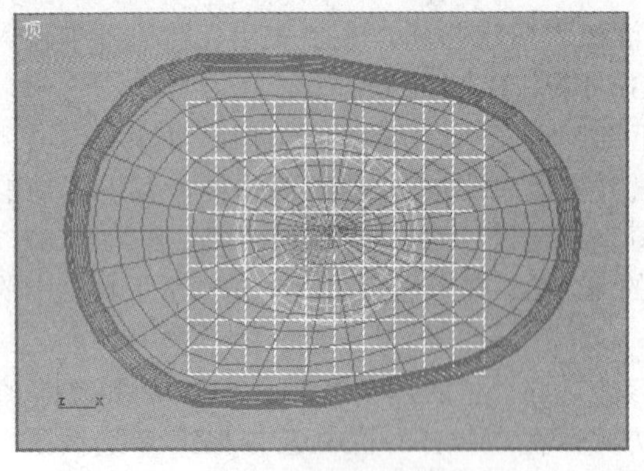

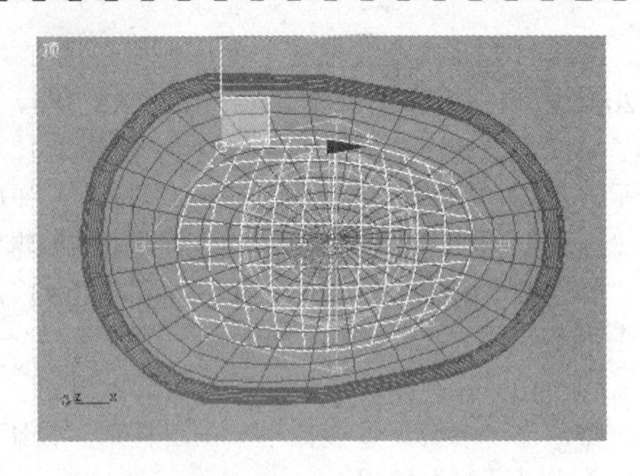

图 6-5-14 在顶视图中创建平面

图 6-5-15 调整平面的形状

（19）展开“贴图”卷展栏，将“漫反射”贴图通道的材质复制到“凹凸”贴图通道中，将“凹凸”贴图通道的数量设置为 30。

（20）单击“置换”贴图通道右侧的长按钮，弹出“材质/贴图浏览器”对话框，双击“位图”选项，在弹出的“选择位图图像文件”对话框中，选择本书“素材”文件夹中的“石板”位图文件，单击“打开”按钮，回到“材质编辑器”对话框。单击水平工具栏中的按钮回到上层材质，设置“置换”贴图通道的数量为 200。

经过以上的设置，渲染后的效果如图 6-5-1 所示。

## 本章小结

本章主要介绍了材质和贴图的使用。

材质和贴图的使用都是在“材质编辑器”对话框中进行的，该对话框由上面的示例窗和下面的参数区域组成。

在“明暗器基本参数”卷展栏和“Blinn 明暗器基本参数”卷展栏中可以对材质进行最基本的设置，包括着色类型、颜色、反光效果和半透明效果。

贴图的类型一共有 5 种，每一种贴图类型都有多种，本章主要介绍了“位图”、“棋盘格”、“细胞”贴图。材质由贴图和其他一些固定的贴图组成，其功能强大、可以模拟多种材质的真实效果。

在渲染编辑了材质的场景时，有时会出现“错误贴图坐标”对话框，这是因为场景中的对象没有贴图坐标造成的，这时需要为其添加“UVW 贴图”修改器，在该修改器中可以设置参数的、对齐的方式等。

## 习题 6

1．填空题

（1）_______明暗方式像 Blinn 一样创建光滑的表面，但没有优质高光，渲染速度比 Blinn 明暗方式快。

（2）“Blinn”明暗器的“贴图”卷展栏，包含_______种贴图通道是比较常用的贴图通道。

（3）“凹凸”贴图通道能根据位图的灰度产生凹凸不平的效果，但这种凹凸不是很大，如果要产生比较大的凹凸起伏的效果，可以使用_______贴图通道。

（4）如果要使贴图产生马赛克、鹅卵石、细胞壁等随机序列效果，应使用_______贴图。

（5）在2D贴图中，用两种颜色或贴图以方格交错的方式构成的贴图的是_______。

（6）在场景中有一个青瓷花瓶的模型，需要为其添加材质，要求此花瓶外表为青瓷且有一幅图案，内层为白瓷，则应为其选择_______材质。

### 2. 简答题

（1）在什么情况下使用“Oren-Nayar-Blinn”明暗器？

（2）“材质编辑器”对话框的“明暗器基本参数”卷展栏中的“双面”复选框的作用是什么？它与“双面”材质有什么区别？

（3）“不透明度”贴图通道的作用是什么？

（4）使用“凹凸”贴图通道将产生什么效果？

（5）如果在“漫反射”贴图通道中使用了一幅位图图像，现在要使用这幅图像中右下角的一部分，应如何操作？

（6）在使用“多维/子对象”材质时，对对象有什么要求？

### 3. 操作题

（1）为本书第1章中所制作的“玩具”编辑材质。

（2）用“多维/子对象”材质和“细胞”贴图，为本书第3章中所制作的足球编辑材质，效果如图1所示。

（3）应用位图图像，为本书第4章中所制作的蝴蝶编辑材质，在编辑材质的过程中要注意调整各种位图的大小。

（4）为本书第3章中所制作的转椅编辑材质，完成后的效果如图2所示。

（5）为本书第5章中所制作的“工作灯”编辑材质。

图1　足球的材质

图2　转椅的材质

# 第7章　灯光、摄像机和环境

人类的所有视觉反应都要依赖光线。可以想象一下，在一个全黑的环境中，无论有什么样的美景，都不能让人有任何感觉。在虚拟的三维世界中的光线全部由灯光提供。3ds max 提供了一个无穷大的虚拟空间，在这个空间中要从不同的角度观察自己的作品就要创建摄像机。本章介绍有关灯光、摄像机和环境特效的知识。

## 7.1　台灯灯光——Max 中的灯光

### 7.1.1　学习目标

◈ 了解灯光的特点和常用布局方法。
◈ 掌握灯光的强度、颜色和衰减的设置。
◈ 理解灯光排除和包含的概念，掌握操作方法。
◈ 掌握目标聚光灯照射范围的调整方法。
◈ 理解灯光的大气效果。

### 7.1.2　案例分析

在“台灯灯光”这个案例中要为本书第 2 章中所制作的玩具对象添加灯光，完成后的效果如图 7-1-1 所示。在这个案例中，有一束灯光从台灯中射出，它照亮了前面的两个对象，也照亮了自己，由于灯罩是由半透明的材料制成，所以能透过灯罩看到它的内部。这个案例可以用于要突出展示的对象，也可用于舞台效果。通过本案例的学习可以练习使用灯光。

图 7-1-1　“静物灯光”渲染效果图

### 7.1.3　操作过程

（1）打开本书配套光盘上“调用文件”\“第 7 章”文件夹中的“7-1 灯光.max”文件。在这个文件中，我们在第 2 章中所制作的文件中合并了工作灯，又添加了一架摄像机。

（2）单击（创建）→（灯光）→“标准”→“目标聚光灯”按钮，在左视图中将光标移到灯罩的位置，按住鼠标左键后，向桌面方向拖动鼠标，确定聚光灯的方向，在合适的位置释放鼠标，完成聚光灯的创建，如图 7-1-2 所示。

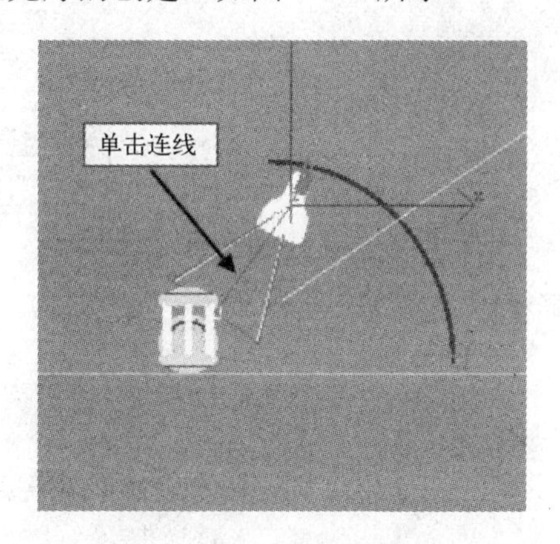


图 7-1-2　创建聚光灯

（3）单击主工具栏中的按钮，在左视图中单击连接聚光灯和聚光灯前面的小矩形控制柄之间的连线，将整个聚光灯选中，右键单击前视图，然后拖动鼠标将它移到灯罩内，如图 7-1-3 所示。

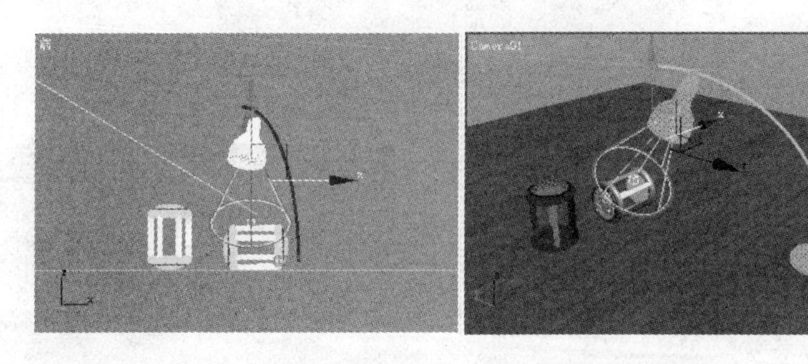

图 7-1-3　在前视图中调整的灯光的位置

（4）单击主工具栏中的按钮，弹出“选择对象”对话框，如图 7-1-4 所示，单击 Spot01 选项，再单击“选择”按钮，就可以选中灯光对象。进入“修改”命令面板，展开“强度/颜色/衰减”卷展栏，如图 7-1-5 所示，在“倍增”数值框中输入 1.2。

渲染摄像机视图，得到的效果如图 7-1-6 所示，可以看到灯光照亮了场景中的部分对象，但是范围太小而且效果比较生硬。

（5）进入“修改”命令面板的参数区中展开“聚光灯参数”卷展栏，如图 7-1-7 所示，将“聚光区/光束”的值设置为 90，将“衰减区区域”的值设置为 130。

在视图中可以看到聚光灯的照射范围出现了浅蓝色和深蓝色两个区域，其中浅蓝色指示出聚光区/光束的区域，也就是高光区，深蓝色指示出衰减区。这时渲染摄像机视图得到的效果如图 7-1-8 所示，可以看到灯光的效果变得很柔和。

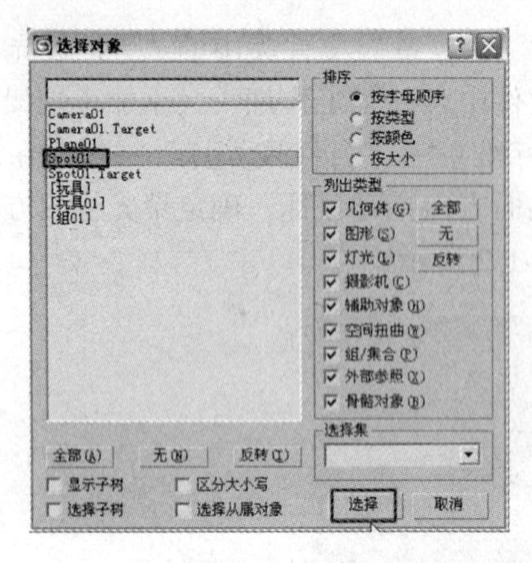


图 7-1-4 “选择对象”对话框

图 7-1-5 调整灯光强度

图 7-1-6 默认参数设置时的灯光效果

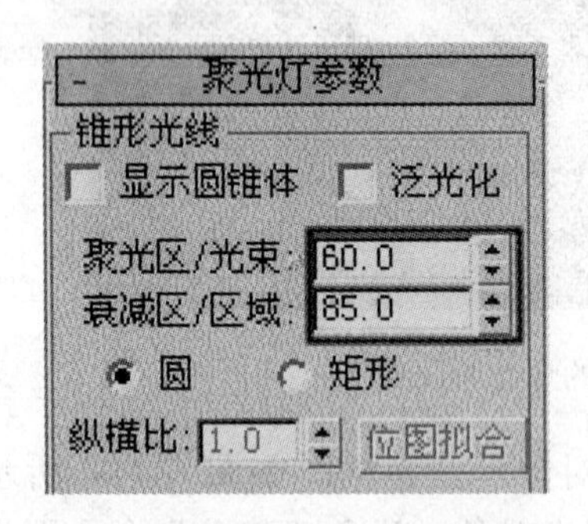


图 7-1-7 设置聚光灯的光束区域

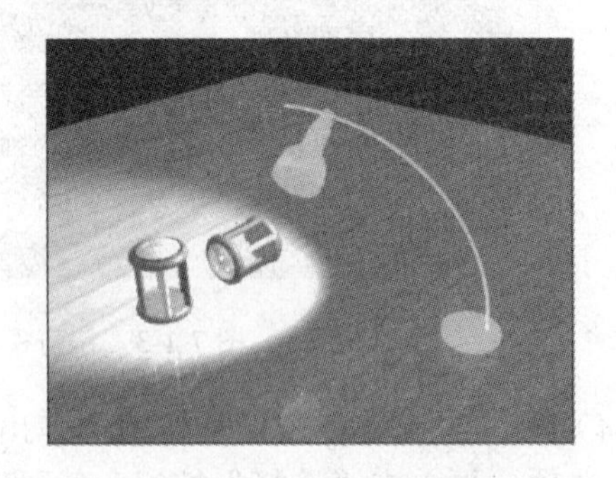

图 7-1-8 分开聚光区和衰减区后的效果

（6）在命令面板中拖动参数区，在“常规参数”卷展栏中，选中“阴影”栏中的“启用”复选框，添加阴影效果，如图 7-1-9 所示。这时渲染视图得到的效果如图 7-1-10 所示。

从图中可以看到现在对象被添加了阴影，但是在灯光的照明区域中又出现了比较生硬的边缘，这是因为灯罩自身也被投影造成的。

（7）在如图 7-1-9 所示的“常规参数”卷展栏中，单击右下角的“排除”按钮，弹出“排除/包含”对话框，如图 7-1-11 所示。选中“排除”单选按钮，在“场景对象”列表框中选中要排除的对象“灯罩”，单击[>>]按钮，这时“灯罩”出现在右边的排除列表框中。再在左侧的列表框中选中“灯座”对象，单击[>>]按钮，使“灯座”对象也出现在右边的排除列表框中。单击“确定”按钮，完成设置。这时渲染场景得到的效果如图 7-1-12 所示。

图 7-1-9　启用阴影

图 7-1-10　添加了阴影以后的效果

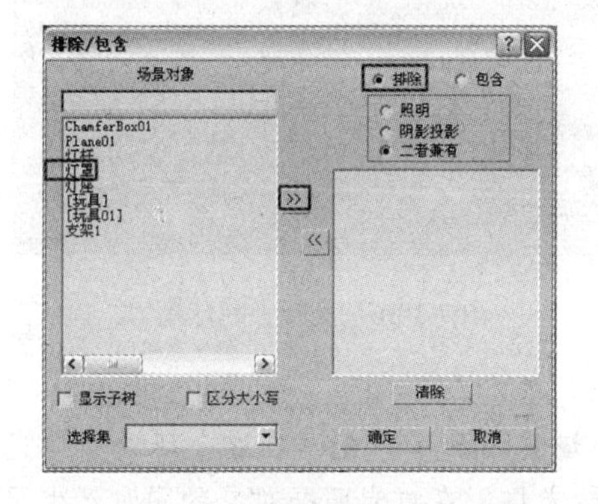


图 7-1-11　“排除/包含”对话框

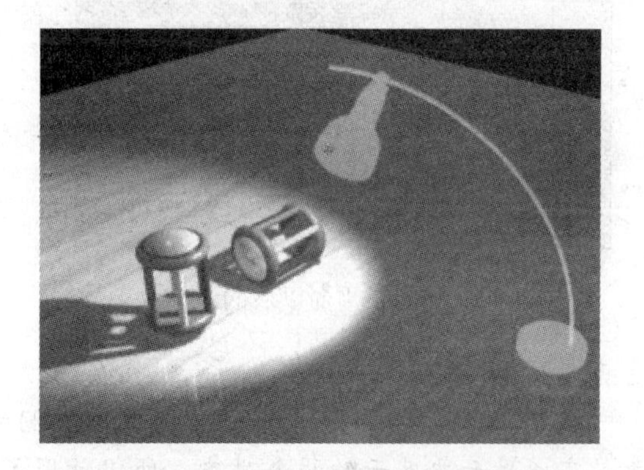

图 7-1-12　排除了灯罩和灯座以后的效果

从图中可以看到，灯罩的外侧和灯座的部分区域还很暗，下面再添加照亮它们的灯光。

（8）单击（创建）→（灯光）→“标准”→“泛光灯”按钮，在左视图中单击创建一盏泛光灯，在视图中将它移到如图 7-1-13 所示的位置上。在参数面板中展开“强度/颜色/衰减”卷展栏，设置“倍增”值为 0.8。

这时渲染摄像机视图，效果如图 7-1-14 所示，从图中可以发现出现了令人难以忍受的亮斑，这是因为桌面材质的反射通道中使用了光线追踪。

图 7-1-13　照亮场景的泛光灯位置

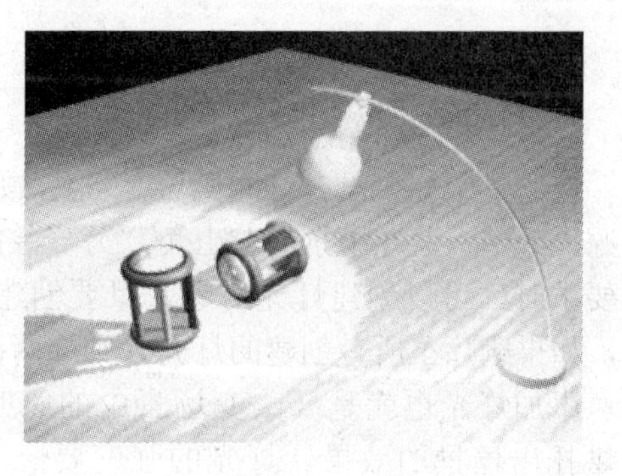

图 7-1-14　渲染图中出现了亮斑

（9）选中泛光灯，在“常规参数”卷展栏中，单击“排除”按钮，弹出“排除/包含”对话框，选中 Plane01 对象单击按钮，使桌面对象出现在右边的排除列表框中，单击“确定”按钮，完成设置。这时渲染场景得到的效果如图 7-1-15 所示。

从图中可以看出现在还缺少照明灯罩内的灯光，下面添加一盏照亮灯罩的泛光灯。

（10）在场景中再添加一盏泛光灯，设置“倍增”为 2，在“常规参数”卷展栏中，单击“排除”按钮，弹出“排除/包含”对话框，单击“包含”按钮，在左侧的列表框中选中“灯罩”对象，单击按钮，使其出现在右侧的列表框中。

（11）在场景中再添加一盏“倍增”为 0.2 的泛光灯，用上一步的方法，使其只照亮 Plane01 对象，这时场景中的灯光如图 7-1-16 所示。渲染后的效果如图 7-1-1 所示。

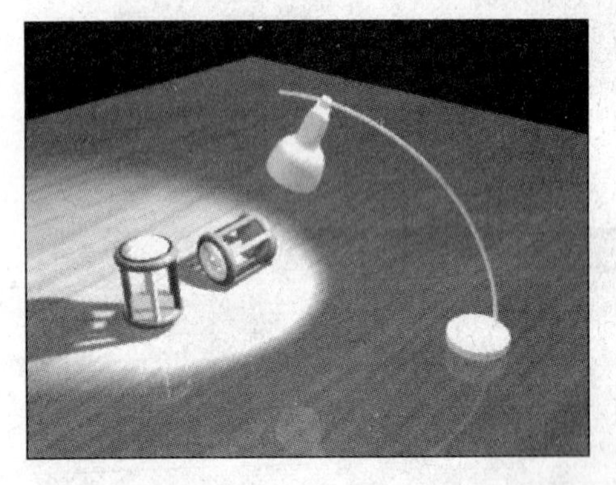

图 7-1-15　排除了平面以后的渲染效果

图 7-1-16　场景中的灯光

**【案例小结】**

在制作“台灯灯光”这个案例中，我们为一个场景添加了灯光。在这个场景中灯光主要是突出显示要展示的两个对象，所以使用了目标聚光灯，在灯光照亮对象的同时产生了阴影，为了模拟灯光照亮灯罩自身的效果，我们在场景添加了一盏只能照亮灯罩的泛光灯。

通过本案例的学习可以掌握创建泛光灯和目标聚光灯的方法，以及一些常用参数，如阴影、排除对象、灯光强度等。

灯光的参数很多，在案例中只能涉及其中的一部分，更多的参数将在下面的内容中进行介绍。

### 7.1.4　相关知识——Max 中的灯光

#### 1．灯光的特点

在场景中如果没有灯光则会是一片黑暗，所以在 Max 中设置了两盏泛光灯作为默认的光源，其中一盏在场景的左上角，另一盏在场景的右下角。当默认的光源不能满足场景的照明要求时，可以创建灯光对象，只要创建了一个灯光对象，场景中的默认光源就会自动关闭，如果删除了所有创建的灯光，则这两盏灯可以自动打开。

添加灯光也就是要改变场景中的照明。在添加灯光之前必须做好计划，要保证灯光能烘托出场景的效果。灯光的强度要恰当，不能太亮，因为场景太亮会变得平淡；也不能太暗，太暗的场景会丢失很多的细节。大多数 Max 场景可以使用两种光源：自然光和人工光源。可以使用“平行光灯”模拟自然光。而人工照明场景通常有多个相似强度的光源。选择哪种光取决于场景模拟自然照明还是人工照明。

在 3ds max 7 中灯光是一个特殊的对象，在视图中可以创建灯光光源，渲染时不能看到灯光对象，只能显示灯光对象的发光效果，它用于模拟真实世界的灯光，但又不完全一样。通过设置、调整灯光光源可以改善场景的照明效果。

### 2. 灯光的类型和创建

在 Max 中有一系列的灯光类型。基本的“标准”灯光可以从指定的或全部方向照明，不需要涉及反射光或专门的渲染状况。而“光度学”灯光的使用，可以更精确地定义灯光，就像在真实世界一样，允许创建具有各种分布和颜色特性灯光，或导入照明制造商提供的特定光度学文件。另外还有阳光系统和日光系统，可以增加具有外部光源的室内或室外场景的照明效果。基于篇幅所限，本书只介绍标准灯光。

单击命令面板中的（创建）按钮，打开“创建”命令面板，单击（灯光）按钮，显示出灯光源的命令面板，并在其下面的“对象类型”卷展栏中显示出标准灯光类型的命令按钮，如图 7-1-17 所示。从图中可以看出标准灯光类型有 8 种，利用标准灯光类型的命令按钮即可在视图场景中创建灯光对象。常用灯光的创建方法和主要作用如下。

图 7-1-17　可以使用的标准灯光类型

（1）目标聚光灯。目标聚光灯是用一束光线从一点向指定的目标对象发散投射，产生锥形的照射区域，照射区域以外的对象不受影响。创建目标聚光灯的方法是在灯光命令面板中单击“目标聚光灯”按钮，在视图中按下鼠标确定灯的位置，然后拖动鼠标确定灯的方向和目标点，创建好的目标聚光灯如图 7-1-18 所示。在图中可以看到这种灯光具有聚光灯（目标聚光灯的位置）和目标点两个对象，即使没有被选中的目标聚光灯，它们也被一条蓝色的线相连。如果单击投射点，可以将它选中，并能移动光源的位置，但不改变目标点；如果单击选中目标点，则只能改变目标点而不能改变光源的位置；单击投射点和目标点之间的蓝色线，可以同时将两个对象选中，这时可以同时移动它们。

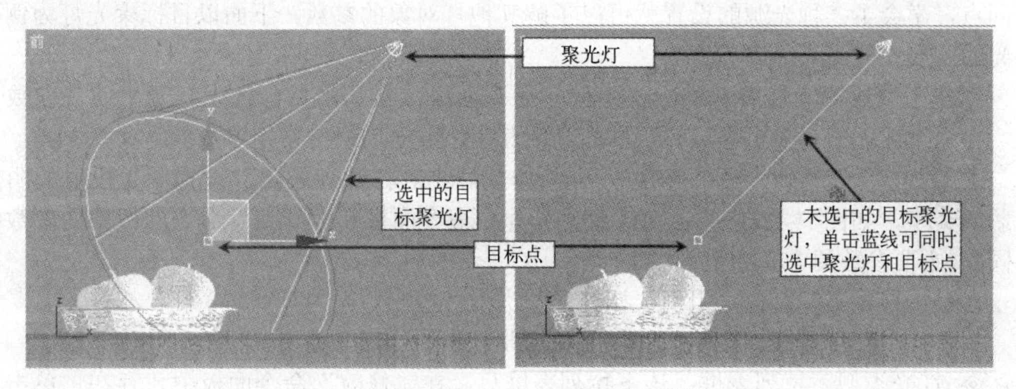


图 7-1-18　目标聚光灯

（2）自由聚光灯。自由聚光灯与目标聚光灯的功能基本相同，只是没有目标点。创建自由聚光灯的方法是在灯光命令面板中单击“自由聚光灯”按钮，然后在视图中单击就可以创建。由于自由聚光灯没有目标点，所以要将自由聚光灯对准照射的物体，可以通过旋转聚光灯的方法进行调整。图 7-1-19 中的自由聚光灯就是在顶视图中创建然后用工具旋转以后得到的，从图中可以看出，由于没有目标点，所以没有选中的自由聚光灯只能看到它的投射点。在图 7-1-19 中的右下角是没有被选中的自由聚光灯。

（3）目标平行灯。目标平行灯所发出的是一束沿同一方向、向指定的目标物体平行投射的光线，产生柱形的照射区域，如图 7-1-20 所示。这种灯一般用来模拟太阳光。这种灯光与目标聚光灯除照射区域不同外，也具有光源和目标点两个对象，创建和选择对象的方法也与目标聚光灯相同。

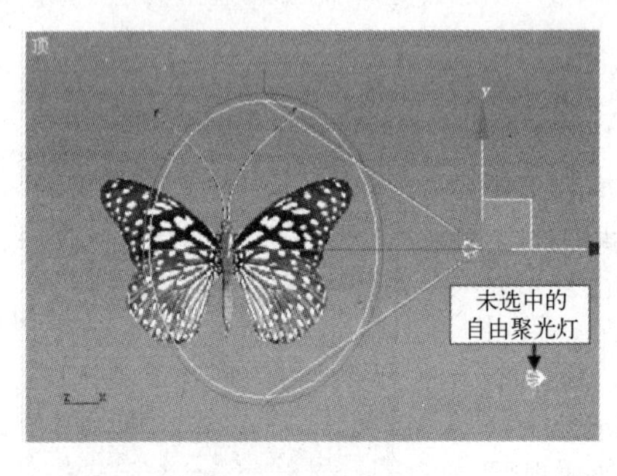


图 7-1-19 自由聚光灯

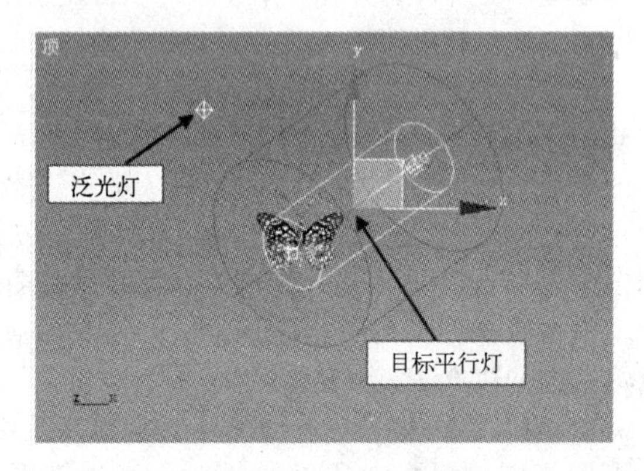


图 7-1-20 平行聚光灯和泛光灯

（4）自由平行光。自由平行光与目标平行光的功能基本相同，只是没有目标点。要将自由平行光对准照射的物体，可以通过移动、旋转照射光柱的方法进行调整。

（5）泛光灯。泛光灯是一种向所有的方向发射光线的点光源，以发散的方式照射场景中的物体。这种光源是一种简单的灯光类型，主要用于辅助光源使用，或模拟点光源。

### 3. 目标聚光灯的“常规参数”卷展栏

所有作为光源的灯的创建参数都非常复杂，但对不同的光源来说，这些参数又有很多相同点，学会了一种光源的设置就可以了解其他灯对象的参数。下面以目标聚光灯为例介绍灯光的主要参数。

创建了目标聚光灯后，进入“修改”命令面板，显示出目标聚光灯的“常规参数”面板，在这个面板中有多个卷展栏，下面介绍其中主要卷展栏中常用参数的含义。

“常规参数”卷展栏中的参数，可以控制灯光的打开与关闭，设置灯光投射的阴影及阴影的类型，如图 7-1-21 所示（注意“创建”命令面板和“修改”命令面板中的参数略不相同）。主要参数的含义如下。

（1）“灯光类型”栏：用于选择灯光的类型，控制灯光的打开与关闭。

◈ “启用”复选框：该复选框，用于控制灯光的打开与关闭。

◈ 灯光类型下拉列表框：该下拉列表框只有在“修改”命令面板中才存在，单击该下拉列表框，从中选择不同的参数，可以改变灯光的类型。

◈ “目标”复选框：选中该复选框后，灯光将有目标。通过该复选框可以进行目标聚光灯和自由聚光灯之间的转换。

（2）“阴影”栏：用于设置灯光投射的阴影及阴影的类型。

◈ “启用”复选框：用于控制阴影的打开与关闭，选中该复选框，可以打开灯光的阴影，有阴影效果的可在其下面的阴影下拉列表框中选择阴影的类型。阴影效果只有在渲染后才可以观察到，开启了阴影的效果如图 7-1-22 所示。

图 7-1-21　“常规参数”卷展栏

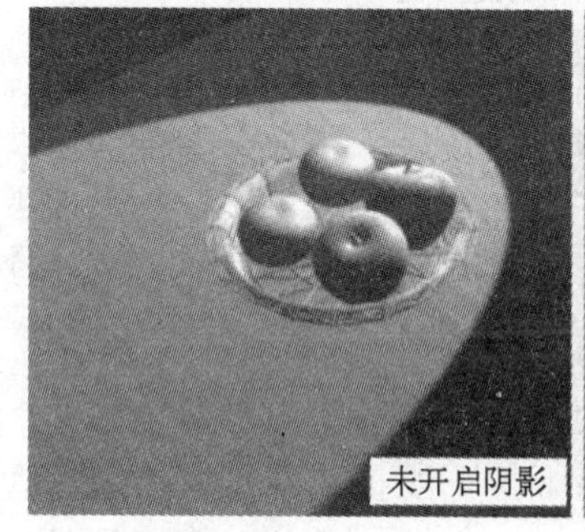

图 7-1-22　开启阴影后的效果

◈ “使用全局设置”复选框：选中该复选框后，可以用常规参数卷展栏设置灯光阴影的参数。

◈ 阴影类型下拉列表框：在该下拉列表框中选择阴影的类型，默认选项为“阴影贴图”。

（3）“排除/包含”对话框。在 Max 中的灯光与真实的灯光有些区别，其中之一就是在 Max 中的灯光可以只照亮光源范围内的一部分对象而不照亮另外一部分对象。下面以对如图 7-1-19 所示中的对象进行排除介绍排除对象的操作步骤。

① 在视图中选中要进行设置的灯光对象，在“常规参数”卷展栏中单击“排除”按钮，弹出“排除/包含”对话框，如图 7-1-23 所示。在该对话框中的右上角有“排除”和“包含”两个单选按钮，决定了下面的操作中是在灯光的照明中排除对象还是包含对象。

② 在该对话框中左侧是对象列表，从中选择要排除的对象，单击 >> 按钮，将其添加到右侧的排除列表中，单击“确定”按钮，就可以从灯光的照明中，将该对象排除。

将图 7-1-22 中的排除了“右翅”和右侧的“胡须”对象的效果如图 7-1-24 所示。

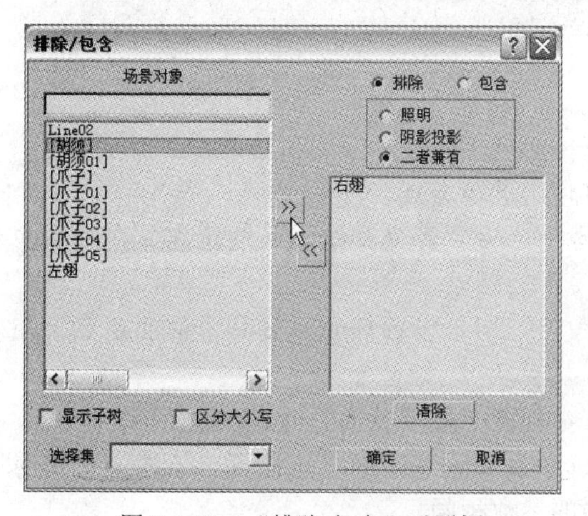


图 7-1-23　“排除/包含”对话框

图 7-1-24　排除了右翅和右侧胡须以后的效果

因为现在场景中只有一盏灯，当这盏灯排除“右翅”和右侧胡须以后，就没有灯光照到它们上，使其全黑。

在“排除/包含”对话框中的右上角有 “排除”和“包含”两个单选按钮。如果选中了“排除”单选按钮，则添加到右侧列表中的对象被排除出照明；而如果选中了“包含”单选按钮，则右侧列表中的对象被包含在照明中，右侧列表中没有的对象才不被照明。

### 4．目标聚光灯“强度/颜色/衰减”卷展栏

在选中了灯光对象以后，它的“强度/颜色/衰减”卷展栏如图 7-1-25 所示，在该卷展栏中可以控制灯光的强度、颜色和衰减效果。主要参数的含义如下。

（1）“倍增”数值框：用于设置灯光的强度。将该数值与右边颜色框中的 RGB 值相乘即可得到灯光输出的颜色。数值小于 1 时，亮度减小；数值大于 1 时，亮度增加；数值较大时，将削弱右边颜色框中设置的灯光颜色。

（2）“衰退”栏：是使远处灯光强度减小的一种方法。

◈“类型”下拉列表框：该下拉列表框用于选择衰减类型。

◈“开始”数值框：在该数值框中输入数值，用于设置衰退的开始位置。

◈“显示”复选框：选中该复选框，可以在视图中显示衰退的开始位置。

显示了衰退开始位置的灯光如图 7-1-26 所示，在图中由绿色的线框标志出开始的位置，即使没有选中灯光对象，这个标志也存在。在这一栏中没有衰退结束的位置，是因为它的衰退何时结束由类型控制。

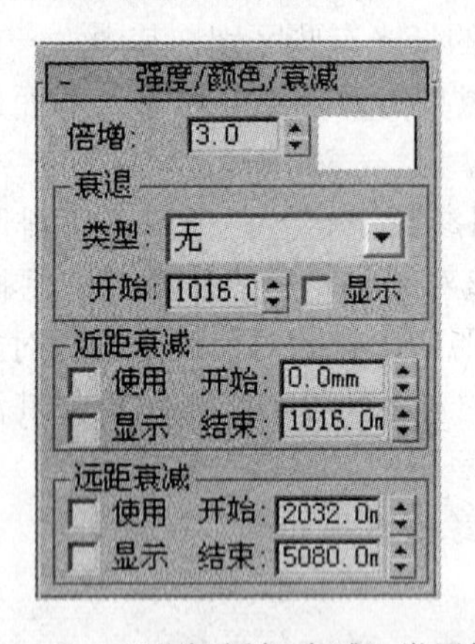

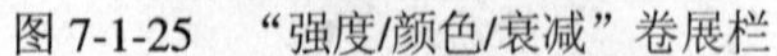

图 7-1-25 “强度/颜色/衰减”卷展栏

图 7-1-26 衰退开始位置

（3）“近距衰减”栏：该栏中的参数用于控制近距衰减的开始和结束。

◈“使用”复选框：选中该复选框，允许使用近距衰减。

◈“开始”数值框：在该数值框中输入数值，设置灯光开始淡入的距离。在视图中显示为深蓝色的线。

◈“结束”数值框：在该数值框中输入数值，用于设置灯光达到其全值的距离。在视图中显示为浅蓝色的线。

◈“显示”复选框：选中该复选框，用于在视图中显示设置的近衰减区范围。

（4）“远距衰减”栏：用于设置灯光在远距衰减区衰减的起止位置。该栏中“使用”和“显示”复选框的作用与“近距衰减”栏中的参数相同。

◈“开始”数值框：在该数值框中输入数值，设置灯光开始淡出的距离。在视图中显示为黄色的线。

◈“结束”数值框：在该数值框中输入数值，设置灯光减为 0 的距离。在视图中显示为深灰色的线。

灯光对象设置了近距衰减和远距衰减的视图如图 7-1-27 所示，在图中显示了各种衰减位置，当取消对灯光对象的选择时，这种衰减位置的显示还存在。将设置了近距衰减和远距衰减的灯光对象渲染出的效果如图 7-1-28 所示（为了显示出灯光，在这里添加了体积光），从图中可以看出在近距衰减结束和远距衰减开始之间的灯光强度是均匀的。

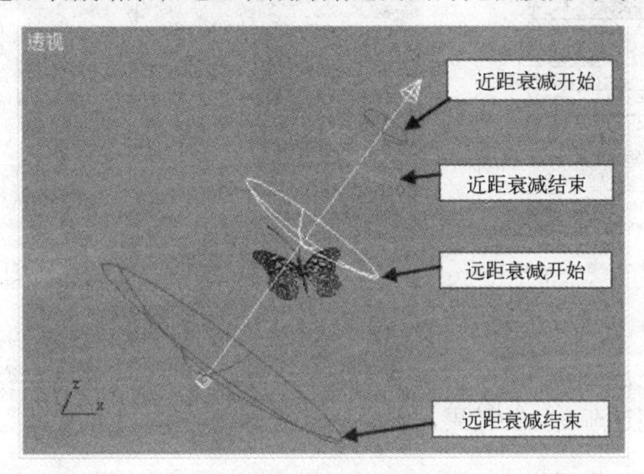


图 7-1-27　在视图中显示近距衰减和远距衰减

图 7-1-28　与视图中对应的灯光渲染结果

### 5．“聚光灯参数”卷展栏

聚光灯对象的“聚光灯参数”卷展栏如图 7-1-29 所示，在该卷展栏中可以控制聚光灯光锥的聚光区和分散区的范围。主要参数的含义如下。

（1）“聚光区/光束”数值框：该数值框中的数值，用于设置灯光聚光区光锥的角度，默认值为 43。在显示了光锥以后，由一个浅蓝色的线框指示出该区域，如图 7-1-30 所示。

（2）“衰减区/区域”数值框：该数值框中的数值，用于设置衰减区光锥的角度，默认值为 45。在显示了光锥以后，由一个深蓝色的线框指示出该区域，如图 7-1-30 所示。

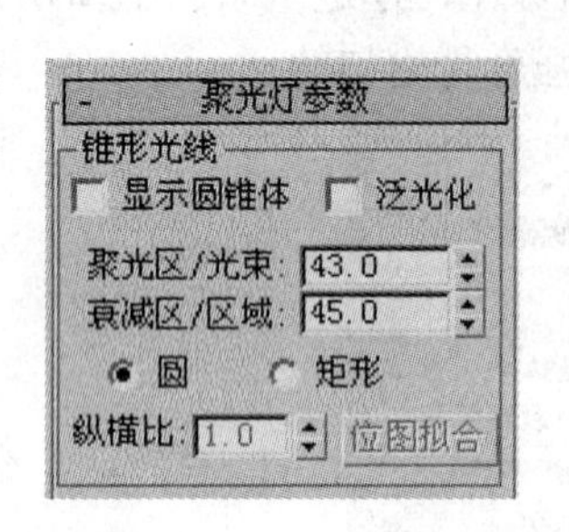


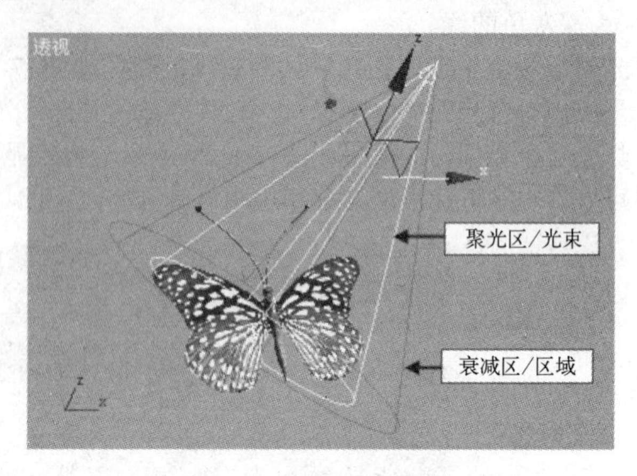


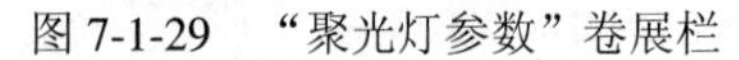

图 7-1-29 “聚光灯参数”卷展栏　　图 7-1-30 聚光区/光束和衰减区/区域

“聚光灯/光束”和“衰减区/区域”两个数值，将对灯光的边缘产生很大的影响，如果使用默认值，这两个数值差距很小，就会使灯光从很亮到完全黑产生突变。如果要产生自然灯光，光柱边缘从亮逐渐变黑的效果，则应使这两个数值有一定的差距。

### 6. “大气和效果”卷展栏

选中了已经创建的灯光，进入“修改”命令面板，才会出现“大气和效果”卷展栏，如图 7-1-31 所示，在该卷展栏中可以给灯光增加大气效果和照射的特殊效果。主要参数的含义如下。

（1）“添加”按钮：单击该按钮，弹出“添加大气或效果”对话框，如图 7-1-32 所示，用于添加“体积光”和“镜头效果”，并可在其下面的列表框中显示出添加的大气和效果选项。添加了体积光的灯光效果如图 7-1-28 所示。

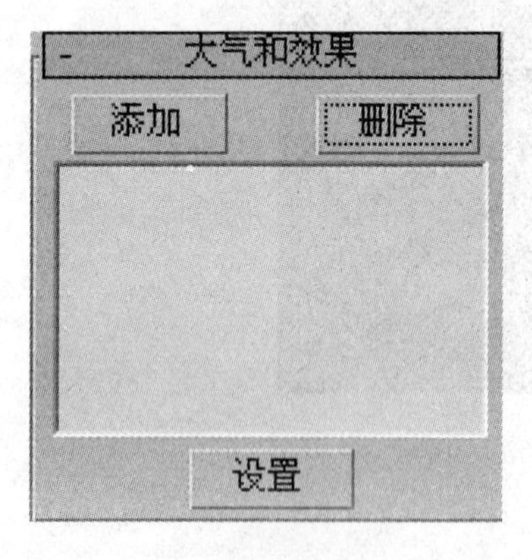


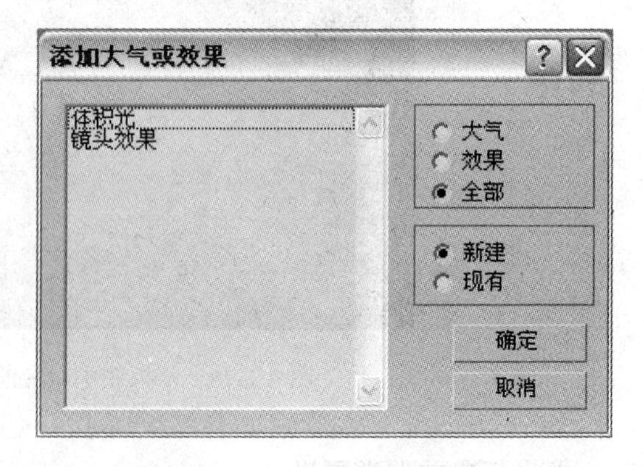


图 7-1-31 “大气和效果”卷展栏　　图 7-1-32 “添加大气或效果”对话框

（2）“删除”按钮：用于删除灯光的大气效果。在该按钮上面的列表框中单击要删除的大气效果选项，再单击该按钮，即可删除选定的大气效果。

（3）“设置”按钮：用于设置已添加的大气效果的参数。在该按钮上面的列表框中单击要设置的大气效果选项，再单击该按钮，可以在弹出的“环境和效果”对话框中对大气效果进行参数设置。

## 7.2　用摄像机观察场景——Max 中的摄像机

### 7.2.1　学习目标

◈ 了解摄像机的特点和创建方法。
◈ 掌握调整摄像机的方法及切换摄像机视图的方法。
◈ 掌握景深效果的应用。
◈ 初步掌握摄像机视图控制工具的使用。

### 7.2.2　案例分析

在“用摄像机观察场景”这个案例中，我们使用摄像机从不同的角度观察棋盘，而且由于摄像机的使用，使远端的对象变得模糊，完成后的效果如图 7-2-1 所示。因为从不同的角度观察，所得到的图形也是不一样的。该案例中的摄像机可以用于、也应该用于实例场景的制作。通过本案例的学习可以掌握摄像机的创建和调整的方法。

图 7-2-1　从摄像机中观察到的视图

### 7.2.3　操作过程

（1）打开本书配套光盘上“调用文件”\“第 7 章”文件夹中的“7-2 棋盘.max”文件。这个文件是一盘棋的残局，包括一个棋盘和几个棋子。

（2）单击（创建）→（摄像机）→“目标摄像机”按钮，在顶视图中拖动鼠标，创建一架目标摄像机如图 7-2-2 所示。从图中可以看到这个摄像机也有两个对象，一个是摄像机，另一个是目标。

（3）单击主工具栏中的按钮，在顶视图中选中摄像机对象，进入向下拖动摄像机，然后右键单击前视图，在前视图中向上拖动摄像机，如图 7-2-3 所示。激活透视视图，按 C 键，将它切换到摄像机视图。

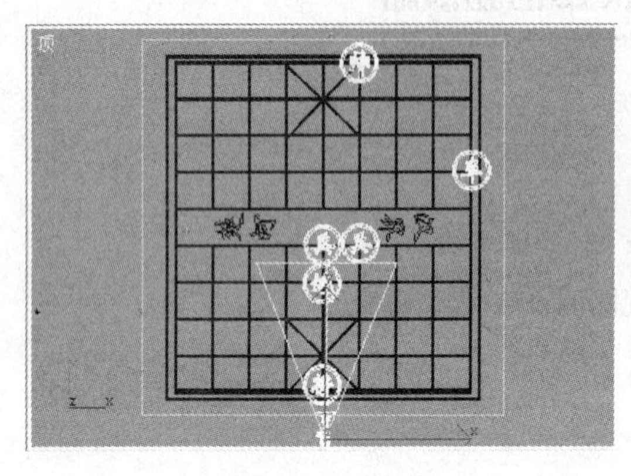

图 7-2-2　在顶视图中创建一架目标摄像机

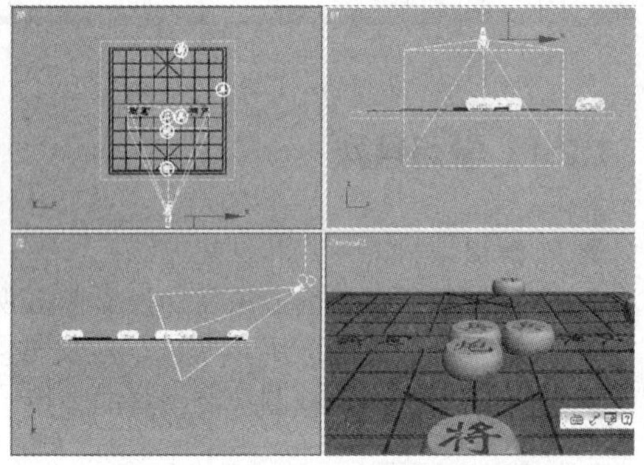

图 7-2-3　在视图中调整摄像机的位置

（4）选中摄像机，进入“修改”命令面板，在“参数”卷展栏中单击“备用镜头”栏的“28mm”按钮，这时上面的“镜头”数值框变为 28，下面的“视野”数值框则发生了相应的变化，如图 7-2-4 所示。

（5）继续在视图中调整摄像机和它的目标点的位置，同时观察摄像机视图，直到能在摄像机视图中观察到满意的效果为止，如图 7-2-5 所示。

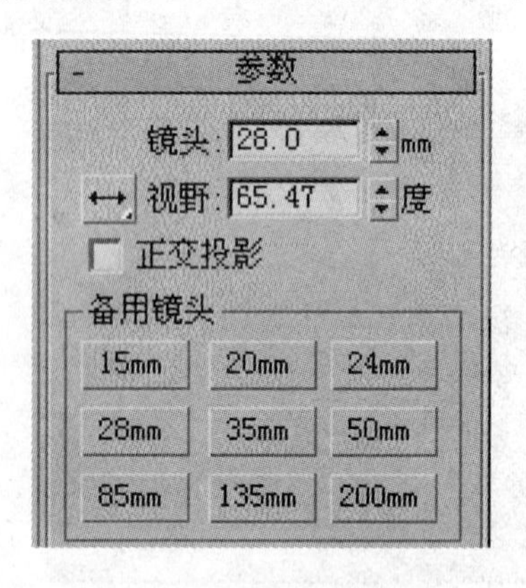


图 7-2-4　调整镜头的焦距

图 7-2-5　调整好的摄像机视图

（6）单击（创建）→（摄像机）→“目标摄像机”按钮，在顶视图中拖动鼠标，再创建一架目标摄像机，如图 7-2-6 所示。

（7）选中摄像机对象，在顶视图中向上拖动，在左视图中也向上拖动。激活左视图，在视口标签处单击鼠标右键，在弹出的快捷菜单中单击“视图”→“Camera02”菜单命令，将这个视图切换成第 2 个摄像机的摄像机视图。再在该视图的视口标签上单击鼠标右键，在弹出的快捷菜单中单击“平滑+高光”菜单命令，效果如图 7-2-7 所示。

这时有两个摄像机视图，可以分别从对手的角度上观察棋盘。

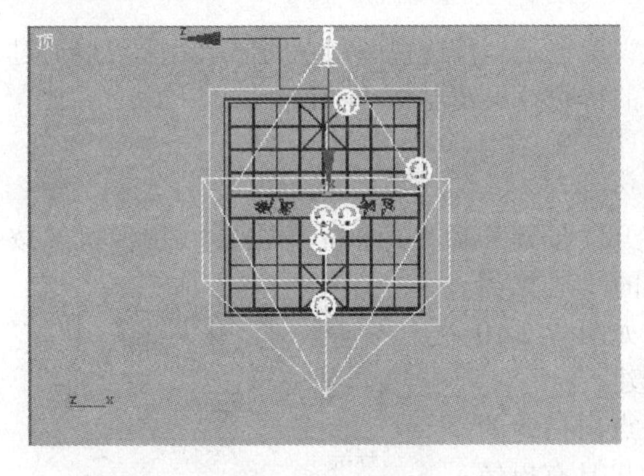

图 7-2-6　在顶视图中再创建一架目标摄像机

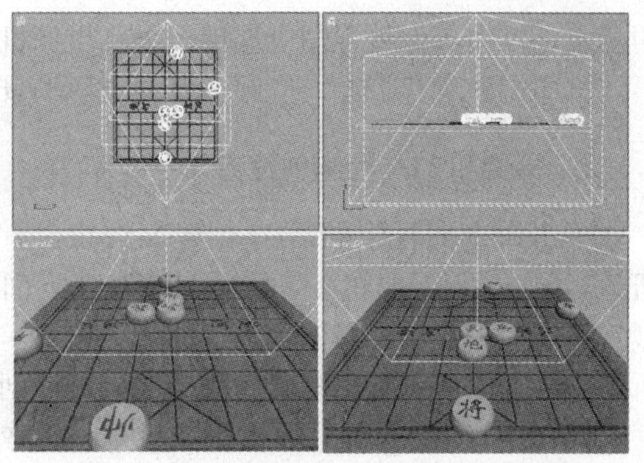

图 7-2-7　第 2 架摄像机的位置和摄像机视图

（8）在视图中选中一架摄像机，在“参数”卷展栏中的“多过程效果”栏中选中“启用”复选框，在下面的下拉列表框中选中“景深”选项。在“景深参数”卷展栏中设置“过程总数”为 6，“采样半径”为 10，如图 7-2-8 所示。单击“预览”按钮，可以在视图中观察以使用景深的效果，如图 7-2-9 所示。

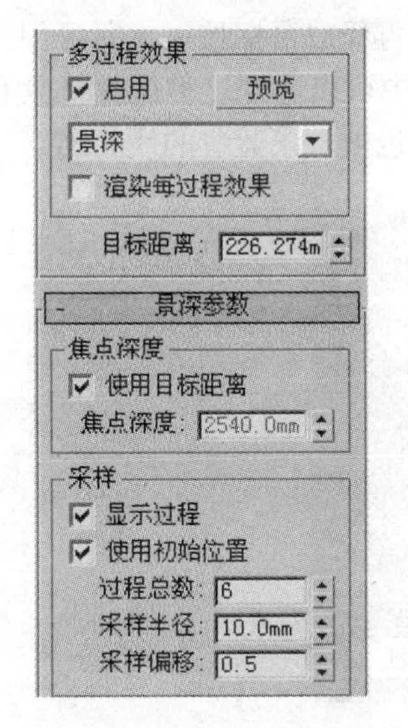


图 7-2-8　设置景深参数

图 7-2-9　景深效果预览

设置环境贴图以后，分别渲染两个摄像机视图，可以得到图 7-2-1 所示的结果。

【案例小结】

在“用摄像机观察场景”这个案例中，我们用两架摄像机从敌方的角度观察棋盘所得到的效果也是不相同的。在摄像机的使用过程中一个重要的应用是显示景深效果，本例中所看到的远端对象模糊就是景深效果。通过本案例的学习可以掌握摄像机的创建和调整方法。

### 7.2.4　相关知识——摄像机的应用

在 Max 中，为用户提供了一套强大的摄像机工具，并可以控制摄像机的属性。Max 中的摄像机能很好地模拟现实世界中的单反光摄像机，使用方法也类似。从摄像机镜头中看到的内容可以在摄像机视图中展现出来。摄像机视图也是 种透视图，它的显示效果可以通过摄像机的参数进行控制，能够更好的表现场景的特殊效果及制作动画。

### 1．摄像机的类型和创建方法

单击命令面板中的（创建）按钮，打开“创建”命令面板，单击（摄像机）按钮，显示出摄像机的命令面板，并在其下面的“对象类型”卷展栏中显示出摄像机类型的命令按钮，如图 7-2-10 所示。从图中可以看出只有两种摄像机可以创建。

图 7-2-10 可以使用的摄像机类型

（1）目标摄像机。目标摄像机是从摄像点向指定的目标物体拍摄产生场景的渲染效果。这种摄像机具有摄像点和目标点，容易控制。通过调整摄像点和目标点可以改变摄像的方位和渲染效果，能够实现跟踪拍摄。它是最常用的摄像机。在“创建”命令面板中，单击“目标”按钮后，将鼠标指针移到要创建摄像机的视图中，在适当的位置按下鼠标左键，作为摄像机的摄像点，向要拍摄物体的目标点拖动鼠标，并绘出一个拍摄锥形，拖动到合适的位置后再释放鼠标按键，即可创建一个目标摄像机。创建好的目标摄像机如图 7-2-11 所示。在图中可以看到这种摄像机具有摄像机和目标点两个对象，即使没有被选中的目标摄像机，它们也被一条蓝色的线相连。

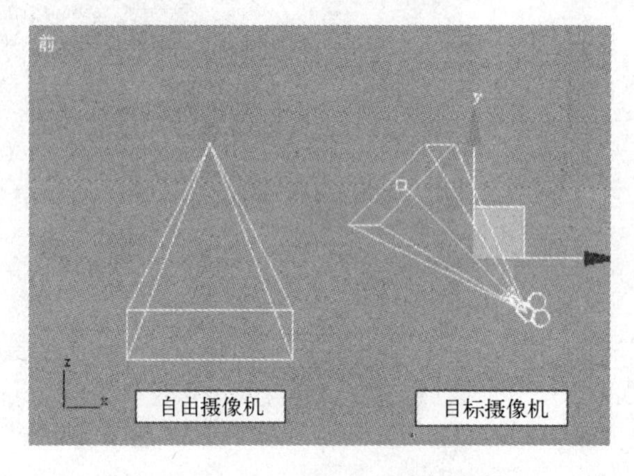


图 7-2-11 目标摄像机和自由摄像机

（2）自由摄像机。自由摄像机与目标摄像机的参数基本相同，只是没有目标点。要对准拍摄的物体，只能通过移动、旋转等工具进行调整，与目标摄像机相比不易控制，常用于动画的浏览。在“创建”命令面板中，单击“自由”按钮，将鼠标指针移到要创建摄像机的视图中，在适当的位置单击鼠标，可创建一个自由摄像机。创建好的自由摄像机如图 7-2-11 所示。

### 2．摄像机的特性

在 Max 中的摄像机与真实世界的摄像机之间有许多相似的地方，所以了解一些有关摄像机的知识是非常重要的。摄像机的重要参数之一是镜头的焦距，焦距是镜头的中心到主焦点的距离，焦距影响对象出现在图片上的清晰度。焦距越小图片中包含的场景就越多。加大焦距将包含更少的场景，但会显示远距离对象的更多细节。

焦距的单位是毫米，50mm 镜头通常是摄影的标准镜头，因为这种镜头与人眼焦距最接近，而且在光学镜头中，50mm 镜头各种变形最小。焦距小于 50mm 的镜头称为短镜头或广角镜头，这种镜头可以观察到的范围更大。焦距大于 50mm 的镜头称为长镜头或长焦镜头，这种镜头可以观察更远范围内的对象。

镜头中所能见到的空间范围叫做视野。在 Max 中将“视野”的宽度定义为一个角，角的顶点位于视平线，末端位于视图两侧，50mm 的镜头显示水平线为 46 度。镜头越长，“视野”越窄；镜头越短，“视野”越宽。更改视野与更改摄影机上的镜头的效果相似。

在 Max 中渲染并不需要真实世界摄影机的许多其他控制，如用于聚焦镜头和推近胶片的那些控制等，所以在摄影机对象中就没有这些控制。

### 3．目标摄像机“参数”卷展栏的设置

大多数摄影机参数是目标摄像机和自由摄像机两种摄影机的常用参数，所以只介绍目标摄像机的参数。创建了目标摄像机以后，进入“修改”命令面板，可以显示出它的“参数”卷展栏，如图 7-2-12 所示，该卷展栏中主要参数功能如下。

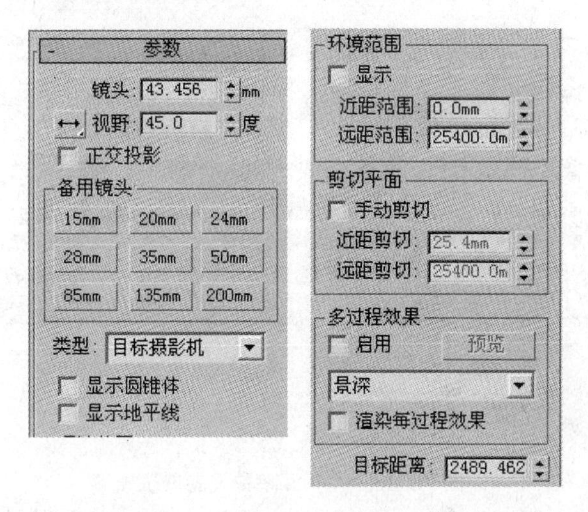


图 7-2-12　摄像机的“参数”卷展栏

（1）“镜头”数值框：该数值框用于设置摄像机镜头的大小，即摄像机镜头的焦距。

（2）“视野”数值框：该数值框用于设置摄像机视野范围的角度。在“视野”数值框左侧有一个按钮，这是一组弹出按钮，还有和两个按钮，这 3 个按钮决定了视域方式。、和按钮，分别用于设置摄像机的视域方式为水平、垂直和对角方式。

（3）“备用镜头”栏：该栏中的参数用于选择系统提供的备用镜头。该栏以按钮的方式提供了 9 种常用的镜头，单击相应数值的按钮，即可将当前的镜头更换为选定的备用镜头。

（4）“环境范围”栏：用于设置摄像机的取景范围。

◈“显示”复选框：选中该复选框，可以在视图中显示摄像机的取景范围

◈“近距范围”/“远距范围”数值框：用于设置取景作用的“最近/最远”范围。

（5）“剪切平面”栏：用于设置摄像机剪切平面的范围。

◈“手动剪切”复选框：用于选择以手动方式设置摄像机剪切平面的范围。

◈“近距剪切”/“远距剪切”数值框：用于设置手动剪切平面的“最近/最远”范围。

（6）“多过程效果”栏：用于设置摄像机的景深或运动模糊效果。

◈“启用”复选框：用于使设置的特效发生作用。

◈“预览”按钮：用于在视图中显示设置的特效，否则只能在渲染时才能显示特效。

◈特效下拉列表框：用于选择特效的类型，单击该下拉列表框，在弹出的下拉列表中，可以选择特效类型。

（7）“目标距离”数值框：用于设置摄像机的摄像点与目标点之间的距离。

### 4. 景深效果

景深效果可以表现场景的层次感效果，清晰显示目标点的焦点对象，使其他物体产生渐进的模糊效果。创建了目标摄像机后，在“修改”命令面板的“参数”卷展栏中，单击并选中“多过程效果”栏中的“启用”复选框，再单击特效下拉列表框，在弹出的下拉列表框中选择“景深”选项，即可在场景中产生景深效果，同时在“参数”卷展栏的下面显示出“景深参数”卷展栏，如图 7-2-13 所示。该卷展栏中主要参数的含义如下。

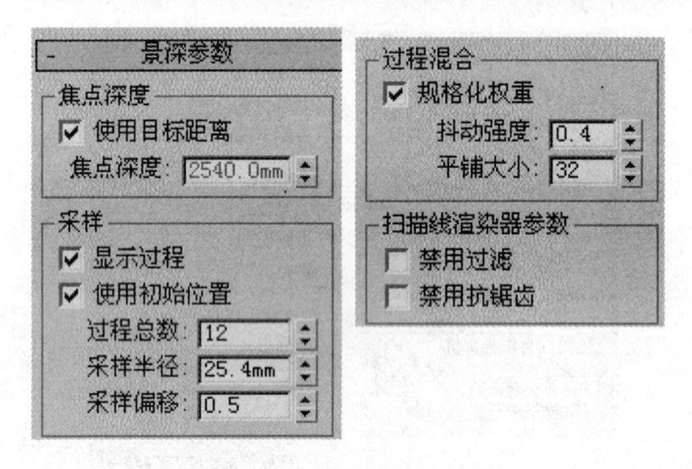


图 7-2-13 “景深参数”卷展栏

（1）“焦点深度”栏：该栏中的参数用于设置摄像机的焦点位置。

◈“使用目标距离”复选框：选中该复选框，将摄像机的目标距离用作每过程偏移摄像机的点。禁用该选项后，使用“焦点深度”值偏移摄像机。

◈“焦点深度”数值框：当“使用目标距离”处于禁用状态时，设置距离偏移摄影机的深度。如果这个数值框中的数值较低，会产生狂乱的模糊效果；如果该值较高，将模糊场景的远处部分。通常，使用“焦点深度”而不使用摄像机的目标距离倾向于模糊整个场景。

（2）“采样”栏：该栏中的参数用于设置摄像机景深效果的样本参数。

◈“使用初始位置”复选框：选中该复选框，则第一个渲染过程位于摄像机的初始位置。取消该复选框的选中，与所有随后的过程一样偏移第一个渲染过程。

◈“过程总数”数值框：用于设置景深模糊的渲染次数，决定景深的层次，数值越大，景深效果越精确，但渲染时间也会越长。

◈“采样半径”数值框：通过移动场景生成模糊的半径。增加该值将增加整体模糊效果。

◈“采样偏移”数值框：用于设置景深模糊的偏移程度，数值越大，景深模糊偏移越均匀，反之越随机。

（3）“过程混合”栏：该栏中的参数用于设置景深层次的模糊抖动参数，控制模糊的混合效果。

◈“规格化权重”复选框：选中该复选框后，会获得较平滑的结果。当禁用此选项后，效果会变得清晰一些，但通常颗粒状效果更明显。

◈“抖动强度”数值框：用于设置景深模糊抖动的强度值。

◈“平铺大小”数值框：用于设置模糊抖动的百分比。

（4）“扫描线渲染器参数”栏：该栏中的参数用于控制扫描线渲染器的渲染效果。

## 7.3　高山迷雾——环境设置与大气效果

### 7.3.1　学习目标

◈ 掌握设置环境效果的方法。

◈ 掌握创建环境辅助对象的方法。

◈ 掌握火效果、体积光和体积雾的创建方法。

### 7.3.2　案例分析

在“高山迷雾”这个案例中，制作在高山雪原上飘起薄雾的效果，完成后的效果如图 7-3-1 所示。在这个案例中，高山的顶部一股股的淡紫色烟雾飘来。这个案例中的烟雾可以产生在各种需要产生烟雾地方，如游戏的场景等。通过本案例的学习可以练习掌握雾效果添加的方法。

图 7-3-1　“高山迷雾”效果图

### 7.3.3 操作过程

（1）打开本书配套光盘“调用文件”\“第 7 章”文件夹中的“7-3 高山迷雾.max”文件。在这个文件中已经创建好了一片山峰。

（2）单击（创建）→（摄像机）→“目标”按钮，在顶视图中创建一个目标摄像机，如图 7-3-2 所示。单击工具栏中的（选择并移动）按钮，在前视图中和顶视图中移动摄像机到图 7-3-3 所示的位置，然后将透视图切换成摄像机视图。

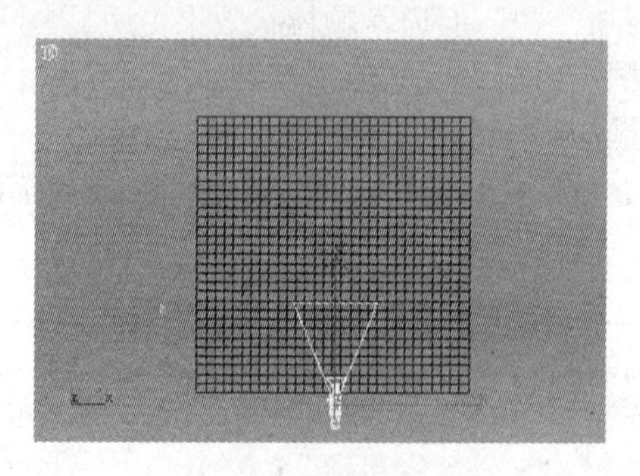

图 7-3-2 创建摄像机

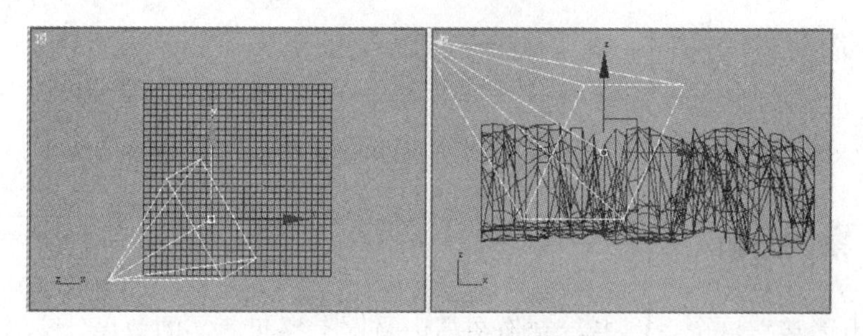

图 7-3-3 调整摄像机的位置

（3）单击（创建）→（灯光）→“目标平行灯”按钮，在前视图中创建一盏目标平行灯，如图 7-3-4 所示。选中目标平行灯，进入“修改”命令面板，在“强度/颜色/衰减”卷展栏中设置“倍增”为 0.8，在“平行光参数”卷展栏中设置“聚光区/光束”的数值为 3，“衰减区/区域”的数值为 5，如图 7-3-5 所示。

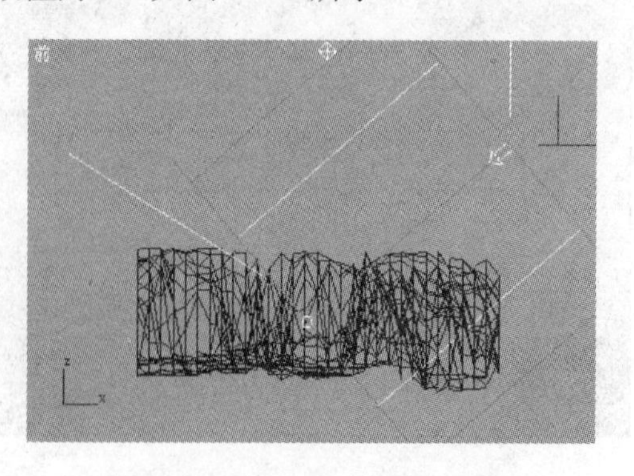

图 7-3-4 在前视图中创建目标平行灯

（4）单击（创建）→（灯光）→“泛光灯”按钮，在前视图中创建一盏泛光灯，位置如图 7-3-4 所示，设置它的“倍增”为 0.3。

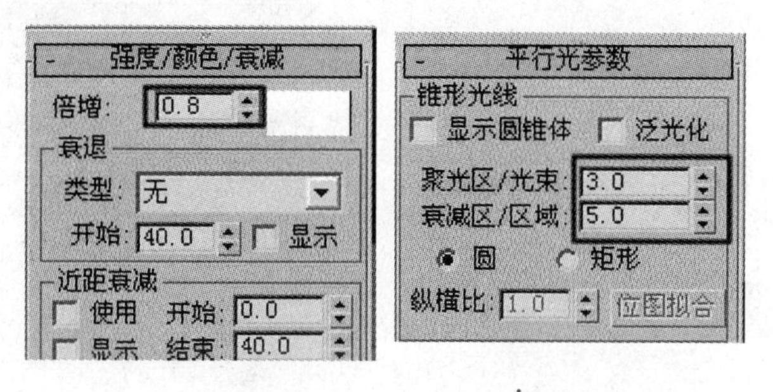


图 7-3-5　目标平行灯的参数

（5）单击（创建）→（辅助对象）→“大气装置”→“球体 Gizmo”按钮，在顶视图中摄像机视角前创建一个大气辅助物体。进入“修改”命令面板，在“球体 Gizmo 参数”卷展栏中，设置“半径”为 6，选中“半球体”复选框。

（6）单击主工具栏中的按钮，在前视图中沿 Y 轴方向压缩“球体 Gizmo”对象，然后调整它的位置，如图 7-3-6 所示。

（7）选中“球体 Gizmo”对象，进入“修改”命令面板，展开“大气和效果”卷展栏，如图 7-3-7 所示。

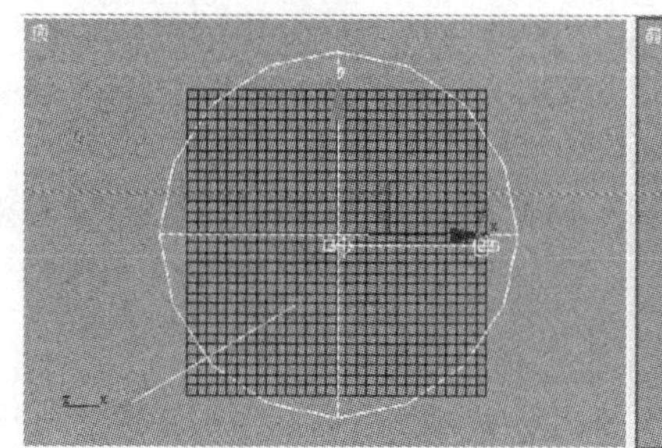

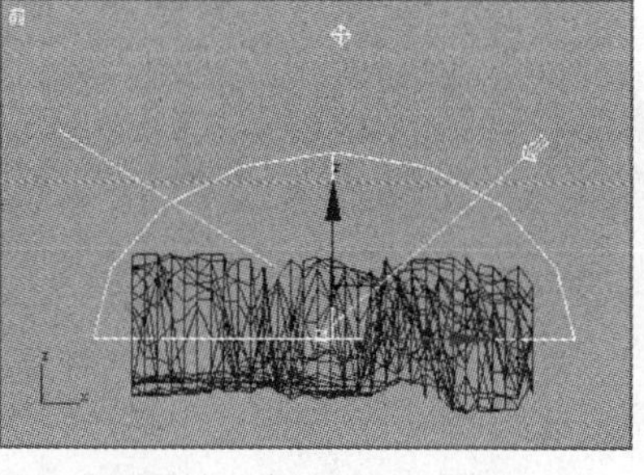

图 7-3-6　调整“球体 Gizmo”的位置

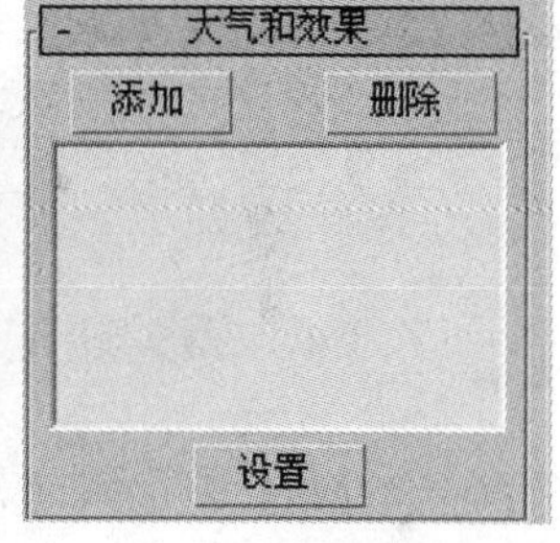


图 7-3-7　“大气和效果”卷展栏

（8）在“大气和效果”卷展栏中单击“添加”按钮，弹出“添加大气”对话框，如图 7-3-8 所示。双击“体积雾”选项，系统关闭该对话框，这时在“大气和效果”卷展栏中的列表框中添加了“体积雾”选项。选中该选项，单击“设置”按钮，弹出“环境和效果”对话框，向上拖动该对话框中的参数面板，直到出现“体积雾参数”卷展栏，如图 7-3-9 所示。

（9）在“Gizmos”栏中的“柔化 Gizmo 边缘”数值框中输入 0.2，在“体积”栏中设置颜色的数值（R：213、G：185、B：209），在“密度”数值框中输入 70；在“噪波”栏中选中“湍流”单选按钮，在“风力来源”区域中选中“后”单选按钮，设置“风力强度”为 2，其余参数如图 7-3-9 所示。

完成以上设置后，关闭所有对话框，渲染摄像机视图，得到的效果如图 7-3-1 所示。

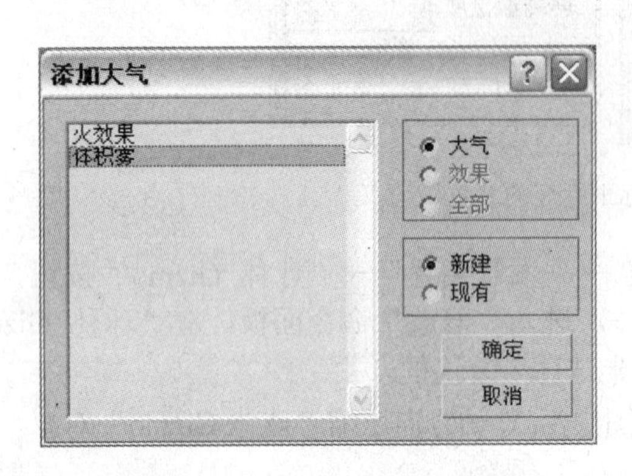


图 7-3-8 “添加大气”对话框

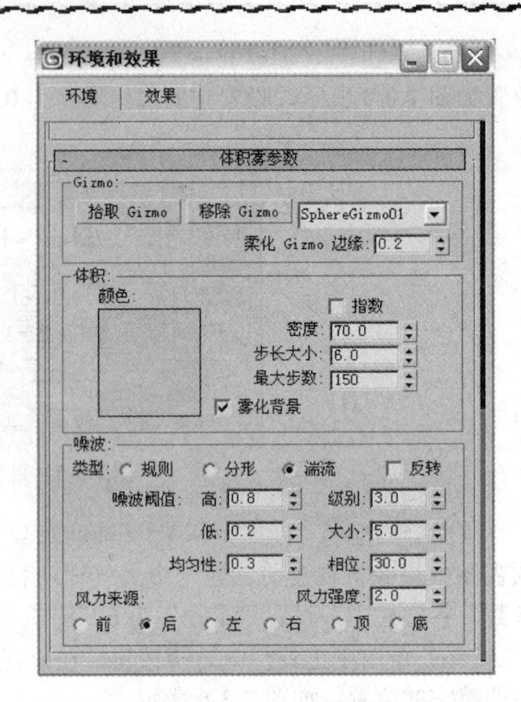


图 7-3-9 体积雾参数设置

【案例小结】

在“高山迷雾”这个案例中，我们制作了产生烟雾的山区夜景。为了产生烟雾，使用粒子系统，也可以先创建一个线框对象，然后添加环境效果来添加雾效果，在这里我们所使用的是第二种方法。通过本案例的学习可以掌握添加烟雾的方法。

### 7.3.4 相关知识——环境设置与大气效果

在 Max 中，如果需要模拟自然界中的云、雾、火焰等效果，或者要设置周围环境，都不可以用简单的模型来替代，而需要专门的模块来完成，这些模块存放的位置是“环境和效果”对话框。在“环境和效果”对话框中，可以设定背景的颜色或图片、设置燃烧、雾、体积雾和环境光等。

#### 1. 设置环境

单击“渲染”→“环境”菜单命令，弹出“环境与效果”对话框，如图 7-3-10 所示（该对话框的打开或者是关闭不影响其他功能的运行）。环境效果的设置主要包含以下几个方面：设置背景颜色、为背景设置贴图、设置灯光和环境光、动画、体积光、雾效与火焰等。

（1）编辑背景颜色和图像。默认情况下，视图渲染后背景的颜色是黑色的，场景中的光源为白色的，整个环境的颜色是黑色的。如果希望背景是一个单纯的颜色，可以用下面的方法修改背景的颜色。

① 单击“渲染”→“环境”菜单命令，弹出“环境和效果”对话框，如图 7-3-10 所示。

② 单击“背景”栏中“颜色”下面的色块，弹出“颜色选择器”对话框，选择一种颜色作为单色背景，关闭对话框可以用改变的背景渲染场景。

（2）为背景设置贴图。在本书前面的章节中我们使用过一张位图文件作为背景，在 Max 中，也可以使用程序贴图作为背景。为背景设置贴图的操作方法如下。

① 单击“渲染”→“环境”菜单命令，弹出“环境和效果”对话框，如图 7-3-10 所示。

② 单击“环境贴图”下面的“无”按钮，弹出“材质/贴图浏览器”对话框，在该对话框内选择贴图文件，然后单击“确定”按钮，就可以为场景设置背景贴图。

当贴图选择好后，“使用贴图”复选框自动选中，这时只有渲染时才可见到贴图的效果。只要材质能够接受的类型都可以用来做背景，如.avi 格式的动画文件。如图 7-3-11 所示，就是在“材质/贴图浏览器”对话框中选择了“细胞”选项后的效果。

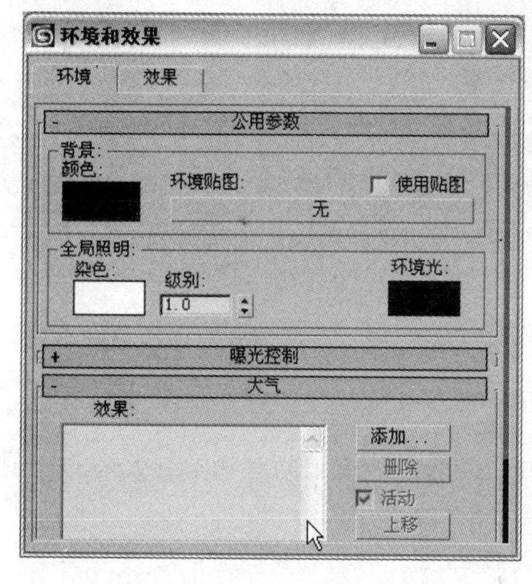


图 7-3-10　“环境和效果”对话框

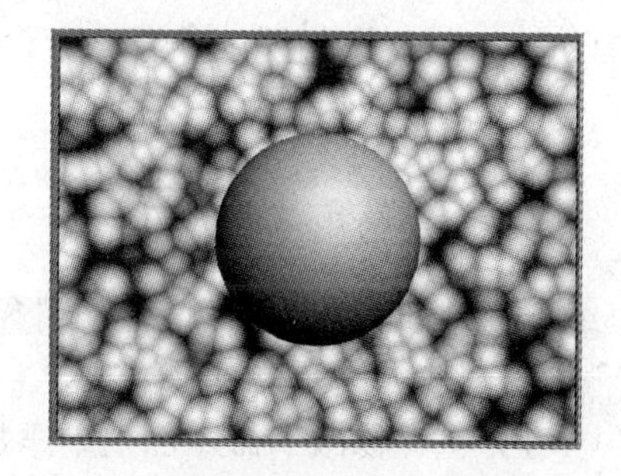

图 7-3-11　将背景设置为细胞贴图类型

（3）设置灯光和环境颜色。

◈ 设置灯光和环境反射的颜色：单击“全局照明”栏中“染色”下面的色块可以改变场景中的所有灯光的颜色。“级别”数值框用来设置通用灯光对场景中灯光的影响，值为 1.0 时不产生影响，增大它的值会产生亮度倍增的效果。

◈ 设置环境光的颜色：单击“全局照明”栏“环境光”下面的色块可以设置环境中基本光线的颜色。

### 2. 创建环境辅助对象

在场景中创建体积雾、火焰、爆炸等效果时，必须先创建环境辅助对象，以确定环境设置影响的范围，可以简单地将环境辅助对象理解成是放雾、火焰的篮子。环境辅助对象渲染时不可见，但可以对其进行移动、缩放、旋转等操作。

（1）创建环境辅助对象的方法：单击（创建）按钮打开该面板，单击（辅助对象）按钮，在下拉列表框中选择“大气装置”选项，这时的命令面板如图 7-3-12 所示。这时可以看到一共有 3 个命令按钮，按下任意一个按钮，在场景中拖动鼠标可以创建辅助对象，如图 7-3-13 所示为所创建的环境辅助对象。

（2）编辑辅助对象。在场景中选中辅助对象（在这里选中了球体 Gizmo），进入“修改”命令面板，这时它的参数面板如图 7-3-14 所示。从图中可以看出，在“球体 Gizmo 参数”卷展栏中的参数与球体的参数基本相同，所不同的是有一个“种子”数值框，该参数决定了环境效果创建的初始形态，具有相同种子数的效果几乎是相同的，单击“新种子”按钮可以自动生成一个新的种子数。“大气和效果”卷展栏下面的内容用来为辅助对象添加环境效果。

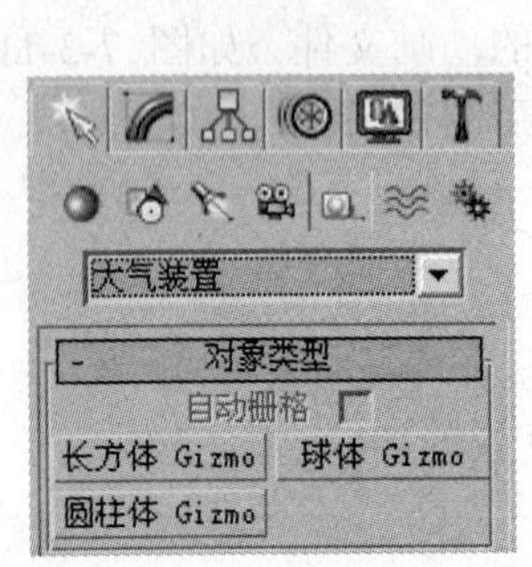


图 7-3-12　可创建的辅助对象

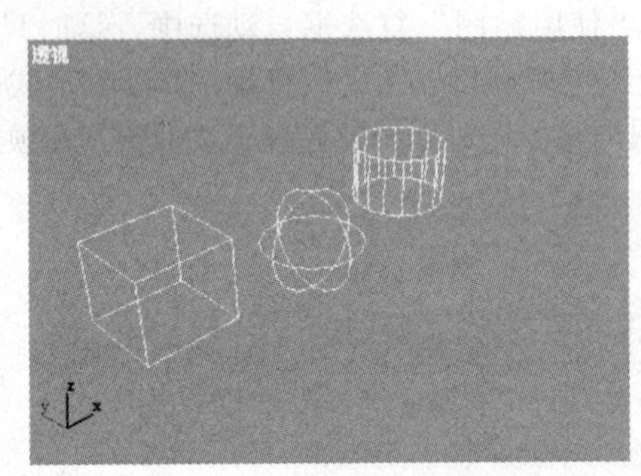


图 7-3-13　三种辅助对象

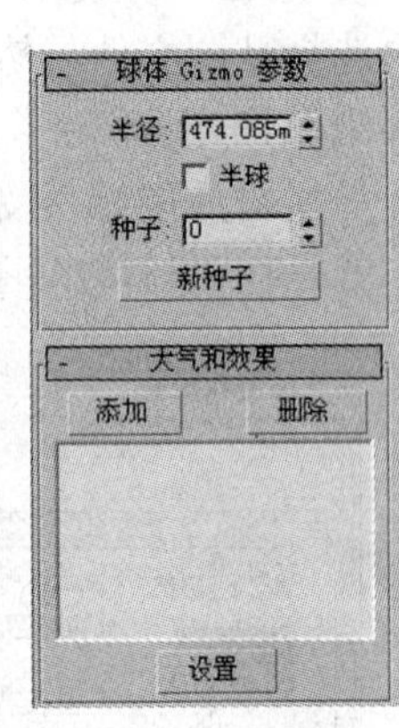


图 7-3-14　球体辅助对象的参数面板

### 3．添加火效果

火焰效果必须使用环境辅助对象才能有效，并通过环境辅助对象限制火焰的范围。有两种方法创建火焰效果。

（1）在“修改”命令面板中添加火效果。在创建了辅助对象以后，进入“修改”命令面板添加火效果的方法如下。

① 在视图中创建一个辅助对象，进入“修改”命令面板。

② 在“大气和效果”卷展栏中单击“添加”按钮，弹出“添加大气”对话框，如图 7-3-15 所示，在该对话框的左侧列表框中选择“火效果”选项，单击“确定”按钮，完成相应的效果添加操作。

如果渲染场景，就会发现输出的效果图中已经有了火效果。但是这种效果有可能不能达到我们的要求，在这种情况下要对火焰进行设置，所以接着进行下面的操作。

③ 选中已经添加了火效果的辅助对象，进入“修改”命令面板，在“大气和效果”卷展栏中，选中“火效果”选项，单击最下面的“设置”按钮，弹出“环境和效果”对话框，如图 7-3-16 所示。在该对话框中可以设置不同效果的火焰，具体修改方法请见下面的内容。

（2）在“环境与效果”对话框中添加火效果。这种添加火效果的方法如下。

① 在视图中创建一个辅助对象。

② 单击“渲染”→“环境”菜单命令，弹出“环境和效果”对话框。

③ 在“环境和效果”对话框中，单击“环境”选项卡，在“大气”卷展栏中单击“添

加”按钮，弹出“添加大气效果”对话框，如图 7-3-17 所示。

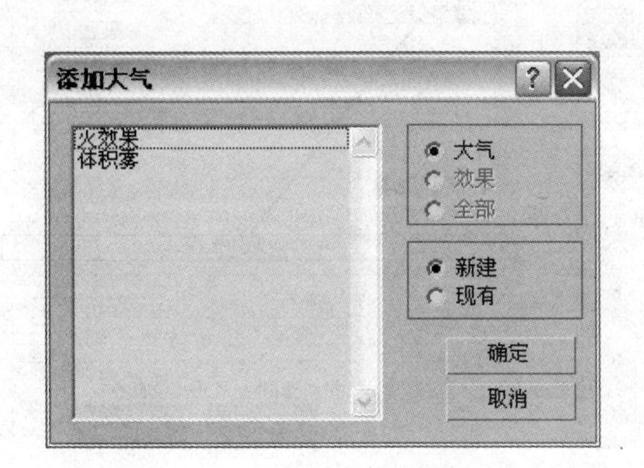


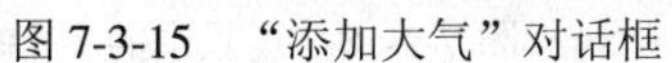
图 7-3-15　“添加大气”对话框

图 7-3-16　添加了火效果

④ 在“添加大气效果”对话框的列表框中，单击“火效果”选项，再单击“确定”按钮，关闭该对话框，并返回到“环境和效果”对话框，同时将“火效果”选项添加到“大气”卷展栏的“效果”列表框中。

如果在创建完辅助对象时，就将它选中再进行上面的操作，这时的火效果是为这个辅助对象添加的。但如果没有选中辅助对象而进行上面的操作，这时的火效果还没有固定的添加对象，这时要进行下一步操作来指定火焰效果赋予的对象。

⑤ 在“大气”卷展栏的下面显示出“火焰效果参数”卷展栏。在“Gizmos”栏中，单击“拾取 Gizmo”按钮，再单击视图中的辅助对象，即可在辅助对象的范围内产生火焰。

### 4．删除与移动火效果

在一个场景中可以为不同的对象添加多个火效果，这时在“大气”卷展栏的“效果”列表框中显示出所添加的所有火效果，单击选中一个火效果，可以在“火效果参数”卷展栏中的下拉列表框中看到该火效果所赋予的对象，如图 7-3-18 所示。即使在场景中删除了对象，但火效果也没有被删除，这时要删除多余的火效果；另外有些初学者可能会由于操作不够熟练，而多次为同一个对象添加火效果，这时也要将多余的效果删除。而在“效果”列表框所显示的火效果顺序则决定了它们在场景中的应用顺序，如果要改变这个顺序就要对这些火效果进行移动。

（1）删除火效果。在如图 7-3-18 所示的“效果”列表框中选中一个火效果，观察它是赋予哪个对象的，确定不再需要该效果时，单击该列表框右侧的“删除”按钮，就可以删除它。

（2）移动火效果的顺序。在“效果”列表框选中要移动顺序的火效果，单击“上移”或“下移”按钮，就可以完成操作。

（3）合并火效果。单击“效果”列表框右侧的“合并”按钮，弹出“打开”对话框，利用该对话框可以将其他场景中的效果合并过来。

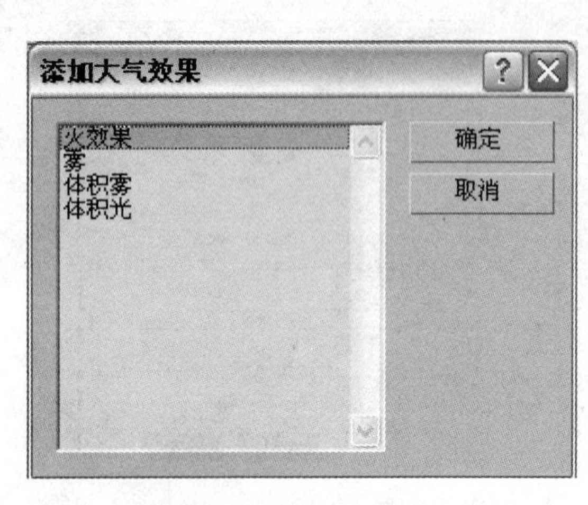


图 7-3-17 “添加大气效果”对话框

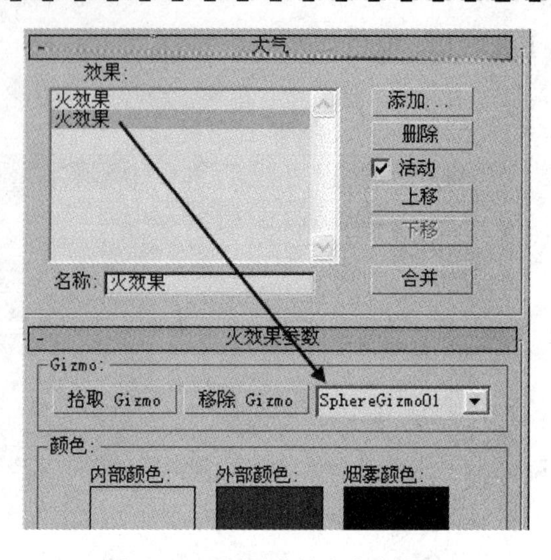


图 7-3-18 场景中的多个火效果

## 5. 火效果参数的设置

在“环境和效果”对话框的“环境”选项卡中，给场景添加了火效果后，会显示出“火效果参数”卷展栏，如图 7-3-19 所示。在该卷展栏中，可以对火效果的参数进行设置操作。

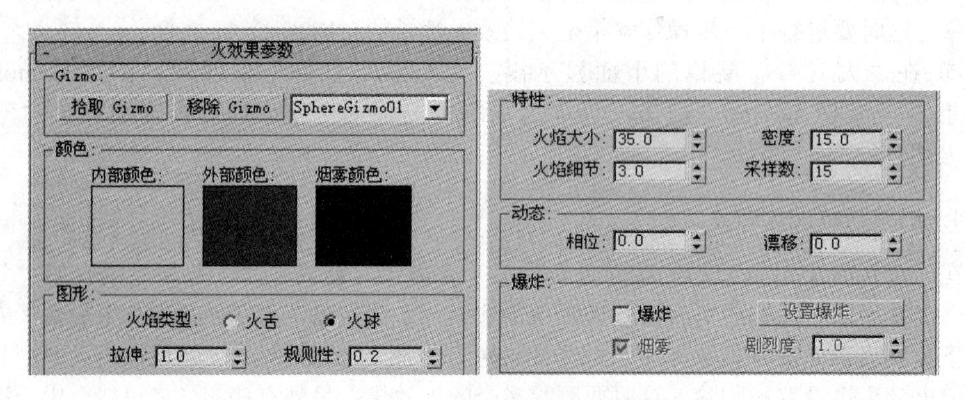


图 7-3-19 “火效果参数”卷展栏

（1）“Gizmos”栏：用于给火效果拾取或删除辅助对象。选择辅助对象后，可以在辅助对象范围内渲染出火效果。

◈“拾取 Gizmo”按钮：单击该按钮，再单击视图中的辅助对象，即可给体积雾指定作用范围，并在其右边的辅助对象下拉列表框中显示出所选择的辅助对象。

◈“移除 Gizmo”按钮：在其右边的辅助对象下拉列表框中选择一个辅助对象后，单击该按钮，即可消除这个辅助对象及体积雾的作用范围。

◈ 辅助对象下拉列表框：用于记录及显示体积雾使用的辅助对象。

（2）“颜色”栏：用于设置火焰效果的颜色。这一栏有 3 个按钮，这 3 个颜色的意思很明显。只有选中“爆炸”栏中的“爆炸”复选框，火焰的“烟雾颜色”才会发生作用，否则，烟雾颜色不会发生作用，即被忽略。

（3）“图形”栏：用于设置火焰效果的火苗形状。

◈“火焰类型”栏：用于设置火焰的类型。选中“火舌”单选按钮，则所创建的火焰效果沿着中心使用纹理创建带方向的火焰。这种类型的火效果可以创建制作篝火、火把等带有单一方向性的火苗火焰。如果选择了“火球”单选按钮，则创建圆形的爆炸火焰。这种火焰效果比较适合创建爆炸或燃烧的云团效果。相同大小的辅助对象添加了火焰以后，只是选择的形状不同的效果如图 7-3-20 所示。

◈“拉伸”数值框：用于设置火焰的拉伸程度。拉伸最适合火舌火焰。

◈“规则性”数值框：用于设置火焰在辅助对象内的填充程度。数值越小，火苗越小，辅助对象中填充的火苗越少；数值越大，火苗越大，辅助对象中填充的火苗越多，越接近充满辅助对象的效果。不同“规则性”数值所对应的火效果如图 7-3-21 所示。

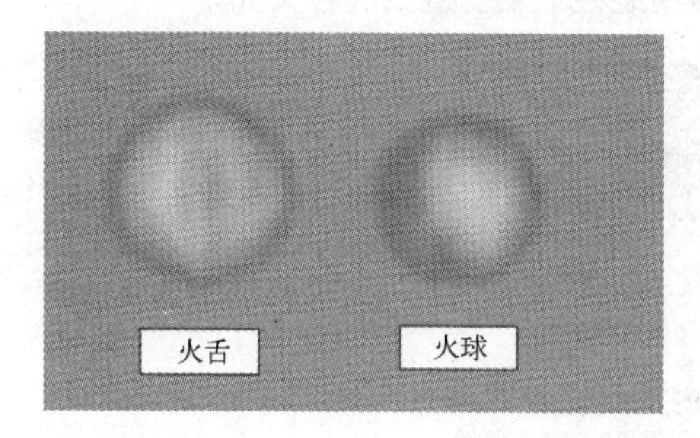


图 7-3-20　火舌与火球的效果

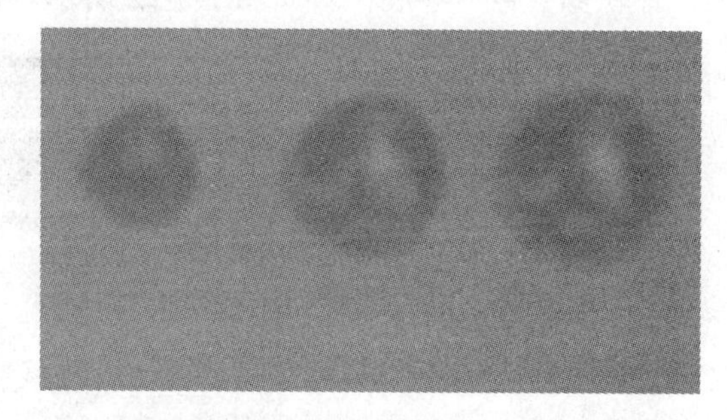

图 7-3-21　不同“规则性”值的火效果

（4）“特性”栏：用于设置火焰的大小、密度和细节等参数。

◈“火焰大小”数值框：用于设置辅助对象内火焰的大小。

◈“密度”数值框：用于设置火焰的不透明度和亮度。数值越小，火焰越稀少。

◈“火焰细节”数值框：用于控制火焰边缘的清晰程度。数值越大，火苗越清晰。

◈“采样数”数值框：用于设置火焰的采样次数。数值越大，火焰效果越精细，渲染的时间就越长。

（5）“动态”栏：用于设置火焰的动画参数。

◈“相位”数值框：用于调整火焰的变化速度。改变火焰的相位值，将使火焰的形态发生变化，生成动态的火焰效果。

◈“漂移”数值框：用于设置火焰的跳动效果。数值越大，火焰跳动的越剧烈。

（6）“爆炸”栏：用于设置火焰的爆炸效果。

◈“爆炸”复选框：用于选择是否使用火焰的爆炸效果。选中该复选框，可以使火焰产生爆炸效果，并激活该栏中其他参数。

◈“设置爆炸”按钮：用于设置火焰爆炸的范围。单击该按钮，可以在弹出的对话框中设置爆炸的起止时间。

◈“烟雾”复选框：用于选择是否使爆炸产生烟雾效果。选中该复选框，才能产生烟雾效果。

◈“剧烈度”数值框：用于设置爆炸的猛烈程度。

6．创建“体积雾”和参数设置

体积雾用于在场景中产生密度不均匀的云雾效果，可以制作被风吹动产生漂浮效果的云雾动画。通过参数设置可以控制体积雾的颜色、浓度、风向和变化速度等。体积雾具有一定的作用范围，通过辅助对象容器可以限制体积雾的范围。如果不限定体积雾的作用范围，体积雾将充满整个场景。在场景中没有任何物体时，添加体积雾后，就不会体现出体积雾的云雾效果。因此，要使用体积雾效果，必须在场景中创建一些对象。要添加“体积雾”，首先要在视图中创建辅助对象，然后，可以为场景添加体积雾。

与添加火效果一样，添加体积雾也有两种方法，分别是在修改命令面板中添加体积雾和在“环境和效果”对话框中添加体积雾。这两种方法与添加火效果基本相同，只不过在“添加大气效果”对话框中，选中“体积雾”选项。

给场景添加了体积雾效果后，在“环境和效果”对话框的“环境”选项卡中，会显示出“体积雾参数”卷展栏，如图 7-3-22 所示。该卷展栏中主要参数的含义如下。

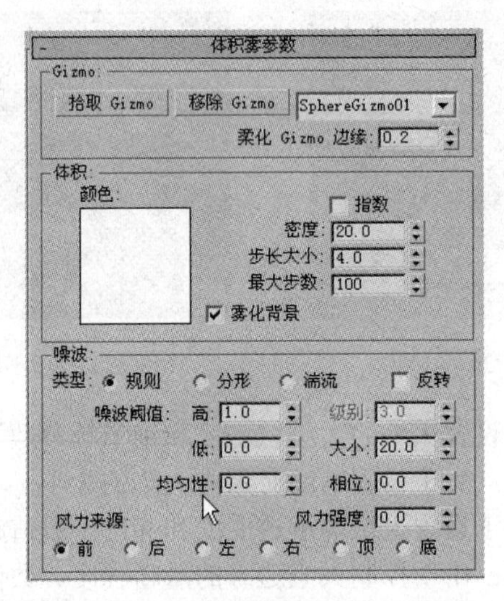


图 7-3-22 “体积雾参数”卷展栏

（1）Gizmos 栏：用于拾取或删除辅助对象。该栏按钮的作用与火效果中各按钮的作用基本相同，这里不再赘述。但“柔化 Gizmo 边缘”数值框是火效果中所没有的，它的作用是柔化体积雾的边界，使体积雾的边缘产生模糊效果。数值越大，边界的模糊程度越大。

（2）“体积”栏：用于设置体积雾的特性。可以调整体积雾的颜色、密度及颗粒度等。

◈“颜色”样本框：用于设置体积雾的颜色。

◈“指数”复选框：选中该复选框，体积雾的密度会随着距离逐渐衰减。

◈“密度”数值框：用于设置体积雾的密度。

◈“步长大小”数值框：用于设置体积雾的颗粒大小。数值越大，体积雾外观显得更细腻，同时渲染所用的时间也就越长。

◈“最大步数”数值框：用于设置体积雾颗粒的最大值。

◈“雾化背景”复选框：选中该复选框以后，场景的背景产生雾化效果。

（3）“噪波”栏：用于控制体积雾的噪波效果。

◈“类型”区域：用于选择体积雾的噪波类型。可以通过其右边的 3 个单选按钮选择噪波的类型。

◈“反转”复选框：选中该复选框后，体积雾的噪波效果按相反的方向变化。原来稀薄的地方变浓重，浓重的地方变稀薄。

◈“噪波阈值”区域：用于设置体积雾噪波的变化范围。可以通过“高”和“低”数值框，分别设置噪波阈值的上限和下限。

◈“均匀性”数值框：范围从-1 到 1。值越小，体积越透明。

◈“级别”数值框：用于控制体积雾噪波迭代的程度。选择“分形”和“湍流”噪波类型后，该数值框才能有效。

◈“相位”数值框：用于控制风。

◈“风力强度”数值框：用于设置体积雾移动的速度。

◈“风力来源”区域：用于选择体积雾产生移动变化的风力方向。可以通过其下面的单选按钮选择风的方向。

### 7．创建“体积光”和参数设置

体积光可以使场景中灯光的范围内产生类似雾效的光效果，使灯光变得可见。用户可以通过调节参数的形式，对体积光的颜色、强度、亮度及噪音波动等属性进行调整。另外，还可以将体积光与灯光的阴影相匹配使用，使制作的场景效果变得更为丰富。体积光提供泛光灯的径向光晕、聚光灯的锥形光晕和平行光的平行雾光束等效果。如果使用阴影贴图作为阴影生成器，则体积光中的对象可以在聚光灯的锥形中投射阴影。

与体积雾和火效果不同的是创建体积光不是指定给辅助物体，而是指定给灯光对象，所以在创建体积光之前要先在场景中创建灯光对象。在选中了灯光对象后为其添加体积光的方法与为辅助物体添加火效果的方法相同，这里不再赘述。

为灯光对象添加了体积光以后，在“环境和效果”对话框中的“大气”卷展栏中选中所创建的体积光，在它的下面会出现“体积光参数”卷展栏，如图 7-3-23 所示。该卷展栏中主要参数的含义如下。

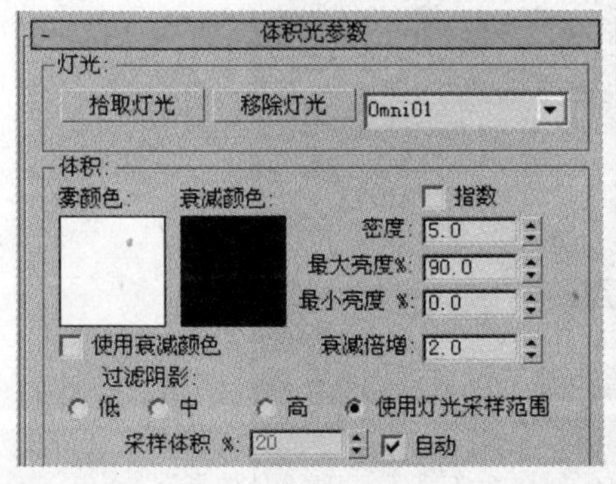

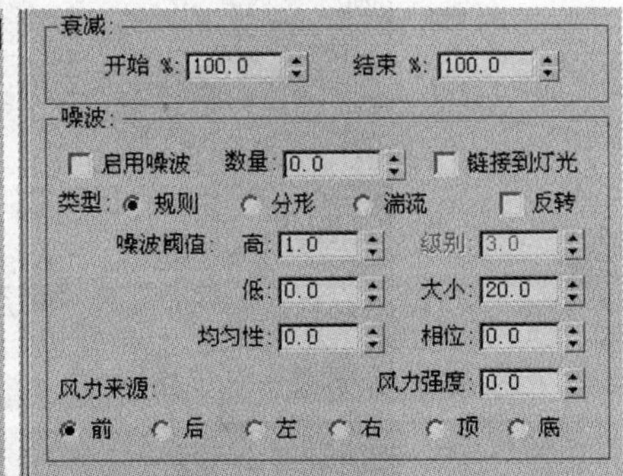


图 7-3-23　“体积光参数”卷展栏

（1）“灯光”栏：用于设置使用体积光的光源。可以给体积光拾取或删除灯光。该栏中各按钮的作用与体积雾中的作用基本相同。

（2）“体积”栏：用于设置体积光的特性。可以调整体积光的颜色、密度、亮度及质量等参数。

◈ “雾颜色”样本框：用于设置体积光的颜色。

◈ “衰减颜色”样本框：体积光随距离而衰减。体积光经过灯光的近距衰减距离和远距衰减距离，从“雾颜色”渐变到“衰减颜色”。只有“使用衰减颜色”复选框被选中时，“衰减颜色”样本框才会影响体积光。

◈ “指数”复选框：用于设置体积光的密度呈指数规律渐变。

◈ “密度”数值框：用于设置体积光的密度。

◈ “最大亮度%”数值框：用于设置体积光的最大亮度。

◈ “最小亮度%”数值框：用于设置体积光的最小亮度。

◈ “衰减倍增”数值框：用于设置衰减色的衰减程度。

（3）“衰减”栏：用于设置体积光的衰减速度。该栏中有两个数值框，它们分别用于控制体积光的“开始/结束”衰减。

（4）“噪波”栏：用于控制体积光的噪波效果。该栏中的主要参数与体积雾基本相同，下面只介绍与体积雾中不同的参数。

◈ “启用噪波”复选框：用于选择是否打开体积光的噪波效果。选中该复选框，即可给体积光增加噪波效果。

◈ “数量”数值框：用于设置噪波的强度。

◈ “链接到灯光”复选框：用于选择是否将体积光的噪波效果连接到灯光，使其跟随灯光一起移动。选中该复选框，即可将噪波链接到灯光上。

## 7.4 上机实战——编辑“蜡烛杯和蜡烛”的灯光效果

本例要为在第 6 章中所制作的蜡烛编辑添加火焰、灯光、体积光和镜头特效，完成的效果如图 7-4-1 所示。制作本例的具体操作步骤如下。

图 7-4-1 “蜡烛杯”渲染效果图

（1）打开本书第 6 章已经编辑好材质的蜡烛杯和蜡烛。

（2）在顶视图中创建一个长度和宽度都是 3000 的平面对象，作为桌面使用。

（3）按 M 键弹出“材质编辑器”对话框，选中一个空示例窗，将其指定给桌面对象，然后在“漫反射”贴图通道中导入一幅木纹位图，在“反射”贴图通道导入“光线跟踪”贴图，设置“数量”为 20%，如图 7-4-2 所示。

（4）单击（创建）→（摄像机）→“目标摄像机”按钮，在顶视图中拖动鼠标，创建一架目标摄像机。然后将透视视图切换成摄像机视图，在视图中调整摄像机和它的目标的位置，如图 7-4-3 所示。

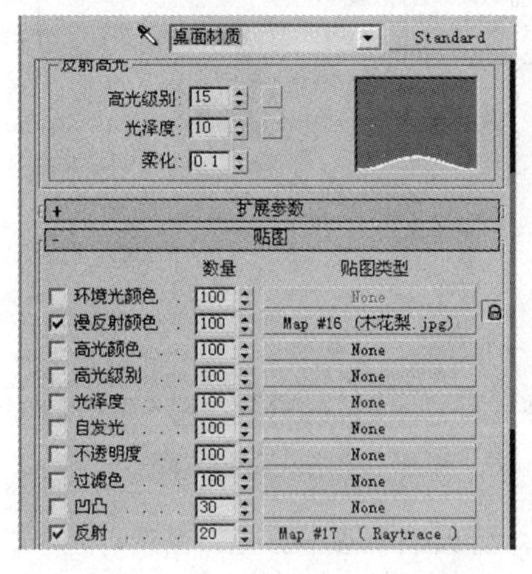


图 7-4-2　“桌面材质”的部分参数

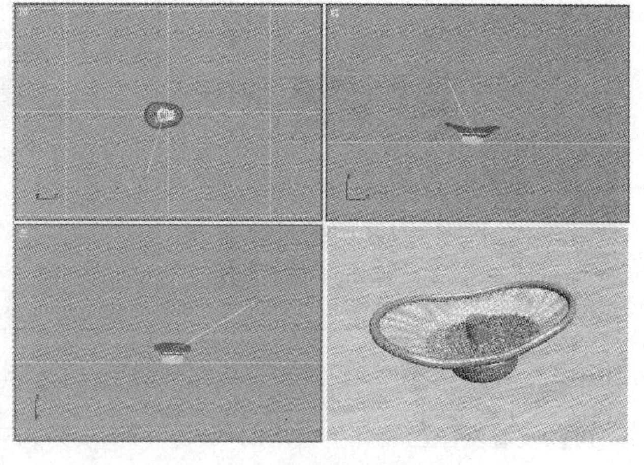

图 7-4-3　创建摄像机并调整它的位置

（5）单击（创建）→（辅助对象）→“大气装置”→“球体 Gizmo”按钮，在顶视图中创建一个辅助对象，在它的“球体 Gizmo 参数”卷展栏中设置“半径”为 60，选中“半球体”复选框。

（6）选中所创建的辅助对象，单击主工具栏中的（不等比例压缩）按钮，在顶视图中拖动，将它进行缩放，然后把它移到蜡烛的上方，如图 7-4-4 所示。

（7）在视图中选中辅助对象，进入“修改”命令面板，在“大气和效果”卷展栏中单击“添加”按钮，弹出“添加大气”对话框，再单击“火效果”选项，单击“确定”按钮，关闭该对话框，回到“大气和效果”卷展栏，这时该卷展栏中已经出现了添加的火效果，如图 7-4-5 所示。

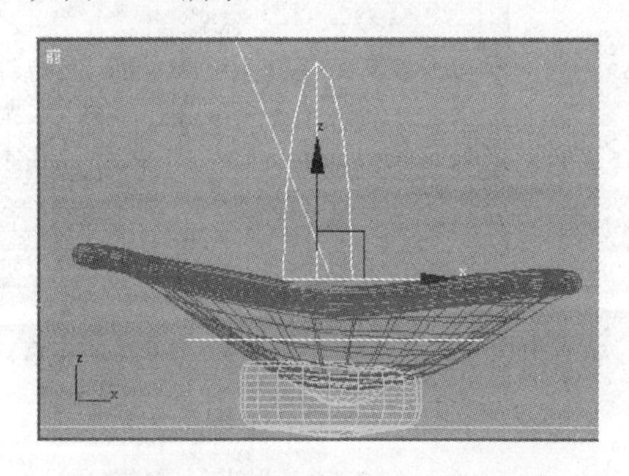

图 7-4-4　调整虚拟体的大小和位置

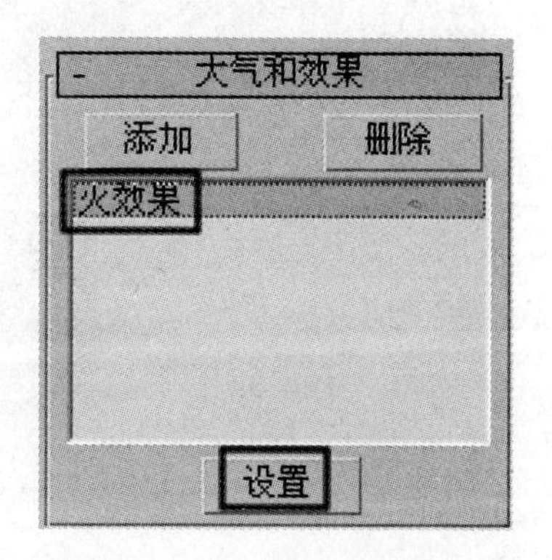


图 7-4-5　“大气和效果”卷展栏

（8）选中“火效果”，单击下面的“设置”按钮，弹出“环境和效果”对话框，展开

“火效果参数”卷展栏，如图 7-4-6 所示。其中的火焰颜色使用默认颜色，其他参数参照图中所示进行设置。

设置完成关闭该对话框，渲染后的效果如图 7-4-7 所示。将这个图与实例的效果图比较，可以发现现在已经有了火焰的效果，周围场景太亮，而火焰中心不够亮，也没有光环的效果。下面将通过创建灯光和添加效果来解决这个问题。

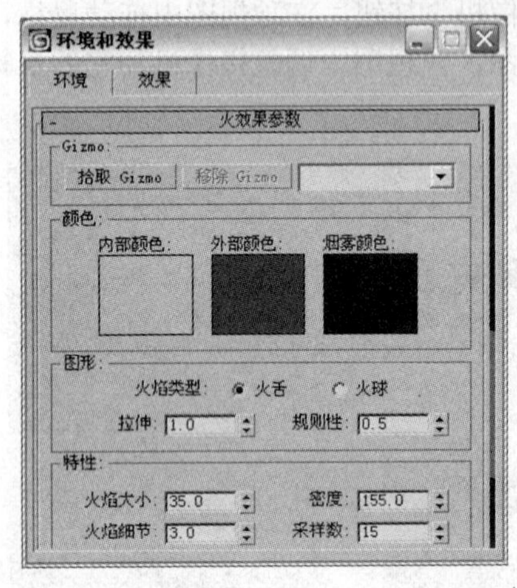


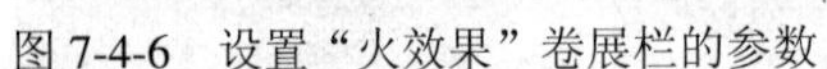
图 7-4-6 设置“火效果”卷展栏的参数

图 7-4-7 添加了火焰以后的效果

（9）单击（创建）→（灯光）→“标准”→“泛光灯”按钮，在顶视图中单击创建一盏泛光灯，在视图中将它移到蜡烛的上方，如图 7-4-8 所示。

（10）选中刚创建的灯光对象，进入“修改”命令面板，在“常规参数”卷展栏的“阴影”栏中选中“启用”复选框，展开“强度/颜色/衰减”卷展栏，设置“倍增”为 1.2。在“远距衰减”栏中选中“使用”复选框，在“开始”数值框中输入 150，在“结束”数值框中输入 400，如图 7-4-9 所示。

（11）展开“阴影参数”卷展栏，设置“对象阴影”栏中“颜色”右侧的颜色样本框（R：59、G：59、B：59），将“密度”设置为 0. 5，选中“大气阴影”复选框，如图 7-4-9 所示。

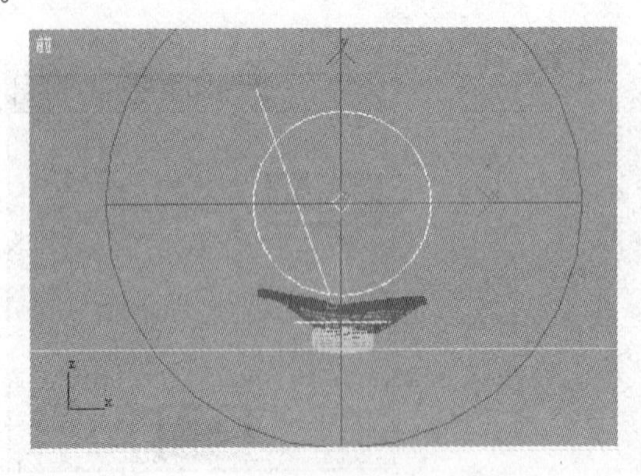


图 7-4-8 第一盏泛光灯的位置

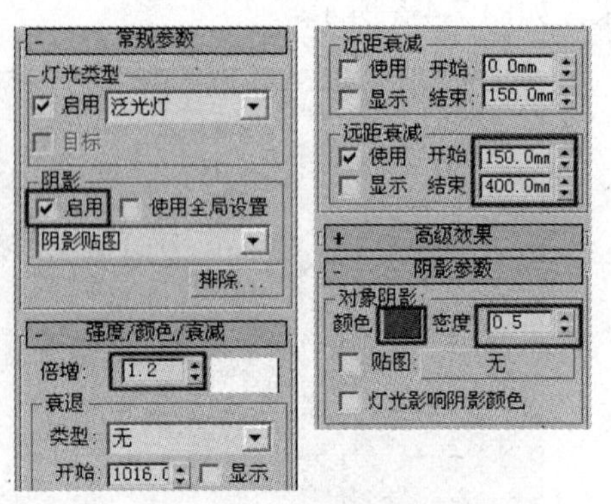


图 7-4-9 设置泛光灯的参数

这时渲染摄像机视图后的效果如图 7-4-10 所示。通过观察发现在场景中的光线亮度合适，但是火焰还不够亮，所以下面再添加一盏只照亮火焰的泛光灯。

（12）单击（创建）→（灯光）→“标准”→“泛光灯”按钮，在蜡烛的火焰正中心位置创建一盏泛光灯，进入“修改”命令面板，展开“强度/颜色/衰减”卷展栏，设置“倍增”为 5，在“远距衰减”栏中选中“使用”复选框，在“开始”数值框中输入 25，“结束”数值框中输入 50。

（13）选中刚创建的灯光对象，进入“修改”命令面板，在“大气和效果”卷展栏中单击“添加”按钮，弹出“添加大气或效果”对话框，再单击“体积光”选项，单击“确定”按钮，关闭该对话框，回到“大气和效果”卷展栏。

（14）在“大气和效果”卷展栏中选中刚添加的体积光，单击“设置”按钮，弹出“环境和效果”对话框，向上拖动参数面板，展开“体积光参数”卷展栏，如图 7-4-11 所示，按图中所示设置参数。其中“雾颜色”的颜色为与火焰内部颜色相近的橘黄色。

这时渲染摄像机视图后得到的效果如图 7-4-12 所示，从图中可以看到在火焰周围已经出现了雾状的光环，但还不够亮，下面添加镜头效果。

（15）保证这盏泛光灯还处于选中状态，在“修改”命令面板的“大气和效果”卷展栏中单击“添加”按钮，弹出“添加大气或效果”对话框，单击“镜头效果”选项，再单击“确定”按钮，关闭该对话框，回到“大气和效果”卷展栏。

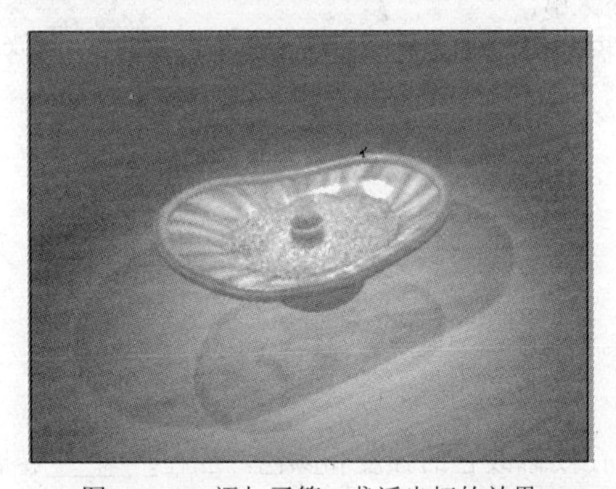

图 7-4-10　添加了第一盏泛光灯的效果

图 7-4-11　体积光参数的设置

（16）在“大气和效果”卷展栏中选中刚添加的“镜头效果”，单击“设置”按钮，弹出“环境和效果”对话框，但这时是它的“效果”选项卡，如图 7-4-13 所示。

图 7-4-12　添加了体积光以后的效果

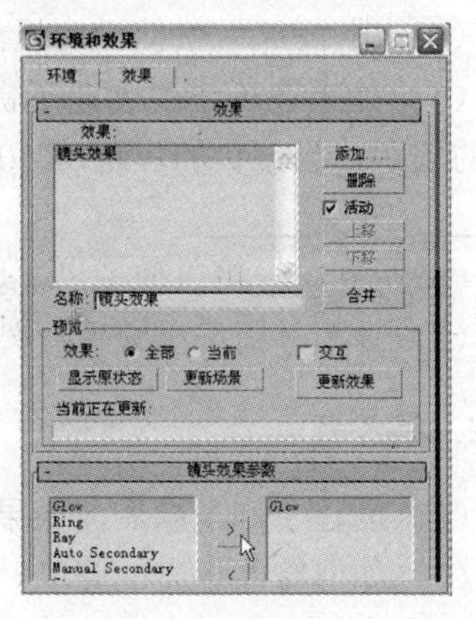


图 7-4-13　添加 Glow 效果

（17）向上拖动参数面板，在“镜头效果参数”卷展栏中单击左侧列表框中的“Glow”选项，然后单击中间的 > 按钮，在右侧的列表框中就出现了“Glow”选项，如图7-4-13 所示，这样就为灯光添加镜头发光效果。

（18）选中右侧列表框中的“Glow”选项，在它的下面会出现“光晕元素”卷展栏，在它的“参数”选项卡中设置“大小”为 20，“强度”为 50。

完成设置关闭“环境和效果”对话框，渲染后的效果如图 7-4-1 所示。

## 本章小结

本章主要介绍了在场景中如何添加灯光、使用摄像机和设置环境效果等。

在 3ds max 7 中有多种灯光，其中标准灯光一共有 8 种类型，各种灯光由于其特点不同，可用于不同的场景中。比较常用的灯光是目标聚光灯和泛光灯两种。Max 中的灯光可以模拟真实环境中的灯光，如可以改变它的强度、颜色等参数。但它与真实环境中的灯光也有不同点，如在 Max 中可以通过“排除”按钮，控制灯光排除对一些对象的照明。

在 Max 中只有两种摄像机，一种是目标摄像机，一种是自由摄像机。在场景中使用摄像机时要考虑摄像机的摄像点和目标点的位置，还要考虑镜头的大小。

在 Max 中可以提供雾、体积雾、火效果和体积光 4 种环境效果，除了体积光是应用于灯光上以外，其余三种使用时都要选建立大气辅助装置。

## 习题 7

### 1. 填空题

（1）如果在场景中创建了泛光灯，现在要修改它的强度和颜色，应在_______卷展栏中进行。

（2）如果不创建灯光，在场景中默认有_______盏灯。

（3）3ds max 7 中有_______和_______两种摄像机。

（4）用_______快捷键可以激活摄像机视图。

（5）如果在场景中创建了摄像机，当切换到摄像机视图时，可以更换不同镜头来改变镜头的焦距，当镜头的焦距从 50mm 更换到 135mm 时，从摄像机视图中看到的效果是视野_______，对象_______。

（6）_______可以使场景中灯光的范围内，产生类似雾效的光效果，使灯光变得可见。

（7）体积雾用于在场景中产生_______，可以制作被风吹动产生飘浮效果的云雾动画。

### 2. 简答题

（1）创建了灯光以后，如果要显示阴影效果，应如何操作？

（2）如何修改灯光的强度？

（3）在场景中创建了一盏目标聚光灯以后，如何改变光束的大小？

（4）摄像机的焦距和视野之间有什么关系？

（5）在场景中创建了辅助对象以后，如何添加火效果？

（6）创建完灯光以后，只能看到灯光的效果，但看不到灯光，如果要在渲染时看到灯光，应如何操作？

### 3. 操作题

（1）制作一盏燃烧的油灯。

（2）制作一个室内场景，布置室内的灯光，如图 1 所示，再创建一架目标摄像机，观察室内的效果。

图 1　室内灯光

# 第8章 制作动画

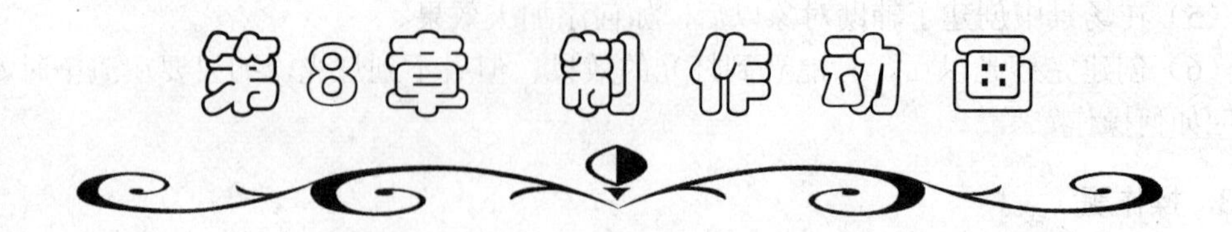

在前面章节中我们所制作的作品渲染输出后都是一个个静止的画面。如果将它们用于平面印刷时，效果可能会很好，但是如果能让它动起来，就可以把它用于电影、电视和网络等其他媒体，让人产生耳目一新的感觉。本章将介绍如何制作动画。

## 8.1 “一车难胜双兵棋局”动画——制作关键点动画

### 8.1.1 学习目标

◈ 了解关键点的含义。
◈ 掌握自动设置关键点动画的制作。
◈ 初步掌握设置关键点动画的制作。
◈ 掌握修改动画时间的方法。
◈ 掌握输出动画的方法。

### 8.1.2 案例分析

在制作“一车难胜双兵棋局”动画这个案例中，制作一局中国象棋残局的演示，动画要演示整个棋局的变化过程，具体的过程中要进行如下变化：“将 5 进 1，帅六平五，车 1 平 4，帅五进一，车 4 进 3，兵六平七，车 4 退 3，兵七平六”。完成上面的动画后，显示出“和棋”字样。动画完成后的两帧效果如图 8-1-1 所示。这个动画可以用于棋局的教学动画，或者一些片头动画。通过本案例的学习可以练习关键点动画的制作方法。

### 8.1.3 操作过程

#### 1. 制作棋子移动动画

（1）打开本书配套光盘上“调用文件”\“第 8 章”文件夹中的“8-1 一车难胜双兵.max”文件。在这个文件中有一个棋盘和已经摆放好的几个棋子。

（2）单击动画控制区中的（时间配置）按钮，如图 8-1-2 所示。

图 8-1-1　“一车难胜双兵棋局”动画中的两帧

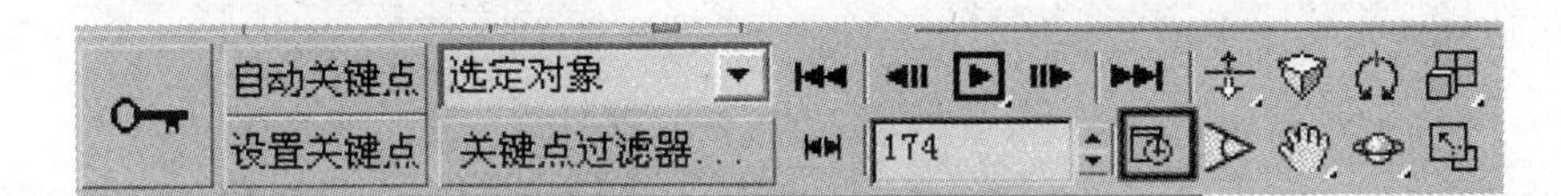


图 8-1-2　单击时间配置按钮

（3）这时屏幕上弹出“时间配置”对话框，如图 8-1-3 所示。在“帧速率”栏中选中“PAL”单选按钮，在“动画”栏中的“长度”数值框中输入 180，单击“确定”按钮，可以将默认的 100 帧动画修改为 180 帧，同时将默认的 NTSC 制改变为 PAL 制。

（4）单击（创建）→（摄像机）→“目标”按钮，在顶视图中创建一架摄像机，选中透视视图，按 C 键，将其切换到摄像机视图。然后在视图中调整摄像机的位置，如图 8-1-4 所示。

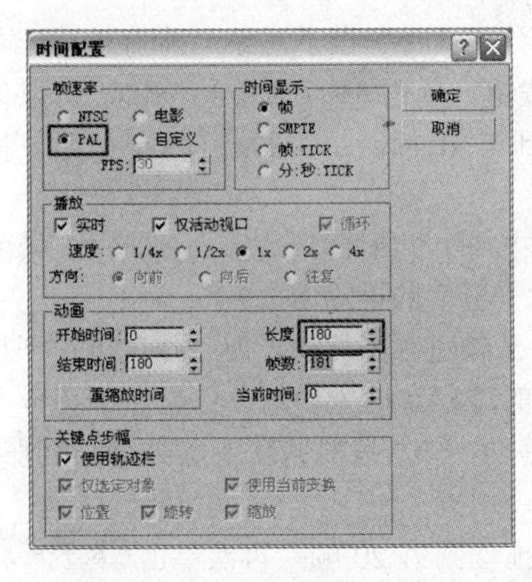

图 8-1-3　“时间配置”对话框

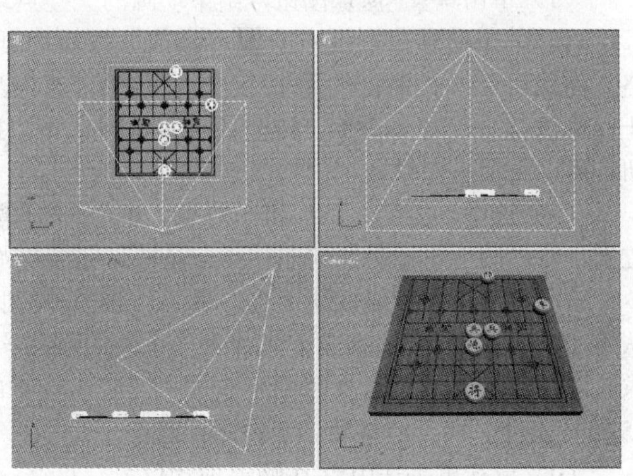

图 8-1-4　调整摄像机视图

（5）选中黑方的“将”棋子对象，在动画控制区单击自动关键点按钮，单击顶视图将其激活。

这时动画处于第 0 帧，时间滑块周围为红色，而顶视图周围也由以前的黄色边框包围改变为红色边框包围，表示正在记录动画，如图 8-1-5 所示。

（6）将时间滑块拖动到第 5 帧处，在顶视图中将“将”对象拖动向上移动一个格，完成“将 5 进 1”的移动过程，如图 8-1-5 所示。

这时时间标尺上第 0 帧和第 5 帧的位置上出现了红色标记，表示对象在这两帧的所对应的时间上，位置发生了变化，而且这种变化已经被记录成关键点。

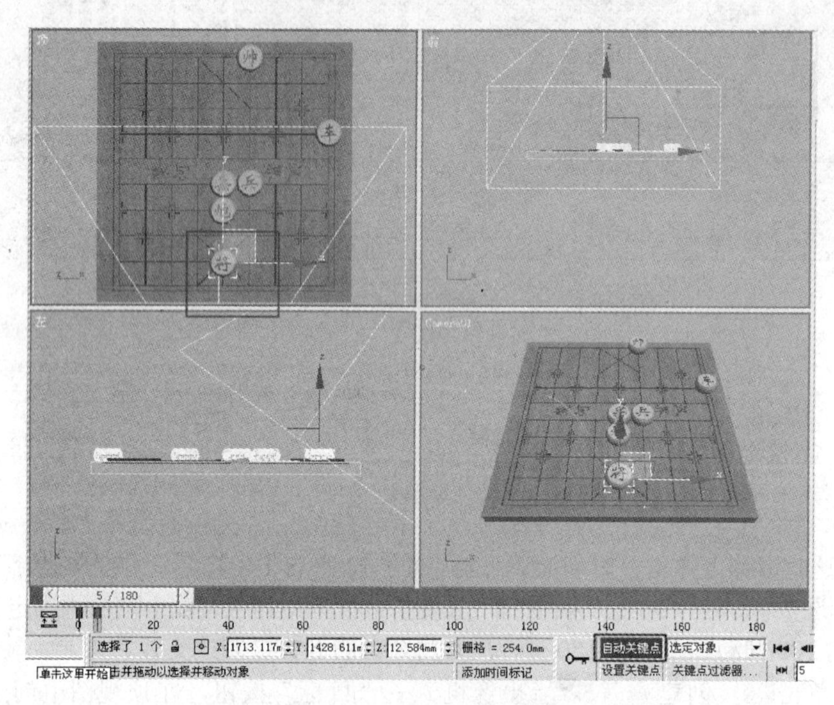


图 8-1-5 创建“将”棋子的动画

（7）单击自动关键点按钮，结束动画的关键点录制。

这时单击动画控制区中的（播放）按钮，可以看到“将”棋子对象向前前进了一个格。而这时动画控制区的按钮变成了（暂停）按钮，单击（暂停）按钮，可以停止动画的播放。单击（转至开头）按钮，可以回到第 0 帧。单击（转至结尾）按钮，可以到最后一帧。

（8）选中红方的“帅”棋子对象，单击自动关键点按钮，将时间滑块拖动到第 25 帧的位置，将“帅”棋子对象向左移动一个格，完成“帅六平五”的棋局演变。

这时播放动画可以发现“将”棋子从第 0 帧到第 5 帧进行了移动，而“帅”棋子则是从帧 0 帧到第 25 帧完成了“帅六平五”的左移一格的过程，这个动画过程显然不符合要求，因为我们要求从第 0 帧到第 5 帧是“将”棋子的移动，停一段时间后，从第 20 帧到第 25 帧是“帅”棋子的移动，下面进行修正。

（9）鼠标单击选中第 0 帧，拖动鼠标，将这一帧拖动到第 20 帧。再次单击自动关键点按钮，结束动画记录的操作。

这时可以发现动画已经符合要求，下面继续制作动画。

（10）选中黑方的“车”棋子对象，单击自动关键点按钮，将时间滑块拖动到第 48 帧的位置，将“车”棋子向左移动 3 个格，完成“车 1 平 4”的棋局演变。将第 0 帧拖动到第 40 帧，再次单击自动关键点按钮，结束动画记录的操作。

经过这步操作，“车”棋子对象可以在前面两个棋子移动完以后，从第 40 帧到第 48 帧的时间范围内向左移动3个格。。

（11）选中红方的“帅”棋子对象，单击自动关键点按钮，将时间滑块拖动到第65帧的位置，将“帅”棋子向前移动1个格，完成“帅五进一”的棋局演变。选中第25帧，按住Shift键的同时拖动鼠标，将第25帧拖动到第60帧，释放鼠标后完成关键点的复制，再次单击自动关键点按钮，结束动画记录的操作。

（12）选中黑方的“车”棋子对象，单击自动关键点按钮，将时间滑块拖动到第88帧的位置，将“车”棋子向前移动3个格，完成“车4进3”的棋局演变。选中第48帧，按住Shift键的同时拖动鼠标，将第48帧拖动到第80帧，释放鼠标后完成关键点的复制，再次单击自动关键点按钮，结束动画记录的操作。

（13）选中红方的右侧的“兵”棋子对象，单击自动关键点按钮，将时间滑块拖动到第105帧的位置，将“兵”棋子向右移动1个格，完成“兵六平七”的棋局演变。选中第0帧拖动鼠标，将第0帧拖动到第100帧，再次单击自动关键点按钮，结束动画记录的操作。

（14）选中黑方的“车”棋子对象，单击自动关键点按钮，将时间滑块拖动到第128帧的位置，将“车”棋子向后移动3个格，完成“车4退3”的棋局演变。选中第88帧，按住Shift键的同时拖动鼠标，将第88帧拖动到第120帧，释放鼠标后完成关键点的复制，再次单击自动关键点按钮，结束动画记录的操作。

（15）选中红方右侧的“兵”棋子对象，单击自动关键点按钮，将时间滑块拖动到第145帧的位置，将“兵”棋子向左移动1个格，完成“兵七平六”的棋局演变。选中第105帧按住Shift键的同时拖动鼠标，将第105帧复制到第140帧，再次单击自动关键点按钮，结束动画记录的操作。

## 2．制作“和棋”文字移动动画

（1）单击（创建）→（图形）→“样条线”→“文字”按钮，在“文本”文本框中输入“和棋”文字，设置字体为“隶书”，“大小”为150，“字间距”为20，在顶视图中单击创建文字。

（2）单击（修改）→“修改器列表”→“倒角”修改器，为文字添加修改器，然后在它下面的“倒角值”卷展栏中设置参数，如图8-1-6所示。这时文字变为立体文字，如图8-1-7所示。

（3）按M键弹出“材质编辑器”对话框，为文字编辑一种材质，并将材质指定给文字。

（4）单击主工具栏中的（选择并旋转）按钮，在左视图中旋转文字，使文字与摄像机的平面平行，然后将它移动到摄像机视角外面。

（5）选中文字对象，单击设置关键点按钮，将时间滑块拖动到第150帧，单击（设置关键点）按钮，再将时间滑块拖动到第160帧，再单击按钮。单击自动关键点按钮，在第160帧处将文字对象移动到摄像机视角的中间位置，再次单击自动关键点按钮，结束动画记录的操作。

## 3．输出动画

（1）单击“渲染”→“渲染”菜单命令，弹出“渲染场景”对话框，并显示“公用”选项卡，如图8-1-8所示。

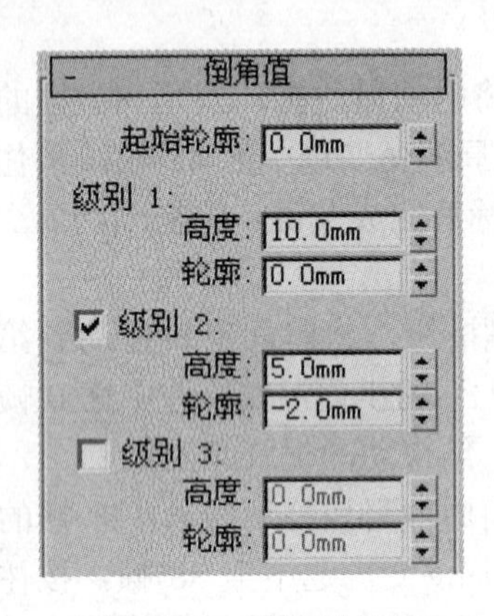


图 8-1-6 设置倒角值

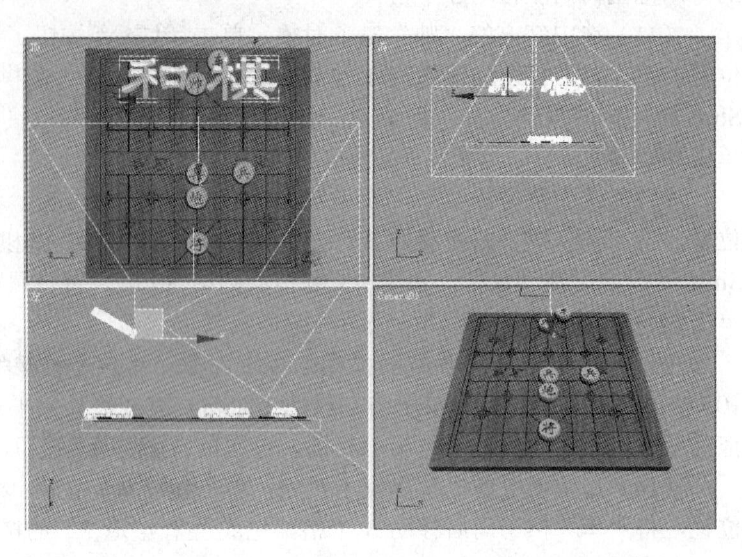


图 8-1-7 调整“和棋”文字的位置

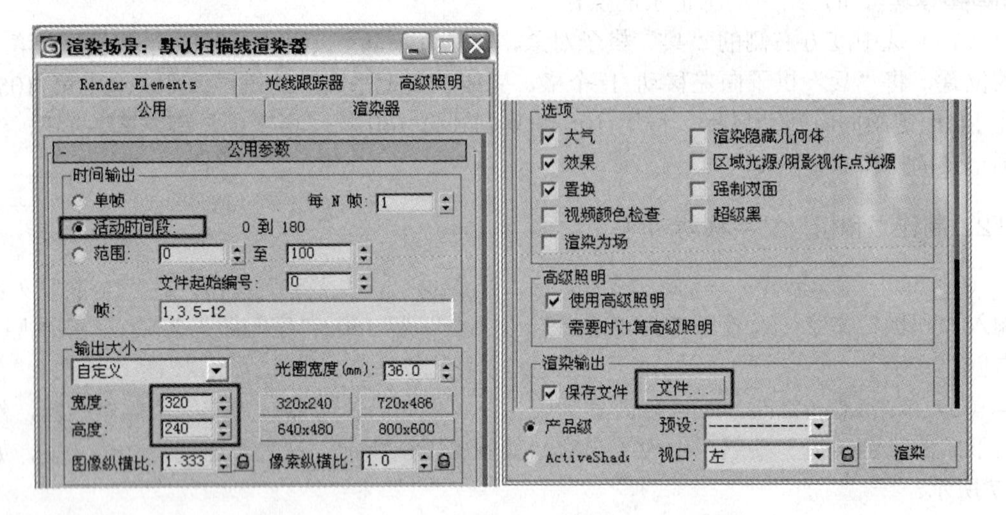


图 8-1-8 在“渲染场景”对话框中进行的设置

（2）在“公用参数”卷展栏中，选中“时间输出”栏中的“活动时间段”单选按钮，在“输出大小”栏中选择输出图像的大小，在“渲染输出”栏中单击“文件”按钮，弹出“渲染输出文件”对话框，在该对话框中选择保存的位置和文件类型，如图 8-1-9 所示。单击“保存”按钮弹出“AVI 文件压缩设置”对话框，如图 8-1-10 所示。

（3）在弹出的“AVI 文件压缩设置”对话框中，选择压缩方式，拖动“质量”栏中的滑块，将其移动到 90%左右的位置，表示设置其压缩质量为 90%，然后单击“确定”按钮。关闭该对话框并返回“渲染场景”对话框中，单击“渲染”按钮。

这时可以看到 Max 在一帧一帧地渲染动画，到渲染结束时，可以在图 8-1-9 中所选择的保存路径下找到输出的文件，用视频软件可以观看到输入的动画作品，动画的两帧如图 8-1-1 所示。

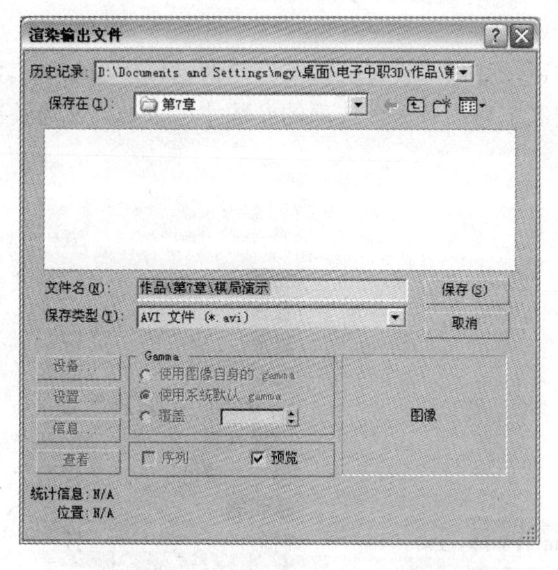


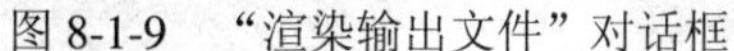

图 8-1-9 “渲染输出文件”对话框

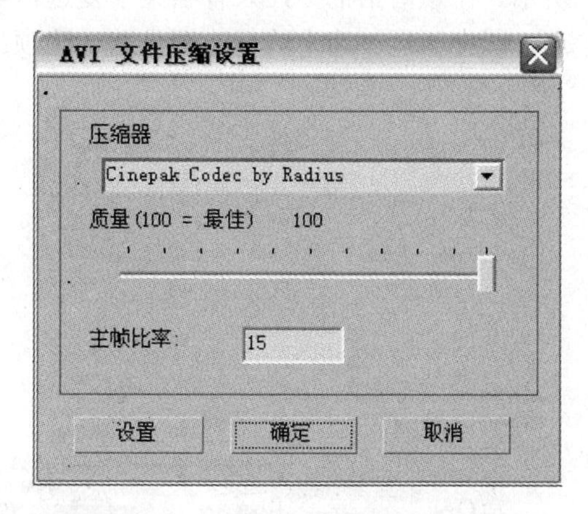


图 8-1-10 “AVI 文件压缩设置”对话框

【案例小结】

在“一车难胜双兵棋局”动画这个案例中，介绍了一个棋局动画的制作过程。因为棋局的演变动画要完成棋子的移动，所以使用关键点动画。在制作过程中一定要明白棋子在何时动，何时不动，才能制作出正确的动画来。

通过本案例的学习可以掌握如何利用自动关键点模式录制动画。

在关键点动画中还有一种是设置关键点动画，有关操作方法将在下面的内容中介绍。

## 8.1.4 相关知识——关键点动画基础

动画的英文为 animation，原意为生动、活泼、生机，后增加动画片的意思。动画可分为传统意义的动画和电脑动画。传统上的动画是将对象的运动和周围环境定义成若干张图片，然后快速地播放这些图片，使它产生流畅的动画效果。电脑动画与传统动画的基本原理相同，不同之处是传统动画用纸笔绘画，然后用摄像机拍摄，而电脑动画则是用电脑来制作。

### 1. 动画记录控制区

在 Max 中，创建并记录对象在特定时刻的特定状态，这个特定的状态称为关键点，当对象在两个不同的关键点状态之间移动或变化时，就生成了动画，这种动画称为关键点动画。在 Max 中制作动画时离不开动画控制区，下面先介绍这个区中各按钮的主要功能。

动画控制区位于屏幕底部的中间，主要用于动画的记录与播放、时间控制，以及动画关键点的设置与选择等操作，被称为动画记录控制区，如图 8-1-11 所示。

动画记录控制区中各按钮的主要功能如下。

（1）（设置关键点）按钮：单击该按钮，可以为对象创建关键点。

（2）自动关键点按钮：单击该按钮，可以自动记录动画的关键点信息。

（3）设置关键点按钮：单击该按钮，可以开启关键点手动设置模式，此模式需要与按钮配合进行动画设置。

（4）“关键点过滤器”按钮：单击该按钮，弹出“设置关键点…”对话框，如图 8-1-12 所示。在该对话框中，只有当某个复选框被选中后，有关该选项的参数才可以被定义为关键点，图中所示被选中的复选框是默认选项。

图 8-1-11 动画控制区

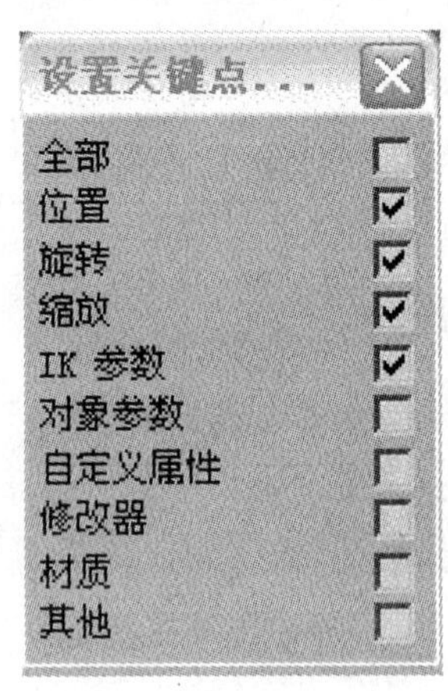


图 8-1-12 “设置关键点...”对话框

**注意**：“设置关键点...”对话框只有在设置关键点模式下才有效，在自动关键点动画模式下是无效的。

（5）播放按钮：在这个区域有 5 个标准播放按钮，单击完成播放动画的控制。

（6）（关键点模式开关）按钮：单击该按钮，播放按钮中的（上一帧）按钮将变为（上一关键点）按钮，同样（下一帧）按钮将变成（下一关键点）按钮。

（7）（时间配置）按钮：单击该按钮，打开“时间配置”对话框。在该对话框中可以设置动画的时间、帧速率、总帧数及关键点步进等参数。

**2．利用“自动关键点”模式制作动画**

在 Max 中，制作关键点动画的基本方法有两种，一种是使用自动关键点模式，一种是使用设置关键点模式。下面用自动关键点模式制作一段动画，动画的内容是一组文字从屏幕的下方向上移动，在屏幕的中间停留一会儿，再向上移动，完成这个动画的具体操作步骤如下。

（1）在视图中创建文字，为文字添加倒角命令，再创建目标摄像机，将透视视图切换成摄像机视图，选中文字，将其调整到屏幕的最下方，如图 8-1-13 所示。

（2）单击自动关键点按钮。

这时的自动关键点按钮、时间滑块和活动视图边框都变成红色，以指示处于动画模式。

（3）移动时间滑块到第 100 帧，向上移动文字，如图 8-1-14 所示。

（4）移动时间滑块到第 50 帧，这时稍稍移动一下文字，使这一帧也记录关键点，如图 8-1-15 所示。

（5）选中第 50 帧，用鼠标将其拖动到第 30 帧，然后选中第 30 帧，按住 Shift 键，将其复制到第 70 帧。

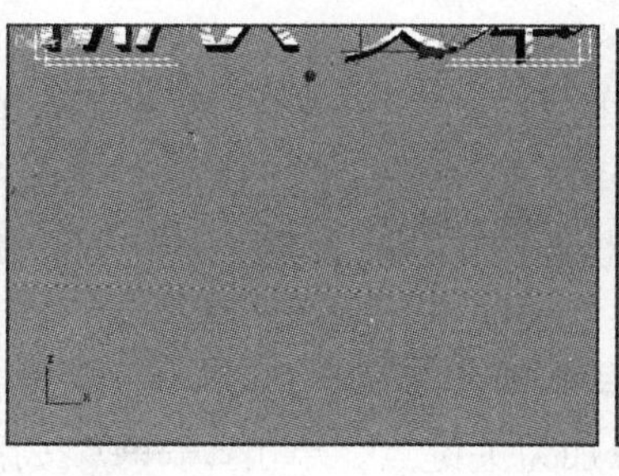

图 8-1-13　第 0 帧文字位置　　图 8-1-14　第 100 帧文字位置　　图 8-1-15　第 50 帧文字位置

（6）再次单击自动关键点按钮，结束动画的制作。

**提示**：在制作关键点动画时，根据动画的内容不同，操作步骤也会有所变化，但不管怎样变，都是先选中要设置动画的对象，单击自动关键点按钮，然后根据需要设置关键点，最后将自动关键点按钮抬起。

经过上面的操作，这时的动画控制区中显示出了不同的关键点记录，如图 8-1-16 所示。

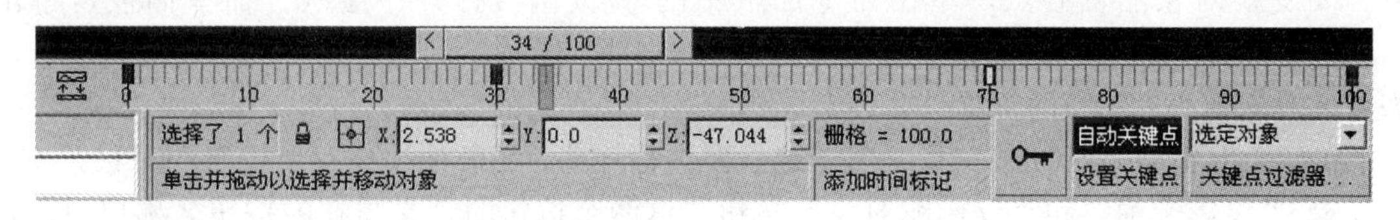


图 8-1-16　关键点的记录

### 3. 设置关键点模式

“设置关键点”动画系统比“自动关键点”方法有更多的控制。如果我们使用设置关键点模式重新制作上面所提到的移动文字动画，则它的操作步骤如下。

（1）在视图中创建文字，为文字添加倒角命令，再创建目标摄像机，将透视视图切换成摄像机视图，选中文字，将其调整到屏幕的最下方，如图 8-1-13 所示。

（2）单击设置关键点按钮。

（3）移动时间滑块到第 0 帧，单击![]按钮或按 K 键，记录该时刻的关键点。

（4）移动时间滑块到第 100 帧，单击![]按钮或按 K 键，然后向上移动文字，使其基本移出屏幕，如图 8-1-14 所示。

（5）移动时间滑块到第 50 帧，单击![]按钮或按 K 键，记录该时刻的关键点。

（6）选中第 50 帧，用鼠标将其拖动到第 30 帧，然后选中第 30 帧，按住 Shift 键，将其复制到第 70 帧。

（7）再次单击设置关键点按钮，结束动画的制作。

从上面的操作步骤中可以看出两种模式在工作流程上是相似的。

### 4. 关键点的操作

在 Max 中，关键点的控制主要有关键点的移动、复制、添加和删除。下面要进行的关键点操作都是在已经设置了关键点动画，如果没有特殊说明，则是单击自动关键点按钮或设置关键点按钮中的任意一个。

（1）关键点的移动：单击要移动的关键点，使其成为当前关键点，然后用鼠标拖动，就可以移动关键点。

（2）关键点的复制：单击要复制的关键点，按住 Shift 键拖动要复制的关键点，就可以复制关键点。

（3）添加关键点：单击自动关键点按钮，移动时间滑块到要添加关键点的位置，直接在这帧修改参数就可以将这帧添加为关键点。单击设置关键点按钮，移动时间滑块到要添加关键点的位置，单击🔑按钮，也可以添加一个关键点。

（4）删除关键点：选中要删除的关键点，直接按 Delete 键将其删除。

### 5．变换对象的轴心

在视图场景中绘制的动画对象，默认状态下对象轴心点的位置是在其中心点处。创建关键点动画的过程中，有时需要通过改变对象轴心点的位置才能满足动画的特殊要求，这时就必须对对象的轴心点进行变换操作。利用“层次”命令面板中的轴心点参数可以完成对象轴心点的变换操作。

要变换对象的轴心点，单击命令面板中的品按钮，打开“层次”命令面板，单击“轴”按钮，再展开“调整轴”卷展栏，如图 8-1-17 所示。利用“调整轴”卷展栏可以调整变换对象轴心点的空间位置。在该卷展栏中有一些不同的按钮如下。

（1）“移动/旋转/缩放”栏：用于选择要进行移动、旋转或缩放空间位置的对象。

◈ “仅影响轴”和“仅影响对象”按钮：这两个按钮的含义与它的按钮名称相同，它们的作用如图 8-1-18 所示。

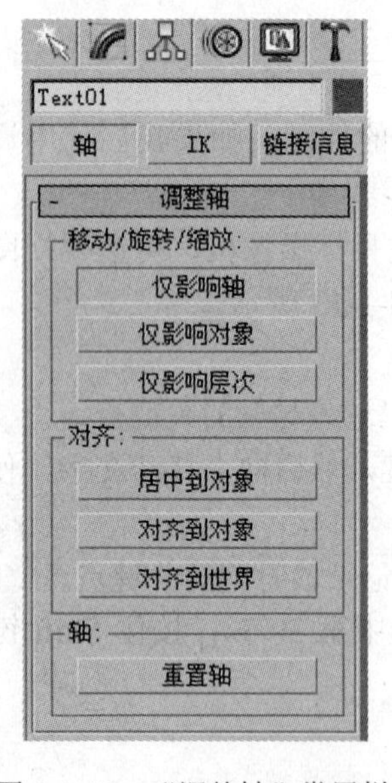


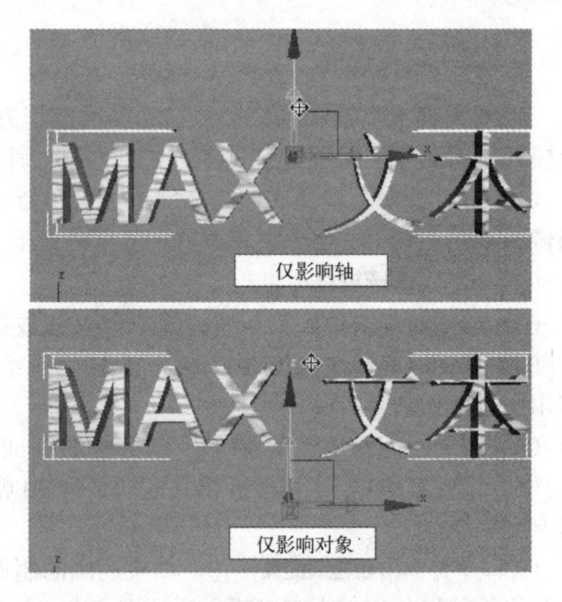


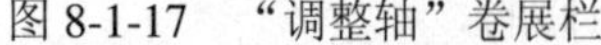
图 8-1-17 “调整轴”卷展栏

图 8-1-18 只影响轴心和只影响对象的作用

◈ “仅影响层次”按钮：仅影响“旋转”和“缩放”工具。通过旋转或缩放轴点的位置，而不是旋转或缩放轴点本身，它可以将旋转或缩放应用于层次。

进行变换操作时，先在场景视图中选中要调整轴心点的对象，根据需要单击相应的变换按钮，然后，利用主工具栏中的选择变换工具在视图中通过拖动所选对象的轴心点或对象，即可对其轴心点进行空间变换操作。操作完毕，再次单击“移动/旋转/缩放”栏中相应的变换按钮，结束变换操作。

（2）“对齐”栏：用于对齐对象的轴心点或中心点。当“仅影响轴”或“仅影响对象”按钮呈按下状态时，该栏中的按钮才能被激活。

（3）“轴”栏：该栏中只有一个“重置轴”按钮，单击该按钮可以将对象的轴心点自动恢复到原始的默认状态。

### 6. 动画时间的设置

在制作动画时有时我们可能希望动画比较短，只有 50 帧；而有时又希望动画比较长，能有 200 帧，这时就需要重新设计动画的时间。

单击时间控制区中的（时间配置）按钮，可以弹出“时间配置”对话框，如图 8-1-19 所示。利用该对话框可以对动画的制作格式进行设置，如进行帧率控制、播放控制和时间设定等。在该对话框中有些选项的语义很明确，不再做过多的解释，下面仅就一些必要的问题进行说明。

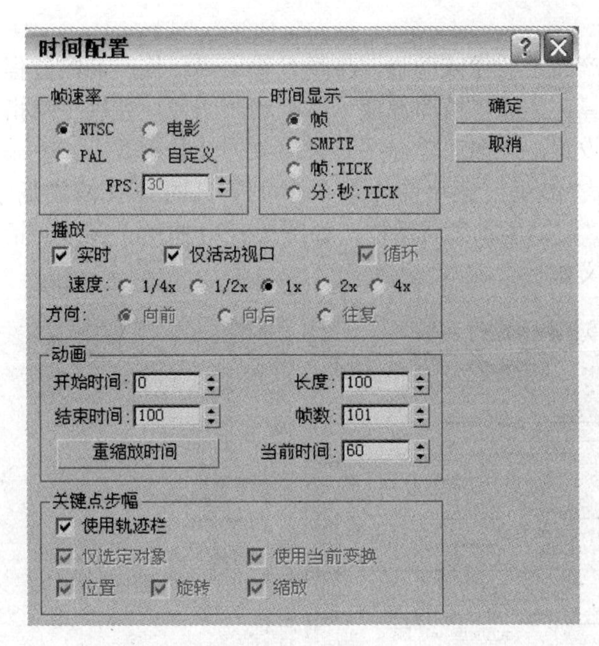


图 8-1-19 “时间配置”对话框

（1）“帧速率”栏：在该栏中有 4 个选项，决定每秒播放多少帧。

◈ “NTSC”单选按钮：选中该单选按钮，动画每秒播放 30 帧。

◈ “PAL”单选按钮：选中该单选按钮，动画每秒播放 25 帧。

◈ “电影”单选按钮：选中该单选按钮，动画每秒播放 24 帧。

◈ “自定义”单选按钮：选中该单选按钮，可以在下面的 FPS 数值框中输入任意值来设定动画播放的速度。

（2）“时间显示”栏：用于设置时间滑块的显示方式。

（3）“播放”栏：用于设置播放的有关选项。

◈ “实时”复选框：选中该复选框，可以使视口播放跳过帧，以便与当前“帧速率”设置保持一致。

◈ “仅活动视口”复选框：选中该复选框，可以使播放只在活动视口中进行。

◈ “速度”选项：后面有 5 种播放速度。“1×”是正常速度，“1/2×”是半速等。速度设置只影响在视口中的播放。

◈ “循环”复选框：选中该复选框动画反复播放，否则只播放一次。

（4）“动画”栏：在该栏中对动画的参数进行设置。

◈ “开始时间”/“结束时间”数值框：该数值框用于设置在时间滑块中显示的活动时间段。

◈ “长度”数值框：该数值框控制显示活动时间段的帧数。如果要更改一个动画的长度时，可以在该数值框中输入新的数值。

◈ “帧数”数值框：该数值框控制将渲染的帧数。它的数值要比“长度”数值框中的数值大 1。

◈ “当前时间”数值框：在该数值框中的数值，指定时间滑块的当前帧。

### 7. 输出动画

3ds max 的最终产品是图像或动画，将场景输出成最终产品的过程是渲染。渲染是将用户设置的数据综合计算，生成单帧图像或一系列动画图像，并以用户指定的方式输出：渲染时应熟悉各种参数的设置，下面简单介绍有关渲染的公共参数。

单击“渲染”→“渲染”菜单命令或单击主工具的（渲染场景对话框）按钮或按 F10 键，都可以弹出“渲染场景”对话框，如图 8-1-20 所示。在该对话框中的“公用参数”卷栏中主要参数的含义如下。

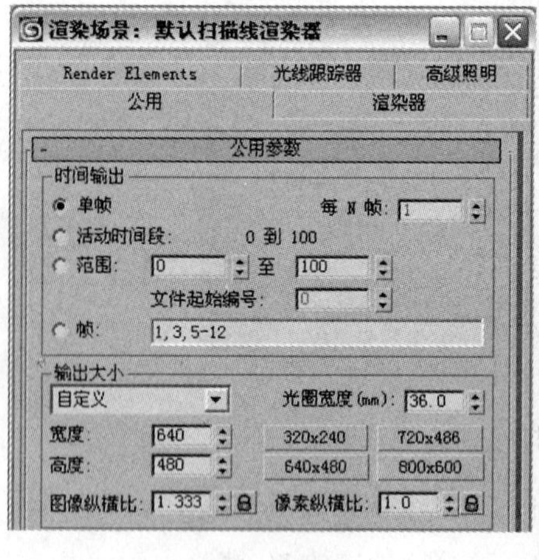

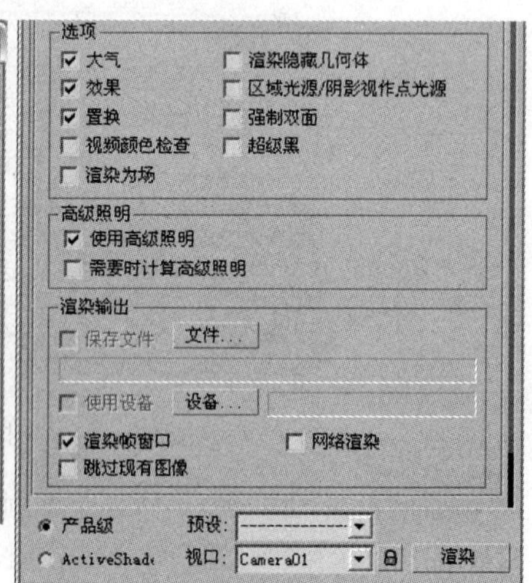


图 8-1-20 “渲染场景”对话框

（1）“时间输出”栏：选择要渲染的帧。

◈ “单帧”单选按钮：仅当前帧。

◈ “活动时间段”单选按钮：活动时间段为显示在时间滑块内的当前帧范围。

◈ “范围”单选按钮：指定两个数字之间（包括这两个数）的所有帧。

（2）“输出大小”栏：在这一栏中选择一个预定义的大小或在“宽度”和“高度”字段（像素为单位）中输入另一个大小。这些控件影响图像的纵横比。

（3）“选项”栏：该栏中的参数用于设置哪些效果是可以渲染的。在该栏中选中哪些复选框，则相对应的效果可渲染。

（4）“高级照明”栏：在选中了“使用高级照明”复选框后，软件在渲染过程中提供光能传递解决方案或光跟踪。

（5）“渲染输出”栏：在这一栏中选择保存文件时的有关参数。

◈ “文件”按钮：单击该按钮弹出“渲染输出文件”对话框，指定输出文件名、格式及路径。

◈ “保存文件”复选框：指定了保存的文件以后，“保存文件”复选框可以使用，选中此复选框后，进行渲染时软件将渲染后的图像或动画保存到磁盘。

## 8.2　“旋转的陀螺”动画——使用约束制作动画

### 8.2.1　学习目标

◈ 掌握创建虚拟对象与链接操作。

◈ 掌握路径约束的使用方法。

### 8.2.2　案例分析

在制作“旋转的陀螺”动画这个案例中，要制作一个旋转陀螺在地板上移动的动画，本例完成后的两帧如图 8-2-1 所示。这个案例可以用于制作表现儿童游戏的场景中。通过本案例的学习可以练习路径动画的制作过程。

图 8-2-1　“旋转的陀螺”中的两帧

### 8.2.3　操作过程

（1）打开本书配套光盘上的“调用文件”\“第 8 章”文件夹中的“8-2 旋转陀

螺.max”文件。

在这个文件中有地板、一只陀螺、一条为陀螺前进路线的线条和一架已经调整好位置的摄像机。

（2）选中陀螺，单击设置关键点按钮，移动时间滑块到第 0 帧，单击按钮，再移动时间滑块到第 20 帧，单击按钮。

（3）将鼠标指针移到第 20 帧上，单击鼠标右键，在弹出的快捷菜单中单击“关键点属性”→“陀螺：Z 轴旋转”菜单命令，弹出“陀螺：Z 轴旋转”对话框，如图 8-2-2 所示。在“值”数值框中输入 720，然后关闭该对话框。

这时播放动画可以发现在第 0 帧到第 20 帧之间陀螺自身旋转。

（4）单击时间控制区中的（时间配置）按钮，可以弹出“时间配置”对话框，在“长度”数值框中输入 60，单击“确定”按钮，将动画的长度设置为 60 帧。

（5）将时间滑块移动到第 40 帧处，单击按钮，单击鼠标右键，在弹出的快捷菜单中单击“关键点属性”→“陀螺：Z 轴旋转”菜单命令，弹出“陀螺：Z 轴旋转”对话框，在“值”数值框中输入 1440。重复上面的操作，再将第 60 帧的值设置为 2160。最后再次单击设置关键点按钮，结束动画制作。

（6）单击（创建）→（辅助工具）→“标准”→“虚拟对象”按钮，在顶视图中拖动鼠标创建一个虚拟对象。

（7）选中虚拟对象，单击“动画”→“约束”→“路径约束”菜单命令，这时在视图中的大虚拟对象与鼠标指针之间出现了一条白色的虚线，拖动鼠标将指针移到路径上单击，如图 8-2-3 所示。这时路径亮了一下，虚拟对象也已经移到了路径的起点上。

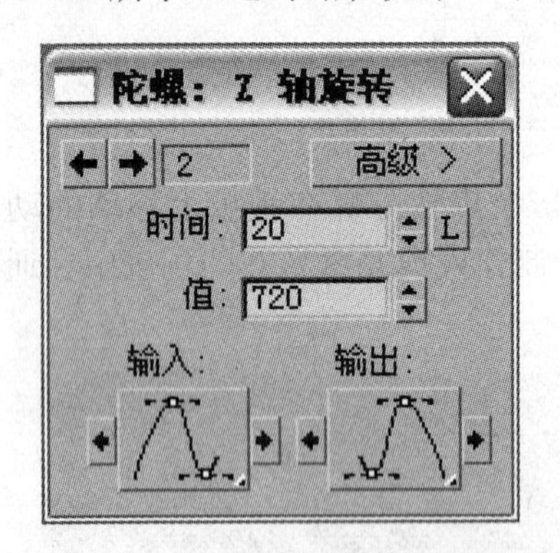


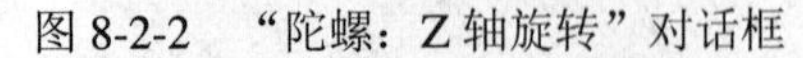
图 8-2-2 “陀螺：Z 轴旋转”对话框

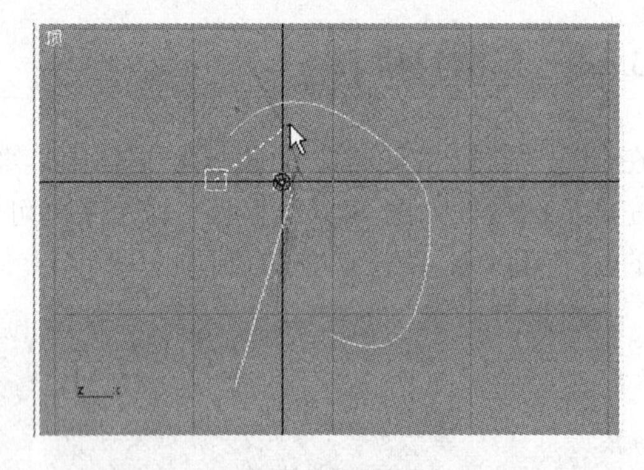

图 8-2-3 创建路径动画

（8）在它下面的参数面板中选中“跟随”和“恒定速度”复选框。

（9）把陀螺移到路径的起点，单击主工具栏中的（选择并链接）按钮，从“陀螺”对象向虚拟对象拖动，当鼠标指针移到小虚拟对象上时释放鼠标，这时虚拟对象亮一下，表示已经链接成功。这时播放动画，可以发现陀螺边做自身旋转边前进。

（10）用本章上一节中所介绍的方法，将动画渲染输出，最后的效果如图 8-2-1 所示。

**【案例小结】**

在“旋转的陀螺”动画这个案例中，陀螺边自转边移动，在移动时并不是沿一条直线前进，而是沿曲线前进，这时要使用路径动画。为对象添加路径的方法有两种，一种是使用菜单命令，另一种是在运动面板中进行，本例中使用的是前一种方法。

通过本案例的学习可以掌握路径动画的制作过程。

### 8.2.4 相关知识——使用控制器

由于关键点动画只能使对象产生一种运动效果，要使一个对象产生两种或两种以上的复合运动效果。可以将对象链接到虚拟对象上，利用虚拟对象实现。

#### 1. 链接操作

将一个对象链接到另一个对象上时，被链接的对象称为子对象，要链接到的对象称为父对象，通过链接操作可以建立对象之间的父子层次关系。进行链接的具体操作方法如下。

（1）在视图中选择一个对象作为子对象。

（2）单击主工具栏上的（选择并链接）按钮，将鼠标指针移到活动视图中要链接的子对象上。

（3）当鼠标指针变为双菱形鼠标指针时，按住鼠标左键并将鼠标指针拖动到要链接的父对象上，同时引出一条链接虚线，如图 8-2-4 所示，释放鼠标。这时父对象闪烁一下，即可将子对象链接到父对象上。一个父对象可以有多个子对象，一个子对象只能有一个父对象。建立了链接关系后，父对象可以控制子对象，对父对象的空间变换可以传递到子对象上。例如，旋转父对象时，可以发现子对象会跟着旋转，如图 8-2-5 所示，但旋转子对象时，父对象并不发生变化，如图 8-2-6 所示。

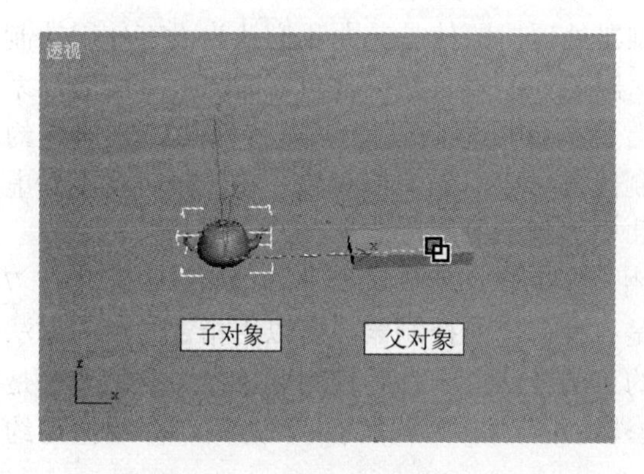


图 8-2-4 建立链接关系

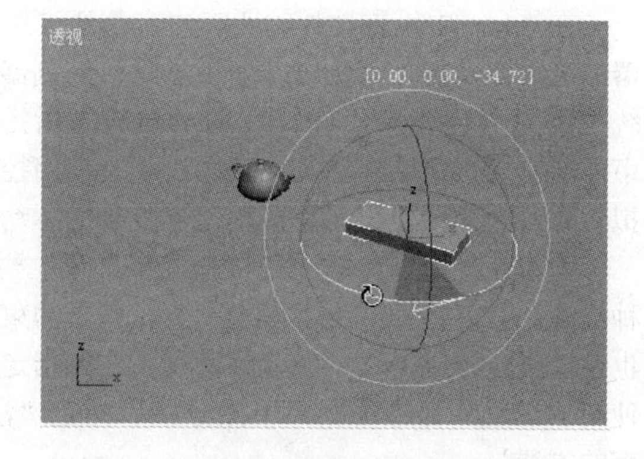


图 8-2-5 旋转父对象

#### 2. 删除对象间的链接

选择要取消链接关系的子对象后，单击（断开当前选择链接）按钮，子对象闪烁一下，即可将子对象与父对象间的链接关系解除。

#### 3. 虚拟对象的创建

创建虚拟对象的方法是如下。

（1）单击命令面板中的（创建）按钮，打开“创建”命令面板。

（2）单击（辅助对象）按钮，显示出辅助工具的命令面板。

（3）单击辅助对象类型下拉列表框，在弹出的下拉列表中选择“标准”选项，在其下面的“对象类型”卷展栏中显示出标准辅助工具的命令按钮，如图 8-2-7 所示。

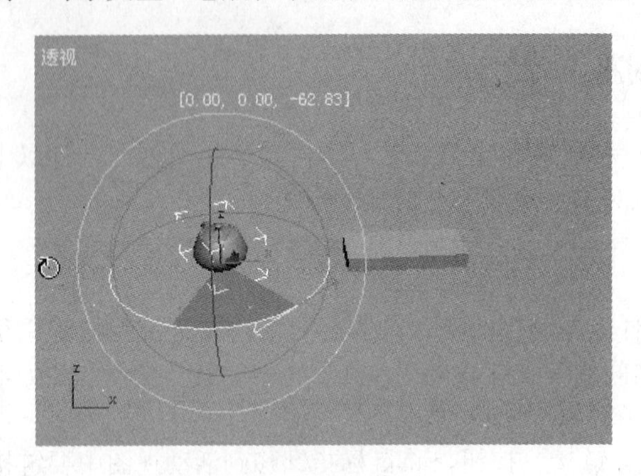

图 8-2-6 旋转子对象

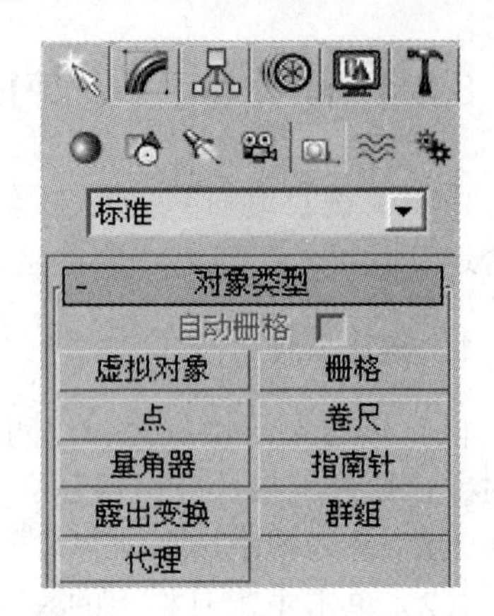


图 8-2-7 标准辅助工具的命令按钮

（4）由于“虚拟对象”没有参数卷展栏，只能在视图中通过拖动的方法创建。单击“虚拟对象”按钮，将鼠标指针移到视图区的当前视图中，在要创建虚拟对象的位置按住鼠标左键，并从中心向外拖动鼠标，绘出一个适当大小的立方体线框后，再释放鼠标左键，即创建一个虚拟对象。

### 4．为对象指定约束的方法

在 Max 中设置动画的所有内容都通过控制器处理，即使是前面我们认为没有使用控制器的关键点动画，其实也是使用了默认控制器。默认控制器是在创建对象时自动分配的，系统分别为“位置”、“旋转”和“缩放”指定自己的控制器。还有一类特殊的控制器是约束，通常用于帮助自动执行动画过程。使用控制器有时要用到虚拟对象。在渲染时看不到虚拟对象，它的主要用途是帮助创建复杂的运动和构建复杂的层次。

约束是控制器中的一种特殊类型，它主要用于帮助自动实现动画，在 Max 中一共有 7 种约束。有很多方法可以指定约束，由于约束是一种特殊的控制器，所以用指定约束的方法也可以指定控制器。下面介绍两种常用的指定约束的方法：一种是使用菜单命令，另一种是使用“运动”命令面板。下面分别以指定“注视约束”和“路径约束”为例，介绍指定约束的方法。

（1）用菜单命令为对象添加约束。用菜单命令为对象指定“注视约束”的操作步骤如下。

① 选中要添加控制器的对象，如图 8-2-8 所示中的茶壶对象。

② 单击“动画”→“约束”→“注视约束”菜单命令。这时在视图中出现了一条白色的虚线，将鼠标指针移到不同的视图中，可以发现在每个视图中都有这条线。

③ 在视图中单击要注视的目标，这里是单击图 8-2-8 中的立方体对象。在单击时可以发现球体以高亮显示了一下，表明已经成功地指定了约束，在茶壶和球体之间形成了一条蓝色线，这时再移动立方体对象时可以发现，茶壶对象永远注视球体，如图 8-2-9 所示。

（2）用“运动”命令面板指定约束器的方法。下面以为对象指定“路径约束”为例介绍在“运动”命令面板中为选定对象指定约束器的方法。在进行下面的操作之前请先在场景中创建一个对象和一条作为路径的线。

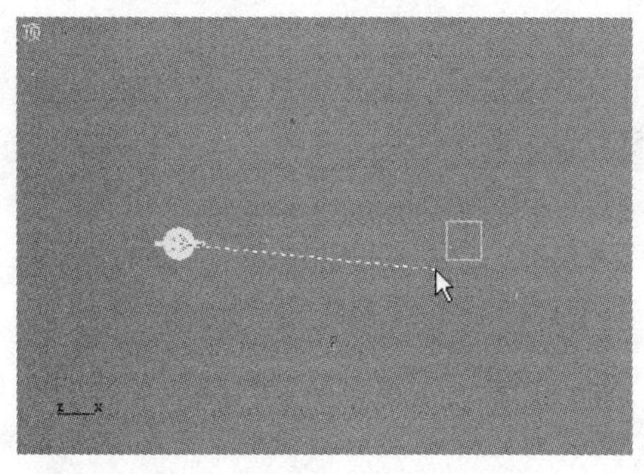

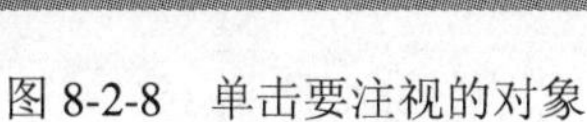

图 8-2-8　单击要注视的对象

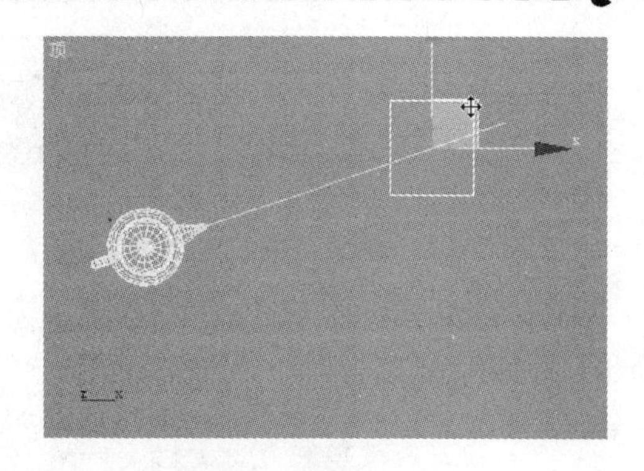

图 8-2-9　注视的效果

① 选中要指定约束控制器的对象，单击命令面板中（运动）按钮，打开“运动”命令面板。

② 在“运动”命令面板中，单击“参数”按钮，显示出设置运动控制器的“指定控制器”卷展栏，如图 8-2-10 所示。

③ 在“指定控制器”卷展栏的运动控制器列表框中，选中一个选项。例如，单击列表框中的“位置”选项，激活（指定控制器）按钮。

④ 单击（指定控制器）按钮，弹出“指定位置控制器”对话框，如图 8-2-11 所示。

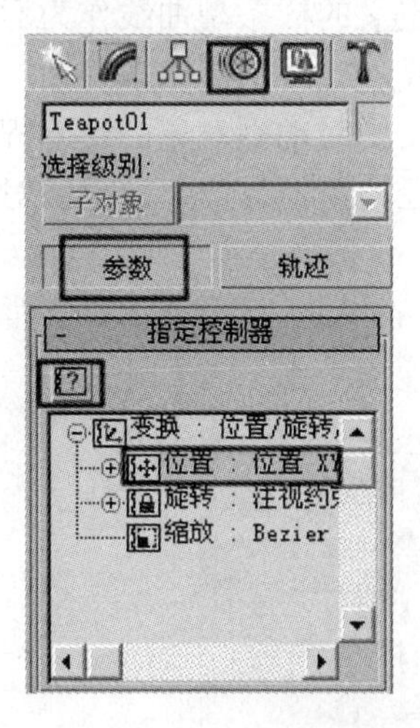


图 8-2-10　运动命令面板

图 8-2-11　“指定位置控制器”对话框

⑤ 在“指定位置控制器”对话框的控制器类型列表框中，单击“路径约束”选项，再单击“确定”按钮，即为动画对象设置了路径约束控制器。这时可以发现在下面的动画控制区中已经出现了记录动画的关键点，但是这时还没有指定具体的路径，所以播放动画时没有发现任何变化。下面继续指定约束的路径。

⑥ 在“运动”命令面板中，向上拖动下面的参数区域，直到出现“路径参数”卷展栏，单击“添加路径”按钮，然后在视图中单击作为路径的线。这时可以发现对象移到了路径的起点上，而且在“路径”卷展栏下面的列表中也出现了路径的名称，如图 8-2-12 所示。这时播放动画，发现对象已经能沿路径移动。

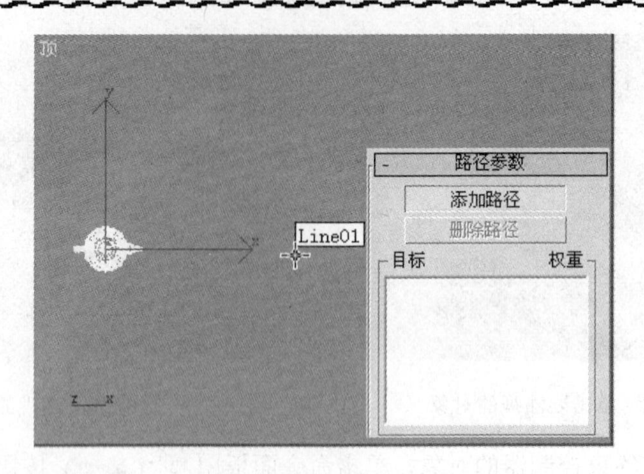


图 8-2-12 添加路径

5. 路径约束

在关键点动画中，用运动控制器可以控制对象的运动轨迹，使对象在关键点之间作直线或曲线运动，也可以调整对象运动速率的变化方式等。3ds max 提供了多种运动控制器类型，用于控制场景中对象的动画效果。

路径约束是 3ds max 中的一种运动控制器类型，以自定义的样条型曲线作为运动路径，控制对象沿样条型路径运动。运动路径可以是一条样条曲线，也可以是多条样条曲线。使用多条样条曲线时，每条路径都有一个权值，用于决定这条路径对动画对象的影响程度。利用“运动”命令面板中的运动参数，可以为动画对象指定路径约束控制器，使动画对象沿样条型曲线运动。

在使用前面讲的任何一种方法为对象指定约束以后，在它的“运动”命令面板中显示出“路径参数”卷展栏，如图 8-2-13 所示。该卷展栏中的主要参数含义如下。

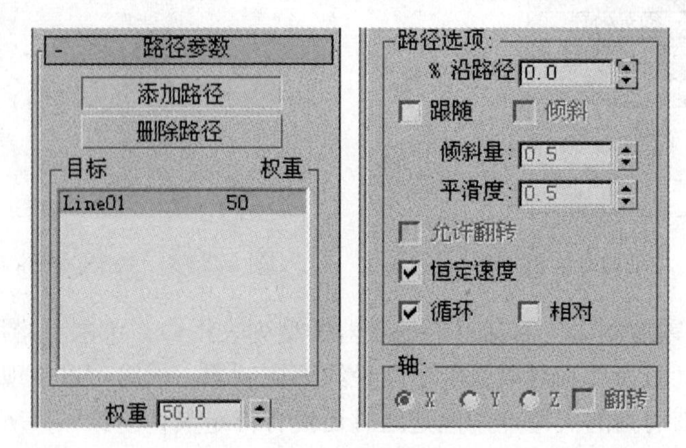


图 8-2-13 “路径参数”卷展栏

（1）“添加路径”按钮：单击该按钮后，将鼠标指针移到视图中单击作为路径的线条，可以添加新的路径，而新路径则出现在下面的列表中。

（2）“删除路径”按钮：在下面的列表框中选中不需要的路径，再单击此按钮，可以移除路径。

（3）“权重”数值框：用于为每个目标指定路径并设置动画。

（4）“路径选项”栏：用于控制对象沿路径运动的状态及效果。

◈ “%沿路径”数值框：用于设置对象沿运动路径运行的百分比。
◈ “跟随”复选框：用于设置对象完全沿样条曲线运动。选中该复选框，可以激活“倾斜”复选框、“允许翻转”复选框和“轴”栏。
◈ “倾斜”复选框：用于设置对象沿样条曲线的弯曲部分运动时，是否向弯曲半径方向产生倾斜的动作效果。选中该复选框，可以激活“倾斜量”和“平滑度”数值框。
◈ “倾斜量”数值框：用于设置对象倾斜的数量，控制对象在弯曲半径方向倾斜的程度。
◈ “平滑度”数值框：用于控制对象倾角变化的快慢程度，数值越大，对象倾斜的程度越剧烈。
◈ “允许翻转”复选框：用于控制对象经过路径的拐角后，是否将对象颠倒方向。
◈ “恒定速度”复选框：用于控制对象保持恒定的速度作匀速运动。
◈ “循环”复选框：用于控制对象运动到终点时，是否重新回到起点。

（5）“轴”栏：用于选择对象的哪一个轴沿路径曲线运动。

◈ “X、Y、Z”单选按钮：分别选择对象的 X、Y 或 Z 坐标轴沿路径曲线运动。
◈ “翻转”复选框：用于控制对象按指定坐标轴的反向沿路径曲线运动。

## 8.3 制作“弹跳足球”动画——轨迹视图的应用

### 8.3.1 学习目标

◈ 了解轨迹视图窗口。
◈ 掌握轨迹视图窗口的两种模式。
◈ 初步掌握用曲线模式控制运动速度的方法。

### 8.3.2 案例分析

在制作“弹跳足球”这个案例中，制作落地的足球动画效果。动画的开始有一只足球从上面掉落在地面上被弹起，再掉落、再弹起，如此反复，在弹跳的过程中越弹越弱，最后停止。动画中的两帧如图 8-3-1 所示。这个案例可以用于体育或者学校的介绍动画中。通过本案例的学习可以练习轨迹视图的使用。

### 8.3.3 操作过程

（1）打开第 6 章习题中所制作的编辑了材质的足球文件，拖动鼠标选中构成足球的所有对象，将它们以“足球”为名组成组，再将文件另存为“弹跳的足球”文件。

图 8-3-1 “落地的足球”中的两帧

（2）在顶视图中创建一个平面对象，设置它的参数，“长度”为 4000，“宽度”为 6000，将它移到足球的下方，作为地板。

（3）单击主工具栏上的按钮，弹出“材质编辑器”对话框，选中一个空示例窗，将它指定给平面对象。

（4）在着色类型栏中选择 Phong 着色类型，然后在“漫反射”贴图通道中导入一幅木纹位图，在“坐标”卷展栏中设置平铺区域中 V 为 3，在“反射贴图”通道中导入“光线跟踪”程序贴图，设置它的“数量”为 20。

（5）在顶视图中创建一架目标摄像机，然后调整它的位置，将透视视图切换成摄像机视图，在顶视图中创建一盏目标聚光灯，在视图中调整它的位置，如图 8-3-2 所示。

（6）单击“渲染”→“环境”菜单命令，弹出“环境和效果”对话框，在该对话框中设置背景的颜色（R：186、G：197、B：218）。这时渲染摄像机视图的效果如图 8-3-3 所示。

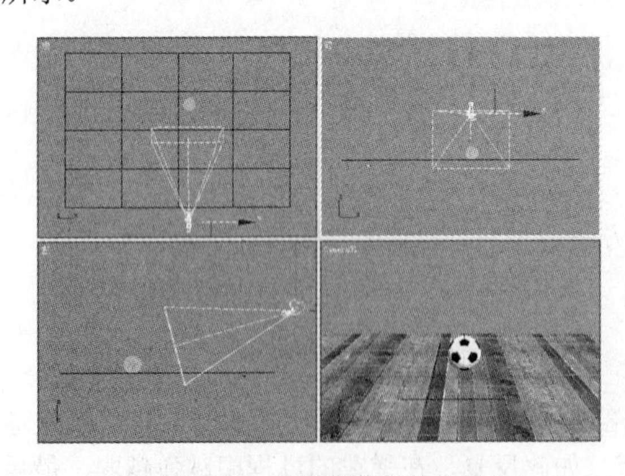

图 8-3-2 调整摄像机的位置

图 8-3-3 调整好位置以后的足球

（7）选中“足球”对象，在动画控制区单击自动关键点按钮，这时动画处于第 0 帧，在前视图中将“足球”对象向上移动，直到在摄像机视图中观察到达最上方为止。

（8）拖动时间滑块到第 10 帧，在视图中将“足球”对象竖直向下移到刚接触地板的地方。选中第 0 帧，按住 Shift 键的同时将这帧拖动到第 20 帧。再次单击自动关键点按钮，结束录制动画。这时播放动画，可以看到从第 0 帧到第 20 帧之间足球由高处落到地面再反弹的动画，而从第 20 帧到第 100 帧足球还是在原地不动。

（9）单击主工具栏上的[曲线编辑器（打开）] 按钮，弹出“轨迹视图—曲线编辑器”对话框，如图 8-3-4 所示。这时在图上显示出从第 0 帧到第 20 帧之间，“足球”对象的位置发生了变化，位置的变化与时间之间的关系由图中所示的曲线描述。而第 20 帧以后的曲线为直线，表示对象处于静止状态。

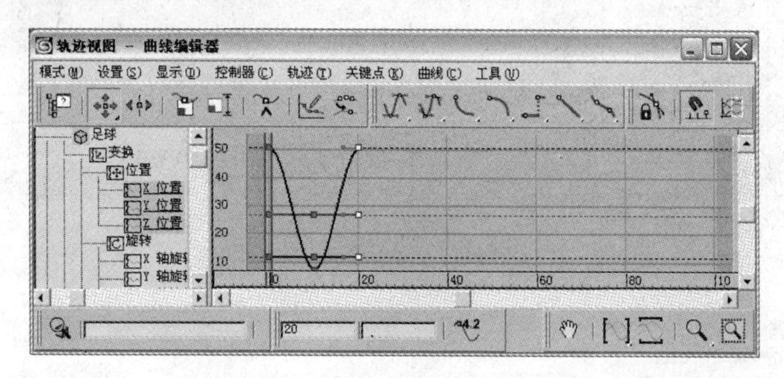


图 8-3-4　0 帧到 20 帧动画的曲线

（10）单击轨迹视图对话框工具栏中的（参数曲线超出范围类型）按钮，弹出“参数曲线超出范围类型”对话框，如图 8-3-5 所示。在该对话框中选中“循环”按钮，然后关闭该对话框。这时代表运动的曲线布满整个窗口，但后面的曲线以虚线表示。播放动画后可以发现，在 100 帧的动画中足球一直在弹跳，关闭。但这时足球的弹跳没有现实世界中的在最高点慢，在落地点最快的现象，下面给予纠正。

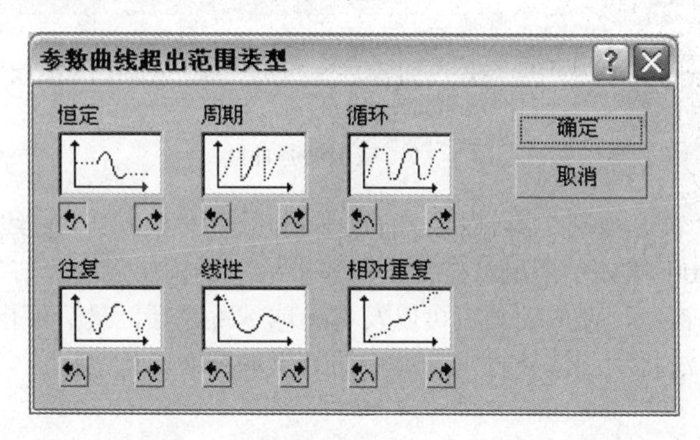


图 8-3-5　“参数曲线超出范围类型”对话框

（11）单击“轨迹视图—曲线编辑器”对话框工具栏中的按钮，单击选中最下面的点，这时在点的两侧出现了控制柄，按住 Shift 键的同时向上拖动一侧的控制柄，使这段曲线的形状变陡，然后再拖动另一侧的曲线，如图 8-3-6 所示，使两侧曲线的形状都变陡。这时再播放动画可以发现足球落地时很有弹性。但是整个 100 帧的动画过程中足球一直在弹跳，下面我们让足球慢慢地停下来。

（12）在“轨迹视图”对话框左侧的控制器窗格中，选中“足球”对象“位置”下面的“Z 位置”选项，再单击窗口菜单中的“曲线”→“应用—增强曲线”菜单命令。这时在控制器窗格中的“Z 位置”选项前面出现了一个“+”号，将其展开，按住 Ctrl 键，将两个选项都选中，如图 8-3-7 所示。

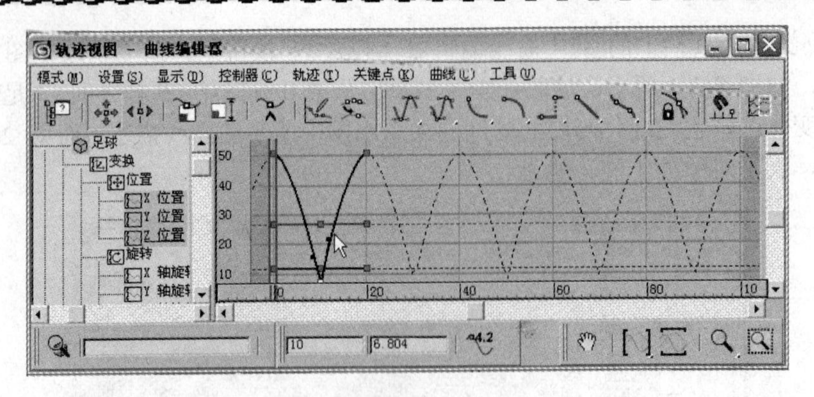


图 8-3-6 调整曲线形状

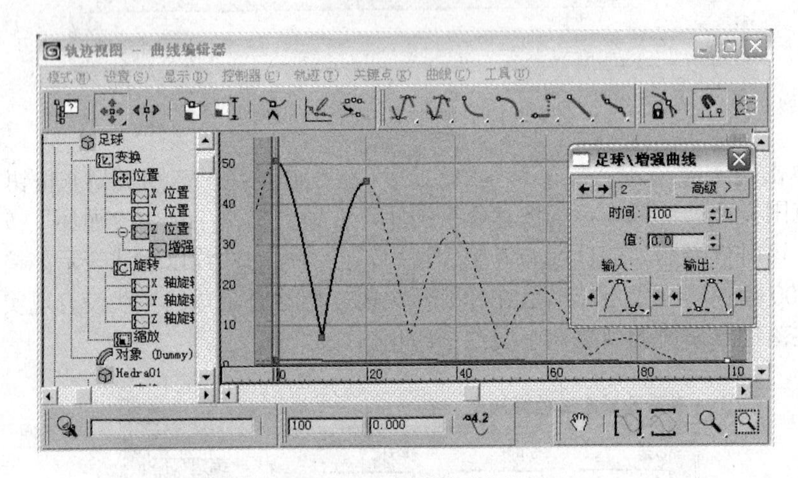


图 8-3-7 应用增强曲线

（13）这时在“轨迹视图”对话框中的水平轴附近出现了一条直线，用鼠标向下拖动这条线，或者在第 100 帧处单击鼠标右键，在弹出的对话框中设置“值”为 0，如图 8-3-7 所示。关闭轨迹视图窗口，播放动画，可以发现足球越跳越矮，最后停止。

用前面介绍的方法将动画渲染输出，最后的效果如图 8-3-1 所示。

**【案例小结】**

在制作“弹跳足球”动画这个案例中，制作了一只越跳越矮，到最终停止的足球。这个动画中涉及足球反复弹跳的动画，我们可以只制作出动画的一个周期，其余的在轨迹视图中通过控制超出范围来解决。在 Max 中可以控制对象动画的曲线，调整运动的速度，这些工作都可以在轨迹视图中完成。

通过本案例的学习，可以初步掌握轨迹视图控制运动的方法。

### 8.3.4 相关知识——轨迹视图简介

在前面制作关键点动画时，会发现在移动或旋转对象时的数值并不准确，如果需要精确设置场景中无法看到的值，这时要使用轨迹视图。在轨迹视图中能够显示当前场景的所有详细资料，其中包括了所有参数和关键点。轨迹视图还包括了一些其他特性，使用户能够编辑关键点范围，给场景添加同步音轨及使用函数曲线来利用动画控制器等。

1．“轨迹视图”对话框

单击主工具栏中的 [曲线编辑器（打开）] 按钮，可弹出“轨迹视图—曲线编辑器”对话框，如图 8-3-8 所示。轨迹视图有两种编辑模式，分别是“曲线编辑器”模式和“摄影表”模式。

（1）“曲线编辑器”模式。在“轨迹视图”对话框菜单栏中单击“模式”→“曲线编辑器”菜单命令，运动轨迹将以曲线方式显示，如图 8-3-8 所示。在这种模式下，用函数曲线的形式显示对象的动画，通过移动曲线上代表关键点的点，可以对对象的运动、变形等属性进行修改，以控制对象的运动效果。

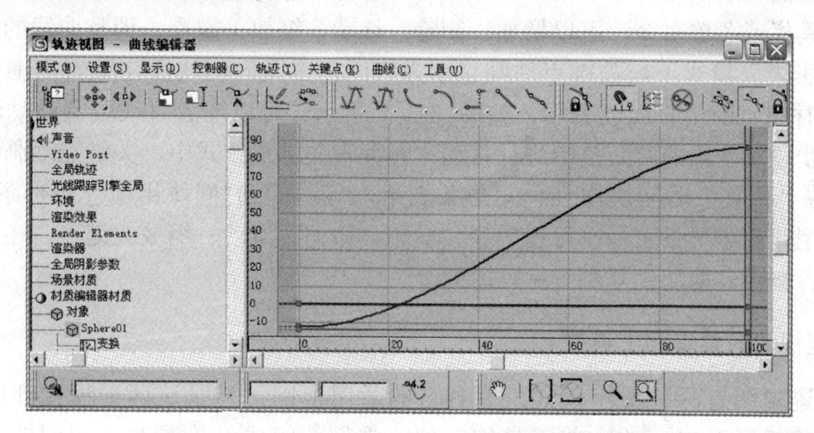


图 8-3-8　“轨迹视图”对话框的曲线编辑模式

（2）“摄影表”模式。在“轨迹视图”对话框菜单栏中单击“模式”→“摄影表”菜单命令，运动轨迹将以图表的方式显示，如图 8-3-9 所示。在这种模式下，对象动画的关键点和范围显示在一个数据表格上，通过移动、复制或删除表格中的时间块，可以对关键点、子帧和范围进行编辑修改。

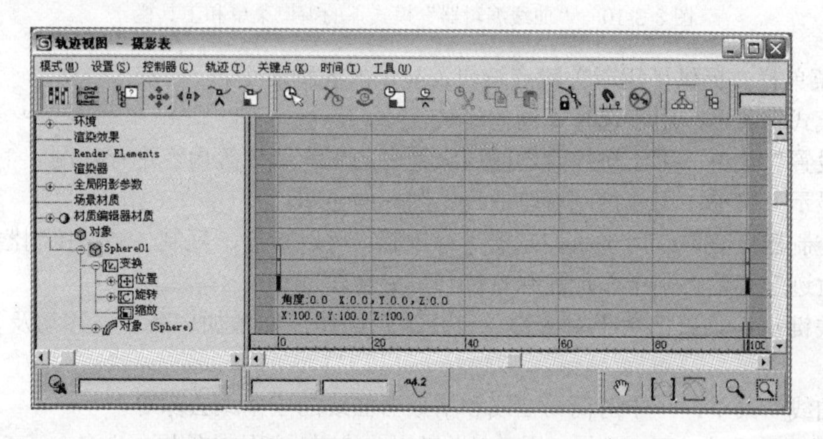


图 8-3-9　“轨迹视图”对话框的摄影表模式

2．轨迹视图的“控制器”和“关键点”窗口

轨迹视图工作空间的两个主要部分是“关键点”窗口和“控制器”窗口。

（1）“控制器”窗口。“控制器”窗口能显示对象名称和控制器轨迹，还能确定哪些曲线和轨迹可以用来进行显示和编辑。在需要时，“控制器”窗口中的“层次”项可以展开和重新排列，方法是使用“层次”列表右键单击菜单。在“轨迹视图设置”菜单中也可以找到导航工具。默认行为是仅显示选定的对象轨迹。使用“手动导航”模式，可以单独折叠或展开轨迹，或者按住 Alt+右键单击，可以显示另一个菜单，来折叠和展开轨迹。

（2）“关键点”窗口。“关键点”窗口可以将关键点显示为曲线或轨迹。轨迹可以显示为关键点框图或范围栏。该窗口可以显示关键点的轨迹曲线或时间范围及时间块，用于对关键点进行各种操作，以实现动画的设计要求，产生满意的动画效果。

在“曲线编辑器”模式下，关键点动画显示为轨迹曲线，如图 8-3-8 所示。在 X、Y、Z 坐标轴方向上的轨迹曲线，分别用红、绿、蓝颜色显示。在轨迹曲线上，用小方点表示关键点。利用工具栏或菜单命令，可以增加、删除、移动、缩放关键点，调整曲线的形状等。

在“摄影表”模式下，关键点动画显示为时间范围及时间块。在编辑范围方式中，关键点动画的时间范围用直线段表示，如图 8-3-9 所示。可以缩放直线段调整动画时间的长短，滑动直线段对动画的时间范围进行移动；在编辑关键点方式中，关键点动画的时间块用矩形条表示，“位置”时间块用红色矩形条表示，“放置”时间块用绿色矩形条表示，“缩放”时间块用蓝色矩形条表示，可以选择、增删、移动、滑动、缩放关键点，还可以选择、插入、缩放、删除、剪切、复制、粘贴时间等。

### 3. 轨迹视图的菜单和工具栏

虽然轨迹视图有两种编辑模式，有各自的适用范围，但是这两种模式都用于对动画的修改，除编辑区及对应的一些工具按钮外，它们的组成结构是基本相同的。其中“曲线编辑器”模式下的菜单栏和工具栏如图 8-3-10 所示。在该菜单栏和工具栏中主要参数含义如下。

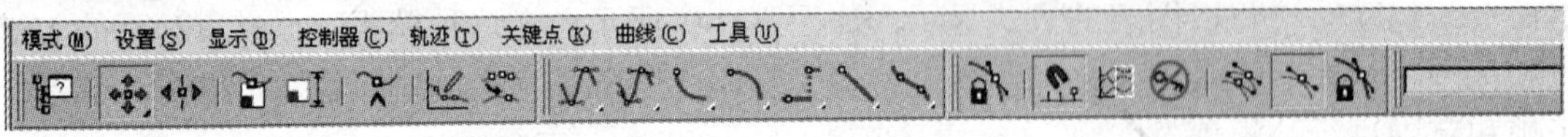

图 8-3-10 “曲线编辑器”模式下的窗口菜单和工具栏

（1）菜单栏：提供了用于关键点编辑及显示的各种命令。

◈ “模式”菜单：用于选择不同的模式。

◈ “设置”菜单：用于对控制器区层级列表的更新选项等内容进行控制。

◈ “显示”菜单：用于控制轨迹曲线、图标的显示。

◈ “控制器”菜单：用于对控制器进行控制，可以指定、复制、粘贴控制器。

◈ “轨迹”菜单：用于添加注释轨迹和可见性轨迹等。

◈ “关键点”菜单：用于对关键点进行编辑操作，如增加、减少、移动及复制关键点等。

◈ “曲线”菜单：用于对简易曲线和增效器曲线的应用或去除等。

（2）曲线编辑模式下工具栏：用于对关键点曲线或时间块的编辑，由多个子工具栏组成。根据关键点编辑区的内容不同，将显示不同的工具按钮。常用的几个工具按钮的功能如下。

◈ 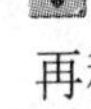 （移动关键点）按钮：用于在关键点编辑区移动选定的关键点。按住 Shift 键，再移动关键点，则可以复制出选定的关键点。

◈ (滑动关键点)按钮：用于沿水平方向滑动选定的关键点。移动时，关键点之间的间隔将保持不变。

◈ (添加关键点)按钮：用于在关键点编辑区中添加关键点。单击该按钮，在关键点编辑区中的曲线上单击，即可添加一个关键点。

◈ (参数曲线超出范围类型)按钮：用于设置对象在关键点范围之外的运动类型。单击该按钮，弹出“参数曲线超出范围类型”对话框，如图 8-3-11 所示，可以设置 6 种运动类型。选择“恒定”型，在关键点范围之外保持对象的位置不变；选择“周期”型，使对象按关键点范围之内的运动形式进行周期性的运动；选择“循环”型，使对象以平滑的方式做循环运动；选择“往复”型，使对象按交替往复的方式运动；选择“线性”型，使对象按关键点范围之内起始点和结束点位置的速度做线性运动；选择“相关重复”型，以前一周期的末帧作为本周期的起始帧，使对象按此方式做重复运动。

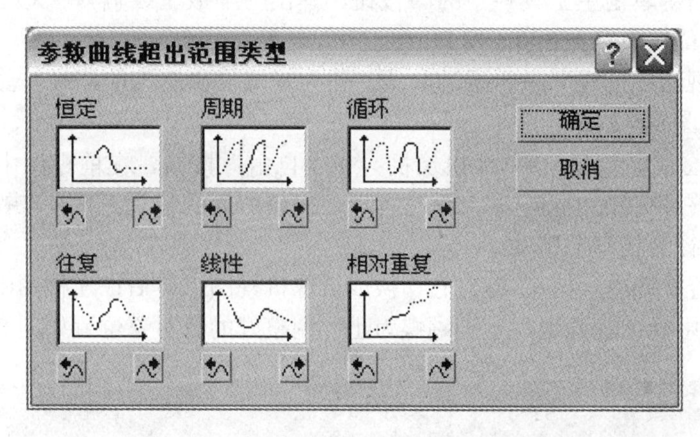


图 8-3-11 “参数曲线超出范围类型”对话框

## 8.4 上机实战——“飞出迷宫”之一

本例要表现的是一只飞入了迷宫的蝴蝶飞出迷宫，重新回到大地的情景，动画完成后的两帧如图 8-4-1 所示。制作本例的具体操作步骤如下。

图 8-4-1 “飞出迷宫”动画中的两帧

### 1. 准备工作

（1）打开本书配套光盘上的“调用文件”\“第 8 章”文件夹中的“8-4 飞出迷宫.max”文件。在这个文件中我们已经制作好了迷宫。

（2）单击“文件”→“合并”菜单命令，弹出“合并文件”对话框，在该对话框中选择在第 4 章中所作的“4-3 蝴蝶”文件，单击“打开”按钮，弹出“合并文件-4-3 蝴蝶”对话框，在该对话框中单击“全部”按钮，再单击“确定”按钮。这时在场景中出现了蝴蝶对象，而且呈选中状态，但由于它比较小，所以还看不清楚。

（3）单击“组”→“成组”菜单命令，弹出“组”对话框，在“组名”文本框中输入“蝴蝶”文字，单击“确定”按钮，将它们组成组。如果在合并完文件后，单击了场景中的其他位置，则可能取消了蝴蝶对象的选中状态，这时要利用根据名称选择工具按钮，来选中组成蝴蝶的所有对象。

（4）鼠标右键单击主工具栏中的按钮，弹出“缩放变换输入”对话框，在“偏移：屏幕”栏中的数值框中输入 300，按 Enter 键确认，将蝴蝶放大。

（5）在顶视图中创建一条平滑的曲线，作为蝴蝶飞出迷宫的路径，然后将蝴蝶移到迷宫的入口处，如图 8-4-2 所示。

（6）单击（创建）→（摄像机）→“自由”按钮，在前视图中单击创建一架自由摄像机，然后在顶视图中将它移到迷宫入口，蝴蝶所处的位置。再在左视图中将摄像机和作为蝴蝶飞行路径的线向上移动。

（7）选中透视视图，按 C 键将它切换成摄像机视图，然后在左视图中旋转摄像机，直到在摄像机视图中能比较好地观察到蝴蝶为止。调整好的各对象位置如图 8-4-2 所示。

图 8-4-2　调整各对象的位置

2．制作蝴蝶原地飞舞的动画

（1）选中“蝴蝶”对象，单击“组”→“解组”菜单命令，将组解散。

（2）选中蝴蝶的“左翅”对象，单击按钮，进入“层次”面板，单击“仅影响轴”按钮，在顶视图中将翅膀的轴心移到左翅膀的右侧，如图 8-4-3 所示，再次单击“仅影响轴”按钮，结束对轴的编辑操作。然后用同样的方法将右翅的轴心也移到翅膀的左侧。

（3）单击（时间配置）按钮，弹出“时间配置”对话框，在“长度”数值框中输入 208，单击“确定”按钮，将整个动画的长度改为 208 帧。

（4）选中蝴蝶的“左翅”对象，单击设置关键点按钮，将时间滑块移动到第 0 帧，单击按钮，将其设置为关键点。将时间滑块移到第 2 帧的位置，单击按钮，也将其设置为关键点。用同样的方法将第 4、8、12 和 16 帧设置为关键点。

（5）拖动时间滑块到第 4 帧，在时间栏中的第 4 帧上单击鼠标右键，在弹出的快捷菜单中单击“Y 旋转”菜单命令，弹出“左翅：Y 轴旋转”对话框，如图 8-4-4 所示，在“值”数值框中输入 60。

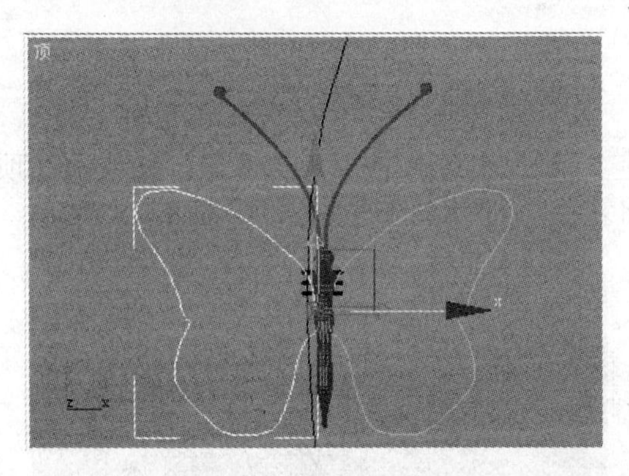


图 8-4-3 调整翅膀的轴心

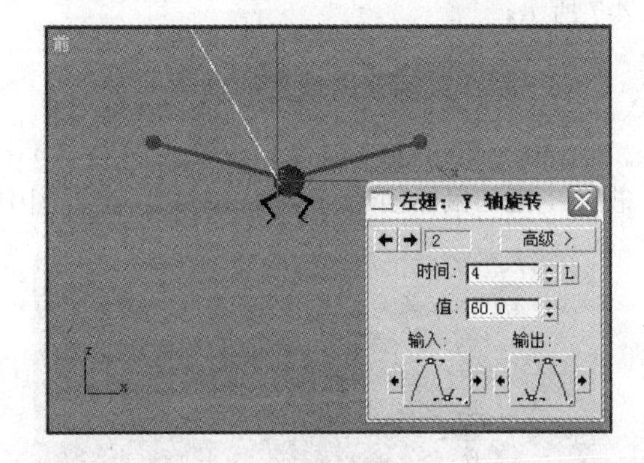


图 8-4-4 设置翅膀旋转的角度

（6）选中第 8 帧，将“左翅：Y 轴旋转”对话框中的“值”设置为 0；选中第 12 帧，将“值”设置为–60；选中第 16 帧，将“值”设置为 0，设置完成关闭该对话框。单击设置关键点按钮，结束对关键点的设置。这时播放动画，可以发现在 0～16 帧之间蝴蝶的左翅振动了一个周期。

（7）重复步骤（4）～（6），制作蝴蝶右翅振动的动画，其中第 0 帧时“右翅：Y 轴旋转”对话框中的“值”为 0，第 4 帧时“值”为-60，第 8 帧时“值”为 0，第 12 帧时“值”为 60，第 16 帧时“值”为 0。

（8）选中蝴蝶的左翅，单击主工具栏中的［曲线编辑器（打开）］按钮，弹出“轨迹视图—曲线编辑器”对话框，在左侧的“控制器”窗口中选中“Y 轴旋转”选项，这时在右侧的窗口中显示出蝴蝶翅膀振动的曲线，如图 8-4-5 所示。

（9）单击“轨迹视图”对话框工具栏中的（参数曲线超出范围类型）按钮，弹出“参数曲线超出范围类型”对话框，如图 8-4-6 所示，在该对话框中选中“循环”选项，单击“确定”按钮，系统关闭该对话框回到“轨迹视图—曲线编辑器”对话框中，这时曲线已经布满整个窗口。关闭“轨迹视图—曲线编辑器”对话框。

（10）在视图中选中蝴蝶的右翅，重复上面的操作，设置右翅的参数曲线超出范围类型。

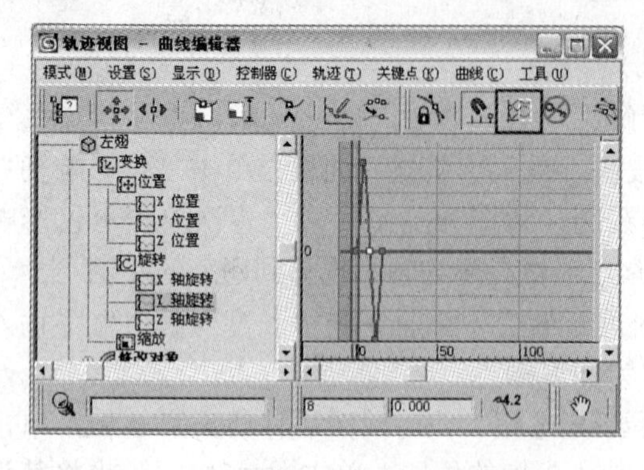

图 8-4-5 蝴蝶左翅的轨迹视图曲线

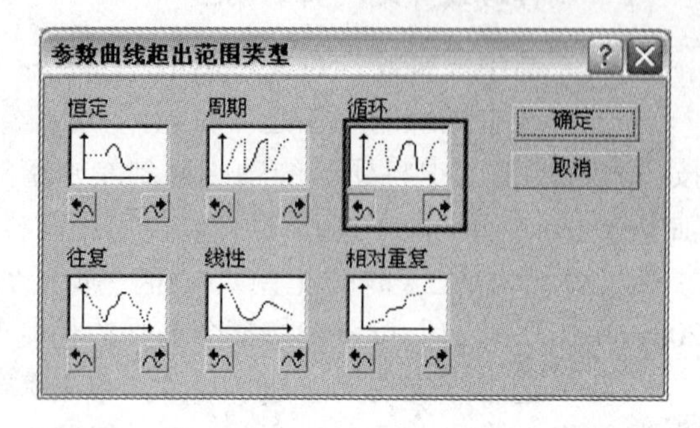


图 8-4-6 设置左翅的参数曲线超出范围类型

（11）单击主工具栏中的（选择并链接）按钮，将鼠标指针移到顶视图中，选中左翅，按下鼠标向蝴蝶的身体上拖动鼠标，当鼠标指针变为状态时释放鼠标，这时蝴蝶的身体高亮显示了一下，表示链接成功，再从右翅向身体拖动鼠标，将其与身体链接，如图 8-4-7 所示。

### 3．制作蝴蝶飞出迷宫的动画

（1）单击（创建）→（几何体）→（辅助对象）→“虚拟对象”按钮，在顶视图中拖动鼠标创建一个虚拟对象，在视图中将它移动到蝴蝶的正前方，如图 8-4-8 所示。

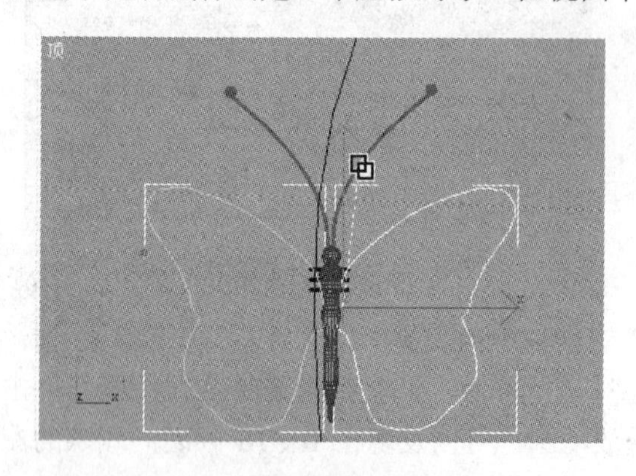

图 8-4-7 将翅膀与身体链接

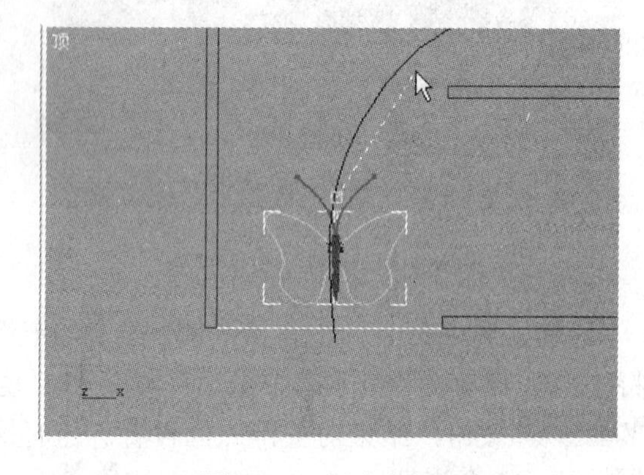

图 8-4-8 创建虚拟对象

（2）单击主工具栏中的（选择并链接）按钮，将鼠标指针移到顶视图中，从蝴蝶的身体向虚拟对象拖动鼠标，将蝴蝶的身体与虚拟对象链接，然后再将摄像机与虚拟对象链接。

（3）单击“动画”→“约束”→“路径约束”菜单命令，这时鼠标指针上出现了一条虚线，将鼠标指针移到视图中单击作为蝴蝶飞行路径的曲线，这时该曲线高亮显示了一下，表示动画制作成功。

（4）在“运动”命令面板中的“路径参数”卷展栏中选中“跟随”复选框，在“轴”栏中选中“Y”单选按钮，如图 8-4-9 所示。

（5）单击自动关键点按钮，将时间滑块移动到第 0 帧，将图 8-4-9 中的“%沿路径”数值框中的数值设置为 0，将时间滑块移动到第 208 帧，将该数值框中的数值设置为 100，再次单击自动关键点按钮结束动画录制。

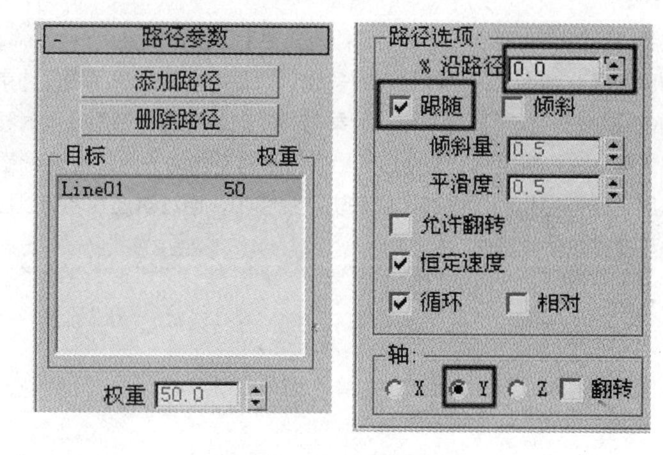


图 8-4-9　设置路径参数

（6）单击“渲染”→“环境”菜单命令，弹出“环境和效果”对话框，单击“环境贴图”栏中的“无”按钮，弹出“选择位图图像文件”对话框，从中选择一幅位图图像文件，如图 8-4-10 所示，单击“打开”按钮，系统关闭该对话框回到“环境与和效果”对话框中，再关闭该对话框。

图 8-4-10　为背景选择一幅位图图像

用本章第 1 节中所介绍的方法输出动画，所得到的效果如图 8-4-1 所示。

## 本章小结

本章主要介绍了动画的制作方法。

最简单的动画是关键点动画，只要单击动画控制区的“自动关键点”按钮，就可以开始录制动画。在这种动画中主要是使对象产生位置、旋转或缩放的变化，从而形成动画。单击动画控制区的“设置关键点”按钮，也可以制作关键点动画，但是使用这种模式要手工设置关键点。

使用控制器是动画的另一种形式，控制器有很多种，本章中主要介绍了路径约束控制器。这种约束可以使对象沿指定的曲线移动，从而形成动画。如果有多个对象要沿一条路径同时移动，则可以选创建一个虚拟体，然后制作虚拟体沿路径移动的动画，最后将所有要移动的对象链接到虚拟体上即可。

在记录了动画以后，动画变化的规律被记录在轨迹视图中，通过轨迹视图可以控制对象的运动。轨迹视图的功能强大，可以完成多种工作。

## 习题 8

### 1．填空题

（1）如果要移动一个关键帧的标记，简单地选择并拖动它到新位置。按住________键可以选择多个关键帧。

（2）在 Max 中，制作关键点动画的基本方法有两种，其中一种是使用________，一种是使用________。

（3）如果要修改对象的轴心，应在________命令面板中进行。

（4）在用菜单命令为对象指定约束时，应单击________菜单下的命令。

（5）在动画控制区中的⊶按钮是在________模式下使用的。

（6）在将乙对象链接到甲对象上以后，________是父对象，________是子对象。

### 2．简答题

（1）要制作一个小球原地弹跳的动画，应如何操作？

（2）如何调整一个对象的轴心？

（3）如果要将默认的 100 帧动画修改成 200 帧，应如何操作？

（4）创建一个球体和一个虚拟体，将球体链接到虚拟体上。

（5）如果要制作一条鱼在水底游动的动画，应使用什么方法？

（6）如果要制作一个摆动在 200 帧内摆动 10 次的动画，应使用什么方法？

### 3．操作题

（1）制作两个小动物在玩翘翘板的动画，动画中的两帧效果如图 1 所示。

图 1 翘翘板动画中的两帧

（2）“谢谢观赏”文字从屏幕的下方向上移动，移动到屏幕的中间位置时停在原地进行旋转，然后再由屏幕的中心向上移动，而且文字在屏幕的上下两侧时移动的速度比较快，在屏幕中心时移动的速度比较慢，动画中的两帧效果如图2所示。

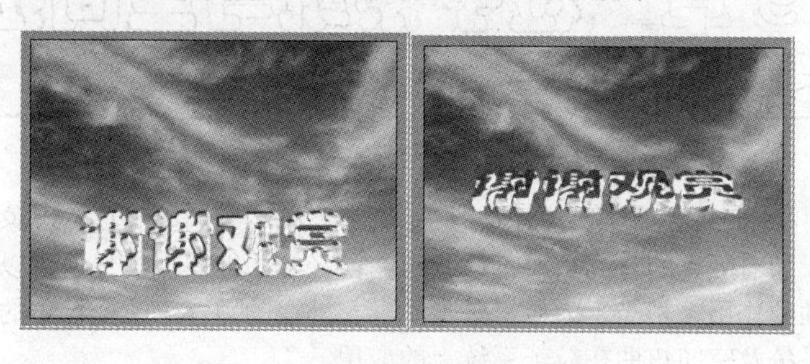


图2 “谢谢观赏”动画中的两帧

# 第 9 章 粒子系统与空间扭曲

在 Max 中我们可以模拟出诸如雨、雪、流水、风沙、烟雾等自然现象，完成这个工作的是粒子系统。随着版本的升高，粒子系统现在已经几乎能模拟出任何可以想象的出的三维效果。空间扭曲的作用，相当于为粒子添加了一个外在的力，来改变粒子的运动状态。本章主要介绍粒子系统及空间扭曲在粒子系统上的应用。

## 9.1 制作“雪景”动画——使用粒子系统

### 9.1.1 学习目标

◈ 掌握创建粒子系统的方法。
◈ 掌握“喷射”粒子的使用与参数设置。
◈ 掌握“雪”粒子的使用与参数设置。
◈ 初步掌握“暴风雪”粒子的主要参数设置。
◈ 了解事件驱动的粒子。

### 9.1.2 案例分析

在制作“雪景”动画这个案例中制作的是下雪的过程。开始后，屏幕上出现了漫天的雪花，动画中的一帧渲染后的效果如图 9-1-1 所示。这个动画可以用在表现雪天的场景中，

图 9-1-1 “雪景”的效果

或用于制作圣诞贺卡。通过本案例的学习可以练习“雪”粒子系统的使用。

**【案例小结】**

在制作“雪景”动画这个案例中制作了漫天飞舞的雪花。在 Max 中，制作像这种雪、雨等自然天气的场景，首选是使用粒子系统。粒子系统中的“雪”粒子是一种参数比较简单的、专用于模拟雪的粒子系统。所以本例中选用这种粒子系统。

通过本案例的学习可以掌握“雪”粒子的创建和参数设置。

“雪”粒子是一种简单的粒子，表现在它的参数很简单，除了这几种粒子以外，还有其他一些粒子，将在下面的内容中介绍。

## 9.1.3　操作过程

（1）单击（创建）→（几何体）→“粒子系统”→“雪”按钮，在顶视图中拖动鼠标创建一个粒子系统。在它的“参数”卷展栏中设置各种参数，如图 9-1-2 所示。激活透视视图，在动画控制区单击按钮，可以看到向下发射的粒子。

（2）在顶视图中创建一架目标摄像机，在它的“参数”卷展栏的“备用镜头”栏中单击“85”按钮，然后调整它的位置，将透视视图切换成摄像机视图，如图 9-1-3 所示。

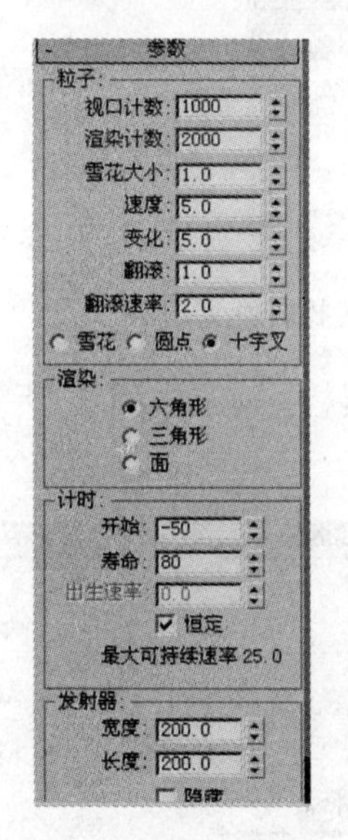


图 9-1-2　设置粒子的参数

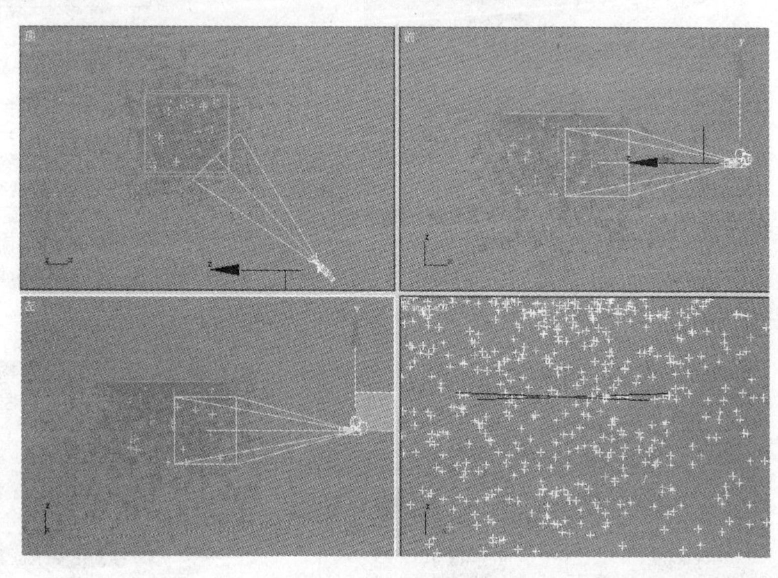

图 9-1-3　创建摄像机

（3）单击（创建）→（几何体）→“粒子系统”→“暴风雪”按钮，在顶视图中原有粒子的位置上再创建一个粒子系统。暴风雪粒子的参数比较复杂，它的“粒子生成”卷展栏如图 9-1-4 所示，“粒子类型”卷展栏如图 9-1-5 所示，“旋转和碰撞”卷展栏如图 9-1-6 所示，按以上图中所示设置它的参数。

（4）按 M 键弹出“材质编辑器”对话框，选择一个空示例窗，将其命名为“雪材质”，把它赋予两种粒子。在“明暗器基本参数”卷展栏中选中“双面”复选框，在“Blinn 基本参数”卷展栏中设置“高光级别”为 100，“光泽度”为 0，选中“自发光”栏中“颜色”左侧的复选框，然后设置其右侧的颜色样本（R：45、G：45、B：45），如图 9-1-7 所示。单击“漫反射”右侧的“无”按钮，弹出“材质/贴图浏览器”对话框，双击“渐变”选项，系统关闭该对话框，回到“材质编辑器”对话框中。

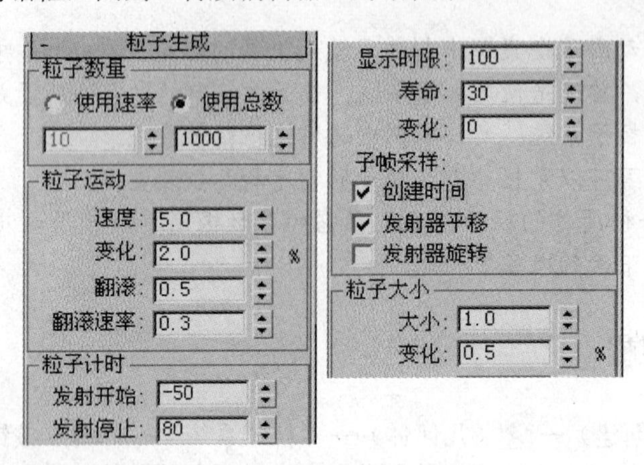


图 9-1-4　设置粒子生成参数

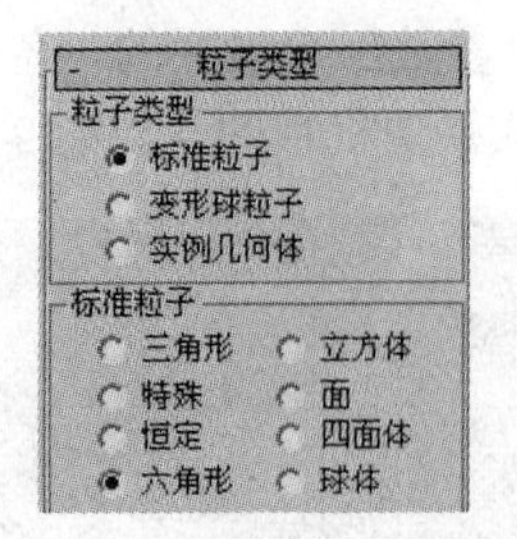


图 9-1-5　设置粒子类型

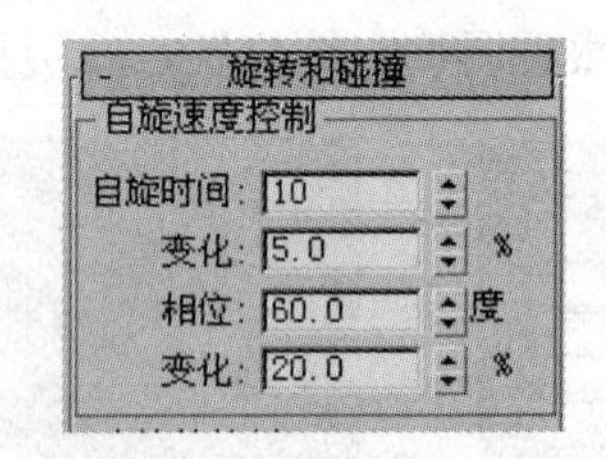


图 9-1-6　设置旋转和碰撞

（5）这时的“材质编辑器”对话框中显示出“渐变参数”卷展栏，如图 9-1-8 所示，按图中所示设置参数，关闭“材质编辑器”对话框。

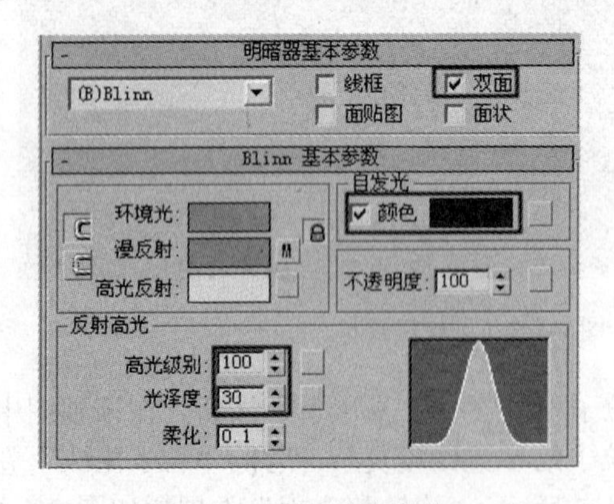


图 9-1-7　设置基本参数

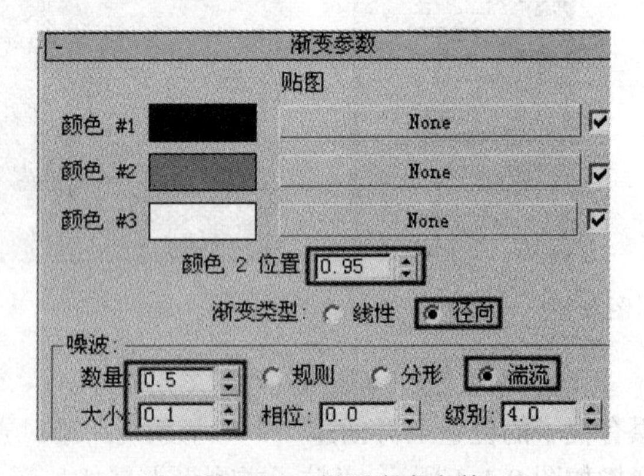


图 9-1-8　设置渐变参数

（6）单击“渲染”→“环境”菜单命令，弹出“环境和效果”对话框，单击“环境贴图”下面的“无”按钮，在弹出的对话框中选择本例效果图中所示的雪景图片，单击“打开”按钮，就可以完成环境贴图的设置。关闭“环境与效果”对话框。

用本书第 8 章中所介绍的渲染动画的方法，将动画输出，最后的效果如图 9-1-1 所示。

## 9.1.4　相关知识——粒子系统

在 Max 中，粒子系统专门用来创建对象群及其动画。一般当要模拟自然界中雨、雪、流水和灰尘等现象时都会考虑用粒子系统。

在 3ds max 7 中的粒子系统可以简单地分为两种，一种是传统的非事件驱动的粒子；另一种是事件驱动的粒子，只有一种 PF Source（粒子流）。

在命令面板中，单击 Create（创建）→（几何体）→“粒子系统”选项，在其下面的“对象类型”卷展栏中显示出粒子系统的命令按钮，如图 9-1-9 所示。在命令面板中单击要创建粒子系统的类型按钮，通过拖动、单击的方法，在视图中创建一个粒子发射器。然后，再设置粒子的大小、形状、数量、初始和过程参数等。利用粒子系统的命令按钮可以创建粒子的动画效果。

### 1. “喷射”粒子系统

“喷射”粒子系统主要用于模拟飘落的雨滴、喷射的水流和水珠等现象。它的参数都比较简单，本书将它们称为简单粒子，在创建了粒子以后，显示出喷射粒子的“参数”卷展栏，如图 9-1-10 所示。该卷展栏中主要参数的含义如下。

图 9-1-9　粒子系统命令按钮

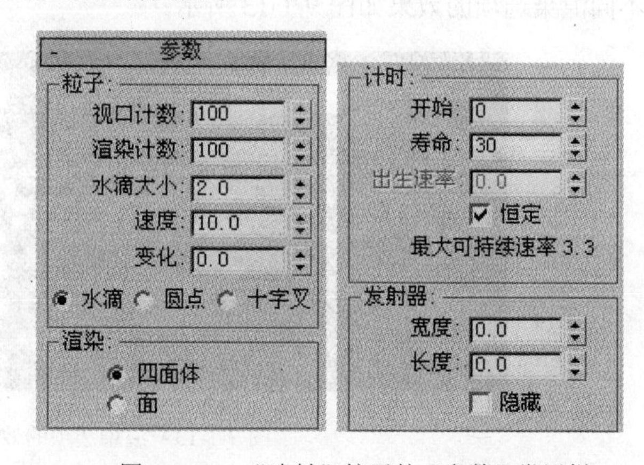


图 9-1-10　“喷射”粒子的“参数”卷展栏

（1）“粒子”栏：用于设置喷射粒子的基本参数。

◈ “视口计数”数值框：用于设置在给定帧处视口中显示的最大粒子数。

◈ “渲染计数”数值框：用于设置一个帧在渲染时可以显示的最大粒子数。如果粒子数达到“渲染计数”的值，粒子创建将暂停，直到有些粒子消亡。消亡了足够的粒子后，粒子创建将恢复，直到再次达到“渲染计数”的值。将“视口计数”的值设置得比“渲染计数”的值小，可以提高视口性能。

◈ “水滴大小”数值框：用于设置粒子的大小。

◈ “速度”数值框：用于设置从发射器中发射粒子的初始速度。

◈ “变化”数值框：用于设置粒子发射的速度及方向变化的程度，即控制粒子发射出来的混乱程度。不同的变化值对粒子的影响如图 9-1-11 所示。

◈ “水滴”、“圆点”和“十字叉”单选按钮：用于设置喷射粒子在视口中显示的形状。显示设置不影响粒子的渲染方式。水滴是一些类似雨滴的条纹，圆点是一些点，十字叉是一些小的加号。不同视口显示的结果如图 9-1-12 所示。

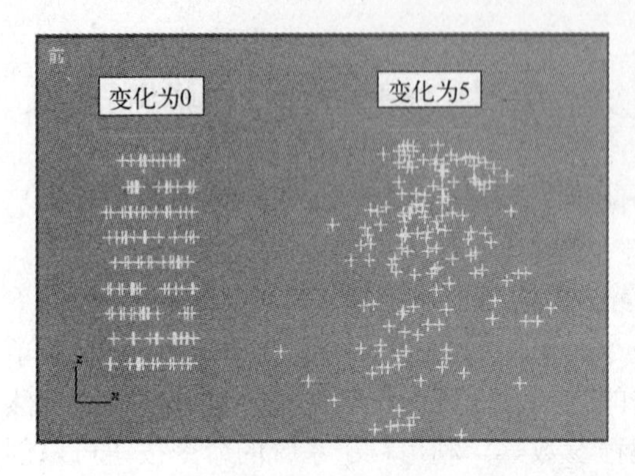

图 9-1-11 不同变化值对粒子的影响

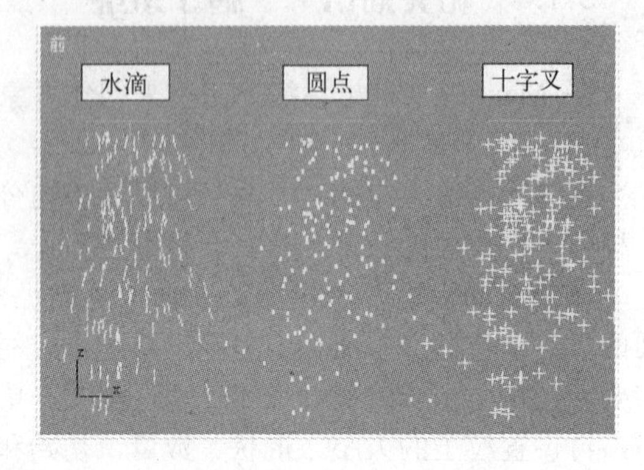

图 9-1-12 不同显示的粒子

（2）“渲染”栏：用于设置喷射粒子在渲染时的显示状态。

◈ “四面体”单选按钮：选中该单选按钮，粒子在渲染时显示的形状为长四面体，长度由“水滴大小”参数中指定。它提供水滴的基本模拟效果。

◈ “面”单选按钮：选中该单选按钮，粒子在渲染时显示的形状为正方形。

不同渲染选项的效果如图 9-1-13 所示。

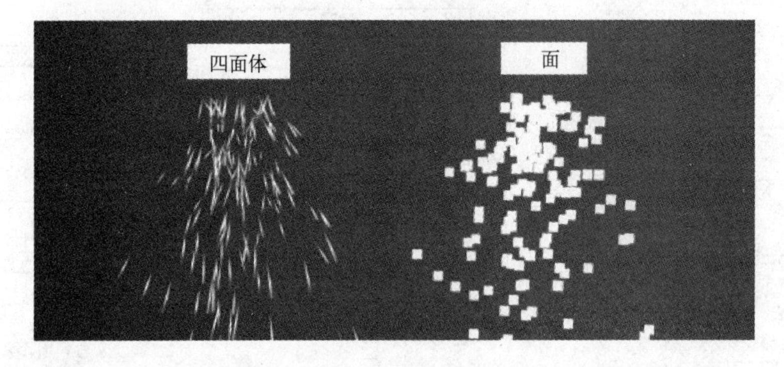

图 9-1-13 渲染选项的效果

（3）“计时”栏：用于控制粒子动画的时间，并以帧为单位进行设置。

◈ “开始”数值框：用于设置第一个出现粒子的帧的编号。

◈ “寿命”数值框：用于设置每个粒子的生命周期，即粒子存在的帧数。

◈ “出生速率”数值框：每个帧产生的新粒子数。

◈ “恒定”复选框：将每帧产生粒子的速率设置为常数，使发射器产生均匀的粒子流。

◈ “最大可持续速率”：在保持规定范围内粒子数的同时，显示每帧产生粒子的最大速率。最大可持续速率=渲染计数/寿命。

（4）“发射器”栏：用于设置粒子发射器的区域大小。该栏中的参数意义很明显。

### 2. “雪”粒子系统

“雪”粒子主要用于模拟飘落的雪花及纸屑等现象。雪粒子系统与喷射类似，但是它提供了其他参数来生成翻滚的雪花，渲染选项也有所不同。在创建了“雪”粒子以后，它的

“参数”卷展栏如图 9-1-14 所示。将此图与图 9-1-10 仔细比较后会发现，它与“喷射”粒子的“参数”卷展栏有许多相同的地方，只有一部分内容不同，下面介绍它与“喷射”粒子不同的参数。

（1）“翻滚”数值框：用于设置雪花粒子的随机旋转量。此参数可以在 0～1 之间。设置为 0 时，雪花不旋转；设置为 1 时，雪花旋转最多。每个粒子的旋转轴随机生成。

（2）“翻滚速率”数值框：用于设置雪花的旋转速度。该值越大，旋转越快。

（3）“雪花”/“圆点”/“十字叉”单选按钮：用于设置粒子在视口中的显示方式。这些设置不影响粒子的渲染方式。不同显示的效果如图 9-1-15 所示。

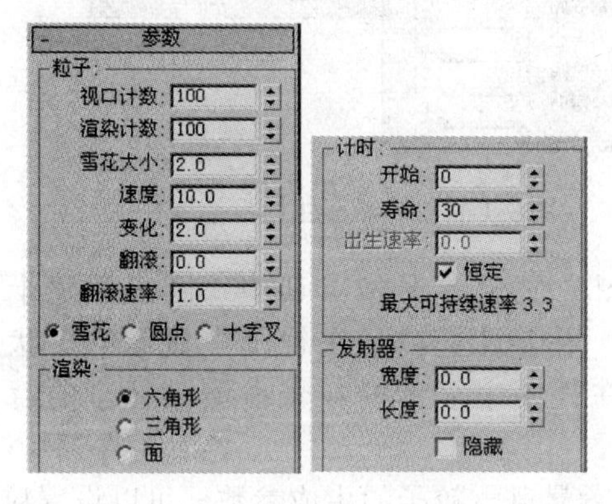


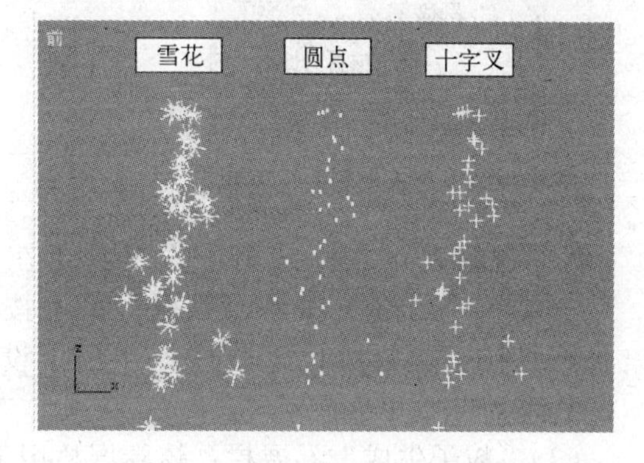


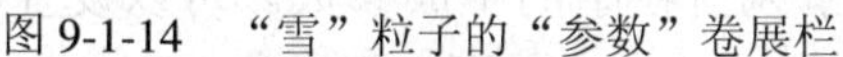

图 9-1-14　“雪”粒子的“参数”卷展栏　　图 9-1-15　“雪”粒子的不同视口显示效果

（4）“渲染”栏：该栏中有 3 个单选按钮，用于设置渲染时的效果。

◈“六角形”单选按钮：选中该单选按钮，每个粒子渲染为六角星。星形的每个边是可以指定材质的面。

◈“三角形”单选按钮：选中该单选按钮，每个粒子渲染为三角形。三角形只有一个边是可以指定材质的面。

◈“面”单选按钮：粒子渲染为正方形面，这些粒子专门用于材质贴图。该选项只能在透视视图或摄像机视图中正常工作。

### 3.“暴风雪”粒子

“暴风雪”、“粒子云”、“超级喷射”和“粒子阵列”是高级粒子系统，它们的参数比上面所介绍的两种粒子多很多，但这几种粒子系统的参数有很大的相似性，只要掌握了一个粒子系统的参数设置，其他的就很好理解了，下面以“暴风雪”粒子为例，介绍它的主要参数。“暴风雪”粒子是增强的“雪”粒子系统，主要用于模拟更猛烈的降雪现象。它能够控制粒子的变形、设置粒子爆炸等效果。创建了“暴风雪”粒子或在创建面板中单击“暴风雪”按钮，即可显示出暴风雪粒子的参数面板，它有 7 个卷展栏，其中的“基本参数”卷展栏如图 9-1-16 所示，“粒子生成”卷展栏如图 9-1-17 所示。

（1）“基本参数”卷展栏：该卷展栏用于设置暴风雪粒子的基本参数。可以设置发射器的区域大小和在视图中显示的粒子形状。该卷展栏中主要参数的含义如下。

◈“显示图标”栏：用于设置发射器的区域大小。其中，“宽度”和“长度”数值框，用于设置粒子发射器的宽度和长度。“隐藏发射器”复选框，用于在视口中隐藏粒子发射器。

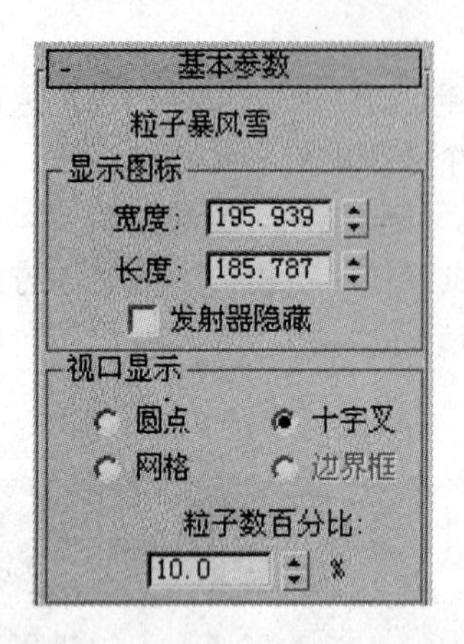


图 9-1-16 “基本参数”卷展栏

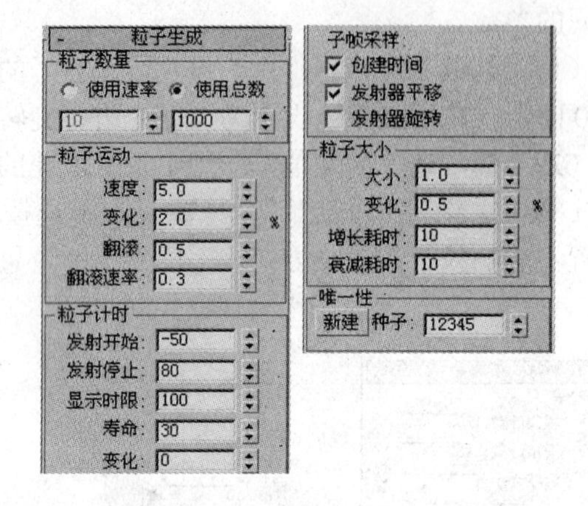


图 9-1-17 “粒子生成”卷展栏

◈ “视口显示”栏：用于设置粒子在视图中显示的形状。其中“圆点”、“十字叉”、“网格”和“边界框”单选按钮，用于设置粒子在视图中显示的形状。“粒子数百分比”数值框，用于设置在视图中显示的粒子占渲染粒子的百分率。

（2）“粒子生成”卷展栏：该卷展栏用于设置暴风雪粒子的生成参数。可以设置粒子的大小、速度和粒子动画的时间等。该卷展栏中主要参数的含义如下。

◈ “粒子数量”栏：用于设置粒子产生的数量。该栏中的“使用速率”单选按钮和它下面的数值框用于设置粒子在每帧产生的数量。“使用总数”单选按钮和它下面数值框，用于设置粒子在整个生命周期内产生的总量。

◈ “粒子运动”栏：用于控制粒子的运动速度等。该栏中的“速度”数值框用于设置粒子在出生时沿着法线的速度。“变化”数值框对每个粒子的发射速度应用一个变化百分比。“翻滚”数值框用于控制粒子的随机旋转量。“翻滚速率”数值框用于设置粒子旋转速度。

◈ “粒子计时”栏：用于控制粒子动画的时间周期参数。该栏中的“发射开始”数值框，用于设置发射器开始发射粒子的帧数。“发射停止”数值框，用于设置发射器停止发射粒子的帧数。“显示时限”数值框用于指定所有粒子均将消失的帧。“变化”数值框用于设置每个粒子的寿命可以从标准值变化的帧数。

◈ “粒子大小”栏：用于设置粒子的大小。其中“大小”数值框和“变化”数值框的作用都很明显。“增长耗时”数值框用于设置粒子从小生长到“大小”数值框指定尺寸所需要的时间。“衰减耗时”数值框用于设置粒子在消亡之前缩小到其“大小”设置的 1/10 所经历的帧数。

（3）“粒子类型”卷展栏：用于设置暴风雪粒子的基本类型和粒子关联物体的贴图类型，如图 9-1-18 所示。该卷展栏中主要参数的含义如下。

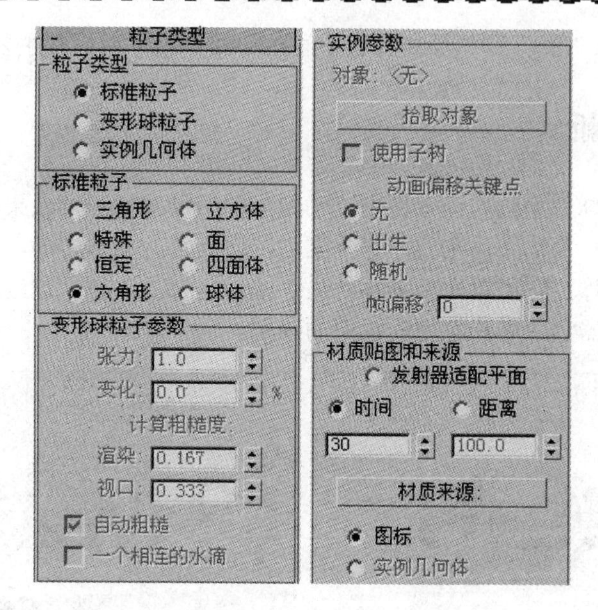


图 9-1-18　“粒子类型”卷展栏

◈ “粒子类型”栏：用于设置粒子的基本类型。在该栏中选中了哪种粒子，则下面相应的粒子参数栏有效，设置它们的参数。

◈ “标准粒子”栏：用于选择标准粒子的类型。这里一共有 8 种粒子的形态，就是图中所示的 8 种，其语义很清楚。

◈ “变形球粒子参数”栏：用于设置变形球粒子的变形参数。其中“张力”数值框，用于设置粒子间贴近的紧密程度，数值越大，粒子越容易结合在一起。“计算粗糙度”区域用于计算变形球粒子解决方案的精确程度。粗糙值越大计算工作量越少，可以在其下面的两个数值框中进行设置。“自动粗糙”复选框用于设置系统自动计算粒子的估计粒度。“一个相连的水滴”复选框用于使用快捷算法，仅计算和显示彼此相连或邻近的粒子。

◈ “实例参数”栏：用于将视图中的几何体设置为粒子。其中“拾取对象”按钮，用于在视图中选择作为粒子的几何体。“使用子树”复选框，选择物体及其链接的子对象作为粒子。“动画偏移关键点”区域，在当关联的物体具有动画效果时，用于设置粒子的动画方式，可以在其下面的 3 个单选按钮中进行选择。“帧偏移”数值框，用于设置偏离当前帧多长时间后粒子的动画效果。

## 9.2　制作“保护地球”动画——使用空间扭曲

### 9.2.1　学习目标

◈ 掌握空间扭曲的创建方法和与对象绑定的方法。

◈ 理解“爆炸”空间扭曲的作用，掌握其主要参数的设置。

◈ 理解“重力”、“风”和“导向板”空间扭曲的作用，掌握其主要参数的设置。

## 9.2.2 案例分析

在制作“保护地球”动画这个案例中，动画中的两帧渲染后的效果如图 9-2-1 所示。这个案例所制作是一个片头动画，主要内容是文字围绕旋转的地球转动，到一定程度时文字停止，而文字发生了爆炸。它可以用于各种片头，或者是公益广告。通过本案例的学习可以练习“路径变形”修改器和“爆炸”空间扭曲的使用。

图 9-2-1 “爆炸文字”效果图

## 9.2.3 操作过程

（1）打开本书配套光盘上的“调用文件”\“第 9 章”文件夹中的“9-2 保护地球.max”文件。在这个文件中已经制作好了一个地球和一个立体的“保护地球”文字。

（2）在顶视图中创建一个圆形，设置它的“半径”为 50，单击主工具栏中的按钮，在顶视图中单击做为地球的球体，弹出“对齐当前选择”对话框，如图 9-2-2 所示，按图中所示进行设置，单击“确定”按钮。

（3）在视图中选中“保护地球”文字，单击按钮，进入“层次”命令面板，单击“仅影响轴”按钮，在视图中将轴心移到文字的中心位置，再次单击“仅影响轴”按钮，结束对轴心的调整，如图 9-2-3 所示。

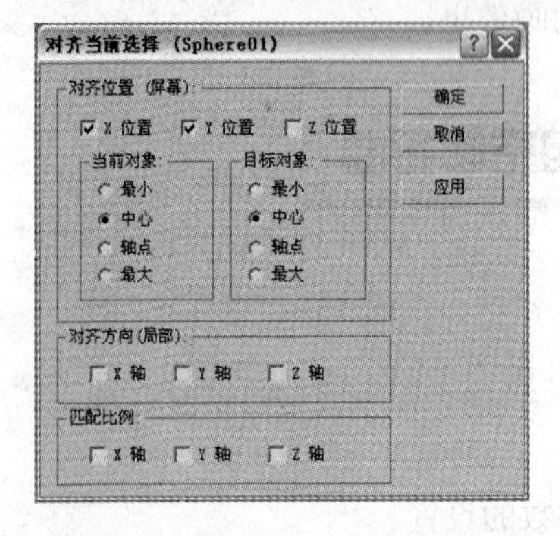


图 9-2-2 将圆与球体对齐的设置

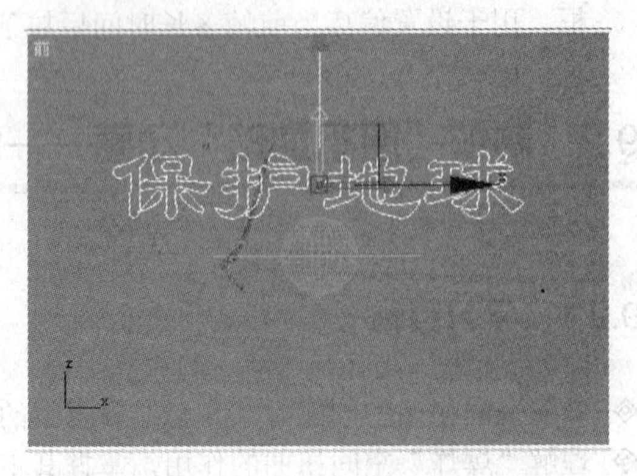


图 9-2-3 调整文字的轴心

（4）选中“保护地球”文字对象，单击（修改）→“修改器列表”下拉列表框，在“世界空间修改器”栏中单击“路径变形（WSM）”修改器。

（5）这时它下面的“参数”卷展栏如图 9-2-4 所示，在该卷展栏中单击“拾取路径”按钮，然后将鼠标指针移到顶视图中单击圆形图形，再单击“转到路径”按钮，在“路径变形轴”栏中选中“X”单选按钮，然后在“百分比”数值框中输入 70，这时文字已经围绕在地球周围，如图 9-2-5 所示。

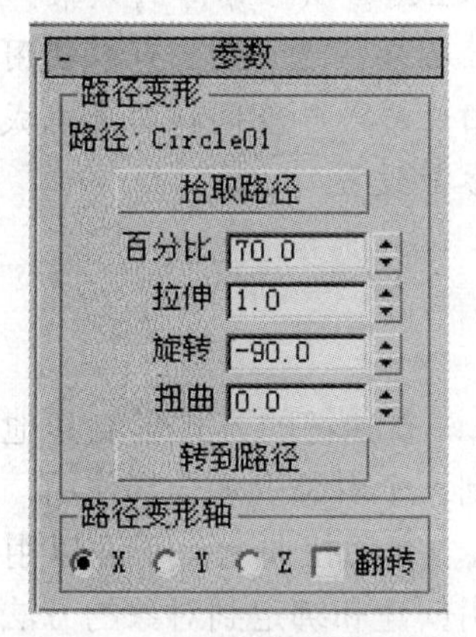


图 9-2-4　路径变形的参数设置

图 9-2-5　文字围绕在地球周围

（6）单击自动关键点按钮，将时间滑块拖动到第 60 帧，在“参数”卷展栏中将“百分比”的数值修改为 170，再次单击自动关键点按钮结束动画录制。播放动画，在第 0 帧到第 60 帧之间，文字围绕地球转一圈。

（7）单击（创建）→（空间扭曲）→“几何/可变形”→“爆炸”空间扭曲，在顶视图中单击创建一个爆炸空间扭曲。

（8）在主工具栏上单击（绑定到空间扭曲）按钮，将鼠标指针移到顶视图中，选中文字对象，从文字对象向空间扭曲拖动鼠标，如图 9-2-6 所示（图中显示的虚线的起始位置是文字的中心位置），当鼠标指针移到空间扭曲上面时释放鼠标，这时空间扭曲的图标高亮显示了一下，表示绑定成功。

（9）在视图中选中空间扭曲对象，在命令面板的下方显示出它的“爆炸参数”卷展栏，如图 9-2-7 所示，按图中所示设置参数。

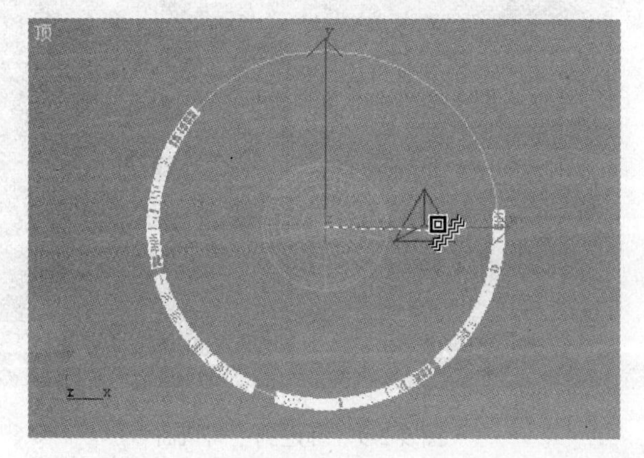


图 9-2-6　将文字绑定到空间扭曲

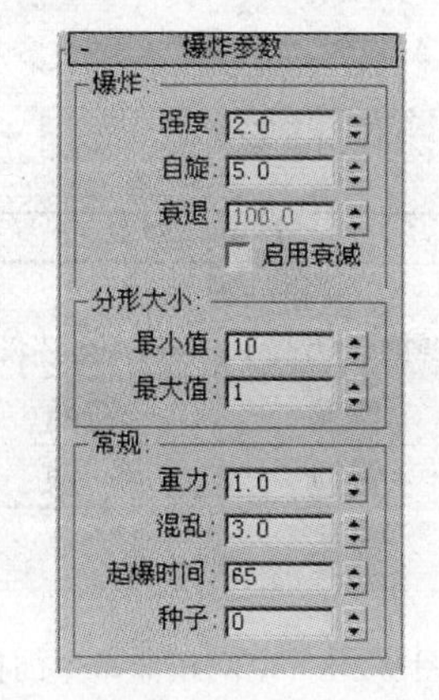


图 9-2-7　爆炸空间扭曲的参数设置

（10）选中地球对象，单击自动关键点按钮，开始录制动画。第 0 帧和第 100 帧设置为关键点，然后用前面学习的方法制作地球在 0～100 帧中绕子轴旋转的动画，再单击自动关键点按钮，结束动画录制。

播放动画，可以观察到动画的效果，设置环境颜色后渲染输出的效果如图 9-2-1 所示。

【案例小结】

在制作“保护地球”动画这个案例中，制作了文字沿路径旋转以后爆炸的效果。在文字的旋转中要制作的是整个文字变形到路径上，然后再沿路径运动，这种动画可以使用“路径变形”修改器。当运行到一定时间后文字爆炸的效果可以由“爆炸”空间扭曲来完成。

通过本案例的学习可以掌握“爆炸”空间扭曲的使用和参数设置。

### 9.2.4 相关知识——空间扭曲的概念

空间扭曲是一种不可渲染的对象，通过使用它们可以用许多独特的方式影响其他对象以创建特殊的效果。空间扭曲是不可渲染的，而且必须绑定到一个对象上才会起作用，单个空间扭曲可以绑定到几个对象上，单个对象也可以绑定到几个空间扭曲上。下面以用“涟漪”空间扭曲作为在一个平面对象上产生水波效果为例，说明创建和绑定到对象的方法。在进行下面的操作之前请先在顶视图中创建一个分段比较高的平面。

#### 1. 空间扭曲的创建

下面以创建涟漪空间扭曲为例，介绍创建空间扭曲的方法。

（1）单击（创建）→（空间扭曲）按钮，显示“空间扭曲”面板，如图 9-2-8 所示。

（2）从列表中选择一种空间扭曲类别。本例中选择“几何/可变形”。

（3）在“对象类型”卷展栏上，单击空间扭曲按钮。本例中选择“涟漪”。

（4）在顶视图拖动鼠标形成涟漪的大小，释放鼠标后再拖动形成涟漪的高度，最后单击鼠标完成创建，如图 9-2-9 所示。

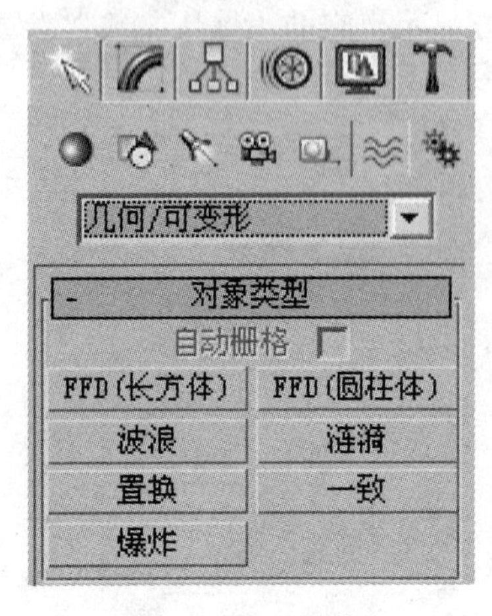


图 9-2-8 空间扭曲命令面板

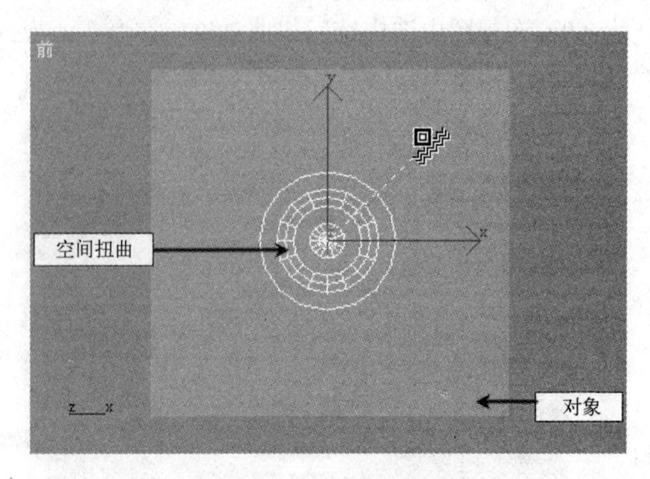


图 9-2-9 绑定到空间扭曲

### 2. 将对象与空间扭曲绑定

空间扭曲不具有在场景上的可视效果，除非把它和对象、系统或选择集绑定在一起。上面以将涟漪空间扭曲绑定到对象上的方法为例，介绍空间扭曲绑定的操作步骤。

（1）创建对象和空间扭曲。

（2）在主工具栏上单击（绑定到空间扭曲）按钮（左侧第 5 个按钮），然后在空间扭曲和对象之间拖动，如图 9-1-9 所示。当鼠标指针变为状态时释放鼠标，则可以把对象和空间扭曲绑定在一起，这时的效果如图 9-2-10 所示。

在将对象绑定到空间扭曲以后，如果使用“移动”、“旋转”或“缩放”变换空间扭曲，这种操作通常会直接影响绑定的对象，如图 9-2-11 所示是移动了的空间扭曲。

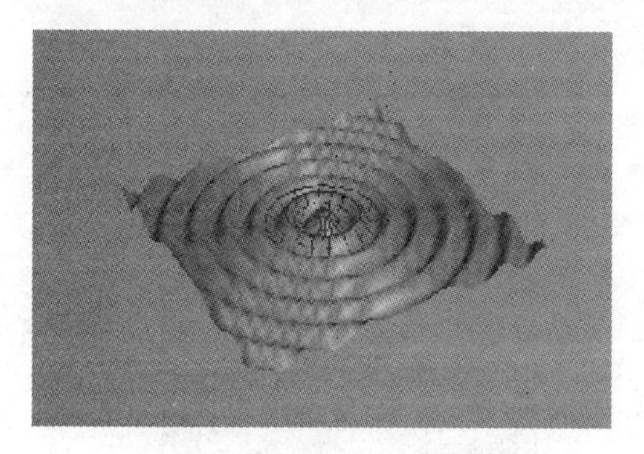

图 9-2-10　空间扭曲与对象绑定以后的效果

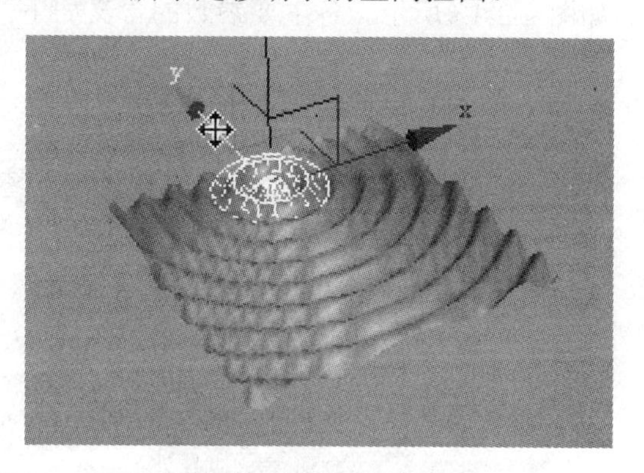


图 9-2-11　移动空间扭曲的效果

### 3.“爆炸”空间扭曲

“爆炸”空间扭曲可以将对象炸成许多单独的面。单击（创建）→（空间扭曲）→“几何体/可变形”→“爆炸”按钮，如图 9-2-8 所示，将鼠标指针移到视图中单击即可以创建爆炸空间扭曲。

“爆炸”空间扭曲的“爆炸参数”卷展栏如图 9-2-7 所示，该卷展栏中主要参数的含义如下。

（1）“爆炸”栏：用于设置爆炸时的参数。

◈ “强度”数值框：用于设置爆炸力。数值越大，使粒子飞得越远。
◈ “自旋”数值框：设置碎片旋转的速率，以每秒转数表示。
◈ “衰退”数值框：设置爆炸效果距爆炸点的距离，超过该距离的碎片不受“强度”和“自旋”设置影响，但会受“重力”设置影响。

（2）“分形大小”栏：设置爆炸后碎片的参数。

◈ “最小值”数值框：指定由“爆炸”随机生成的每个碎片的最小面数。
◈ “最大值”数值框：指定由“爆炸”随机生成的每个碎片的最大面数。

（3）“常规”栏：设置爆炸中的其他参数。

◈ “重力”数值框：指定由重力产生的加速度。
◈ “混乱”数值框：用于增加爆炸的随机变化，使其不太均匀。设置为 0 时完全均匀。
◈ “起爆时间”数值框：指定爆炸开始的帧。在该时间之前绑定对象不受影响。

◈ “种子”数值框：更改该设置可以改变爆炸中随机生成的数目。

4．“重力”和“风”空间扭曲

“重力”和“风”空间扭曲是常用于粒子的空间扭曲，要创建这两种空间扭曲应单击（创建）按钮→（空间扭曲）按钮，在它下面的列表框中单击“力”选项，显示出这类空间扭曲的创建面板，如图 9-2-12 所示。

（1）“重力”空间扭曲。这种空间扭曲可以产生真实的重力引力效果，分为球形和平面两种。重力对象经常与粒子系统配合使用，可以制作出多种动画效果，如喷泉、瀑布的下落效果；它也经常作用于动力学对象，模拟对象的下落效果。重力空间扭曲的“参数”卷展栏如图 9-2-13 所示。各主要参数的含义如下。

图 9-2-12　力空间扭曲面板

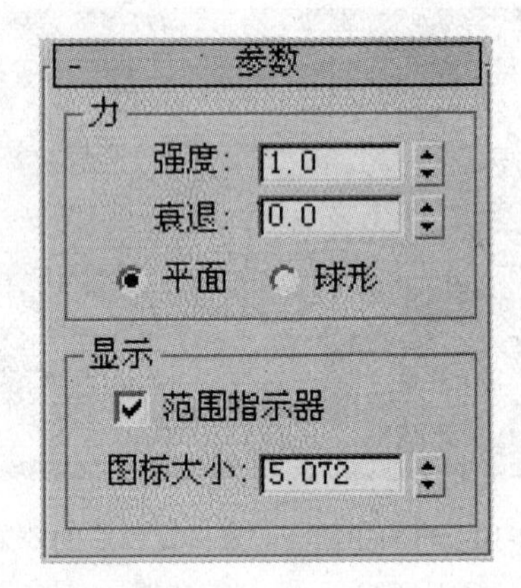


图 9-2-13　重力空间扭曲的“参数”卷展栏

◈ “强度”数值框：确定重力的大小。此值越大，重力越强，则对象在重力图标的方向箭头方向上移动得越多。小于 0 的强度会创建负向重力。不同的强度对粒子的影响如图 9-2-14 所示。

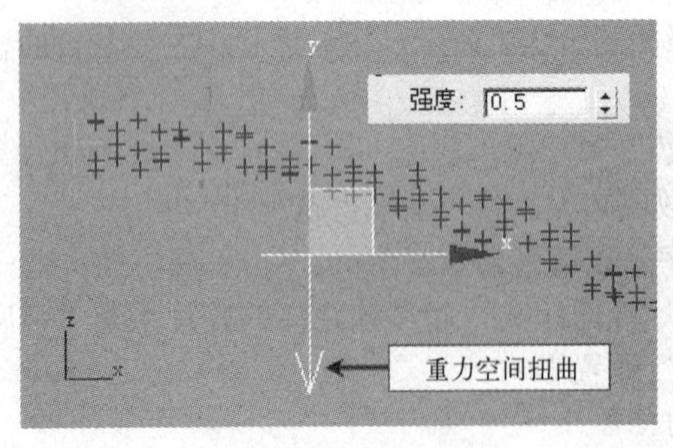


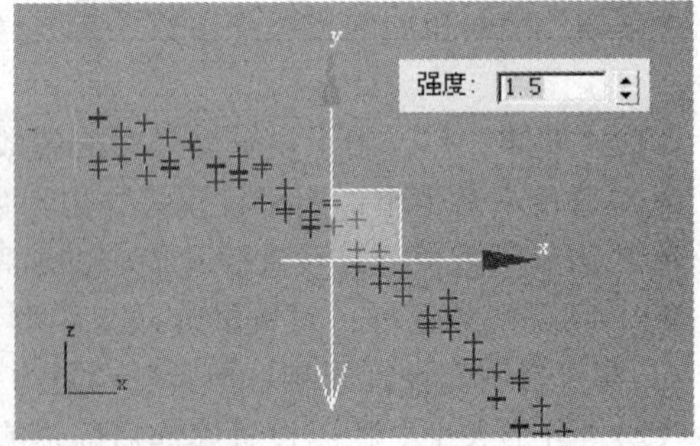


图 9-2-14　不同强度值对重力的影响

◈ “衰退”数值框：此值为 0 时，重力空间扭曲以相同的强度贯穿于整个世界空间。增加该数值会导致重力强度从重力扭曲对象的所在位置开始随距离的增加而减弱。

◈ “平面”单选按钮：重力效果垂直于贯穿场景的重力扭曲对象所在的平面。

◈ “球形”单选按钮：重力效果为球形，以重力扭曲对象为中心。该选项能够有效创建喷泉或行星效果。

◈ “图标大小”数值框：以活动单位数表示重力扭曲对象的图标大小。拖动鼠标创建重力对象时会设置初始大小。该值不会改变重力效果。

（2）“风”空间扭曲。这种空间扭曲可以创建风吹动粒子飘舞的效果。该对象也可以作用于动力学对象，创建诸如窗帘飘动、旗帜飞扬的动画效果。在将该空间扭曲绑定到粒子系统上时的效果如图 9-2-15 所示。风空间扭曲的“参数”卷展栏如图 9-2-16 所示，该卷展栏中的“力”和“显示”栏中的参数与重力空间扭曲中的参数含义基本相同，而“风”栏中的参数是这种空间扭曲所特有的，它们的含义如下。

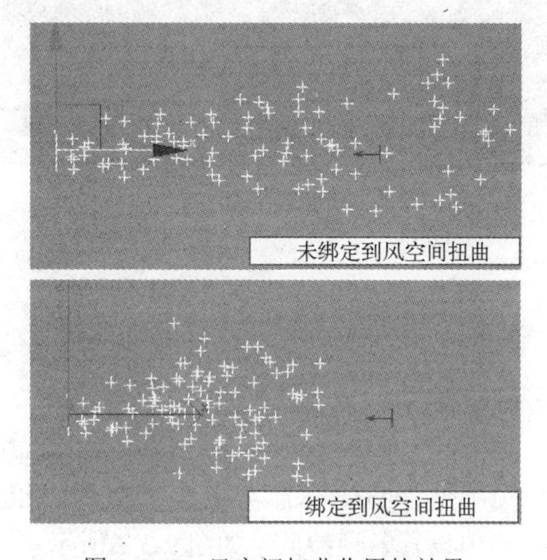


图 9-2-15　风空间扭曲作用的效果

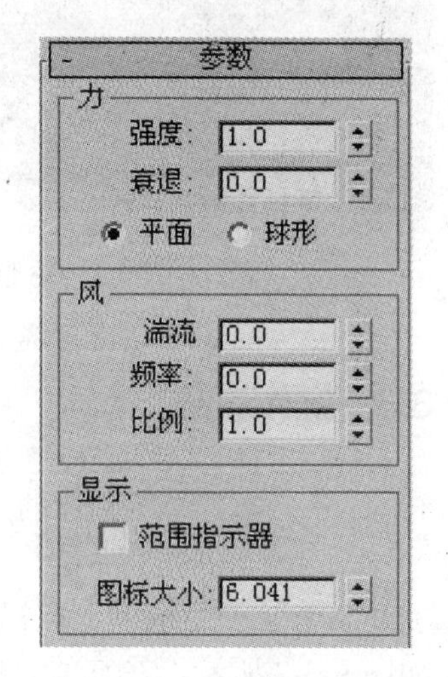


图 9-2-16　风的“参数”卷展栏

◈ “湍流”数值框：使粒子在被风吹动时随机改变路线。该数值越大，湍流效果越明显。

◈ “频率”数值框：当其设置大于 0 时，会使湍流效果随时间呈周期变化。这种微妙的效果可能无法看见，除非绑定的粒子系统生成大量粒子。

◈ “比例”数值框：缩放湍流效果。当该值较小时，湍流效果会更平滑、更规则。

## 9.3　“飞出迷宫”之二——使用视频后处理添加效果

### 9.3.1　学习目标

◈ 了解 Video Post 的主要功能。

◈ 掌握使用 Video Post 窗口为对象添加镜头效果的方法。

### 9.3.2　案例分析

在制作“飞出迷宫”动画中要为第 8 章中所制作的“飞出迷宫”动画中的蝴蝶添加上

闪闪发光的效果。完成以后的动画中的两帧如图 9-3-1 所示，这种动画的效果也可以用于片头动画中或制作成屏保使用。通过本案例的学习可以练习 Video Post 的使用。

图 9-3-1　添加了镜头效果以后的“飞出迷宫”中的两帧

## 9.3.3　操作过程

（1）打开上一章中所制作的“飞出迷宫”文件。

（2）单击（创建）→（几何体）→“粒子系统”→“喷射”按钮，在顶视图中拖动鼠标创建一个粒子系统。在左视图中将粒子逆时针旋转，然后在视图中将它移到蝴蝶尾巴附近，如图 9-3-2 所示，在它的“参数”卷展栏中设置各种参数，如图 9-3-2 所示。

图 9-3-2　创建粒子并设置它的参数

（3）选中粒子，单击主工具栏中的（选择并链接）按钮，在顶视图中从粒子向蝴蝶的身体拖动鼠标，建立它们之间的链接关系，如图 9-3-2 左上角所示。

（4）单击“渲染”→“Video Post”菜单命令。弹出“Video Post”对话框，如图 9-3-3

所示。并在其中单击（添加场景事件）按钮，弹出“添加场景事件”对话框，如图 9-3-4 所示。

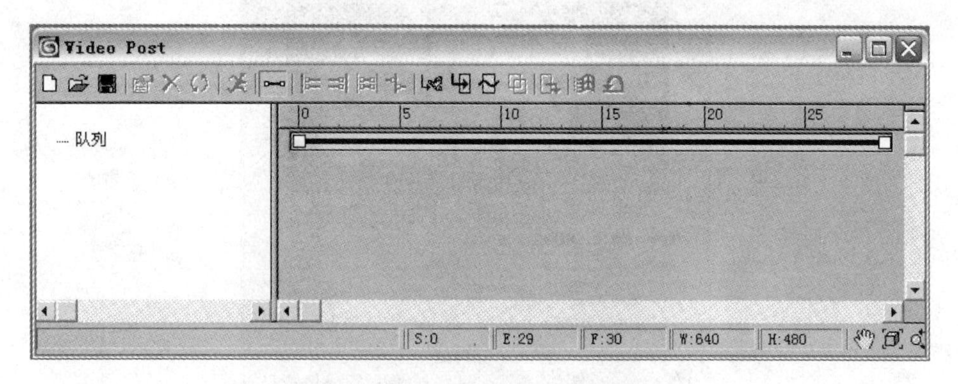


图 9-3-3　“Video Post”对话框

（5）在“添加场景事件”对话框中，设置视图为 Camera01（摄像机）视图，选中“Video Post 参数”栏的“启用”复选框，如图 9-3-5 所示。然后单击“确定”按钮，关闭该对话框并返回 Video Post 对话框中。

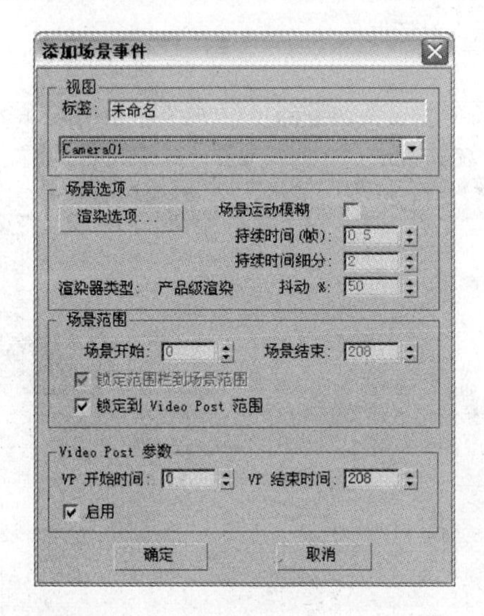


图 9-3-4　“添加场景事件”对话框

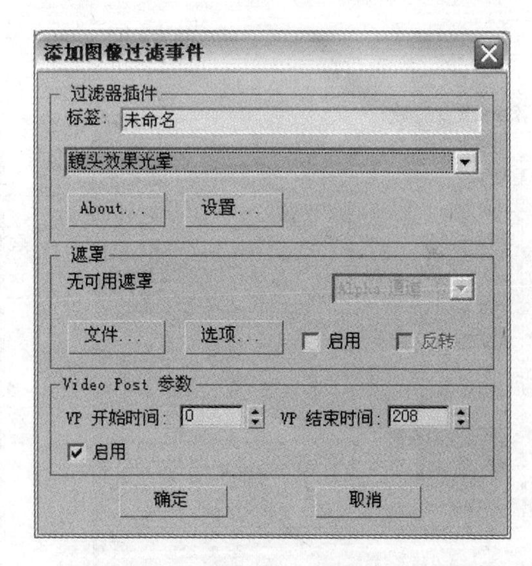


图 9-3-5　“添加图像过滤事件”对话框

（6）在 Video Post 对话框中单击（添加图像滤镜事件）按钮，弹出“添加图像过滤事件”对话框，选择“镜头效果光晕”选项，如图 9-3-6 所示。然后单击“设置”按钮，关闭该对话框并弹出“镜头效果光晕”对话框。

（7）在“镜头效果光晕”对话框中，单击“预览”按钮，显示出预览效果。再在“首选项”选项卡中设置“大小”为 1，如图 9-3-6 所示，单击“确定”按钮，系统关闭该对话框并返回 Video Post 对话框。

（8）在 Video Post 对话框中单击（添加图像输出事件）按钮，弹出“添加图像输出事件”对话框，如图 9-3-7 所示，单击“文件”按钮，弹出“为 Video Post 输出选择图像文件”对话框，如图 9-3-8 所示。

图 9-3-6 “镜头效果光晕”对话框

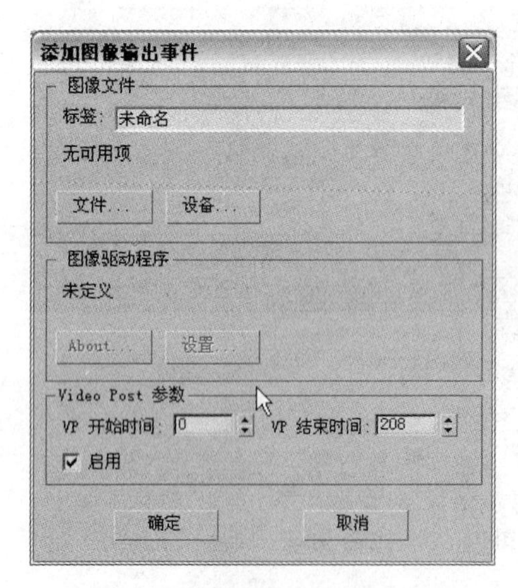


图 9-3-7 “添加图像输出事件”对话框

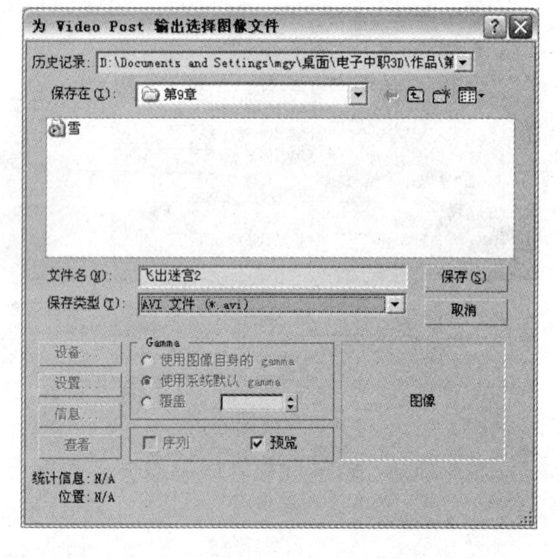


图 9-3-8 “为 Video Post 输出选择图像文件”对话框

（9）设置动画的文件名为“飞出迷宫 2”，保存类型为“AVI File（*.avi）”文件格式。单击“保存”按钮，关闭该对话框，弹出“AVI 文件压缩设置”对话框，如图 9-3-9 所示，按图中所示进行设置，单击“确定”按钮返回“添加图像输出事件”对话框。单击“确定”按钮，关闭该对话框并返回 Video Post 对话框。

（10）在 Video Post 对话框中单击 （执行序列）按钮，弹出“执行 Video Post”对话框，如图 9-3-10 所示，设置输出大小的“宽度”为 320、“高度”为 240，选中“范围”单选按钮。这时如果单击“渲染”按钮，会弹出渲染窗口进行渲染，但是会发现该窗口渲染的效果与没用 Video Post 处理的效果相同，所以关闭渲染窗口继续向下进行。如果没有单击“渲染”按钮，则执行下一步操作，否则跳过这一步。

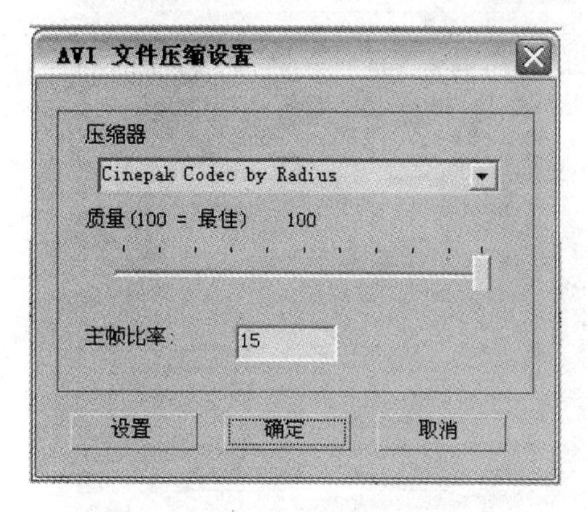


图 9-3-9　“AVI 文件压缩设置”对话框

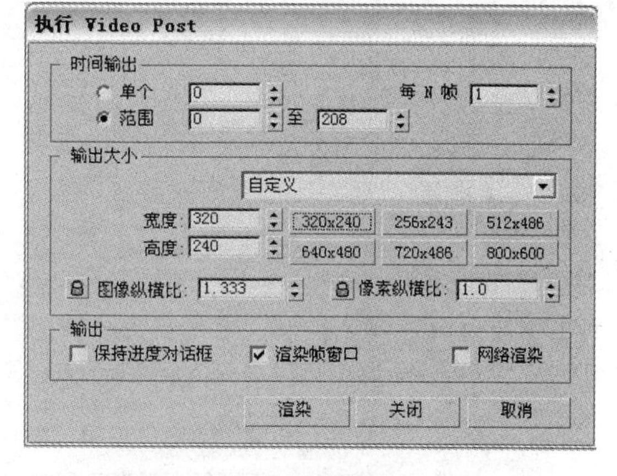


图 9-3-10　“执行 Video Post”对话框

（11）单击“关闭”按钮，关闭该对话框返回 Video Post 对话框。完成后的 Video Post 对话框如图 9-3-11 所示，将该对话框也关闭。

（12）在视图中选中粒子，单击鼠标右键，在弹出的快捷菜单中单击“属性”菜单命令，弹出“对象属性”对话框，如图 9-3-12 所示。在“G 缓冲区”栏中，设置“对象通道”的数值为 1，在“运动模糊”栏中选中“启用”复选框和“图像”单选按钮，单击“确定”按钮关闭该对话框。

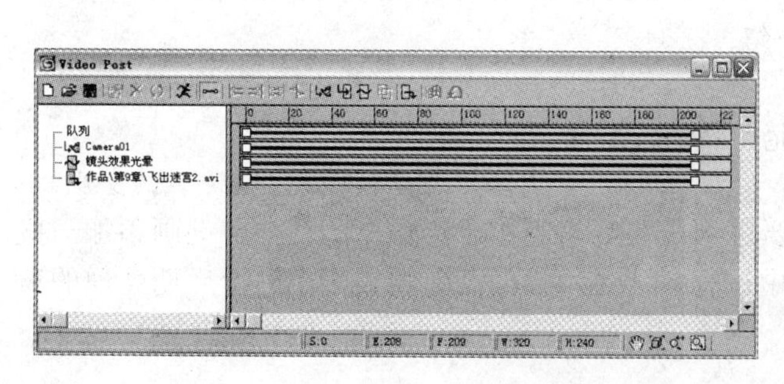


图 9-3-11　设置完成的 Video Post 窗口

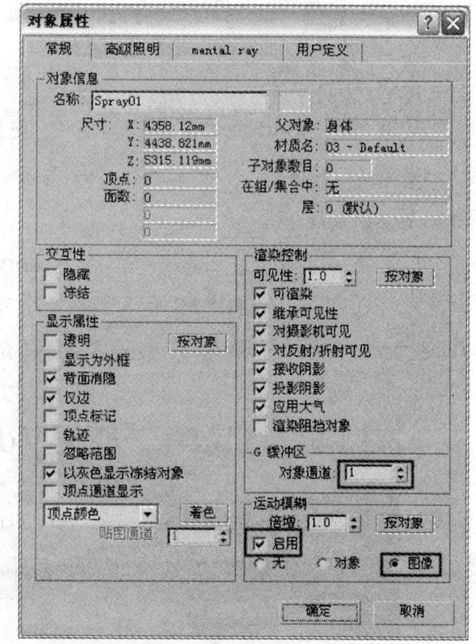


图 9-3-12　“对象属性”对话框

（13）单击“渲染”→“Video Post”菜单命令，弹出 Video Post 对话框，如图 9-3-11 所示，在左侧的列表中双击“镜头效果光晕”选项，弹出“编辑过滤事件”对话框，如图 9-3-13 所示，单击“设置”按钮，弹出“镜头效果光晕”对话框，在“属性”选项卡“源”

栏中，选中“对象 ID”复选框，在它右侧的数值框中输入 1，如图 9-3-14 所示。

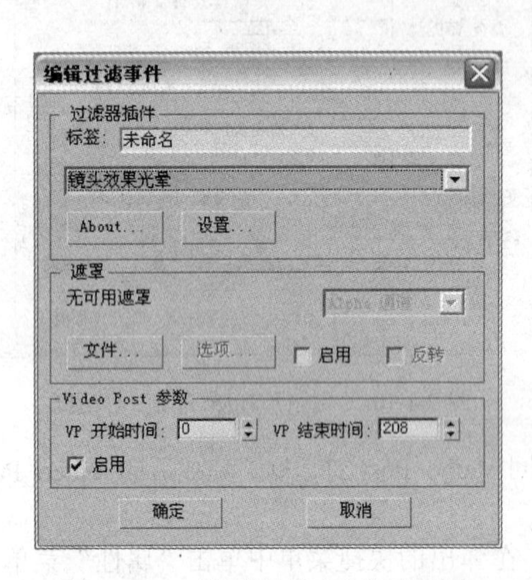


图 9-3-13 “编辑过滤事件”对话框

图 9-3-14 “镜头效果光晕”对话框

（14）在 Video Post 对话框中单击 （执行序列）按钮，弹出“执行 Video Post“对话框，如图 9-3-10 所示，使用前面的设置，单击“渲染”按钮，开始渲染，渲染后的两帧效果如图 9-3-1 所示。

【案例小结】

在制作“飞出迷宫”之二这个案例中，我们为飞舞的蝴蝶添加了“喷射”粒子系统，来形成蝴蝶飞舞时闪亮效果。但是添加了粒子系统以后，如果要产生闪亮的效果还要依靠 Video Post 来完成。

通过本案例的学习可以掌握 Video Post 的初步使用方法。

使用 Video Post 进行后期制作时可以添加许多效果，除了案例中所接触的效果以外，其他效果的使用方法将在下面的内容中介绍。

## 9.3.4 相关知识——使用 Video Post 窗口

在完成了场景的渲染以后，还需要进入一些后期制作，给输出的图像、动画添加一些特殊效果。这项工作可以在其他软件中进行，但是 Max 也提供了一个进行后期处理的窗口，这就是 Video Post 窗口。

### 1. Video Post 窗口

单击“渲染”→“Video Post”菜单命令可以打开 Video Post 窗口，如图 9-3-15 所示。从图中可以看出该对话框中包含 5 部分，它们是“工具栏”、“时间栏”、“队列窗格”、“范围窗格”及最下面的“状态栏”。各部分的主要功能如下。

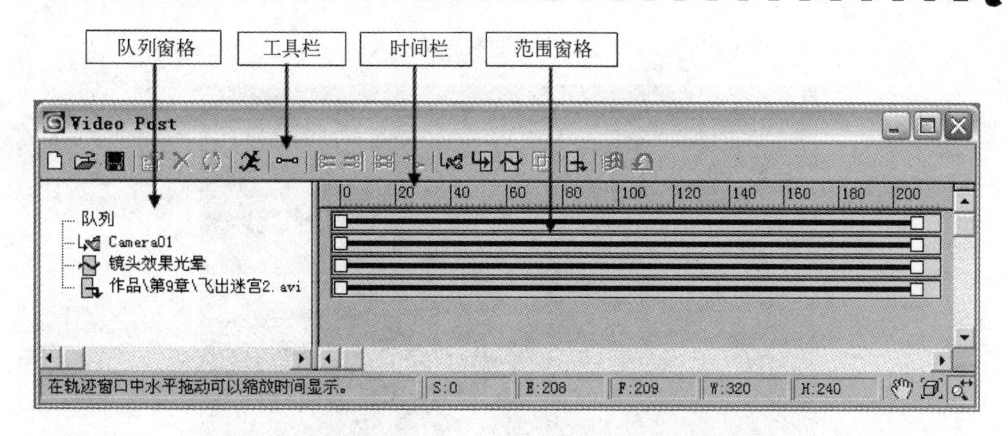


图 9-3-15 Video Post 窗口

（1）工具栏：Video Post 工具栏包含的工具用于进行后期处理的命令。

（2）时间栏：用于显示当前序列的帧。

（3）队列窗格：Video Post 队列提供要合成的图像、场景和事件的层级列表，列表项为图像、场景、动画或一起构成队列的外部过程。这些队列中的项目被称为“事件”。双击队列窗格中已经添加的队列，可以进入对它的编辑状态。

（4）范围窗格：范围窗格中显示出左侧队列窗格中每一个事件的影响范围，用一个轨迹表示，轨迹的两侧为矩形控制柄，拖动控制柄可以选定范围。

（5）状态栏：在整个对话框的最下面，显示一些信息和查看按钮。

### 2. Video Post 工具栏

在“Video Post”对话框的顶部有一个工具栏，该工具栏中各按钮的主要作用如下。

（1）（执行序列）按钮：单击该按钮执行当前序列。

（2）（添加场景事件）按钮：单击该按钮将选定视口中的场景添加到队列中。

（3）（添加图像输入事件）按钮：单击该按钮将静止或移动的图像添加到场景中。

（4）（添加图像滤镜事件）按钮：单击该按钮在队列中添加一个图像滤镜。

（5）（添加图层事件）按钮：单击该按钮添加合成插件来分层队列中选定的图像。

（6）（添加图像输出事件）按钮：单击该按钮将最终合成的图像送到文件或设备中。

## 9.4 上机实战——喷泉

本例要制作的是一个广场上常见的喷泉，动画中的一帧效果如图 9-4-1 所示，制作本例的具体操作步骤如下。

（1）打开本书配套光盘上“调用文件”\“第 9 章”文件夹中的“9-4 喷泉.max”文件。在这个文件中我们已经创建好了一个喷泉池的模型，如图 9-4-1 所示另外还编辑了材质。

（2）单击（创建）→（几何体）→“粒子系统”→“喷射”按钮，在顶视图中“喷泉池”模型的最上方拖动鼠标创建粒子。

图 9-4-1 “喷泉”中的一帧

（3）鼠标右键单击前视图，激活该视图，单击主工具栏上的（镜像）按钮，弹出“镜像”对话框，在“镜像轴”栏中选中 Y 单选按钮，在“克隆选项”栏中选中“不克隆”单选按钮，单击“确定”按钮，就可以将粒子的发射方向变为向上。

（4）进入“修改”命令面板，这时的“参数”卷展栏如图 9-4-2 所示，按图中所示进行设置。设置完成以后的粒子效果如图 9-4-3 所示。

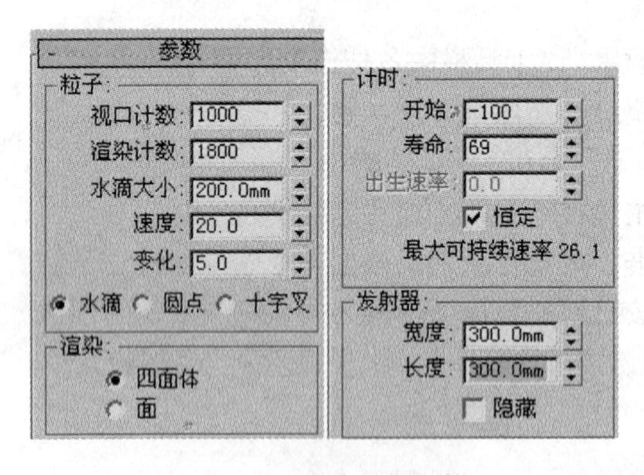


图 9-4-2 设置粒子的参数

图 9-4-3 添加了喷射粒子的喷泉

（5）单击（创建）→（空间扭曲）→“力”→“风”按钮，在顶视图拖动鼠标创建一个风空间扭曲，在它的参数面板中设置参数，如图 9-4-4 所示。然后在前视图中将它移到喷泉上方一定的位置，如图 9-4-5 所示。

（6）选中粒子，在主工具栏中单击（绑定到空间扭曲）按钮，在前视图中的粒子上按下鼠标左键，拖动鼠标将粒子拖动到前面所制作的平板形的导向板，经过以上设置，这时的效果如图 9-4-5 所示。

（7）单击（创建）→（空间扭曲）→“导向器”→“导向板”按钮，在顶视图中拖动鼠标创建一个平板形的导向板，前视图中拖动到水面下方位置。

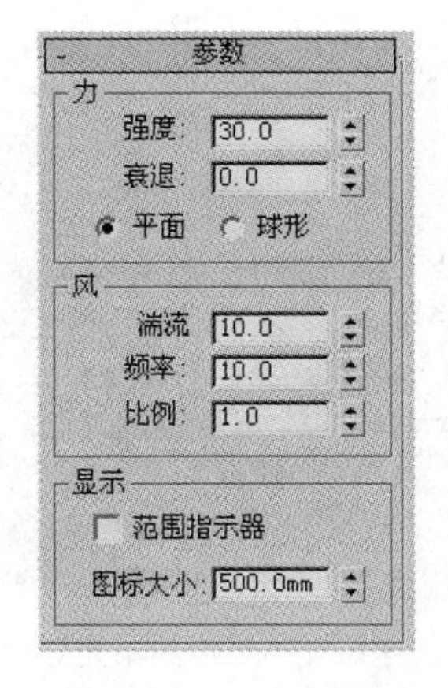


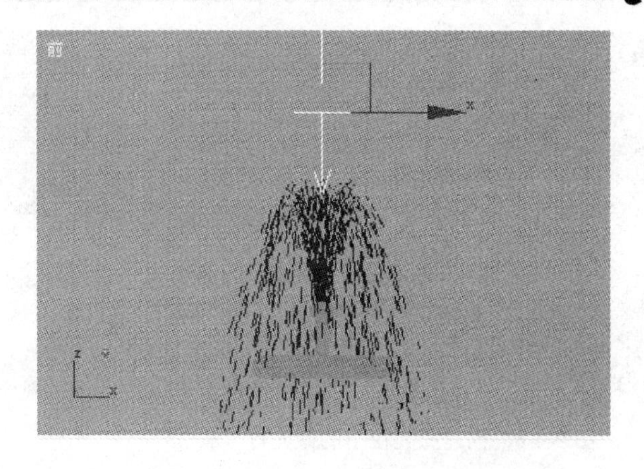


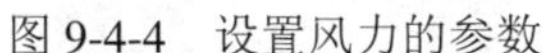
图 9-4-4　设置风力的参数

图 9-4-5　将风与粒子绑定以后的效果

（8）在主工具栏中单击（绑定到空间扭曲）按钮，将粒子拖动到空间扭曲物体上，如图 9-4-6 所示，这时粒子撞击后反弹，效果如图 9-4-7 所示。

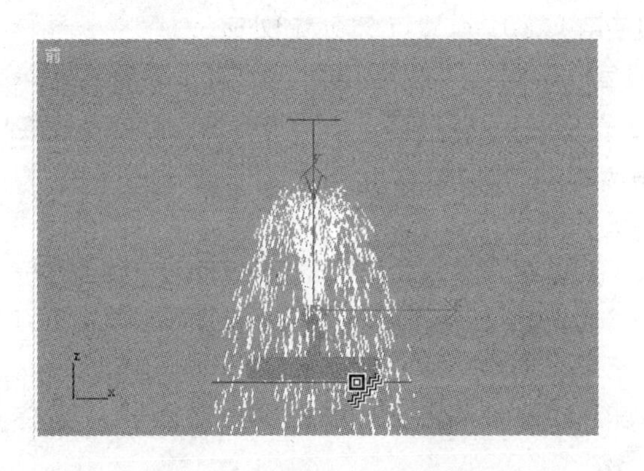


图 9-4-6　将粒子绑定到导向板

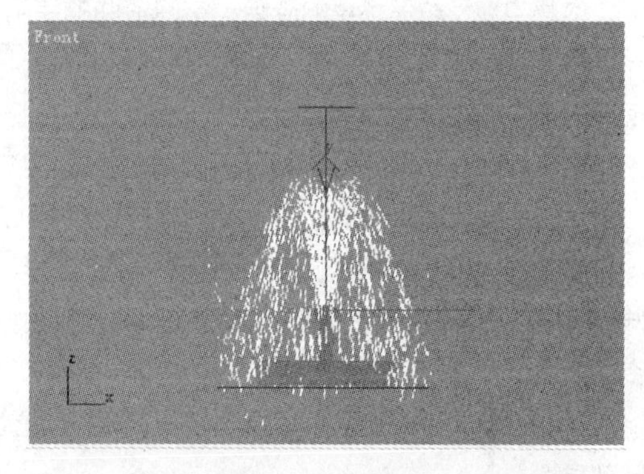


图 9-4-7　将导向板与粒子绑定以后的效果

（9）单击（创建）→（灯光）→“标准”→“目标聚光灯”按钮，在顶视图中创建目标聚光灯，然后在视图中调整它的位置，如图 9-4-8 所示。

（10）单击“修改”命令面板，展开“强度/颜色/衰减”卷展栏，在“倍增”数值框中输入 10。在“通用参数”卷展栏，单击“排除”按钮，弹出“排除/包含”对话框。选中“排除”单选按钮，在“场景对象”列表框中选中要排除的对象“喷泉池”，单击按钮，这时“喷泉池”出现在右边的排除列表框中。单击“确定”按钮，完成设置。

（11）在顶视图中再创建一盏聚光灯，如图 9-4-9 所示。设置它的“倍增”数值框中输入 0.8。在“排除/包含”对话框设置为只包含“喷泉池”。如果这时光线不够，可以再添加几盏泛光灯用于照亮粒子。

（12）按 M 键弹出“材质编辑器”对话框，将“喷泉池材质”指定给喷泉池对象，将“喷泉材质”指定给粒子对象。用前面介绍的方法将动画输出后的效果如图 9-4-1 所示。

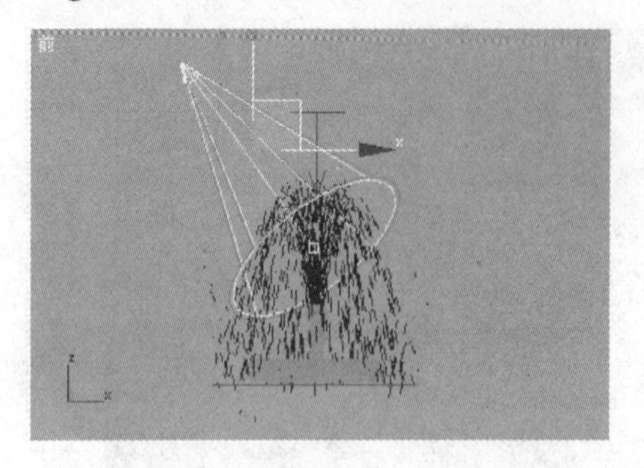

图 9-4-8　创建照亮粒子的聚光灯

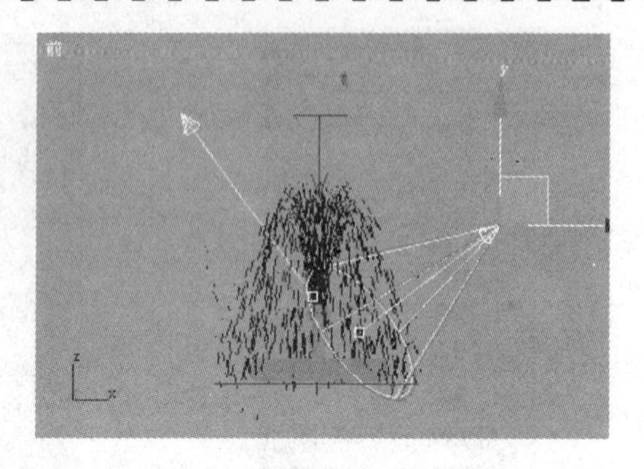

图 9-4-9　创建照亮喷泉池的聚光灯

## 本章小结

本章中涉及粒子系统的应用、空间扭曲的使用及使用 Video Post 进行视频后期处理。

在 Max 中，粒子系统专门用来创建对象群及其动画。一般当要模拟自然界中雨、雪、流水和灰尘等现象时都会考虑用粒子系统。在 3ds max 7 中的粒子系统可以分为两种，一种是传统的非事件驱动的粒子，另一种是 PF Source（粒子流）。本书只介绍了第一种粒子的使用。非事件驱动的粒子中“喷射”和“雪”是两种比较简单的粒子，其他粒子的参数都比较复杂。

空间扭曲是一种不可渲染的对象，通过使用它们可以用许多独特的方式影响其他对象以创建特殊的效果。使用空间扭曲的方法是在创建好对象以后，在场景中创建空间扭曲，然后将对象绑定到空间扭曲。

Video Post 窗口是 Max 提供的一个进行后处理的窗口。使用它给输出的图像、动画添加一些特殊效果。

## 习题 9

1．填空题

（1）在创建了一个喷射粒子以后，在第 0 帧时没有粒子，现在为了在第 0 帧出现粒子，应_______。

（2）空间扭曲是不可渲染的，当在场景中创建了一个空间扭曲以后，要让它对某个对象起作用，应进行_______操作。

（3）如果要在 Max 中添加镜头光斑的效果，应在_______窗口中进行。

2．简答题

（1）在创建了粒子系统以后，发现视口显示有些慢，这时应该如何操作？

（2）创建了一个喷射粒子以后，发现粒子只沿着发射器喷射，而我们希望它能分散开来，这时应该如何操作？

（3）在为对象绑定了爆炸空间扭曲以后，发现炸开的碎片太整齐，这时应该如何设置它的参数？

3．操作题

（1）用粒子系统制作下雨的天气，效果如图1所示。

（2）仿照本章实例，制作一个广场上的双层喷泉，效果如图2所示。这个喷泉比本章所制作的喷泉要多出6根水柱，它们是用暴风雪粒子制作的。

图1　下雨的效果

图2　双层喷泉

# 读者意见反馈表

书名：3DS MAX 7.0 案例教程　　主编：马广月　　策划编辑：关雅莉

谢谢您关注本书！烦请填写该表。您的意见对我们出版优秀教材、服务教学，十分重要。如果您认为本书有助于您的教学工作，请您认真地填写表格并寄回。**我们将定期给您发送我社相关教材的出版资讯或目录，或者寄送相关样书。**

个人资料

姓名________年龄____联系电话________（办）________（宅）________（手机）

学校________专业________职称/职务________

通信地址________邮编________E-mail________

**您校开设课程的情况为：**

本校是否开设相关专业的课程　□是，课程名称为________□否

您所讲授的课程是________课时________

所用教材________出版单位________印刷册数________

**本书可否作为您校的教材？**

□是，会用于________课程教学　□否

**影响您选定教材的因素（可复选）：**

□内容　□作者　□封面设计　□教材页码　□价格　□出版社

□是否获奖　□上级要求　□广告　□其他________

**您对本书质量满意的方面有（可复选）：**

□内容　□封面设计　□价格　□版式设计　□其他________

**您希望本书在哪些方面加以改进？**

□内容　□篇幅结构　□封面设计　□增加配套教材　□价格

可详细填写：________

**您还希望得到哪些专业方向教材的出版信息？**

________

**谢谢您的配合，请将该反馈表寄至以下地址。如果需要了解更详细的信息或有著作计划，请与我们直接联系。**

**通信地址：**北京市万寿路 173 信箱　中等职业教育分社　**邮编：**100036

http://www.hxedu.com.cn　E-mail:ve@phei.com.cn　**电话：**010-88254475；88254591

# 反侵权盗版声明



举报电话：（010）88254396；（010）88258888

传　　真：（010）88254397

E-mail：dbqq@phei.com.cn

通信地址：北京市万寿路 173 信箱

电子工业出版社总编办公室

邮　　编：100036